南昌师范学院
NANCHANG NORMAL UNIVERSITY
建校70周年
1952—2022

逻辑教学与逻辑史研究

—— 周文英 著

邓 琳 李为政 整理

学者文丛

LUOJI JIAOXUE YU
LUOJISHI YANJIU

知识产权出版社
全国百佳图书出版单位
——北京——

图书在版编目（CIP）数据

逻辑教学与逻辑史研究 / 周文英著；邓琳，李为政整理 . — 北京：知识产权出版社，2022.10

（学者文丛）

ISBN 978-7-5130-8369-0

Ⅰ.①逻… Ⅱ.①周… ②邓… ③李… Ⅲ.①逻辑学 – 教学研究②逻辑史 – 研究 Ⅳ.①B81

中国版本图书馆 CIP 数据核字（2022）第 171553 号

责任编辑：高 源

学者文丛

逻辑教学与逻辑史研究

周文英 著

邓 琳 李为政 整理

出版发行： 知识产权出版社 有限责任公司	**网 址：** http://www.ipph.cn
电 话： 010 – 82004826	http://www.laichushu.com
社 址： 北京市海淀区气象路50号院	**邮 编：** 100081
责编电话： 010 – 82000860转8701	**责编邮箱：** laichushu@cnipr.com
发行电话： 010 – 82000860转8101	**发行传真：** 010 – 82000893
印 刷： 北京中献拓方科技发展有限公司	**经 销：** 新华书店、各大网上书店及相关专业书店
开 本： 710mm×1000mm 1/16	**印 张：** 28.25
版 次： 2022年10月第1版	**印 次：** 2022年10月第1次印刷
字 数： 370千字	**定 价：** 108.00元

ISBN 978 – 7 – 5130 – 8369 – 0

丛书编委会

积累学术文化，创新大学文化

南昌师范学院七十周年校庆"学者文丛"代总序

张艳国[*]

今年金秋时节，我们就要迎来南昌师范学院七十周年校庆了。七十年弹指一挥间，攻坚克难，写就光辉校史；七十年"筚路蓝缕，以启山林"，教育培训、师范教育的累累硕果汇入江西高等教育历史长河，为江西高等教育发展贡献了样本和经验；七十年勠力同心，奋发有为，提振精气神，不懈怠、不折腾、不停步，紧跟时代，赶上时代，形成了体现南昌师范学院师德师魂、师风师貌、校风校纪、学规学风、学者学术、学生学习、学科专业、社会服务内涵个性和本质特征的大学精神、大学文化。

七十年接续发展，学校严守自己的学统文脉，坚守自己的初心使命，一路走来，由小到大，由弱变强，不断彰显高校办学特色，办社会满意的师范本科院校，赢得了社会好评。在发展历程中，学校数易其址，几易其名，发展创新成果来之不易，历史记忆是办学治校宝贵的文化教育资源。考论江西高等教育之源，学校是江西省最早的四所高等院校之一，是"老八所"本科院校之一。虽说"英雄不论出身"，但历史总

* 张艳国，南昌师范学院党委副书记、校长，江西师范大学中国社会转型研究省级协同创新中心首席专家、教授、博士研究生导师。国家"万人计划"（国家高层次人才特殊支持计划）哲学社会科学领军人才、中共中央宣传部文化名暨"四个一批人才"、国务院政府特殊津贴专家、国家社科基金重大项目首席专家，兼任中国史学会史学理论研究分会副会长、江西省历史学会会长。

归是历史,回望历史、牢记历史、尊重历史,在总结历史经验、掌握历史规律的基础上,充分发挥历史主动性、积极性、创造性,可以看清我们前行的路,更好地开创未来。

七十年前,为谋发展之大计,满足江西省人民对优秀中学教师的渴望,江西省人民政府于1952年4月1日在南昌市豫章中学小礼堂举行江西省中等师资进修学校成立仪式,这也是南昌师范学院的奠基礼。1952年5月,学校开设为期三个月的第一期培训班,集中培训全省中学和师范学校的校长、教导主任以及骨干教师,共计208名。办学四年,学校就培训骨干学员873名,极大缓解了新中国之初江西省基础教育师资不足的压力。1956年3月,在进修培训取得良好办学成绩的基础上,江西省政府决定扩大江西省中等师资进修学校规模,批准筹建南昌师范专科学校。新挂牌的南昌师范专科学校首设语文、数学、俄文、地理四个专修科,招收应届高中毕业生,同时开设教师进修部和教育行政干部轮训部,进行师干培训。其时,南昌师范专科学校是江西省仅有的四所普通高等院校之一,也是其中唯一一所为满足基础教育需要而建立的高校。办学两年间,南昌师范专科学校培养专科毕业生400余人,培训体育教师900余人,集训校长、教导主任2200余人,当时堪称全省基础教育师资力量进修培训的重镇。1958年,江西省人民政府决定创建八所本科高等院校,其中就有在南昌师范专科学校基础上设立的江西教育学院。当时,因南昌师范专科学校校址被调拨给新建的江西大学使用,致使学校师生搬至庐山办学。1958年10月,学校在庐山人民艺术剧院召开了江西教育学院成立大会暨新生开学典礼。从1958年到1962年,江西教育学院主要发挥师范教育功能,为高中应届毕业生提供学历教育通道。1969年,江西教育学院与江西师范学院、江西大学文科合并,先后成为江西井冈山大学、江西师范学院的重要组成部分。1979年,为适应江西基础教育发展需要,江西教育学院重新恢复办学建制,复苏进修培训、高师函授办学功能。1980年,学校的中文系、数学系、外文系开始招收走读本科生,由此恢复了普通本科教育。1999年,江西教育学院恢复普高招生,重启专科办学,但普高教育确定为21世纪江西教育学院的主攻方向。2005年,学校探索新的办学模式,在赣州市成立江西教育学院赣南分院,专职培养小学教师。2008年,为适应新的高等教育发展形势,学校购置南昌经济技术开发区瑞香路地段近500亩土地,建设学校新校区。2009年10月,学校的教育系、旅游系、中文系、外文系共计2000余名师生先行搬到瑞香路新校区。2010年10月,江西教育学院的办学主体搬到昌北校区。自此,学校办学重心由青山湖校区迁至瑞香路校区。2012年,江西教育学院普通高等教育在校生规模首次达到6000余人,远程培训和集中面授中小学教师超过400万人,学校成为江西省成人教育的"领头羊",也成为江西省基础教育领域名副其实的"工作母机"。自2008年开始,学校"改制办本"工作便紧锣密鼓地展开。全校围绕"改制办本"目标,在省政府暨教育厅指导下,上下一心齐努力,夯实达标各项工作。2013年1月,学校通过教育部组织专家组进行的"改制更名"评议。由江西教育学院更名为"南昌师范学院",学校的办学性质和方向也变更为一所普通本科院校。"改制更名"后,南昌师范学院确定立足江西、服务社会的办学目标,坚持面向基层、服务基层的办学宗旨,发挥自身办学优势,打通教师职前培养和职后培训,努力在江西建设一所有特色高水平应用型普通本科师范院校。2019年,学校顺利通过教育部普通高等学校本科教学工作合格评估。七十年的发展历程,大体上就是我在"校庆铭文"开篇中所概括的:"学脉相传七十载,桃李芬芳满天下。建校之初,其辛也艰;改革发展,其果也实。七秩耕耘正风华,矢志育人再扬帆。"

进入中国特色社会主义新时代,在"十四五"时期,学校党委科学预判高等教育发展形势,明确"南昌师范学院在哪里"的问题意识,科学确立从"十四五"开始"分三步走"的发展战略,向着建设一所新型的高质量、有特色的南昌师范大学目标奋勇前进。目前,学校已被列入江西省教育厅"十四五"新增硕士学位授予单位立项规划重点建设单位；学前教育专业获批教育部国家一流本科专业建设点；学前教育、音乐学、英语三个专业顺利通过普通高等学校师范类专业第二级认证；获批首批国家语言文字推广基地，等等。学校把握新时代高等教育发展新形势、新要求、新任务，研究并驾驭新时代高等教育发展规律，站在江西看南昌师范学院，站在中部看南昌师范学院，站在全国看南昌师范学院，站在世界教师教育看南昌师范学院，学校坚守教师教育底色，守牢育人育才本色，彰显服务基层特色，聚焦师德师风亮色，"四色"有机融合，打造"金色"教师教育，学校找准坐标系，找对参照系，定规划、有目标，"对标对表"做实核心办学指标、打好攻坚发展"组合拳"，凝心聚力、提振精神、鼓足勇气、真抓实干，奋战"申硕更大"新目标，以新的目标牵引学校发展踏上新征程。

历史之路我们已经走过；面向未来并不遥远，严峻挑战摆在我们面前。如何科学回答"南昌师范学院在哪里？""在新时代办一所怎样有教师教育特色的师范本科院校？""师范教育究竟是个什么'范'？"等问题，如果想要直接进行浅层次回答当然很容易；但如果想要进行深层次回答，并且回答准确、回答好，的确很难。在校庆七十周年来临之际，我们推出南昌师范学院七十周年校庆"学者文丛"，就是想借此回答这些问题，并借此积累学术文化，创新大学文化，助力学校内涵式高质量发展。

大学是什么？按照中国传统的说法，"大学"是大人之学；"大学之道，在明明德，在亲民，在止于至善"❶。意思是说，大学是教育成年人立德修身、处世为人、止于至善的教育机构和文化阵地。通俗地说，就是"教做好人"之学。在近代意义上，教育家马相伯说，所谓大学之"大"，并非指校舍之大、学生年龄之大、教员薪水之高，而是指道德高

---

❶ 朱熹撰，徐德明校点：《四书章句集注》，上海古籍出版社、安徽教育出版社，2001年，第4页。

尚、学问渊深❶。大学就是要培养有道德、有修养、有学问、有才干的有用人才。无独有偶，我的博士研究生导师，华中师范大学前校长、著名历史学家、教育家章开沅先生多次在演讲中论述说，所谓高校之"高"，是指学历高、文凭高、学问高、道德高、文化高、素质高。由此看来，"大"和"高"，是大学或高校的重点和关键。因此，大学是培养人才、传承文化、积累文化、创新文化的地方，大学是由学校、教师、学生和社会组成的教育共同体。这个教育共同的要素（元素）是互动耦合的关系，教师乐教、学生乐学、政府乐办、学校积极、家长支持紧密互动，相互支撑，聚合功能；在这个要素群中，各要素都十分重要，缺一不可。

　　大学是干什么的？明确了何为大学，也就回答了大学的主业主责、教育功能这个问题。毫无疑问，大学所为，全在于帮助学生"成人立人"。围绕人做教育工作，教人成为有用之才，用古人的话说，是"己欲立而立人，己欲达而达人"，设身处地，推己及人，行仁教之法❷。用当代教育家章开沅先生的说法，是立足于人类命运、人类未来，"最重要的是做人教育"❸。总之，为党育人、为国育才，培养社会主义的建设者和接班人，"培养一个人才，振兴一个家庭，造福一方社会"❹。培养人，使人自立成才、有用有为，做有责任的中国人，做有义务的社会公民，做有家国情怀、有使命担当、有人文精神的人类一分子，首先在人格上要是一个"大写的人"，在道德上是一个"高尚的人"，在才干上是一个"有益于人民的人"❺。

　　自古以来，教与学就是一个矛盾统一体，它体现为教学互动，教学相长❻。在大学里，从来都存在教学"双主体"的矛盾互动。从受教育

❶《马校长就任之演说》，《大公报》，1912年10月26日。

❷ 张艳国：《〈论语〉智慧赏析》，人民出版社，2020年，第110页。

❸ 章开沅：《章开沅演讲访谈录》，华中师范大学出版社，2009年，第172页。

❹ 张艳国：《家长委员会在高校人才培养中的地位和作用》，《中国大学教学》，2016年第11期。

❺ 毛泽东：《纪念白求恩》，《毛泽东选集》第二卷，人民出版社，1991年，第660页。

❻ 胡平生、张萌译注：《礼记·学记》下册，中华书局，2017年，第698页。

一方说,学生是教育的中心,围绕学生、关照学生、服务学生、提升学生是大学教育的根本任务;从教育者一方来说,教师是教学的中心,投入教学、倾力教学、亲情教学,教育教学是教师的唯一职责和最重要使命。在教育体系和教学资源配置中,两者不可偏废,必须评估好、处理好。但是,从教与学的互动和矛盾关系平衡来说,教师是教学主体,"教也者,长善而救其失者也"❶,他是决定教学质量、教学效果的主导和矛盾的主要方面,学生则是学习的主体,他是决定学习能力、学习效果的主要方面。从根本上讲,由于教师具有教导、指导、引导、疏导的重大作用,因此,一所大学的文化、大学精神主要还是由教师引领的。从这个意义上说,没有教师,就没有教学过程,也没有教学文化。虽然我们常说,衡量一所高校的教育质量看学生,衡量一所高校的学术水平看教师,但是,由于教师在高校里具有道德、言行、价值的主导性和支配性,因此,在一定意义上讲,大学文化、大学精神也出自大学教师。由此可见,教师及教师队伍建设在大学发展中具有非常重要的地位,甚至起决定性作用。

大学教师为何如此重要? 除了抽象地说,大学教师是教育的主导者外,更重要的则是,大学教师还是师德师风的引领者,探求知识、追求真理、关切人类命运的领跑者和示范者,特别是在他们中间,有着灿若星河、生生不息、标志着求知求真求善最高水平的名学者和"大先生",他们既是学术的标杆、知识创新的推手,又是社会的脊梁。所以著名教育家梅贻琦先生说:"所谓大学者,有大师之谓也,非谓有大楼之谓也。"❷大学重视教师队伍建设,这是抓一般,抓经常,抓根本;关键的是,要培养教师中的教师,即培养教育家、学问家,培养那些堪称"大先生"的好老师。学术大师、学术名家和大先生,他们是大学的教育标志、学术高度和学术名片,他们体现和代表着大学的学术质量和教育

---

❶ 胡平生、张萌译注:《礼记·学记》下册,中华书局,2017年,第705页。

❷ 梅贻琦:《梅贻琦谈教育》,辽宁人民出版社,2015年,第7页。

知名度。吸引学生报考入校、影响学生人生规划与行程的，往往是一所大学的著名学者。我曾到东北师范大学、南京师范大学访问。在交流中我注意到，两所学校极具教育眼光和学术眼光地为著名历史学家、教育家日知先生，著名心理学家、教育家高觉敷先生铸立铜像，这两尊铜像在学生和来访人员中极具魅力和吸引力，瞻仰者常年络绎不绝，铜像四周四季鲜花不断。山东大学建设的"八马同槽"文化园，也是如此。"八马同槽"❶，既是高等教育界的经典佳话，也是大学文化的宝贵案例。他们之所以能够成为大学的教育名片、学术名片，产生被家长、学生追慕的"社会效应"，除了他们所达到的学术高度令人敬佩外，最重要的则是他们的教育情怀和学术追求体现为一种伟大的精神和高尚的文化，他们视学术为生命，书写了感天动地的学术人生、教育人生，产生了"润物细无声"的文化辐射力、渗透力和育人功能。在他们身上，终生学习，毕生钻研，进入人生自觉，达到学习的"知之，好之，乐之"的精神境界❷，达到学术的"独上高楼，为伊消得人憔悴，蓦然回首"三重治学境界❸，使教育与学术臻于善美，这实为大学文化、大学精神的灵魂。我们发自内心地尊崇学术大师的精神品格、意志情操、学术贡献，就是对大学文化、大学精神的推崇、敬仰和弘扬。

在南昌师范学院建校七十周年之际，学校围绕大学文化开展校庆活动，就是要固守大学文化的根，守牢大学精神的魂，不忘我们从起点出发走向未来的本，用现代大学文化、大学精神培养我们的下一代和接班人。其中一项重要的内容，就是出版一套校庆学者文丛，它由袁牧（1925—2015）、周文英（1928—2001）、吴东兴（1931）、李才栋（1934—2009）、郑清渊（1935—2016）、刘法民（1945）、谢苍霖（1947—2006）、李满（1953）、孙宪（1954）、赖大仁（1954）（按出生先后排列）十位名家之

---

❶ "八马同槽"的典故，是说新中国之初，山东大学拥有八位享誉中外的文、史、哲大家名家，令人敬仰。参见许志杰：《山大故事》，山东大学出版社，2013年，第69页。

❷ 张艳国：《〈论语〉智慧赏析》，人民出版社，2020年，第104页。

❸ 王国维：《人间词话》，上海古籍出版社，2008年，第6页。

积累学术文化，创新大学文化

作构成,涉及中国逻辑史、中国书院史、马列文论、语文教育、拓扑学、文化研究、国画艺术、文艺评论、文艺美学、生物教育等学科领域。他们在学校的学科专业建设上,数十年如一日,潜心学问,精心育人,是南昌师范学院令人尊敬的大学者、好老师。"一代人有一代人的学术",学术总是在传承中发展进步。我们出版这套"学者文丛",就是要以教育文化样本形态,厘清学校发展的大楼与大师关系,彰显深蕴学校发展史中的学术文化,揭示学校倡导的学术标识,弘扬大学文化、大学精神,让师生从中受到教育和启示,激励后人,传承学术,滋养学脉,培养涌现出更多的学术名家大师,使学校为传承江右文化、建设时代新文化作出更大贡献,为建设一所新型的高质量有特色的南昌师范大学提供深厚的文化资源和强有力精神动力!

是为序。

2022年国庆节于南昌

目　录

我的学业和学术

——历程 历练 底蕴 风骨

一、小学时光

1928年春天,我出生于江西省宜春县一个名叫"根山下"的村庄。村子坐东向西,背靠一座自北向南蜿蜒的小山,村子背靠的那一段小山很像一把靠背椅,我想这一段小山便是根山,而且我还认为,它应当叫"艮山",即对应八卦中艮卦的方位而取名,而不是什么"根山"。然而村里村外,远远近近的人,都只管叫这个村子"根山下",从来不提它后面的小山是什么名称,当然更不会去考证应当叫"根山"还是"艮山"。村子对面约1.5千米之遥也是自北向南蜿蜒的小山,两山之间是平坦的田港,这个田港往北伸展约2千米处便是山岭起伏之地。然而那山山岭岭中的丰富水源却汇集成了一条名叫"酌江"的小河,自北向南欢腾平稳地流经田港,使田港的灌溉极为方便。田港越往南越宽阔。以根山下为起点,往南不到五千米是一个名叫"三阳桥"的小集镇,它是方圆几十里最大的集贸市场,也是当时国民党区政府、区中心小学的所在地。大概就在我出生的那个年代,农村开始兴办小学。当我四岁的时候,根山下也建立了小学。它是由几个村子合办的,是当时办得比较好的一个小学。建了新校舍,先后就聘来校的老师,多数德艺双修,按期开学,按期放假,不中途旷教,兢兢业业,认真负责。我六岁的时候,即1934年的春天跨进了这座小学。当时我稚气太重,有点受不了学校生活的拘束,但我更多的是觉得高兴,在学校里读书识字,日有所长,月有所进,长进使我觉得满足。我于1934年春天进校,至1935年夏天,共计一年半的时间,学完了小学一二年级的功课。1935年秋,我去三阳桥小学读三年级,小镇的风光增添了我的情趣。我在三阳小学念完三年级,又回根山下那个小学读书。我在根山下小学又读了两年,学完了小学四年级和五年级的功课。可六年级必须转到中心小学,因为只有在中心小学我才能得到一张小学毕业文凭,以利于我去参加升中学的考试,而更加重要的是只有中心小学才能使我较完整地学习到在小学必须学到的功课。为读这个六年级,我没有就近去三阳区中心小学,而是去了离家约50华里❶的横圹乡中心小学。

横圹也是我经常喜欢回味的地方。长期以来,中国农村兴行同姓聚居。横圹是袁姓聚居的一个村落。江西历史名人明朝末年官至总督且以忠义见称的袁继咸便是横圹村人。我去那里读书的时候,横圹号称"千户大村",房屋栉比鳞次,排比成带形,基本平直而略有弯曲,绵延一里多长,颇为气派和壮观。在屋场的构建中,他们把祠堂作基准。祠堂的大门前面是一块场地,向左右伸展的是街巷。居家的房屋都建在祠堂和街巷的后面,这样祠堂就永远不被遮拦,人们进出方便,可随时瞻仰。那向左右伸展的,之所以称为街巷,是因为那里多数是居家的宅第,但店铺也不少,肉铺、糕点铺、豆腐店、酒店……使人颇开眼界的是有一家以旱烟为支柱商品的杂货店,竟发放了一种印制颇精美的纸钞,这纸钞可用来在店中购物,也可以随时兑现。这种纸钞信用颇佳,在村里流通无阻。使我颇开眼界的另一情景是,祠堂门前场地上每天早晨举行的"露水闹",人们在那里买卖菜蔬、油饼、油条、蒸饺等物。这发放纸钞的杂货店,这长年累月举行的露水闹,表明这个农村大屋场的市场色彩比某些小镇还浓烈。由于居住在那里的农耕者居多,且同姓聚居,人际关系更为协调,因此它没有一般小镇那么多的嘈

---

❶ 1华里=500米,为保持作者论述风格,此处保留华里名称,余同。

杂，而是多几分单纯和宁静。这就是农村大屋场的一种特殊风采。请注意，它必须是大屋场，屋场不大，也成不了这种气候。大屋场，大气候，背着书包上学堂的人自然也就多，而且女孩的比例也很大。再加上横圹的周邻地区也多是一些比较大的村庄，所以横圹乡中心小学也就办得相当红火。那一年我和许多同学欢乐相处，还和很多女同学"童小无猜"地相处，我愉快地读着书。小学毕业的那个学期，我的成绩在全班名列前茅。

那一年还有一件使我难以忘怀的事。记不清是1938年的下半年还是1939年的上半年，一个战时巡回文工团来到横圹村，二十多岁的人居多，也有三十多岁的，有男有女，女的至少占了一半，一律军装，当然都是知识分子，而且看得出大都是在大城市历练过的人。他们选择横圹小学作为驻足之地。他们唱抗战歌曲，演《放下你的鞭子》。他们唱的歌、他们演的戏，使我们赏心悦目，增强了抗日意识。他们的爱国情怀、他们的不辞艰苦、文化人的风采、年轻人的纯真，都使我们深受影响和教育。

小学阶段，我不仅从课堂上、从书本上获得和增长了知识，社会上的积极因素也滋润了我的成长。我出生地点的田园风光、三阳桥的小镇风情、横圹大屋场的特殊风味、战时文工团那些人的风采都启迪着我的心智，熏陶着我的心灵，有助于我保持和发展自己的纯真、直率，有助于我保持"平常之心"，从而远离骄傲自大，远离虚伪和造作。

二、中学年华

1939年秋，我考入江西省立宜春乡村师范初中部，三年后又考入该校高中部，一共在那里读了六年书。这是一所颇具声名的学校。它兴办于1902年，起初名叫"袁州中学堂"，1913年改名"省立八中"，1927年改名"宜春中学"，旋又改为"省立七中"。1931年，校名改为"省立宜春乡村师范"，有中师班、简师班，中学部仍继续存在。到1939年我去

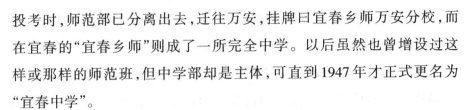

投考时,师范部已分离出去,迁往万安,挂牌曰宜春乡师万安分校,而在宜春的"宜春乡师"则成了一所完全中学。以后虽然也曾增设过这样或那样的师范班,但中学部却是主体,可直到1947年才正式更名为"宜春中学"。

我读中学的时候,正值抗日战争时期。1938年6月26日日军攻占马当要塞,开始践踏江西土地。1939年3月27日南昌沦陷。在江西省内,被日军长期占领并建立了伪政权的有南昌市、南昌县及新建、安义、永修、德安、星子、彭泽、湖口、九江、瑞昌、武宁,共12个市县;被日军占领过,后又退出的,有都昌、修水、奉新、靖安、进贤、东乡、贵溪、余江、余干、波阳、横峰、弋阳、上饶、玉山、广丰、临川、宜黄、崇仁、南城、赣县、大余、南康、信丰、定南、万安、遂川、泰和、永新、吉水、峡江、新干、丰城、宜丰、高安、上高、万载、萍乡、莲花,共38个县;日军未占领而过境侵扰的有清江、新余、分宜、宜春、铜鼓、吉安、安福、兴国、于都、乐安、金溪,共11个县。真是遍地烽烟,山河破碎。人民苦难深重,然而也磨炼了意志,砥砺了气节。

宜春地处江西中部之西端,抗战初期,虽不会有日军的直接攻击,但却曾遭受过日本飞机的侵扰和轰炸,所以,我就读的那个宜春乡师早在1938年的秋天就从县城南迁至离城三十华里的新坊。新坊山环水绕,风光可人,土地多良田,河中有鱼虾,有的同学赞叹它为鱼米之乡。新坊的中心地段是一个小街市,环绕小街市横直不出三华里的范围之内,有许多比较容易腾出来的房屋:彭家祠、谢家祠、东岳庙和当地谢姓强宗的祖传宅第谢家大屋。宜春乡师的师生就落居在这方圆数华里之中。当时学校的办学规模一般保持在10~11个班,连同教职工及家属,计有600多人。方圆数华里之内,平添了这样的600多人,过去比较冷落的街市和空旷的祠堂、庙宇等陡然热闹起来了。不过这种热闹不是什么吆喝和嘈杂,而是书声琅琅,弦歌阵阵,使人赏心悦目。这600多人都是外来户,他们要吃饭办伙食,要购置日用品。新坊不仅热闹,而且生意颇兴隆。不过这600多人大都节俭度日,量入为出。经营者必须薄利多销,方可招徕顾客。所以,生意虽比以前兴隆,但却感觉不到"熙熙攘攘,专为利来,专为利往"的气味。这种热闹兴盛而又淳朴雅致的人文环境使我受到好的熏陶,使我觉得心身愉快,至今仍回味无穷,难以忘怀。我在新坊读完了初中,又念了高一,从1939年秋至1943年夏一共在那里四年。1943年下半年,不知学校出于什么考虑,把学校从新坊迁回了宜春城的原校址。我在那里读高二、高三,度过了两年的时光,有机会比较深入地领略宜春城的风光。宜春城自然风光秀丽。宜春共有八大景,城区有五景,传统的说法是:春台晓日、化成晚钟、卢洲印月、南池涌珠、袁山耸翠。我和我的一些同学却把"袁山耸翠"换成了"秀水映带"。前人曾有"袁山大小双螺并,秀水东西一带横"之说,把袁山和秀水并加赞扬。我们根据自己的亲身感受更喜爱秀水,而不怎么欣赏那袁山,故此作了调整,虽有点自作主张,但也不怎么违反传统。

我们且来看看这五景的大致情况。春台全名宜春台,是指耸立于城中的一个小山坡和它上面的建筑,山坡海拔130.4米,坡顶有一楼阁庑殿式建筑,走廊、护栏环回,古色古香,小巧玲珑;坡面乔木、灌木、草地相间,而不显杂乱,半坡尚有亭榭。拂晓登台,但见红日东升,层林披彩,万檐染金,被晓日装点的宜春全景图十分迷人,故称"春台晓日"。化成晚钟:"化成"指化成岩和开化寺。化成岩是位于城西北、秀江北岸的一段小山,山势从河岸平地崛起,海拔163米,洞幽石怪,自成岩壑。山上建有开化寺。每当渔舟唱晚、牧笛催归之际,寺内钟声悠扬,真是"姑苏城外寒山寺,夜半钟声到客船",它给各种不同处境的人们以各种不同的感受,使欢庆与离愁、得意与惆怅都得到某种着色与调味。一般说来,应当是给离愁与惆怅者以慰藉,使欢乐与得意者注意返朴归真。南池涌珠:涌珠原名"涌坑泉",后称"珠泉",在宜春城南,故名"南池涌珠"。若要打比方说的话,它就像山东济南大明湖的趵突泉,只是更为小家碧玉而已,然仍不失为一难得的胜景奇观。人们特建一长14米、宽4.75米的水池,四周垒以青石,中间架有石拱桥。过石拱桥,水池靠南则为更高坡地,上建有亭,亭东侧有一小寺,人们都冠以珠泉二字,称之曰"珠泉亭""珠泉寺"。亭寺的建立给胜景更添了许多色彩。秀水映带,指流经城区的那段秀江,江面较宽阔,水流平缓,清澈碧透,穿城而过,借日月灯火之光照,成映带之胜景。卢洲印月:卢洲指流经城区那一段秀江中的一块洲地,东西长约800米,南北最宽处约200米,南北距河岸均约100米,面积八十余亩。唐代江西第一位状元卢肇曾读书洲上,后人亦称为"状元洲"。卢肇家处今分宜县阳桥村,分宜于宋雍熙元年(公元984年)才从宜春划出,另行建县,故人们曾长期把卢肇算作宜春人。卢肇中状元后,在洲上建立书屋、别墅,论文讲学,集会清游,极一时风雅盛事。五代十国后卢家衰败,书屋、别墅亦残破不堪。明清时期,宜春一些州县官和邑人为纪念这位状元又曾重修楼阁。卢洲踞美丽秀江之中流,每当夜谧风清,皓月当空,两岸万家灯火,远近几点渔灯,交相辉映,色调明淡相衬,风情特异。曾有诗咏曰:"满斟白酿邀明月,半借清风荡碧流。十里波光人上下,一天秋色影沉浮。"看来这一胜景,除了要凭借秀水、明月等自然风光为依托外,还需加上文人、显贵之风雅。对于这些景点,我是刻意要去作一番尽情领略的。宜春台就在我们学校的背后,出后门不到5分钟,就登上了宜春台,可观赏那古朴雅致的庑殿式楼台,俯瞰那颇为赏心悦目的城区全景。对于离校较远的珠泉和化成岩,则择风和日丽的假日,集四五位友好同窗作半日游。在珠泉池,我们首要的当然是临池去品味那清泉中的涌珠,但自然也要去登临珠泉亭,进入那尚有和尚住持因而并不冷落的珠泉寺。化成岩不仅自然景观奇巧多姿,人文色彩亦斑斓可观。唐文宗大和九年(公元835年),李德裕被贬官来到宜春,因化成岩自然风光秀丽,他在宜春一年多的时间里,经常去那里野游、吟诗。后来许多墨客骚人、权贵显要,喜爱那奇巧之景观,附庸李德裕之风雅,纷纷登临,刻石题字,虽间杂有不足登大雅之堂者,多数还是足供观赏,给化成岩平添了许多景色。这比较大观的风光景色,使我们竟有点流连忘返。遗憾的是,在当时的开化寺中,虽然还住着好几位和尚,但他们已不再经常去敲响那晚钟了。对于那晶莹碧透的秀江,则择一个星期天,集三四位友好同窗,租一个小船荡舟中流,作比较长距离的徜徉。卢洲虽处于秀江之中,往返不怎么方便,也还是设法去了一趟。但书屋、别墅、亭榭楼阁,已踪迹全无,只见洲中央有几间简陋的田舍,一片败落景象。不过状元洲上的破败景象,并不影响宜春城的整体形象,相反,在远视总览宜春全城时,秀江之中,间以一绿洲,亦能点缀风光。宜春不仅有上述几处特殊景点,就是城区之整体面貌,亦令人称心快意。宜春的主城在秀江之南,大致为一倒立之梯形,主街道东西横贯,十分平直,长一千多米,城区内俗称有"九街十八巷",大都比较平直,排比亦多井然有序。临街的店铺,虽不富丽堂皇,但也大都可观,小巷民宅,也少见破败不堪之景象。主城区原有城墙围绕,直至1939年,为防空时便于疏散人口,才下令拆除,但尚留有城北沿河一段城墙和两个城门洞,留为四方来人作观赏评说之资。秀江之北岸亦为街市建筑,规模虽比主城区小得多,店铺房屋的美观性也差一些,但它和主城区相配,形成隔江对峙之格局,使城区更为壮观,更增添了整体美。宜春城还有别的城区难得见到的一种特色,那就是桔林的掩映。城内的空旷地、周边的郊外地,遍植桔树,四季常青,桔树开花、结果时,更是色彩斑斓,"装点此区间,今朝更好看"。另外,我透视宜春城的人文风情,也觉有某种特殊之处。宜春城的商家多由外县迁居而来,多为豪绅富商。虽然宜春县城也和别的许多县城一样,终不免为豪绅和官员聚散出没之处,但在县城市井之中则是商人气较重,而封建色彩相对要淡一些。另外,宜春城内,大资本者不多,除药店、金银首饰店有三四家资本较雄厚外,其他以中小资产者为多,富得流油、生活豪华者不多。商人难得使人垂涎三尺,逐利拜金之风有点盛行不起来。比较起来,宜春的文化教育比较发达。公立中学两所:即宜春乡师、宜春县立中学。抗日战争期间,外地迁来和本地兴办的私立中学多至五所。学校林立,教师学生众多,影响、化育社会的风气。就我来说,当时心里敬着的、记着的便是辛勤育人的教师和好学上进的莘莘学子。总之,宜春城的自然风光和人文风情都给了我较好的印象。20世纪70年代,我执教于江西师范学院,和来自宜春的学生陈和生过从甚密。当他毕业被分配回宜春当教师时,我题诗一首相赠:"宜春台上晓日斜,秀水桥畔桔扬花。此去故乡侍经筵,带得书声入万家。""侍经筵"就是当教师,封建王朝时期,侍奉皇帝读书叫"侍经筵",能够侍经筵是极其风光的事。我借喻并发挥其义为"从事光荣的人民教育事业"。这首诗有一些不合格律的地方,但比较形象生动,意境颇佳,它描绘了宜春的美好风光,抒发了我热爱乡土、敬业教育的情怀。追根溯源,宜春城秀丽的自然风光和"正气较旺"的人文风情是培育我的形象思维能力和好学上进、敬业教育情怀的重要客观条件之一。我的六年中学生活都是在抗日战争时期度过的,生活的各项条件差,日子过得较艰苦。然而人们对日本侵略者的同仇敌忾,社会上"正气较旺",从而使我们这些做学生的能有一个比较好的社会大课堂。

下面说我在宜春乡师课堂受业的情况。初中三年,我多得名师教导,基础打得比较好,雨露春风,师恩难忘。当我临案作回忆,提笔写此文时,他们的风貌及教化的功绩十分具体而清晰地显现在我的脑中。限于篇幅,还是只能扼要而谈。

马希贤,生物老师,教我们初一的动物课、植物课。他大学毕业,训练有素,业务熟练,后来成为江西中学生物老师中数一数二的名人,最终被选拔为大学教师。当时,他独自一人来到宜春,和我们初一两个班的学生吃住在一个地方。他比较严肃,使同学们觉得有点不太好接近。但他的课堂风采却使人心醉。他认真熟练,讲课很来神,不仅讲深讲透，还讲出趣味来，引得我加倍努力去学，并获得了甲等成绩，奠定了较好的基础，以致后来在高中和大学修生物课时都觉得比较轻松，且成绩居然还能不错。

涂维，化学老师，他是中学教师中的翘楚，后来被遴选为大学老师，成为教授，还担任过江西大学化学系主任。他教我们初二的化学，对化学知识滚瓜烂熟，横来直去，都得心应手。他的透里彻外的讲述，再加上朴实亲切的音容笑貌，使我们学得愉快，懂得透彻。

此外还有物理课、英语课、史地课都是由教高中的老师来给我们讲课，自然是游刃有余，效果良好。

最后要说到的是傅伯平老师。他教我初中三年的语文和初三的几何三角。他才气纵横，并非科班出身，却业务精湛。他教语文时，不醉心于去寻章摘句，旁征博引，繁琐考证，而是致力挖掘文章的文气文理，贯通全盘。然而他也十分注意寻找警句和精粹，画龙点睛。同学们都说他的语文课讲得好，我则更是觉得正对口味，因为我自己也是好读书不求通解枝节却又要探其神韵和奥秘的（当然，我对自己这种明确的剖析，是多年后回头看时作出的，但当时也有些朦胧的自觉）。三年学下来，我的阅读理解力及作文能力大有长进。初三那年，我的作文频频获得傅老师奖掖有加的评语。他的评语，也是就通篇的文理文气作针对性的点评，不落俗套。这些评语又给了我以启发和诱导。他的几何课也讲得好，注意讲清理路诱导方法，轻歌曼舞，节奏适度，给学生以思考的时间和余地，富有启发性。他传给我那么多的知识，并在催化和发展我的独特学风上发挥着重大作用。

初三那一年，我七门功课甲等，成绩不错。

说到高中的情况，就有点不怎么均衡。高一时，几何、生物、语文、英语等各科的教学都能差强人意。老师大都专业修养好，教得又认真，个别老师专业修养虽只一般，但兢兢业业，课讲得不错，在这里我只具体说一说英语课的教与学问题。英语老师章照，新余人，他个性强,后来因与学校当局不和而离去。但他业务精湛,讲课认真而且得法,对学生严要求,勤督察。他强调读,当然也会串讲词义和语法。他自己在课堂上滚瓜烂熟地读,传情达意地读。他要学生熟读,要求将一些名篇或精彩段落背下来。他认为不熟读而一味去讲什么词汇、语法,便是不着根本,事倍功半。他讲了一两个星期课,获得了同学的好评之后,便搞了一次测验,全班大部分不及格。他说,其目的是叫大家知道自己的英文学得并不好,而且学习方法又不对头。只要大家努力,英文这门课的门槛,不会跨不过去的。我遵循他的教导,课后多读,直至滚瓜烂熟为止,有些我还把它背下来。结果我的读音准确动听了,词汇掌握得更多了,一些常用的句式、常见的语法现象也更加了然于心了。高一时,各门功课我都学得还好。

高二时的情况比较复杂一些。先说化学课的问题。第一位化学老师是刚从河南大学化学系毕业的,人挺俊雅的,专业也还好,只是初涉讲坛,不怎么特别熟练,加上教学经验不足,讲课只是一般水平。他教高三、高二的化学。学期中途,他在高三班的一次测验中,出错了一个题目,同学自然是怎么也解答不出。当有学生提出来问老师时,他仔细察看之后,当场就老实承认是自己出错了题目。全场哗然,学生冲出教室,并向学校提出,不要其再教他们的化学课。谁来接替呢?要马上找来一位高中化学老师,谈何容易。于是学生也因教师旷缺而大吃其亏。过了一段时日,一位头发斑白的老师来给我们上化学课。他是大学毕业,但长期在工厂或实业公司等处工作,课业生疏,他自己吃力,学生不高兴,不久就自动离去。于是又换了一个老师,换来的那位老师颇能随机应变地对付学生,但课讲得并不怎么扎实。再说代数课,老师是刚从中山大学电机系毕业的,在大学里学得并不错,但来教高中的数学课却一时难以胜任。那时高中的代数教材(范氏大代数)比较深奥。教到第二个学期时,老师就有点力不从心了。他也曾想出一个应付办法:一上讲台,提示了讲述的课题后,就说我们先来演示几个例题，多数情况下是例题演示完了，下课时间也就到了，原理、基本规律、基本方法等一些比较难讲的问题就可以不讲了。课是设法应付过去了，但学生学得很不好，期中考试多数人不及格。可这位年轻气盛的老师自我感觉十分好，自认在学生中会有很高威望。这一年文科方面的教学情况却比较好。语文老师周大赉、历史老师邱景泰的课都教得较好，使我受益匪浅。高三的情况比高二好。代数、平面解析几何老师是一位资深的名师，讲课深入浅出，简明却透彻，美中不足的是从不让学生交作业，教数学而不督促学生做作业，是难收实效的。化学老师、语文老师都是国立蓝田师院五年制毕业的高材生，课都讲得好。这里特别说一说语文老师刘方元，他历任宜春师专中文系主任、江西师院中文系主任，德艺双修，循循善诱。记得他给我们讲《离骚》，众多的典故、古朴的文句、青少年不太能体察的借物咏志，他都讲得详尽透彻，传神传情。历时约4个星期，近20个课时，每一节课我都兴致勃勃，全神贯注。物理老师杨本立，刚从国立中正大学（以下简称"中正大学"）土木系毕业。起初，课讲得并不好，学生颇多嘀咕，他却无任何反感和不快，对同学十分谦和。他加强备课，废寝忘食，竟至生了重病。他的课越讲越好，同学表示满意。另外还有一种类型的老师，讲课并不怎么拔尖，但其才具言谈、神采风韵，使我们的智能得到某种启迪。地理老师黎世芬便属于这种类型。他祖籍宜春，客居萍乡。高中是在湖南读的，毕业时湖南省会考，名列第一。他报考清华大学和国立中央政治大学，皆被录取，后入高额公费的国立中央政治大学学新闻。学新闻而来教地理，他有点无法来劲。同学们也不在乎他讲地理是不是来劲，而是经常要他评论时事，指点人物。他应同学之要求，讲过几次，生动风趣，驰骋纵横，"形散而神不散"。他好像是研究和摸透了听众的心理状态、爱好趋向，因而总能讲得对人口味，扣人心弦，表现了个人的高才能和新闻专业的高造诣。这两年，我学得怎么样呢？物理，我学得不比别的同学差。化学，在贺肇麟老师教时，期中考试得

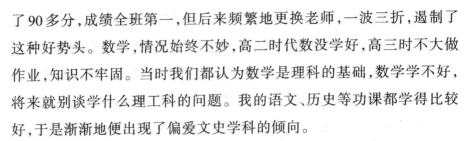

了90多分,成绩全班第一,但后来频繁地更换老师,一波三折,遏制了这种好势头。数学,情况始终不妙,高二时代数没学好,高三时不大做作业,知识不牢固。当时我们都认为数学是理科的基础,数学学不好,将来就别谈学什么理工科的问题。我的语文、历史等功课都学得比较好,于是渐渐地便出现了偏爱文史学科的倾向。

中学阶段,我的最后一课,是在社会大课堂里上的。反面教员——日本侵略军。1945年7月,日本侵略军由湖南转向南昌。一支日军于7月14日由文家市窜入宜春,经慈化、楠木、金瑞、洪圹、三阳、芦村、寨下等乡进入上高。历时10天,这10天,他们走走停停,四处窜扰,奸淫烧杀,无恶不作,罄竹难书。

三、大学岁月

记不清是1945年8月15日的前几天,我去宜春县城打听大学招生的情况。我到家住县城的同学家中串门,交流情况,商讨行动计划,结果是情况不明,无法作出什么决定。8月15日的夜晚,逗留在县城的我已经入睡,突然四周响起鞭炮声,把我吵醒了,跑出去一问,说是日本已无条件投降了。全城沸腾,人们或站在自己的家门口,或涌进街上,欢呼声、鞭炮声,彻夜不停。抗战胜利了!我们这些要去考大学的人,不仅和大家一样,沉浸在无限的欢乐之中,而且还乐观地认为,大学招生之事也会顺顺当当地进行。果然,不久就传来好消息,中正大学将在宜春设立考点。9月上旬,中正大学电机系主任刘乾才教授(江西宜丰人)来到宜春,在宜春乡师设置考点。我前去报名。报考什么专业呢?中正大学院系较全,农学院有农艺系、森林系、畜牧兽医系、生物系;工学院有土木、化工、机电系;文法学院有政治系、经济系、教育系、文史系(1946年又增办了物理系、化学系、外文系)。我高中已开始偏向文科,自然是报考文法学院,具体报考什么专业却有点稀里糊涂。当时幼稚地认为政治、经济没有什么可学,而且我也没有做这方面工作的志向。学校是我十分熟悉的,那就学教育吧,况且我的一个堂兄已经在中正大学教育系读书。不知为什么,当时没有报考文史专业,后来回想起来,不免有点后悔,但也没有太把它放在心上。十月份,放榜出来,我被录取了。对于四年的大学岁月,我将说些什么呢?

先说校园的生活风光吧!中正大学创办于1940年,先是随江西省政府立校于泰和,主要借住民房。1944年、1945年日本侵略军进军泰和、赣州,中正大学又随江西省政府播迁宁都。日本无条件投降后,则立校于南昌。可在南昌毫无根基,需要新找一个容身之地,好在周折还不算太大。当时在离南昌市约40华里属新建县管辖的望城岗,有一片营房,是国民党过去设置军官训练团建造起来的。当时,军官训练团已不存在,这片营房算是无主之业,且地处偏僻,少有人来争夺。当中正大学提出要这片地方时,没有受到太大的阻力。望城岗,这个我曾在那里度过四年大学岁月的地方究竟怎样呢?说是"岗",当然海拔要高一些。晚上,站在它的最高处瞭望东南方的南昌市,可以看见市区的灯光闪烁。但这个地势高并不是突然凸起,而是在东面方向的几里之外的地方,有一段斜坡路把地势升高了起来。所以它既不是陡坡地,更不是什么山岗,而是一个方圆数里的平岗地。它南靠南昌至长沙的公路;北部是一个小集镇,它有一条直街,约摸三十个铺面,中正大学搬去后,又临时搭建了一些店铺,聚合出一条横街,直街东西衔接新建至奉新的一条乡间大道。小镇北面不远是村庄和田野。中正大学在小镇南面,相距仅一二百米之遥。这个小镇(甚至还要算上那些村庄)给师生们很多方便,小镇上的商家住户也把中正大学的师生们当衣食父母。不过,小镇上的人们在谈到中正大学这个"衣食父母"时,说得很有分寸,他们说:"你们还比不上军官训练团,那些军官钱比你们多,来得更阔气。"这确实是大实话。对于那些军官们,国民党岂能有所轻视?因而为他们建立的营房还是比较不错的。砖瓦结构,一层楼的平房。数量也较多,共分三处。有两处可能是军官们的住宿地,

中正大学把一处作学生宿舍，一处给教职工住。另外一处当是训练团的办公用房和讲堂等，中正大学拿了一栋作办公楼，其他用作教室。当时还真的就勉强安下来了。除北部一溜长条的小镇外，平岗的其余部分全都归中正大学，无任何居民和民用田土间杂，空旷地面积大，扩展校园的条件好。平操场，搞农业试验园地，建礼堂，扩建宿舍……想怎么做就怎么做。给我印象最深的是有一新辟的教师住宅区，一栋栋一层楼的建筑，单家独院，玲珑雅致，间隔距离十分适度地错落有致地排列着，既无互相干扰之烦，又可守望相助。在别的许多大学里，是很难觅此佳境的。方圆数里的平岗，宁静而不冷落，简朴却颇雅致，多数的师生们都觉得"风景这边尚好"。活泼好动，落拓不羁的大学生们尽量依托周边环境的特殊来构织风采特殊的生活。比如吃住，一般住在学生宿舍，吃在学生食堂，但想在外吃住也比较便宜。小镇上有1/3的房屋不是开着铺子而是民宅，租金不贵。如果你愿意多走点路，到周边村子里去找房子，就更是所费不多。在店铺里吃饭也是灵活多样。敲定菜单，按质论价，高低不一，总的来说，是价格从优。你可以全包，也可以不全包。比如我在读三年级时，就曾和几位同学在一家店中只包饭，自己买菜弄菜，月底按情况给柴禾钱，双方居然都不斤斤计较。更特别的是，初去望城岗的那一年，我们宜春去的同学居然集资搭建了一个店铺，卖杂货，自办伙食团，而我和另外三位老乡还在店铺后搭建了一座有四间房的棚屋作宿舍。做店铺搭棚屋用的建材都是竹子、竹片、竹篾、茅草、泥巴，造价低廉。开店铺，自办伙食团，当然不能长此以往。后来店铺盘出去了，伙食团散了。一年之后，我们四人也废弃了茅棚到学校去吃、住。学生宿舍是砖瓦结构，一排一排相隔距离较宽，不怎么嘈杂，进出较方便。低年级住的房间比较大，共住的人比较多，但还宽松。高年级住的是小房间，每间房五六个人。食堂临靠学生宿舍，食堂经营方式颇为特别。学校付工资雇请好炊事人员，编为若干组，建立小型食堂。食堂固定编号：第一食堂、第二食堂等。两三个同学组成一个小组出面承办一个小食堂,张贴广告招徕用膳者。记得好像是半个月一轮,届时承办者可以继续,也可以交出来由别人承办,用膳者可以通过比较进行选择。小规模加竞争机制,一般都能管理得比较好,使大家吃得比较满意。读大学了,人长大了,在生活上也不妨搞一些色彩,以便多历练。至于说到校园的文娱活动,更是有令人倾心之处,那就是看同学们演出的话剧和京剧。经典的剧目,由德艺双修、情趣高雅、在大学生中出类拔萃的人来表演,让许多省市剧团都有相形见绌之处。特别是在京剧方面,成立了"杏社"。农学院著名教授严楚江曾任社长,由号称"江西一号琴手"的廖大可指导排练并亲自操琴,他的夫人须生名角不时客串演出以作示范。杏社成为一个长期稳定的群体,平日常抽空切磋演艺,实具有剧团和剧校的双重性质,人才济济,艺术水平不断提高。这些精彩的演出,给校园生活增添了无限色彩。

现在转而来谈谈教与学的问题。由于种种原因,中正大学在望城岗四年,名教授流出的比招来的要多,师资水平有下降之趋势,影响教学质量。但就总体而言,还能差强人意。我比较满意当时执行的教学计划,它颇为强调基础广博,强调通才教育。文法学院的教学计划规定,除各自专业课外,还必须学习中国通史,西洋通史、哲学、逻辑、自然科学概论、大学语文、大学英语、数学和社会学选习一门,第二外语和高级英语选习一门,我们教育系还需学习生物、音乐和多学一年大学语文。除此之外,个人还可根据自己的爱好和兴趣选修一些课程,如我就选修了"文字学"。虽说是非专业课,但主讲者多有名教授。谷霁光教授讲中国通史,他尽量引证、穿插史籍原著中的原句和历史考古资料,讲课中夹带着不少学术报告的气味,品味较高。许多同学还像在中学那样,只注意老师关于基本历史事实的叙述,而忽略了谷先生那些带有考证研讨式的讲述,课堂笔记记得很简单。我由于在中学打的基础较好,兴趣也浓厚,很快就进入状态,专心致志,认真听讲,仔细记笔记。我的笔记记得很好，基本上复现了谷先生那"内容丰厚，贯通有序"的课堂讲述。第一学期的期中考试时，大部分同学不及格，而我却考了80多分，而且往后的几次考试也都是80多分，名列前茅。获得了高分，固然说明我有了收获，但更大的收获是从谷先生讲课的样板中，开始窥见了一些学术研究的门径。任启珊，政治学方面的名教授，曾任政治系主任。他讲三民主义，真是少见的"大方之家"，他讲的纯粹是孙中山的思想，即讲孙中山在民族、民权、民生三个方面的理论和主张。他追溯孙中山三民主义的思想，具有很好的理论性和学术性。他治"三民主义"这一学的思路、理路和创造性格，在我心中长存。

自然科学概论由理工、农学院的一些教授讲，每个人分担的课时不多，一般是讲一个小专题。教授们一般是选一些比较新颖和热门的问题来讲，例如，物理系彭旭虎教授讲的是相对论，生物系教授戴笠生讲的是分子生物学，他们尽量讲得浅显一些。记得戴笠生教授曾风趣地说："譬如讲人吧，肉眼看过去，是一个形态固定、相貌各自有别的东西，实际都不过是一团不停运动着的分子。"对着这批文科学生，要把一些自然科学的问题讲清楚也颇不容易。如彭旭虎教授在讲相对论时，曾一度面有难色，他原想引用一些高等数学公式，可一想文科学生大多不懂这些数学公式，他踌躇了一会儿，便全部用自然语言来讲。由于某些关节点是临时改变讲法，讲课效果不免受到影响。关于"自然科学概论"课，尽管个别先生还缺乏讲这种课的经验，但还是扩展了我们的视野，夯实了我们的知识基础。这里顺便还要说一下著名物理学家吴有训（江西高安人）的一次演讲。他于1954年有事来江西，学校请他来望城岗和全校师生见面。见面地点在教室区的一个场地上，临时搭了一个讲台。他来到之后，同学们踊跃而不杂乱地在场地上集中起来。他登台作半个小时的讲话。开头，叙说他与中正大学的关系，他说他是江西人，自然与学校有特殊感情和特殊关系，他直率而风趣地说："胡先骕校长、肖蘧校长来学校，他都作了媒，参与了推荐。"接着，便三句话不离本行,说是要跟大家讲原子弹的问题。他说,制造原子弹的技术很复杂,但原子弹爆炸的原理却很简单,他保证用一刻钟的时间就能给大家讲清楚。他只讲了十多分钟,便真的把问题说明白了。我想若是集合这样高水平的专家来编"自然科学概论"课的教材,那该多好呀!通才教育不仅体现在广开非专业课,就是专业课也是被弄得尽量广博一些。心理学,除普通心理学、教育心理学,还有发展心理学,讲述幼婴、儿童生理心理的发展情况。教育史方面,除中国教育史、西洋教育史外,还有比较教育,讲西方各国近代教育发展情况;国民教育,讲西方和中国近代国民教育发生发展的情况,都是一种广义的教育史。教学论既讲西方近代的夸美纽斯等人的教学论,也讲中国古代孔子等人的教学论,博涉古今中外。屈指算算,我在中正大学一共修习了26门课程,听了29位先生的讲课、讲座或演讲。这些先生的专业水平,让绝大多数中学教师望尘莫及。如涂世恩副教授,原本是有名的中学语文教师,被选拔进了中正大学。他教我们班的语文。当时有专门编定的由出版社印刷的教材,其选编的文章及相关的评注,都比中学语文课本更广博、更精深,涂先生讲来得心应手,效果很好。傅琰如副教授,她教我们的大学英语,曾留学英国,英语流利纯正。大多数副教授、讲师教的是中学里未曾开过的课程,他们都是因术业有专攻而被选拔来任教。总体来说,教学效果都还好。我的结论是"开课有益",每一门课,每一位先生的讲课都使我获益。26门课程,经过20多位老师的讲解、演示和演绎,使我的知识大大地扩充,大学学习色彩斑斓,丰富多彩。当然,这些知识都还是各门学科的一些基础知识。有些课程,由于种种原因,没有讲完,就草草结束。在许多方面,我的知识基础也许还不是那么十分深厚,但总体比较宽广。而且这个宽广的基础知识,并不是东鳞西爪纷然杂呈的,而是按照"经过科学设计,体现通才教育的教学计划"来作成的。通才并不是"杂家",宽广不等于杂乱。所谓宽广的基础知识,乃一种有机构成的系统。它会贯通,融合,形成合力,提高整体质量,增强整体活力。宽广的基础,能为今后在选择发展方向上提供较大的周旋余地。还有值得指出的是,一个人不能老是停留在知识广博的阶段,必须融汇聚合,根据主客观的需要,逐渐定向集中,提高发展。既求学问,也做学问。所谓为学要如金字塔,又要博大又要精。不过,大学就那么几年光景,应当说,它只是个打基础的阶段,多着眼于通才教育,求取较广博的基础知识,我的大学学习还算得是没走什么弯路。

四、由工作推进的学业

中华人民共和国成立后,按当时的行政区划,宜春属袁州地区。当时的袁州地委和行署机关设在宜春。1949年8月,袁州地委举办中小学教师暑期学习班。我刚刚大学毕业,尚未做过教师,但经过申请也被吸收进了学习班。大概学了半个月,我和学习班的另一位同志被抽调去搞新华书店的工作。1949年秋至1952年夏,我先后在袁州新华书店、袁州民运学校、袁州地委宣传部理论教育科工作,和书打交道,参与政治理论的宣传和教育工作,这和我大学是学人文科学的经历和素养倒是比较协调和贯通的。这三年的经历还在某种程度上影响和决定着我往后的治学方向。1952年我转到宜春中学去教书,学校就根据我这三年的经历和情况,要求我教政治理论课,我也较自愿地答应了。本来我也可以教语文、历史,而且后来实际上也曾教过语文——有那么一段时间,我当班主任的那个班,短期内缺语文老师,我便临时代教了一段时间语文课。我在宜春中学一共教了四年政治理论课。当时中学的政治理论课内涵相当丰富,包含了科学社会主义、历史唯物主义、社会主义经济建设等方面比较系统的知识。我初去的时候,教得很吃力,但我却能用积极的态度去面对困难,到处搜罗政治理论的书籍和资料,起早贪黑地加强自学。不到一年,我便能愉快地进行教学。当时宜春中学的几位政治理论老师都是文科出身的大学生,且又敬业乐教,在中学的同课同行中颇有点声望。1956年江西新办一所高等师范专科学校,名叫南昌师专,我从宜春中学调出来进了南昌师专,继续教政治理论课。

　　1956年,中国的高等教育开始了进一步的发展。1956年南昌师专的兴办是江西高等教育发展的一个预示和先兆。1958年,江西教育大发展,省里兴办了江西大学、江西工学院,各地区也纷纷开办和筹建各类的大专学校。然而,南昌师专却走着一条独特的道路。1958年,它改建为江西教育学院,说是改建,但就当时的实际情况来说,其实在收缩。教师大量调离,学校搬迁,原校舍让给新办的江西大学。1958年也没有按期招生,直到别的高校都招过生后,才从未被录取的考生中招了一个数学班、一个中文班,学制一年。从1958年起一直到1966年"文化大革命"开始,整个教育学院都是一年一个招生方案,招生人数、专业种类、学习年限、课程设计,都是一次一个样。在南昌师专和江西教育学院这个特定环境中,我的教学和科研,也有着某种不同常规的历程和历练。1956年下半年,是新办的南昌师专的第一个学期。中文、数学、俄语、地理四个专业共400多名学生,按课程设计,政治理论课是马列主义基础,它讲的是通常所说的科学社会主义,我分担一个班的教学任务。讲课不到一个月,教育部有文件下来,说是专科班的政治理论课停开。学校有关领导向我们传达文件,把课停了,并给我们做思想工作,叫大家安心,说是没有课,可以自己进修,将来总归还要开政治课的。当时大学教师的课务都不怎么重,学校领导又这么说着,我们也就安下心来。然而完全没有课,总有点不是滋味。于是我们便建议开一个辩证唯物主义讲座,让同学选修,不考试,不记成绩,课时也不搞得太多。学校征求学生意见,有不少学生表示愿意参加听讲,于是我又去参与了辩证唯物主义专题的讲课工作。1959年秋,学校扩大招生规模,班级较多,政治理论课被列入教学计划。当时我被分配去教政治经济学,和另一位老师共教一个班级。这样,我便一共参与了三门课的教学,但我最爱好和着力研修的还是哲学。从 1956 至 1960 年,四年之中只开了三次课,而且总共的学时还很少,我有大量的时间去看书。我频繁地进出图书馆,充分地利用着那充裕的课余时间,贪婪地读着书。我没有束限于政治理论书籍的范围,而是依照自己的兴趣去广涉博猎。我的爱好和兴趣,总的说来是文史哲。中学、大学十年寒窗,最后使我的兴趣聚焦在文史方面。中华人民共和国成立后,在政治理论教学过程中,我又对哲学产生了浓厚兴趣。在文史方面,我的兴趣偏重在中国古代部分。在哲学方面,我崇敬马克思主义哲学和西方哲学,惊叹其博大精深,理论严密。然而作为一个生活在中国的中国人,自己的素养和外界的环境,都无法使我饱览那西方的哲学著作。我在哲学方面的兴趣最后也就自然而然地偏向于中国哲学,这也就是说,我的爱好和兴趣在中国的文史哲方面,而且"中国文史哲"还是一个很大的范围。所谓依照爱好和兴趣去广涉博猎也不能是无边际地跑野马似的任意驰骋,而且从做学问的道理来说,阅读钻研的范围,应当逐渐地定向集中。依照这些道理,在中国文学方面,我没有大量地阅读作品,而是着重去读一些文学史的书籍,温读那名篇名作中的许多名句和精彩的段落,使我能对中国文学有了整体的了解。在历史方面,我经常阅读的也是那些中国通史的名著。至于中国哲学,它的存在形态,始终还只处于"哲学史"的阶段:如胡适的《中国哲学史》,冯友兰的《中国哲学史》,任继愈的《中国哲学史》,侯外庐的《中国思想通史》。这也就是说,我是中国文史哲三史兼习和并通的。由于中国许多的"名家""巨子"是在"三史"中都会论及的人物,所以"三史"的兼习并通,倒是有利于我的学问的融汇和贯通。我虽然是三史兼通并习,但由于当时教的是政治理论课,我是三史兼习而又以中国哲学史为中轴的。侯外庐那内容厚实的五卷本的《中国思想通史》是我向图书馆借来长期摆在案头常查常习的重点读物。就哲学史的角度来说,《中国思想通史》可以说是具有不纯粹和内容丰厚的"双重性格"。它的主线条是哲学,但又不束限在所谓典型的哲学范畴内,它没有把许多和哲学密切相关的思想学问剥离下来,对应于中国古代各种社会科学思想在发展过程中"混沌""贯通"的情况,它把衬托、制约、促进哲学思想发展的根柢枝叶进行比较恰如其分地展现,这就能比较好地显现出中国哲学的原始风貌及其发展的脉络线索。所以我欣赏它的丰厚而毫不计较它的不纯粹。《中国思想通史》以哲学为中轴去贯通中国传统的人文科学,给人以许多启示,给许多学科研究以先导。

在《中国思想通史》中令人比较注目的一点是它用大量篇幅讲到了中国逻辑的一些发展情况。这对我的学业和学术有着较大影响。逻辑我在大学里学过,老师是一位赫赫有名的教授。然而,我压根儿没学好,时过境迁之后,在我脑海里似乎只剩下了"逻辑学""三段论"这样几个名称术语,其他的便一片模糊。本来是名师出高徒,然而结果却出现这样的情况,也许就是这样一个"怪圈"使我潜藏着一种对逻辑的神秘感和企图再学习的念头。多年之后,当调进南昌师专时,事有凑巧,同教研室中有一位东北师大党史研究班毕业的同志,他有一本东北师大自编的逻辑学教材,我见了便说要借过来看看,他居然就把它赠送给了我。经过一番仔细阅读,我发觉它并不艰深,更谈不上神秘,后来我又看过两三本苏联学者编的《逻辑学》,经过一番并不艰难的努力,就基本上学好了这门功课,实现了我多年潜藏在心中的补课的愿望。这是 1956 年的事,但事情并没有就此了结。逻辑和哲学关系密切,逻辑是讲述论理的知识和方法的,而最具论理性质和方法论意义的学问是哲学。哲学是逻辑产生和发展的基础和依托。当然逻辑学自身也得到了长足的发展,很早就形成了自己的独立系统,成为哲学门的重要支干。在哲学的典籍中常常会提到逻辑并间杂地讲述某些逻辑的问题,而且多半是一些深层次的问题。由于我后来致力于哲学的研习,和逻辑的因缘也就无法了断,我常在阅读哲学著作时不断地和逻

我的学业和学术——历程 历练 底蕴 风骨

辑打着照面。起先,我只是在读马克思主义哲学著作和西方哲学书中不断加深了对西方逻辑的了解,而对中国逻辑的状况却知之甚少。后来,看郭沫若的《十批判书》和几本中国哲学史方面的书籍,知道中国也有逻辑,但却似乎只限于先秦,未能成大气候。直到阅读《中国思想通史》,才知道先秦以后,中国的一些学者还在谈论着中国逻辑的问题,这才大大扩展了眼界,增长了见识,改变了观念。当然,《中国思想通史》毕竟不是一本专门的中国逻辑史书,它对中国逻辑的论述只可能是随机的。但它使我知道了在中国的学术发展过程中,实际上也存在着中国逻辑的发展史。我意识到理清中国逻辑发展史,编写出《中国逻辑史》的书来是一项前景乐观和大有作为的学术工作。渐渐地,我产生了一种想法:我是不是应当去试一试呢! 我居然下决心要见之于行动。我觉得首先是使教学与科研统一起来,即去转教逻辑学。20世纪50年代后期,毛泽东同志曾多次强调干部要学点逻辑,于是出现了普及逻辑知识的热潮,大学里的中文、政治、教育等专业都把逻辑列入教学计划,江西教育学院中文专业也于1960年开设了逻辑课。当时并无专职逻辑教师,由一个副校长来教这门课。那位副校长主修中文,他来教逻辑,是一时兴之所至,并未作长期打算。当我正式申请要转教逻辑时,他表示同意,后来学校当局便也同意了我的要求。1961年我转入中文系,实现了教学与科研相一致的愿望。我不只满足于教好课,而且不遗余力地扩充、加深、加厚逻辑科学的功底、功力。西方逻辑、印度逻辑、中国逻辑的书和资料我都读,我要全方位地加强逻辑学的修养,但主攻的目标则放在中国逻辑上。在中国逻辑方面,我不仅要读好前人已经写出的著作,还要去开展研究,进行创造和建树。我希望能有自己的学术,真正成为一个学术人。

五、学术生涯四十年

（一）前期

启发和指引我去研究中国逻辑史的先导，除《中国思想通史》外，还必须提及中国社会科学院老专家汪奠基在《哲学研究》1957年第2期刊发的《关于中国逻辑史的对象和范围问题》一文。1960年我读到了这篇文章。从1960年起，我开始参考前人给予的提示，有计划地阅读有关中国逻辑方面的原始典籍，并于1961年试着去撰写论文，为此我把1961年作为我学术工作开始之年。1961年5月29日的《光明日报》刊登了汪奠基的《略谈中国古代"推类"与"连珠式"》。我看过之后，便参照撰写论文，我着重写魏晋南北朝这一段的推论逻辑。我废寝忘食，如醉如痴地写着，由整个魏晋时期名辩的风采风格说到当时具体的推论形式和法则，洋洋万言，颇觉满意。我把它寄给了《光明日报》，过了一段时日，报社寄来了待发稿清样。删除了纵论整个魏晋名辩风采风格的部分，只保留了具体论述推论形式和法则的部分计2000多字。报社附言曰："请作者自己校对。"但据我的体察，实际是就"对文章做如此取舍删削"征求我的意见。当时我的认识和反应如何呢？我深感编者的处理得当，欣赏他的学力、鉴赏力、甄别力。就我当时的功力，要论述整个魏晋名辩的风采风格是很难落到实处和切中要害的，必有许多空洞之论、浮泛之言。另外，本应只讲"推论"而却海阔天空地放开去写，这也是因功力不足、识见不高因缘而生的一种不良文风。编者把这些东西加以删削，不只是"得当"地处理好了这篇稿件，而且引发我去检讨我的义风和思想方法。我感谢那位编者及时给予我的启示，我还感谢那位编者是那样好心地奖掖、提携和培植后进。他耐心地阅读我的文章，把一篇水分如此之重的文章经过精心处理后加以发表，给我这个刚刚起步进行学术研究的人以鼓励，使我树立信心，坚定志向，我不便也没有去打听他是谁，但直到现在，我还心存感激。我把清样寄了回去，1962年2月16日，《光明日报》发表了我的文章，标题是《魏晋南北朝时期的"推论"逻辑》。这是我在中国逻辑史方面的第一项成果。现在回过头来加以审视，其大部分内容都还经得起推敲，并有某些创新。1963年11月29日，我又在《光明日报》上发表了《〈吕氏春秋〉中的逻辑思想》一文。这是我公开发表的文章中不能令人满意的一篇。文章没有述说《吕氏春秋》在逻辑形式和法则上的贡献，而只讲了它的反对诡辩。一个学者，一个学派，如果在逻辑形式、逻辑法则方面没有正面建树而只是反对诡辩，那在逻辑史上是没有什么地位的。《吕氏春秋》本身是有正面建树的，我没有把它总结出来，这说明我功力不够，功夫不到。功力不够、功夫不到而又要急着去写文章，这是一种急于求成、急于名利、缺乏学术品味的思想和行为。我居然在初涉学术研究之时，就出现了这种情况，这是很成问题的。问题出在哪里呢？我在思想上、学风上有什么毛病呢？需要作怎样具体的调整和整顿呢？经过若干时日的考虑，我觉得除了"汲汲于名利"之外，还有一个重要原因，就是"信心不足"。我曾明确地想过并且还具体地说过："中国逻辑史，上下几千年，其资料包孕于各种各类书籍中，搞一辈子也难理出个头绪来。"信心不足，再加上汲汲于名利，于是便"剥一节，吃一节""零敲细打"，急着去写一篇一篇的文章，并急着去寻求发表。这样的思想和心态是学术研究工作的大敌。思想必须整顿，心态应当调整，学术研究的战略战术应当改变。我决定不再撰写和投递单篇稿件，而是作长期的潜心研究，只求功夫到，不计功利和成败。十多年后，我把我的这种思想和风格归结为一句话："书生要学农夫吟，只问耕耘不求名。"1963年以后，我更加努力，更加踏实地潜心于研究。1966年"文化大革命"开始，1968—1972年我被下放农村，研究工作自然要停下来，但仍然矢志坚定。1972年，当我知道江西省决定要把高校教师调回原校时，在将回而尚未回之际，我便设法借了几本有关中国逻辑的书籍，回到落户所在地，开始阅读研究，等待上调通知。我的原单位是江西教育学院,1969 年 10 月并入江西师范学院,随即迁往井冈山并改名为"井冈山大学",1972 年又恢复"江西师院"的名称,并于同年 9 月迁回南昌的原校址。按省里规定,两校的下放教师都复钩回江西师院。1972 年 12 月 26 日,我到江西师院中文系报到上班,当时教师的课业都不怎么重,于是我便抓紧一切时间,投放大量精力进行中国逻辑史的研究。我上图书馆找书、借书,回来阅读研究。我借阅早已知道或从书名上知道其中有中国逻辑资料的书,我还去搜寻那些和中国逻辑略有交叉和擦边的书。江西师院的前身就是中正大学,成立于 1940 年,江西教育学院的前身江西省中学教师进修学校也于 1952 年成立,两校的图书合起来,林林总总,颇为丰富。我检阅式地走过那一排排的书架,仔细察看书的名称,当我觉得它可能和中国逻辑史的研究有关时便抽出来翻阅,一旦确认确实有关时,就把它借出来,仔细阅读摘录有关资料,最后我找到了大致足够的资料,理清了从先秦到五四运动前后这一段中国逻辑的发展史。我勤快地跑着图书馆,专心致志地读着书,聚精会神地撰写书稿。起初是一种志向的驱动,后来逐渐变成一种爱好,最后则觉得其乐无穷。志向引发爱好,爱好势必产生乐趣。然而爱好的比志向的更能持久,而好之者又不如乐之者。几年下来,持续不懈,愈写愈努力,终于于 1976 年上半年写成了《中国逻辑史》的初稿。但我提醒自己,不要一惊一乍,不要煞有介事,不要有任何自满和骄傲,我要把学术研究立说立言,归于平常,归于普通。任何个人的"博大精深"的学问,在人类知识体系中都只是沧海之一粟。学问的本质应当是"下里巴人"而不是"阳春白雪",永远只能是阳春白雪的东西不是真学问,真学问应该能融于日常和日用,应该趋于"普通"。做学问的个人,应当永远确认自己只是一个平常人,谦虚谨慎,不是学而自满和骄傲,而是学而思进。

《中国逻辑史》的初稿写成了,当时要出书是很困难的,我也压根儿没有去想要出版的问题,只求写出一个完稿来,把我的研究心得记录下来就行了。然而国家是要鼓励学术的,文章发表难、书籍出版难的问题总归会解决的。1978年年初,转机开始了,大学里的学报恢复了,而且要讲学术品味,要真正办学报。中文系朱受群老师(后来曾任江西省文化厅副厅长等职务)主持江西师院学报工作。不知他从哪里知道我写了一个什么稿子,就主动找上门来。我跟他谈了情况,他立马表示可以在学报上发表。他还说,篇幅长不要紧,可以连载。于是我把"初稿"搬出来,精心进行加工和修改,定名为《中国逻辑思想史稿》,陆续交给学报,分五期连载发表。1978年年底,十一届三中全会召开,给科学带来了春天。人民出版社通过《江西师院学报》编辑部和我联系,说是要将《中国逻辑思想史稿》作为一本书来公开出版(后来才知道,中国社科院逻辑室刘培育等同志曾大力促成此事),我自然是满口答应,于是对《中国逻辑思想史稿》再一次认真进行审视,修改,润色,交给了人民出版社。1979年12月第1次印刷,是为第1版,几年后,又出了第2版。1979年9月上海人民出版社出版了汪奠基先生的《中国逻辑思想史》。据说汪先生的书早在20世纪60年代初就已成稿,他是中国逻辑史学界的前驱人物。我在前面曾说到过,我读过他的两篇文章,受到了不少启发。当我矢志于中国逻辑史的长期研究时,曾写信给他,表示"执弟子礼"的意思,寻求指导。他压根儿就不认识我,不了解我,因而也就未作回复,于是我只有自行独立地进行工作。所以,我的这本书是上无"师承""师教"的,基本上是抒己意、立己见。《中国逻辑思想史稿》(以下简称《史稿》)是我的第一本著作,积几十年的综合学力,经1961—1978年的长期研讨和1973—1978年潜心伏案写作,大致算得上是一本力作,但毕竟只是一本处女作。出版已经20年,我自己应当有所评说,且先列出它的目录。

第一章　春秋战国至西汉前期逻辑思想

第一节　惠施的逻辑思想

第二节　公孙龙的逻辑思想

我的学业和学术——历程　历练　底蕴　风骨

第一节　中国古典逻辑的复兴

第二节　西方逻辑的再输入

第三节　因明在中国的复苏

第四节　三种逻辑体系的比较与综合

先说体系问题。"写中国逻辑本身发生发展情况,也把因明学和西方逻辑的输入及其影响写进去。"这是汪奠基在《关于中国逻辑史的对象和范围问题》一文中提出的。这个原则大体上得到当代许多中国逻辑史学者的认同,但在具体而微地贯彻时则有许多不同和差别。《史稿》在体系方面的特点有以下两点。

第一,对"印度因明和西方逻辑的输入及其影响"的论述详略适度。计有第四章的一、二、三、四节,第五章的第二节,第六章的二、三节共七节,把问题说得比较清楚。人们也许会问,第四章一共四节,整个儿都讲因明的输入及其影响,所占篇幅是否过多? 按常理说,这是有问题的。但考虑到因明和西方逻辑不同,多数的读者都不熟悉,若不作较详细说明,让读者有个基本的了解,往后的书怎么读下去呢?

第二,体系简明。仔细说起来,"简明"还只是表,之所以简明,简明的"底蕴"是"纯",即比较纯逻辑的,而且还是纯普通逻辑的,即主要叙述普通逻辑的思维形式、思维法则、思维方法的发生和发展。有时为了把背景和来龙去脉说得清楚些,会涉及古逻辑学家及逻辑学派的一些哲学思想认识论、方法论等,但决不去详究他们的政治思想、政治立场等,要历史地看问题,思想要放开一些。这个简明的原则、纯逻辑的原则虽然是我立下的,但在《史稿》中并未得到百分之百的贯彻。具体表现在:①在第二章的一、二、三、四节中是那样不厌其烦地追查、分析董仲舒哲学思想、学术思想影响的消长情况;②第五章的第一节(理学与逻辑)全部是在那里清算理学在哲学上的流毒,这些都基本上离开了纯逻辑的原则,思想上根本没有放开。另外,把董仲舒的影响说得那么大,把理学的影响说得那么坏,是自己学养不足的一种表现。

不过,从总体来说,《史稿》还是展示了一个比较好的框架体系,其成熟度当有七成。

《史稿》还有一些不足的地方:①第一章在叙述先秦逻辑史时,多因过去的旧说,结果未能尽其底蕴,穷其堂奥。②第六章第四节的标题是"三种逻辑体系的比较与综合","综合"的说法是不能成立的,三种不同的逻辑体系是不能综合为一种的。虽然在具体论述过程中,实际上没有讲"可以综合,如何综合"的话,但标题上那么讲,必然要给人以误导。③第四章讲因明时,对"因三相"和"因明论式结构"的解说有失误之处。

在"前期"阶段,我还写出了长篇文章《印度逻辑史略》。1979年8月,我去北京参加第二次全国逻辑讨论会,在会上结交了周云之、刘培育、沈剑英等同志。我因编写《中国逻辑思想史稿》而涉足于印度逻辑的研究,那时,尚是余意未尽,只因缺乏充足的资料而无法继续推进。我把情况给他们说了之后,刘培育就为我借来了印度学者毗底普散那的《印度逻辑史》(英文本),沈剑英则为我借来了杨国宾的《印度论理学纲要》。于是我又开始了印度逻辑史的研究和编写工作,夜以继日,以致曾一度得了眩晕症。1981年年初,我写成了一个完稿,《江西师院学报》的主编朱受群同志仍然同意将它连载发表,从1981年3、4期再跨年度至1982年的1、2、3期,共五期登完。稿子篇幅比较长,1981年3、4期登载的文章字数分别为16000字和18000字。1982年《江西师院学报》增加了负责人,加上那时投稿的人比以前多了,于是提出了《印度逻辑史略》要控制和压缩篇幅,从学报编辑原则来说,这是完全正确的,而且当时江西教育学院已从江西师院分了出来,我是江西师院的"客卿"和友人。我表示完全同意对尚未发表的那部分作较大的删减。很不该的是我自己没有把那较为详尽的底稿留下来,若干年后,我曾想补足复原,可谈何容易。不过,我也不觉得十分遗憾。就我的主客观条件来说,我不可能写出十分详尽而又处处经得起推敲的具有传世

我的学业和学术——历程 历练 底蕴 风骨

之作的印度逻辑史来。我只能大致理清其头绪，从总体上揭示出印度逻辑的特性和本质。我觉得我的《印度逻辑史略》做到了这一点。后来我以它为基础撰写了《印度逻辑推论式的基本性质》一文，提交给了1983年在敦煌和酒泉举行的因明学术讨论会。

（二）中期

1980年12月1日—8日，第一次中国逻辑史讨论会在广州举行，会上成立了中国逻辑史研究会。我出席了这次会议并被推选为副会长。1983年在上海选举中国逻辑史第二届理事会时，我继续被推选为副会长。1988年7月中旬，中国逻辑史研究会在成都举行学术讨论会并选举第三届理事会。当时，原会长李匡武教授已去世，而我又是第二届的第一副会长，且已年满六十，忝为长者。结果，在新理事会上，我被选举为会长。我讲这些，不是要突出我的什么权威和作用，而是表明20世纪80年代我已经开始以研究中国逻辑史为主，并且是采取与大家合作共研的方式。若要说到我在这个群体中有什么作用，那就是一贯能注意保持"平常"，对前辈不傲，与同辈不争，比较能和衷共济。至于讲到中国逻辑史研究会这个群体的作用，我对其的评价是较高的。它聘请了很多顾问，尽力争取非会员的同行专家来共同合作。它频繁地组织学术讨论会，还组织因明学术讨论会，在彰显党的十一届三中全会以来兴起的研究中国逻辑史的学术运动蔚为大观方面起了重要作用。党的十一届三中全会以来兴起的研究中国逻辑史的学术运动与以严复等人为代表翻译介绍西方逻辑学、印度因明学，以及研究中国逻辑史的学术运动相比，在规模声势、成果数量质量上都要超出许多。党的十一届三中全会以来在中国出版的有关著作，收集在我这里的就有四十多本。以中国逻辑史研究会会员为主体的学术工程则有两项：《中国逻辑史》（五卷本）和《中国逻辑史资料选》（五卷本）。《中国逻辑史》（五卷本）计约100万字，而《中国逻辑史资料选》（五卷本）则多至

220万了,其中现代卷88万字,占了40%的篇幅。我着重说说《中国逻辑史》(五卷本)的问题。它是国家社会科学基金项目,是国家"六五"社科规划的重点项目之一。大概在1983年上半年的时候,决定由中国逻辑史研究会出面组织人员编写。1983年,中国逻辑史研究会选举第二届理事会的会议在上海举行。李匡武当选为会长。会议期间,成立了编委会,李匡武任主编,周云之任副主编。在上海会议上,我继续当选副会长,结果也被确定为副主编,各卷的责任编委也定了下来。责任编委再组织本卷的编写人员,尽量做到双向沟通,双向选择,人员分工大致确定。散会后,分头准备,并确定1984年开会讨论编写提纲及其他有关事宜。1984年10月,编写工作会议在江西庐山举行。主编李匡武主持了讨论会,最后落定参与该书编写的人员共23名(不包括主编李匡武)。其中北京的王森、上海的高振农,不是中国逻辑史研究会会员,他们都是资深的因明学专家。这23位同志或根基深厚,或智能高强,有不少还是逻辑学科方面的多面手,因此整体水平较高。他们写出了上百万字的鸿篇巨著,然而又能言之有物。1985年7月,主编李匡武不幸逝世。由于编写计划大致已定,具体分工也早已完全落定,各人都已大致胸有成竹地在进行工作,全书的编写工作没有受到多大的影响。《中国逻辑史》(五卷本)的体系大致还是汪奠基先生提出的那个,不过因明,特别是西方逻辑的传入和影响那部分大大加重了分量。

《中国逻辑史》(五卷本)虽至1989年才完成印刷出版工作,但绝大部分的编写、审稿、定稿工作于1987年就已基本完成。中国逻辑史研究会的许多会员开始思考和寻求新课题。在1988年的成都学术讨论会上,中国逻辑史研究工作今后怎么搞,具体可以有些什么样的课题?在1990年在上海举行的中国逻辑史学术讨论上,这个问题仍然是大家关心和议论的热点。

1988年以后,中国逻辑史的研究,不再采取集体统一搞项目的形式,我也把自己在1988年以后的学术研究算作后期。

（三）后期

带着前期、中期的历练、体验，也带着存留的问题，我转入了后期，继续研究中国逻辑，同时也研究了西方逻辑、印度逻辑和中国理学方面的一些问题。

1. 理学

1990年，我在上海参加中国逻辑史学术会议期间，经上海社会科学院周山同志介绍，与辽宁教育出版社俞晓群同志商定，由我组织人员并主持编写《江西文化》一书，以作为他们组编的"中国地域文化丛书"之一种。回南昌后，我邀请本院中文系的几位老师一起进行编写，其中第八章写"江西之理学"，由我执笔。书于1991年9月完稿并交出版社，因俞晓群同志下乡支农一年，暂时离开出版社，《江西文化》拖至1993年才出版。1993年是我国著名思想家、理学家周敦颐逝世920周年。周敦颐长期活动于江西，最后定居江西，在江西逝世并安葬于江西，可以说是半个江西人。为了纪念这位名人，江西省社会科学界联合会、江西省古籍整理研究室于1991年决定编纂《周敦颐全书》，由我做主编。书稿于1993年初完成，当年就由江西教育出版社出版。这样，连续几年我都在思考理学的问题。此时我已不像1978年写《理学与逻辑》（《中国逻辑思想史稿》中的一节）时那样，多因前人之旧说，而是"解放思想，实事求是"地探讨问题。

对于《周敦颐全书》，我把它称作"重新解释评价周敦颐著作的呼吁书"。我在代石天行（江西省古籍整理研究室主任）作的《周敦颐全书》序中说："在我国历史上，朱熹是编辑、注释、评论周敦颐著作的大家和权威……周敦颐著作的内涵，因朱熹的注释、阐发、论述而意义更清楚了，但另一方面也因朱熹的整理、解说、评述而出现了某些失真的现象。打破周敦颐著作解说中朱子学派的一统天下，是我们重编《周敦颐全书》的主要缘由之一……（我们）初步把周敦颐著作解说方面的对立和不同意见引录入编，以有助于推进对周敦颐思想的研究。"所谓

"对立和不同意见"，具体指把周敦颐学说定性为唯心主义还是认为它是唯物主义或具有唯物主义色彩。前者是朱子学派的观点，后者是王夫之等人的观点。我们的观点是什么呢？我们既然推出王夫之等人的观点，就是在总体上赞成他们的观点。

关于"江西理学"，主要论述陆九渊、吴澄、王阳明、江右王门、何心隐、罗钦顺等人的哲学思想。在《江西文化》中的原标题是《侈谈心性，不薄事功——江西理学主题曲》。其最后一部分，小标题为《江西理学之危机》，写罗钦顺等人思想的出现使理学走向结束阶段。1999年我重新审视此文时，作了一些较重要的改动：①篇名改为《赣宗理学》。②加有一个内容提要："它是江西哲学之主轴，也是中国哲学之强宗，它侈谈心性却不薄事功。日用事功既成其源头活水，兴旺时便能生机勃勃，衰落时便能有出乎其类逃乎其外的现象。"③最后一部分，小标题《江西理学之危机》改为《出乎其类逃乎其外的翘楚人物》，叙说罗钦顺等人思想言行的具体行文不变，但提及"危机"这个意义含混字样的文句则被删除。这些改动的实质意义是：①称"赣宗理学"意味的是江西理学在内涵、声势、规模等方面都已成大气候；②在矛盾的两个方面"侈谈心性"和"不薄事功"中，"不薄事功"是矛盾的主要方面，说足了江西理学的生机和活力；③"出乎其类逃乎其外"揭示了哲学发展中对立面的对立统一和转化的辩证法则。文章的底蕴更加丰厚和深邃。

2.《现代普通逻辑提纲》

1985—1994年，我持续十年进行逻辑教学内容的改革，引入现代逻辑知识，推进逻辑教学内容的现代化，最后写成了《现代普通逻辑提纲》一文，在江西教育学院1994—1995年的学报上连载发表。改革时的指导思想还是"求实创新"，"实"主要是学生的实际情况和实际需要。一开始，引进的现代逻辑知识是数理逻辑的基础知识"命题演算、谓词演算、类演算"。学生（文科的）学得很吃力，而且觉得与他们的日常思维关联不密切，实用性不大，因而不受欢迎。既然不合于实际，就

我的学业和学术——历程 历练 底蕴 风骨

改,就变更教学计划,变更讲课内容。不断地了解、征询学生的意见,不断地改。最后落定到讲四项内容:①非陈述句逻辑;②多值逻辑和模糊逻辑;③逻辑语义学;④认知逻辑。学生觉得听得懂,也切合需要。数理逻辑只是现代逻辑的一支,"四项内容"也是现代逻辑的分支。学生既然乐于此而不乐于彼,又何必拘守一隅呢!由讲"三个演算"转到讲"四项内容",走出了一条新路子,这无疑是一种创新。另外,在具体怎么讲述"四项内容"时,也注意求实创新。例如,多值逻辑和模糊逻辑,二者关联密切,模糊逻辑可以说是"建立在多值逻辑基础上的连续无穷值逻辑",于是就把它们合到一起讲。另外,文科大学生对于多值逻辑只需有一些基本概念,懂得一些基本原理就可以了,而模糊逻辑的原理和方法却和他们的日常思维关联较大。根据这种情况,多值逻辑就只讲一些基本概念和基本原理,不作充分展开,而重点放在模糊逻辑的讲解上。再如"认知逻辑",我是把现代逻辑中的认识论逻辑、断定逻辑等方面的一些普通知识,经过剪裁糅合而构成一个简明的新系统,以适应学生水平和切合他们的需要。

此次改革创新还有一个重要内容,就是强化、深化了逻辑的普通性能。"现代普通逻辑"的概念是在这里第一次提出来的,就不去多说它,传统普通逻辑的概念也是在《现代普通逻辑提纲》一文中才被说得透彻而最后得以明确起来的。我没有把传统普通逻辑和西方古典逻辑等同起来,而只是把罗马人建立的西方逻辑系统称为"传统普通逻辑"。我高度评价罗马人把逻辑归于日用平常和普通的历史功绩,我自己的座右铭,也是要把学术研究、立说立言寓于日用平常、归于普通。"求实创新"再加上"归于日用平常和普通",表示我的学术风骨具有更鲜明的个性了。

3. 中国逻辑史

(1)中国逻辑语义学。

《中国逻辑史》(五卷本)编写工作基本完成之后,我立了研究中国逻辑语义学的课题。1988年我发表了《戴震、刘师培的朴素逻辑语义思想》一文,这是一篇名副其实的论逻辑语义思想的文章;1989年又发表了《先秦逻辑语义思想述略》,把一些概念、辩说的问题分析为逻辑语义的问题,多有勉强之处,意义不大。我本欲把这方面的研究完全停下来,但因这一课题已向江西省教委立了项,下拨了经费,我得写够一定数量的文章,于是又撰写了《扬雄对〈太玄〉符号系统的语形、语义解释》(1993年发表)和《〈易〉的符号学性质》(1994年发表)。这两篇文章本身的立论是好的,是有价值的,但这两个符号系统,都不是逻辑符号系统,它们描摹的是整体的世界图式,是哲学的符号系统,不属于通常所谓的逻辑语义学研究范围。

经过一番实际研究,我觉得"中国逻辑语义学"并不怎么发达,于是我决心集中精力完全按传统的老路子研究中国普通逻辑的发展史。老传统、老路子不一定都意味着陈旧和落后,更不是要推倒重建。正如长江和黄河一样,它的支流可以有某种变化,它影响所及的土地、桑田可以多有变迁,它本身可以有局部的改道改流,甚至可以因高科技在一定程度上得到一些改造和装点打扮,但它本身却是持久存在的,真所谓"不废江河万古流"。

(2)先秦逻辑史的再研究。

我早已意识到《中国逻辑思想史稿》在论述"先秦逻辑史"时,不怎么令人满意。后来在参与编写《中国逻辑史》(五卷本)和《中国逻辑史资料选》(五卷本)时,我都没有被分配去搞先秦部分,因而没有机会去深入思考先秦逻辑的问题。现在两个五卷本都已完稿了,参与合作共研的阶段已经过去了,于是我又转去对先秦逻辑史再作深入研究。1989年我发表了《孔子的逻辑思想》,中间因研究中国逻辑语义学和现代普通逻辑问题而未能全力以赴,至1993年才把主要精力转移过来。1993年以后,发表的文章有《〈庄子〉的逻辑观》《邓析和〈邓析子〉的逻辑思想》《孟子的逻辑思想》《荀子·韩非子逻辑思想补遗》《〈公孙龙子〉

我的学业和学术——历程 历练 底蕴 风骨

中的哲学和逻辑思想》《试析墨家逻辑思想发展之进程》。这里的每一篇文章都能不囿于前人之旧见而去求实创新。其间取得的新进展、获得的新认识可综括为四点：①《邓析子》并非诡辩，《庄子·外杂篇》并非齐是非主无辩，它们都肯定名言的积极作用，但在探究名言的准则和方法方面，具体建树较少；②孔子在发展正名逻辑中的作用应得到更多的肯定；③不仅荀子，韩非子也是在逻辑思想和理论上有独特建树的；④对《公孙龙子》《墨经》的内容、编著情况作了较详尽的探讨，有突破性进展。

（3）《董仲舒·司马谈思想论略》。

《董仲舒·司马谈思想论略》文发表于1995年，文章认为汉武帝（还有以后的汉光武帝）并没有推行"罢黜百家、独尊儒术"的政治方略，董仲舒也不是什么"罢黜百家、独尊儒术"中极具权威和影响的著名人物。我的《中国逻辑思想史稿》第二章的标题就是"罢黜百家后的两汉逻辑思想"，该章的第一、二、三、四节都是以"罢黜百家"为背景来落笔的，存留的问题较多。这些存留的问题引发我去重新审视这个所谓"罢黜百家"的旧说，结果得出了不同的结论，解开了政治思想史、学术思想史和逻辑思想史上的一个症结，所以这是一篇间接论中国逻辑史的文章。

（4）在新起点上写出的两篇文章。

以中国逻辑史上述种种研究的心得为基础，我经过一番研究，于1997年发表了《中国逻辑的独立发展和奠基时期》一文。此文对先秦逻辑史的研究有突破性进展：①从较纯的普通逻辑角度出发，只述评老子、孔子、墨子、惠施、公孙龙学派、荀子、韩非子、墨家逻辑学派，体系简明，内容扎实。②划分出了一个"秦汉乱离际会之世"的阶段，并把《公孙龙子》《墨经》定为这一阶段的产物。这两部经典，由于最为晚出，所以也最为成熟。这就揭示和说清了先秦逻辑由低到高、蓬勃向上的发展趋向，比较切合实际，比较合理和科学。在新起点上写的第二篇文章是 1988 年发表的《中国传统逻辑在近、现、当代的升华与发展》。这篇文章从某种意义上来说，是为了纠正《中国逻辑思想史稿》第六章中的"三种逻辑比较研究"的说法而作的。既然是讲中国逻辑发展史，把"比较研究"作为一个阶段(而且是一个重要阶段)是不恰当的，因为单纯的比较研究是不一定会推动人们去发展中国逻辑的，如章太炎经过一番比较研究，最后的结论是印度因明为最优选的逻辑；另外，还可以有人去做出西方逻辑是最优选的结论。在这样一些结论指导下，又怎么能去积极考究、探索中国逻辑的发展问题呢？事实上，也曾有人比较来比较去，结果比出一个"中国无逻辑"的结论来了。中国既无逻辑，哪里还会考虑什么发展中国逻辑。所以，单纯的比较研究，是不能被称为中国逻辑发展的一个"阶段"。现在这篇文章的视觉则不同，它明确指出，比较是为了借鉴，即借鉴外国逻辑去反观和探索中国逻辑以促进其升华与发展。这样说才算是正确地反映了中国逻辑在近、现、当代发展的实际情况，充分地也是恰当地估价了这一阶段的意义和作用。

4.《名辩逻辑提纲》

《名辩逻辑提纲》梳理了中国逻辑的横向体系的，该文发表于 1999 年。这似乎是前面一步步走来的一种可能的甚至是必然的后继步伐。我已经探究过现代普通逻辑的横向体系，当然也就可能想到建立中国逻辑横向体系的问题。我已经发表了《中国传统逻辑在近、现、当代的升华与发展》，所谓"升华与发展"就是要推向质变。很容易想到，这个所谓质变就是要建立中国逻辑的横向体系。我分析了中国逻辑本身发展的水平，估摸了一下自己在这方面进行探索和研究的能力，我决定去跨越这一步。潜心伏案一年多，文章终于完成了。我总结出了中国逻辑的总体方法论是"实为基础，综核名实"，这本是中国逻辑概念论的准则。由于中国逻辑是先以概念论为始基，再向辩说形式和法则发展推进的，所以，它也就成了整个逻辑的总体方法论。这个方法论使中国辩说逻辑的发展呈现许多特色：①辩说形式的发展是归纳先行。说得更具体点，是由归纳形式化开始，走演绎与归纳相结合的发展道路。②辩说形式的多样化。它包括：甲，对实事实物辨察和认识基础的说理形式；乙，对当辩论的形式；丙，形式的推理论证。辩说是"辨""辩"的合称。上述诸种情况又使"严格区分判断形式"的意义和作用大大降低，乃至最后形成了只以"概念论"和"辩说论"为支柱的逻辑体系。"实为基础"，演绎与归纳相结合，还使中国逻辑在厘定逻辑准则方面形成特色：①立下了较为特殊的准则"类物明例"；②将同一律的逻辑要求厘定为"概念指谓的确定性，同则同之，异则异之，异实者莫不异名，同实者莫不同名，名实对应不乱"；③在论述排中律时，提出了"当者胜也"的原则。"当"就是合于"实际""实事"，运用排中律时必须与实践检验结合起来，即以实为基础。我把这些"特殊""特点"加以精心梳理，整合，最后推出了一个真正具有中国特色的横向逻辑体系。这个横向体系使中国逻辑变得更为简明，扼要，通俗和更有适用价值，使中国逻辑有可能跳出少数专家传习和研究的狭隘范围而归之于日用、平常和普通。我的研究工作向前跨进了一大步，我甚感欣慰。然而，文章还没有完完全全写好，要继续斟酌、探究的问题还很多。我应当学而思进，继续进行思考和探究。

5.《陈那的因明体系述略》

这篇文章发表于2000年8月。"陈那的因明体系"，说得更具体点是陈那—天主—玄奘的因明体系。这个体系，我在《中国逻辑思想史稿》中曾有过较详细的述评，但在评述"论式结构"和"因三相"时有失误之处。

（1）在那里我把陈那因明体系中的喻体说成是全称直言判断，例如：

宗（即论题） 声（S）是"无常"（P）
因 所作性故（M）

		喻体	喻依
喻	同喻	凡诸所作，见彼无常	犹如"瓶"等
	异喻	凡是其常，皆非所作	犹如"空"等

（2）在那里，我用西方三段论的"外延原理"通过欧拉图来解说因三相的问题。

这些说法当然不是我的自作主张，而是抄袭前人的，但不正确。

对于这些问题，我在该文中作出了新的解说。

①关于喻体，我认为它应是一个假言判断。我还认为整个喻支就是一个假说的简略形式，它由假设句和相关事例合成，它是合归纳和演绎于一体的一种逻辑形式。这样解说的深层含义是突出喻依（即相关事例）在因明论式中的显著地位和重要作用。

②在论述因三相学说时，我不再把因三相看作"中词外延原理"，不再滥用欧拉图说明和分析问题，我着力对因三相的逻辑形式、逻辑性质进行具体切实的分析。我反复琢磨，终于揭示出了它们要以归纳为基础的情况。特别是第二相同品定有的逻辑形式"有同品是M"（比如说，"有瓶、锅、桌椅等是制作成的"），其归纳性质更是十分明显。这样就证定了因明三支式推理是不能脱离归纳的，因明三支式只能是演绎与归纳相结合的逻辑论式。

六、结束语

我在小学和中学全面接受文、理的基础知识教育，1945年升入大学，定向于人文社会科学的学习；1956年进入大学当教师以后，进一步集中定向于哲学和逻辑的自修与钻研。从1961年撰写第一篇学术论文《魏晋南北朝时期的"推论"逻辑》到2000年发表《陈那的因明体系述略》，我把它称为"学术生涯四十年"。四十年具体研究了哪些东西呢？①进行长达十年之久的逻辑课堂教学内容改革。这改革的十年，实际上也就是对西方逻辑进行学术研究的十年。②从事中国逻辑史的研究。接受汪奠基"把印度和西方逻辑的输入及其影响也纳入中国逻辑史研究对象和范围"的见解，从而对印度逻辑和它传入中国的情况也作了较深入的学术研究。在研究中国逻辑史时，我还紧密依傍中国历史、中国文学史，特别是中国哲学史，在中国哲学方面，作过多项独立的专题研究。

中国逻辑、西方逻辑、印度逻辑、中国哲学，我对它们的研究，四十年来锲而不舍，著述颇多。其中特别要提出的是1993年以后发表的六篇论文：《赣宗理学》《现代普通逻辑提纲》《中国逻辑的独立发展和奠基时期》《中国传统在近、现、当代的升华与发展》《名辩逻辑提纲》《陈那的因明体系述略》。它们都是我积几十年的学力并且在以前撰写同类文章的反复历练基础上最后作成的，具有较高的质量。我把它们看作我的代表作，编为一个《自选集》，我不仅自己欣赏和推崇，也希望读者能有兴趣去阅读。

（原文收录于《周文英学术著作自选集》，人民出版社2002年）

第一编

现代普通逻辑

现代普通逻辑提纲：非陈述句逻辑

　　1979年北京师范大学等院校的逻辑专业教师编了一本教科书,郑重其事地推出了"普通逻辑"这个名称,我赞扬这种"按实定名"的壮举,并试图"循名责实",对"普通逻辑"的内涵、特点、发生及发展作一些考察和解说。

　　"普通逻辑"和"逻辑科学"是不完全等同的,普通逻辑主要讲述逻辑科学中较基本的、最实用的、能与大多数人日常思维密切结合的那部分知识,它更多地具有大众逻辑的性质。创建普通逻辑,需要对整个逻辑学作科学的精细的选择并进行出神入化的创造。在西方逻辑史上,罗马人的杰出贡献就是把希腊逻辑加以精选和再创造而使之成为科学、实用、大众化的普通逻辑,其中贡献卓著并集大成的人物是波哀斯(480—524)。他的具体贡献是:①把逻辑分为范畴、判断、推理三部分进行研究,奠定了普通逻辑框架、体系的基础。②进一步阐述了亚里士多德的"属+种差"的定义方法。③详尽地讨论了简单判断按质、按量、按模态的分类,完成了性质判断逻辑方阵的构造,还讨论了联言、选言、假言等复合命题的问题。④揭示了三段论的公理,修正并简化了亚氏三段论的理论和方法。⑤比较具体地讨论了假言三段论、纯假言推理、假言选言推理等逻辑形式。波哀斯大体完成了普通逻辑主体部分的构建工作,实可被尊为"普通逻辑之父"。

　　普通逻辑是科学性、实用性、大众性的高度统一。它有传统普通逻辑和现代普通逻辑之分。现代普通逻辑主要讲述现代逻辑中较基本的、最实用的,并能与大多数日常思维密切相结合的那部分知识,它突破了传统普通逻辑的某种狭隘性,进一步扩展了普通逻辑的内容。

传统逻辑的基点和某种狭隘性有以下两点。

第一，它以现实世界为基点。它明确宣布了"性质判断主项存在的原则"，即性质判断的主项不能是空概念，否则，其本身便无真假可言，由其组成的直接推理和三段论推理便就无法进行了。"存在的原则"在复合判断及其推理中也是必须坚持的。联言判断、选言判断的主项如果是空概念，同样也是无真假可言，由它组成的推理同样也无法进行。在假言判断中，尽管像"如果太阳从西边出来，那么张三就能吞下一栋房子"这样的反事实条件句，其本身可以是一个真判断，但却不能进入推理的领域。若是用它作大前提，推理就只有"从否定后件到否定前件"一种正确式，它无法作从肯定前件到肯定后件的推理，于是假言推理的法则便被搞得七零八落，"溃不成军"。

第二，传统普通逻辑是二值逻辑。一个命题的值只能在"真假"范围内确定，或者取值为真，或者取值为假。命题在真假二值中必取其一，也只能取其一。有些语句虽然是描绘、刻画现实世界，但若不具有二值的性质，便也得排斥在逻辑的大门之外。

相对于传统普通逻辑，现代普通逻辑有许多突破和扩展。第一是突破二值逻辑的限制而扩展到多值逻辑和模糊逻辑。第二是突破现实世界的范围而扩展到可能世界。这两个突破和扩展的综合结果，是使许多各式各样的语句，都进入到了逻辑研究范围之中。

现代普通逻辑还突破学科界限，与别的学科形成交叉研究。如"认识逻辑"是逻辑与哲学认识论的交叉研究，"逻辑指号学"是逻辑与语言学的交叉研究。这些交叉研究，进一步加强了逻辑的非形式化倾向。

最后讨论一下数理逻辑在普通逻辑中的地位问题。数理逻辑是逻辑的高度形式化、符号化、演算化，它源远流长，早在古代希腊，就已开端，特别是到了近现代，更是达到登峰造极的地步，但要将它纳入普通逻辑却相当困难。例如，数理逻辑的核心之一是关于蕴涵式的理论和方法,这种理论和方法,早在古希腊的麦加拉派那里就已被提了出来,后来在欧洲中世纪,又经过许多著名逻辑家的精心研究而更趋成熟,但它始终未被纳入传统普通逻辑的体系中。现在,数理逻辑已有强足的发展,一般大众的思维水平也有很大提高。然而在一般的文科大学生里,许多人对"真值表法"那种比较简单的东西,仍然觉得有点莫名其妙,而一些较为繁复的演算则更会使他们觉得有点望而生畏。这就是说,数理逻辑也很难被纳入现代普通逻辑中来。

一、可能世界理论

著名的哲学家、逻辑学家莱布尼茨(1646—1716)首次较系统地论述了"可能世界"的问题。他认为,一个事物情况 A 是可能的,当且仅当 A 不包含逻辑矛盾,事物情况 A_1、A_2、A_3……的组合是可能的,当且仅当 A_1、A_2、A_3……推不出逻辑矛盾,由无穷多的具有各种性质的事物所形成的可能组合,就是一个可能世界。

莱布尼茨认为,在无穷多的可能世界中,其完美程度是不同的,有的较为完美,有的较为不完美,上帝选择其中最完美的那个使之实现,这就是我们生活于其中的现实世界。莱布尼茨在这里让上帝出了台,这是他的历史局限性,但他认为现实世界是最优选的世界,却反映了一种积极的人生态度。

莱布尼茨还讲了一个神话故事来对可能世界作比喻式的解说:塞克斯图向朱庇特抱怨自己的命运,朱庇特就命令他到雅典去。到了雅典,帕拉斯把塞克斯图带到一个皇宫里。皇宫中有无数多的房间,每一个房间展示了一个可能世界。在一个可能世界里,塞克斯图住在卡林斯的一所有大花园和无数财宝的住宅中,过着奢侈的和受人尊敬的生活。在另一个可能世界里,塞克斯图到了色雷斯,和皇帝的女儿结了婚并继承了皇位……

参照和发挥莱布尼茨的思想,并偏重从日常人文社会角度出发,可以对"可能世界"作如下的描述和解说：

（1）凡不违反逻辑而为人们设想、想象的情况和场合都是一种可能世界。在文艺创作中，一本小说，一篇童话，尽管情节是虚构的，是人们的设想和想象，但都不违反生活的逻辑，因而也就是一个可能世界。如《红楼梦》人物中的贾宝玉、林黛玉等并非真有其人，但一切都写得那么合情合理，那么符合生活的逻辑，因而便是一个可能世界。不仅《红楼梦》这样的旷世名作，就是一些神话幻想小说，也都大体上不违反生活的逻辑，不包含什么逻辑矛盾，因而也都是一个可能世界。当然，不同的文学作品，其各自所描述的可能世界，其完美程度是不完全相同的。在历史事件的分析中，除历史事件的实在状态外，也可以有许多合乎逻辑的设想、想象。如在秦、汉更迭，楚、汉相争的那段历史中，便可以设想多种可能的发展情况，如刘邦只做了汉王，在鸿门宴上就被项羽杀了，等等；这都是可能的，都是所谓的可能世界。

（2）人们想象、设想的可能世界是和实际的现实世界相关的，是以现实世界为参照点的。在文学上，这叫艺术的真实源于生活的真实。

可能世界的理论扩大了世界的范围，扩大了真实的基础。不仅有现实世界，而且有可能世界。真实也有两种，即现实世界的真实、可能世界的真实。在逻辑研究中，引进可能世界的理论，就可以扩大讨论问题的范围。

二、预设

预设（Presupposition）是预先设定的意思，是某一个陈述出来的语句所隐含的一些没有陈述出来的先决条件，它是交际双方所共同确认的。例如：

张三的女儿今年考上了大学

它的先决条件是"张三的女儿今年考了大学"，没有这个预先设定的先决条件,说"张三的女儿今年考上了大学"就是一种毫无意义的白说。

预设的精确界说:①一个语句的预设,首先必须是这个语句的语义衍含。所谓语义衍含就是能由它推导出来的那些语句。例如,"张三的女儿今年考上了大学"的语义衍含是"张三的女儿今年考了大学""张三的女儿有资格考大学""张三有女儿""有人今年考上了大学"。②一个语句 P 及其否定-P 共有的语义衍含,才是 P 和-P 的预设。例如,要确定"张三的女儿今年考上了大学"的预设是什么,不能只看它本身的语义衍含是什么,还要看它的否定句"张三的女儿今年没有考上大学"的语义衍含是什么。不难看出,除了"有人今年考上了大学"之外,其他三个语句都是二者共有的语义衍含,因而都是预设。很明显,一个语句及其否定句的预设是共同的。

预设有传递性。一个语句有预设,它的预设又有预设,预设的预设又有预设。甲有预设乙,乙有预设丙,丙有预设丁,丙丁同时也是甲的预设。这叫预设的传递性和多重性。所以,一个语句的预设通常是多个的,不过有时应当去考察一下,哪个是第一重的,哪个是第二重的,但有时也可以不必去作仔细的区分。就"张三的女儿今年考上了大学"这个语句来说,其预设的传递性和多重性可展示如后:张三的女儿今年考上了大学——张三的女儿今年考了大学——张三的女儿有资格考大学——张三有女儿。其中,"张三的女儿今年考了大学"是第一重预设。

对于第一重预设,可以适当地将其分类:

(1)存在预设。陈述某对象具有某种性质的语句,一般都预设所讨论的对象存在。例如:

小王的摩托车是红色的　预设:小王有摩托车

北京大学很有名气　　　预设:北京大学是存在的

(2)事实预设。例如:

李明在老师批评他时哭了　预设:老师批评了李明

事实预设和存在预设,虽可分为二种,但性质却是同一的,"事实"也就是一种"实际的存在"。

(3)属种预设。例如:

小王说得一口漂亮的北京话　预设:小王会说北京话

在这里,预设和其相关语句是属种关系。然而,根据预设的传递性和多重性:小王会说北京话预设小王会说话,预设小王实有其人。属种预设最后还可归结到存在预设。

"对象"的存在是对"对象"作进一步讨论的先决条件,不管什么种类的预设归根到底都是去揭示其相关语句实存的背景和条件。

预设是用陈述句表达的判断,它有真假可言,所谓一个真的预设就是一个符合客观实际的陈述。不过这个实际也可以是指某一可能世界。例如,"贾宝玉是林黛玉的表哥",它预设"贾宝玉和林黛玉是存在的",这在《红楼梦》的可能世界中是有真假可言的。

三、问句逻辑

问句由两部分组成:①问式,包括问号(?)和问词(吗、谁、什么等)。②题设,问句中除问句以外的部分。例如:

郭沫若是历史学家吗?

"吗?"是问式,"郭沫若是历史学家"为题设。

语言学是社会科学还是自然科学?

"是……还是……?"为问式;"语言学是社会科学""语言学是自然科学"则为题设。

参照并折中逻辑学家和语言学家的意见,问句可作如下的分类。

(1)是非问句。如"今天是星期四吗?"这种问句只有一个主语一个谓语,疑点是主语和谓语的联系是肯定的还是否定的,只要对方回答一个"是"或"不是",故称"是非问"。

(2)X问句(特指问句)。用疑问代词提出疑点,如"他说什么?""谁在说话?"这里的"谁""什么"就像代数方程中的未知数X一样,所以叫X问句。这种问句要求对方针对X,即针对"谁""什么"作答。

(3)选择问。例如,"小李去学校了,还是回家?"它列举出两种或多种可能,让对方选择一种来回答。

问句具有预设。问句的预设是隐藏在问句中的某种思想、某个判断,是问句得以成立和提出的先决条件,它是问者答者共同确认的。如"地里种了什么?"它预示或暗含着一个判断"地里种了东西"。又如"你的帽子为什么这么大?"它预示、暗含着"你的帽子很大""你有帽子"。这些隐含在句子中的判断,便是问句的预设。

不同类型的问句,其预设的逻辑形式不同。

(1)X问句(特指问)的预设是与它相关的陈述句。例如:

哪些人昨天游了西湖?　　预设:有人昨天游了西湖

汽车撞倒了谁?　　预设:汽车撞倒了人

(2)是非问句的预设是一个由其肯定题设和否定题设构成的两个选言判断。例如:

今天是星期二吗?　　预设:今天是星期二或不是星期二

(3)选择问句的预设是由其题设构成的一个选言判断。例如,"小李是去学校了,还是回家或上街了呢?"其预设是"小李或是去学校,或是回家,或是上街"。

根据可能世界理论,我们还可以在某个可能世界的范围内讨论问句及其预设问题。如:"鲁达打死了谁?"预设"鲁达打死了人"。若拘泥于现实世界,这一问句及其预设都是不能成立的。但在《水浒传》这个可能世界里,它们却是有意义的。

问句的回答。问句发出后,对方用语言作出的反应都可称为回答。它包括正面回答、回避回答、回绝回答和回问回答。

正面回答是能正面满足问句要求的回答。讨论"正面回答"的科学操作程序是先弄清其"可能回答",然后再区分真回答和假回答。X问句（特指问）的可能回答就是把 X（谁、什么）这一变项置换为一个常项。例如，"鲁达打死了谁"？其可能回答有："鲁达打死了牛二""鲁达打死了镇关西"，等等。置换是在一个特定的论域（范围）中进行的。就上例而言，置换限定在"与鲁达有纠葛的人"这个范围内进行。是非问句的可能回答只有两个，即肯定回答或否定回答。选择问句的可能回答是对问句的至少一个选择题设的肯定，选择问句的可能回答一般都在两个以上。真回答和假回答首先都必定是一种可能回答，其中符合真实的则为真回答，反之则为假回答。

回避回答。当答句就是问句的预设时，它构成回避回答。例如，"谁打死了老虎？"其预设是"有人打死了老虎"，对方就用它来作答；预设是问答双方共同确认和都已知道的情况，因而这种回答并不提供任何新信息，用它来作答，就是故意不提供新信息，即有意回避。

回绝回答。当答句就是与问句预设相矛盾的语句时，它构成回绝回答。例如，"你昨天上新华书店买了什么书？"其预设是"你昨天上新华书店买了书""你昨天上了新华书店"，回绝回答是"我昨天没上新华书店"。又如，"你戒烟了吗？"其预设是"你戒了烟或没有戒烟"，回绝回答是"我不用戒烟也不用不戒烟——我根本不抽烟"。

回问回答。它是针对问句再提问。例如：

问句　你近来怎么样？

回问　你问的是哪方面的情况？

　　　什么怎么样？

　　　你觉得我近来怎么样呢？

回问较为复杂，它可能真是有疑而问，如"你问的是哪方面的情况？"但其他两个回问则是觉得对方提的问题有点不好怎么回答，而有意地回绝或回避。一般地说，"回问"主要被用来进行回避或回绝。

一问一答，有问必答。当我们把问、答和预设联系起来加以考虑时，问者答者就能觉得有某种规律可循，觉得能比较合乎逻辑地问、比较合乎逻辑地答,这就是一种问句逻辑。如何问得科学、问得有效,如何答得科学、答得巧妙,这是大众的日常实用问题,是十分重要和有意义的,这也就是问句逻辑的核心和精粹。不必千篇一律地把推理的研究作为问句逻辑的中心。并不是所有的逻辑都要以研究推理形式为中心。

问句的逻辑值。可以结合预设和回答的情况来确定问句的逻辑值。当问句的预设为真时,它有可能回答并且有真回答,于是问句取真值,如"上海不是大城市吗?"其预设"上海是大城市或不是大城市"为真,它有可能回答"上海是大城市""上海不是大城市",其中"上海是大城市"为真回答,因而"上海是大城市吗?"是真问句。当问句的预设为假时,它有可能回答但无真回答,于是问句取假值。"水是固体还是气体?"其预设"水或是固体或是气体"为假,它有可能回答"水是固体""水是气体",但无真回答,因而它也就是一个假问句。总之,问句的逻辑值同步于其预设的逻辑值。

当问句及其预设的主项为空概念时,问句无意义。不过在判定某一概念是否为空概念时,应当扩大到"可能世界"的范围中去作考察。

"无意义"不是一种逻辑值。问句逻辑仍是一种二值逻辑。

四、祈使句逻辑

祈使句是表示命令和请求的句子。其句式有:①肯定式,如"我们走吧!"②否定式,如"你们别笑了!"③双重否定式,如"咱们不用不高兴!""您甭不服气!"④特殊问句式,如"我们先参观再讨论,好不好!"祈使句的主语一般是第二人称和第一人称的"我们""咱们",不能是第三人称和第一人称的单数。

祈使句的预设。它是发出命令或请求时预先设定的一些先决条件。如"你到图书馆去!"预设"你不在图书馆""有图书馆存在"等。一般说,要求实施和要求不实施同一行为的祈使句,其预设是相同的。

如"把电视机关掉！""不要把电视机关掉！"共有预设"电视机开着"**❶**。

祈使的服从与满足。发出祈使的最终目的是要求对方行动。所以祈使句的一个重要问题是服从与满足问题。一个祈使句得到服从，当且仅当它被付诸行动，否则就是不服从。人们还主张根据祈使的服从与满足情况来赋予祈使句的逻辑值。目前有人主张作如后的约定：当祈使是可以实施的（有关祈使句的预设为真）并且得到服从，那么祈使句取真值；此种本可实施的祈使若是没有得到服从，则祈使句取假值。另外，当祈使句的预设为假，致使祈使无法实施；这时，祈使句自然更应是取假值。如"你去把电视机关掉！"预设"电视机开着"，假如这是个假预设，即电视机原本是关着的，那么"你去把电视机关掉！"自然就应当是假的。

当祈使句的预设的主项为空概念时，祈使句就无真假可言，而变成无意义的了。例如，"你去把孙悟空请来！"预设孙悟空存在，但在现实世界里是没有孙悟空的，它是一个空概念，因而"你去把孙悟空请来！"就是一句无意义的话。不过，若是在《西游记》的"可能世界"里，该祈使句则是有意义的，是有真假可言的。

无意义的祈使句，不能用来进行推理。

祈使句推理。这里只讲复合祈使句推理，这种推理经常出现在人们日常思维中。先讲复合祈使句，它也可分为三种：①联言（合取）式，如"放下枪，举起手来！""把门关上，把窗子也关上！"②选言（析取）式，如"把门关上，或把窗子关上！"③假言（条件）式，如"如果刮风，就关窗子！""只有星期天，你才能上街！"与此相适应，复合祈使句推理也可以分为三种：

（1）联言式。它有组合式和分解式。例如：

把门关上！把窗子关上！关上门和窗子！

---

❶ 相关的陈述句、祈使句、疑问句有相同的预设。如"小王洗了茶杯""把茶杯洗洗，小王！"它们共同的预设是："茶杯不干净"。相关的疑问句"小王洗了茶杯没有？"其第一重预设为："小王洗了茶杯，或小王没有洗茶杯"，根据预设传递性、多重性，最后还是"茶杯不干净"。

关上门和窗子！把门关上！把窗子关上！

（2）选言式。它有肯定否定式和否定肯定式。例如：

把可乐喝掉，或把桔子水喝掉！

你不喝可乐，就得把桔子水喝掉！

要么站起来发言，要么好好听别人讲！

你能好好听别人讲，便可以自己不发言！

（3）假言式。它又有"充分条件的"和"必要条件的"两种。

如果刮风，就关窗子！

刮风了，请把窗子关上！

只有星期天，你才能上街！

今天不是星期天，你不得上街！（如果不是星期天，你不得上街！）

祈使句假言推理只能从前件推到后件，因此充分条件的假言式只有肯定前件式，必要条件的假言式只有否定前件式。这样，才能保持结论仍然是祈使句。

不必亦步亦趋地对应于传统普通逻辑中复合判断的类型，生硬地仿造，应着重总结出经常存在于人们日常实际思维中的那些形式，只有它们才是最富有生命力的。

五、叹句逻辑

感叹句抒发感情，常用"多么"之类的副词和"啊""呀"之类的助词，句终用感叹号。

叹句可分为三种：

（1）独词叹句。如：啊！唉！有时叹词附在某个名词后构成如后一类的句子："天哪！""妈呀！"这时"天""妈"本身并不具有多大的表意作用，只是帮助发出一种感叹而已，所以仍可以看成独词叹句。独词叹句并不能完全游离于其他句子而孤独地存在着。例如：

啊！（蔚蓝的大海）

唉!(想不到他病得那么重)

括号里的语句虽然已是另一个句子,但和独词叹句密切相关。括号里的语句展现一种物景、事景,它是抒发感情的基础。感叹都是即事即物即景而发的。空发感叹就会有"无病呻吟"之讥。

(2)陈述叹句。即陈述句再带上感叹语气,句末一般用语气助词"啊"。例如:"他是我的老师啊!""那是他用毕生精力写成的书啊!"

(3)含强调成分的叹句。例如:"那是多么难忘的时刻啊!""这里的景色真美!""太棒了!""街上好不热闹!""多么""真""太""好不"都是表示强调的词。

叹句的预设。叹句的预设也是去揭示兴发感叹的背景事实和先决条件。

独词叹句也是有某背景事实和先决条件的。但独词叹句"随遇而安",许多事景、物景都可以是同一独词叹句的背景,我们无法而且也不必把它固定在某一具体的背景和条件上,因而可以不必去讨论它的具体预设是什么。

陈述叹句的预设。将陈述叹句句末的叹词删除并把叹号改成句号,就得出了它的预设。例如:

她才 19 岁啊!   预设:她才 19 岁。

含强调成分叹句的预设。将原叹句的叹号改成句号,并用相应的程度副词替换表强调成分的词,就得出了它的预设。例如:

她的眼睛多亮啊!   预设:她的眼睛很亮。

冷得要命!   预设:天气很冷。

叹句的预设都是一种陈述,因而也有真假之分。不过,叹句的预设与叹句本身有着连体共身的密不可分的关系,叹句的预设就是叹句的重要构成部分、主干部分。所以人们认为叹句本身就有真假之分,其意思就是说,直接观察叹句的相关陈述部分就可以判定叹句的真假。

叹句推理。陈述叹句和含强调成分的叹句可以用来构建推理。由于相关的陈述是这两种叹句的重要构成部分和主干，所以许多陈述句的推理形式都可以移植到这种叹句推理中来。下面举些例子。

这幅画真棒！

这是小王的画呀！

小王的这幅画真棒！

如果他是我们的老师，那该多好啊！

他就是我们新来的老师

那太好了！

（原刊于《江西教育学院学报》1994年第2期）

现代普通逻辑提纲：多值逻辑和模糊逻辑

一、多值逻辑的初步常识

多值逻辑就是承认命题有三种以上的逻辑值。早在古希腊，亚里士多德就曾认为并非一切命题是要么真要么假，如"明天将有海战"，它述说未来可能事件，便是既不真也不假，而只是"可能的"。后来卢卡西维茨（1878—1956）继承亚里士多德的思想并大力加以发展。他也举了一个关于未来可能事件的例子："明年12月2日中午我将在华沙"。由这个例子出发，他认为命题有三种值：真、假、可能，明确提出了三值逻辑问题。他还进一步从三值扩展到多值，建立起了多值逻辑学说。和卢卡西维茨同时的美国逻辑学家波斯特也建立起了一种多值逻辑系统。比较起来，卢卡西维茨的多值逻辑学说更为简便，更接近于日用思维。下面将卢卡西维茨多值逻辑学说的初步常识作简要的介绍。

（一）多值逻辑的真值表示法

三值表示为：0（假）　$\dfrac{1}{2}$（可能）　1（真）

四值表示为：0　$\dfrac{1}{3}$　$\dfrac{2}{3}$　1

五值表示为：0　$\dfrac{1}{4}$　$\dfrac{2}{4}$　$\dfrac{3}{4}$　1

n值表示为：0　$\dfrac{1}{n-1}$　$\dfrac{2}{n-1}$　$\dfrac{3}{n-1}$……$\dfrac{n-2}{n-1}$　1

在这里，逻辑值由小到大的次序和真值符号算术的大小相一致。

（二）多值复合命题的逻辑值

对于多值命题,在书写上一般要加上符号‖,简单多值命题记作|p|,多值复合命题记作| > p|、|p∧q|、|p∨q|、|p→q|,等等。在日常生活中,最常见的多值复合命题是那些包含有时态的命题,如"昨天下了雨并且明天还将下雨",它便是一个三值命题,时态逻辑具有明显的三值性质。

多值复合命题逻辑值的求取可以归结为一些极为简明的公式和法则。

（1）| > p|=1-|p|。例如,"并非明天将下雨"的值为: $1-\frac{1}{2}=\frac{1}{2}$,可能命题的否定仍为可能命题。

（2）|p∧q|的值是取|p|、|q|中真值最小的一个值。例如,"昨天下了雨(其值为1)并且明天还将下雨(其值为 $\frac{1}{2}$)"的值等于"明天还将下雨"的值,即为 $\frac{1}{2}$ 。

3．|p∨q|的值是取|p|、|q|中真值最大的一个值。例如,"昨天下了雨或明天还将下雨"的值等于"昨天下了雨"的值,即取值为1。

4．$|p \rightarrow q| = \begin{cases} 1 & 当|p| \leqslant |q| \\ 1-|p|+|q| & 当|p| > |q| \end{cases}$

例如,"如果今天下了雨,那我明天就去地里种菜"。倘若"今天下雨"成了事实,即当它取值为1时,整个复合命题的值为 $1-1+\frac{1}{2}=\frac{1}{2}$ 。

（三）排中律和矛盾律在多值逻辑中不再是逻辑规律,但同一律在多值逻辑中仍起作用

就目前情况而言,多值逻辑与科技和数理学科结合较紧,多值逻辑的理论和方法在那里得到了较好的应用。在人文社会科学和日用思维方面,多值逻辑的某些理论和方面被用来分析和处理模糊思维。

二、模糊逻辑初步

(一)模糊概念、模糊事物

模糊概念是反映模糊事物的概念。模糊事物是类的界限不清晰的事物,如高山、大河、优秀、年轻……多少才算"高",多少算"不高",多少是"大",多少才算"不大",没有一个绝对明确清晰的界限,从属于某一类到不属于该类是逐步过渡而非突然转变的。

(二)集合、普通集合、模糊集合、隶属度

集合是由数学家提出并加以推广的一个术语,在讲点现代普通逻辑这样一个狭小范围内,集合大致相当于我们通常所说的类。对于一个集合,一般要注意如下几点:集合的名称,组成集合的元素,某个元素属于这个集合的情况。

普通集合——集合的界线清晰,一个元素要么属于这个集合,要么不属于这个集合,如"中国的直辖市""20岁的人",便是普通集合。普通集合记作 A、B、C……X、Y……。组成集合的元素记作 a、b、c……x、y……。元素 x 属于集合 A 记作 $x \in A$,不属于则记作 $x \notin A$。

模糊集合——它表示模糊事物,如"优秀体操运动员""年轻人"等等。模糊集合记作 A、B、C……X、Y……,组成模糊集合的元素仍记作 a、b、c……x、y……;元素和模糊集合的关系不能简单地说要么属于、要么不属于,而要用隶属度来表示。

隶属度——即一个元素隶属于某一模糊集合的程度。一般规定,完全属于某模糊集合的元素,其隶属度为1,完全不属于的其隶属度为0,其余的用介于0与1之间的数来表示。

例1:设一次男子优秀体操运动员比赛,参赛者5人,分别用a、b、c、d、e表示。比赛时得分情况依次为9分、8分、9.2分、9.4分、0分,则可以说他们对"男子优秀体操运动员"这一模糊集的隶属度分别为0.9、0.8、

0.92、0.94 和 0。

例2：设模糊集合为"年轻人"，小李为30岁，他对"年轻人"的隶属度怎样来确定呢？对此，扎德[1]给出了如下的计算公式：

$$
\text{年轻人}(x)\begin{cases} 1 & 0 \leqslant x \leqslant 25 \\ \dfrac{1}{1 + \left(\dfrac{x-25}{5}\right)^2} & 25 < x \leqslant 100 \end{cases}
$$

这个公式把已经出生到25岁以下的人看作是完完全全的年轻人，其隶属度皆为1；25岁以上100岁以下的人，其隶属度则按给定的公式计算。30岁的小李的隶属度是 $\dfrac{1}{1 + \left(\dfrac{30-25}{5}\right)^2} = \dfrac{1}{1+1} = \dfrac{1}{2} = 0.5$。

隶属度是人们依据对模糊事物特性的了解来确定的。新起的模糊学对如何把握模糊事物的特性作了许多理论和方法上的探讨，但目前在大多数情况下，人们对模糊事物特性的了解还是依据于经验。当然这里所谓的经验是多数人认同的经验，它具有某种客观性。但既然是经验，也就必然包含有主观性，不同的人对同一元素隶属度的指定常常有差别。如不同的评判员对同一参赛运动员的评分总是会有差别的。又如，按扎德的公式计算，30岁的人对"年轻人"的隶属度为0.5；但若有人另创一种公式来计算，所得结果只有0.45，那也未尝不可。隶属度虽然在形式上表现为一种精确的数值，但实际上是一种非数值的量的规定性。

（三）模糊命题的数值真值

1. 单称模糊命题的数值真值

单称模糊命题的主项是表述某一元素的个体词，谓项是表述某一

---

[1] 扎德：美国著名学者，早在1965年就发表了著名论文《模糊集合》，提出了"模糊集合""隶属度"等基本概念。此后20多年来，他一直活跃在模糊字的前沿，提出或参与制定了模糊学的一系列重要概念和原理，是公认的模糊学的创立者。

模糊集合的模糊概念。例如:"a是优秀体操运动员""小李是年轻人",用符号表示则为"a是A"或"x是A",再进一步符号化则为:p、q、r……。

另外,如"今年天气好""今年粮食丰收""这地方风景秀丽"等也是一种单称模糊命题。

单称模糊命题的数值真值就是主项指称的个体对某模糊集合的隶属度。例如,a君在某次优秀体操运动员比赛中得9分,也就是说a君对"优秀体操运动员"的隶属度为0.9,那么"a君是优秀体操运动员"的数值真值就是0.9;也就是说,"a君是优秀体操运动员"有9分真。

2. 复合模糊命题的数值真值

复合模糊命题是由单称模糊命题通过联结词并非(＞)、并且(∧)、或(∨)、如果……那么……(→)等加以结合而成,有否定式(＞p)、合取式(p∧q),相容析取式(p∨q),充分条件式(p→q)等。

复合模糊命题数值真值的求取可因袭、借用复合多值命题逻辑值的公式和法则。

①否定式:＞p=1-p,如"并非小李是年轻人"的数值真值为1-0.5=0.5。

②合取式p∧q的值取p、q中真值最小的值。例如:"a君是优秀体操运动员(0.9)并且b君是优秀体操运动员(0.8)"的数值真值是0.8。

③相容析取式p∨q的值取p、q中真值最大的值。例如:"a君是优秀体操运动员(0.9)或者b君是优秀体操运动员(0.8)"的值是0.9。

④充分条件式。

$$p \rightarrow q \begin{cases} 1 & \text{当} p \leq q \\ 1-p+q & \text{当} p > q \end{cases}$$

例如:"如果今年天气好(0.9),那么今年粮食丰收(0.8)"的数值真值为1-0.9+0.8=0.9。

3. 量化式(全称、特称)模糊命题的数值真值

应当指出的是,这里只能在有限个体域(即组成集合的元素如有限个)中来讨论问题。在有限个体域中,全称模糊命题的真值计算可以转换为合取模糊命题的真值计算,而特称模糊命题的真值计算则可以转换为相容析取模糊命题的真值计算。

设某大学的教授(其个体数显然是有限的),在知识渊博方面,其真实度最高者为0.96,而最低的则只有0.5。那么,全称命题"某大学所有教授都是知识渊博的",其数值真值就只有0.5;而特称命题"某大学有的教授是知识渊博的",其数值真值则为0.96。

模糊命题的数值真值,使模糊变得相对清晰,这非常有助于加深对模糊事物的认识。但数值真值不应被绝对化,它只能作为一种参照系统,否则,模糊逻辑就蜕变成了多值逻辑。日用实践中的百分制、十分制评分实际就是求取模糊命题的数值真值,歌唱家、运动员水平的高低,学生学习成绩的好坏都是模糊事物,但都用百分制或十分制作精确处理。只要在思想上不要把评定的分数加以完全绝对化,便也不失为一种有用的、非常可行的办法。

(四)模糊命题的语言真值

语言真值就是利用语词(主要是限制词)来描述模糊命题的真假程度。在实际语言中,一般是将限制词加在模糊命题的谓词上,比"李浩学习有点用功""李浩学习非常用功"。这两句话也可以改写成"李浩学习用功有点真""李浩学习用功非常真"。"有点真""非常真"就是一种语言真值。

语言真值是一个可数的集合,如极真、非常真……有点真……比较假……很假……。扎德十分强调要对"极""很""有点"等一系列的限制词作相对精确的刻画,它有一系列关于这方面的公式[例如,极真=(非常真)^2,意思是:极=非常非常]。参照扎德的公式和思想方法,我们可以考虑作出如下一些约定——"非常非常"等于"极","很"与"非常"同义,"比较"的强度弱于"很","有点有点"等于"略","略"的强度高于"微"(在汉语中,人们一般是将"略"完全等同于"微")。根据这些约定,可列出语言真值的一个有序集合。

实际上,我们还可以通过添加否定词和"大约""近乎"等各种词语的办法来进一步作出更精细的描绘,比如说:"计划是近乎非常非常可靠的""那朵花是近乎很红的""这棵树是非常高的,但不是非常非常高"。

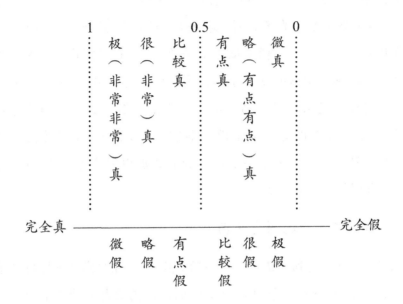

"极""非常""比较""有点"等刻画了一种等级层次性差别,但等级层次之间又没有绝对具体的明确界线。语言真值使模糊变得相对清晰,但又保持着模糊的本性。语言真值使模糊逻辑没有蜕变成多值逻辑,所以扎德认为语言真值才是真正的模糊真值。有的教育家曾建议,在评定学生成绩时,最好是用优、良,中、劣的四级分制来代替百分制;既然"成绩好坏"是一种模糊事物,那么,用语言真值来对之进行刻画,理应成为一种主要方式,只有在某种特殊情况下,才辅之以百分制。曾一度流行的优、良、中、及格、不及格的五级分制,便是一种折中处理;优、良、中都只是揭示一种等级差别,但"劣"却被划分为界线分明的及格和不及格两级;因为学科成绩是否过关,学生按成绩是否可升级,都是要作出明确的处理,不能是模糊和不确定的。

　　扎德和他创立的模糊逻辑虽然强调语言真值才是真正的模糊真值,强调要保持模糊的特性和本色,但其整个着力点还是放在使模糊变得相对清晰上。扎德不仅系统地讨论了所谓数值真值的问题,而且对语言真值词也尽量(甚至用公式)作精细的刻画。模糊逻辑的任务和着力点是对模糊事物进行定量分析,尽量把所谓不精确程度降低到无关紧要的水平。

　　模糊逻辑当然不是二值逻辑,它是建立在多值逻辑基础上的连续无穷逻辑。

(原刊于《江西教育学院学报》1994年第3期)

现代普通逻辑提纲：逻辑指号学

——逻辑与语言学的交叉

一、概述

（一）指号

人们在生活中，经常在直接感觉到某个东西的同时就会联想到另一个事物，并且这个能直接感觉到的东西竟逐渐地变成了那个联想事物的象征或代号，即成了所谓指号。例如，看到十字路口的红灯，就联想到"禁止通行"；看到某人脸上的皱纹，就联想到他的衰老；十字路口的红灯、皱纹都成了所谓指号。

指号可以分为三种类型。

图像：塑像、照片、地图、一座大桥的设计图，这些指号是其指代物的图像。

索引（index）：例如，"发烧是有病的象征""母亲脸上的皱纹是她衰老的象征""那里有烟标志那里有火"，"发烧""皱纹""烟"都是所谓"索引"指号。索引指号与其指代物有一种表里关系或因果关系。索引也可译作"标志"，index有两种中文译法，即"索引"和"标志"。说"标志"，大家容易理解。其实，译作"索引"也是挺合适的，索引就是搜寻、索求另一东西的导引之物，意思也是挺清楚明白的。

记号：前面提到的"十字路口的红灯"便是一种记号指号。记号中最重要的是语言文字。某个记号表示什么事物，一般都是一种社会的约定,其间并无什么必然的联系,但一经约定之后,就有一种社会的制约性。

本文着重论述语言文字指号。

(二)指号学、逻辑指号学

指号学(Semiotics)也译作"符号学"。第一次提出符号学这个名称的是英国的洛克,但指号学真正的兴起是19世纪以后的事。创建指号学的早期著名人物有:数理逻辑家和美国实用主义哲学家皮尔士、语言学家瑞士的索绪尔。后来美国实用主义哲学家莫里斯将指号学分为语形学、语义学和语用学三个部分,确立起了指号学的学科体系。从这个先驱者的阵营,可以看出指号学的哲学、逻辑、语言学的交叉性质。16世纪以后,欧洲一些哲学家,把一般哲学抽空,用语言哲学和逻辑哲学来代替一般哲学。所以,西方的指号学主要是逻辑和语言学的交叉。因为是逻辑和语言学的交叉,所以许多人宁愿把它称为"逻辑指号学"。然而,从某种意义上说,指号学和逻辑指号学又是有差别的,有一些纯语言学家往往对它只作纯语言学的讨论,而且在名称上也只称之为"指号学"。

(三)自然语言和人工语言

自然语言是指人们在日常交际中使用的各种语言,如汉语、英语、法语、俄语、日语等。"自然"本来是非人为的意思,但只要是语言,都不可能是非人为的。自然语言的"自然"只是相对于人工语言而说,它不像人工语言那样,是在某一个不太长的时期内由少数人所创制,而是在人们长期的社会交往中比较"自然"地形成的。

人工语言是由一些语言学家、哲学家、数学家、逻辑学家(为了某种目的)制作创造的。其又可以分为两大类:形式的人工语言(简称"形式语言"),如数学的符号系统、数理逻辑的符号系统等;非形式的人工语言。如今,它主要指所谓"世界语"。近代以来,不少人企图创造一种世界各民族通用的语言,这种语言一般都是以非形式的自然语言为参照。世界语的方案很多,它们大都以印欧语为参照,现在推行较广的是由波兰人柴门霍夫于1887年创制的。

本文着重讨论自然语言逻辑指号学。

二、逻辑语形学

语形学研究指号系统内部指号与指号的关系。在形式语言的相关学科(如数学、数理逻辑)中都有发育较完备的语形学。相比之下,在自然语言的传统语法中,语形学却多少有点发育不全。但在指号学兴起后发展起来的结构主义语法和转换生成语法,却都比较注目于语形的研究。

(一)结构主义的语形学

结构主义的创始人是索绪尔,结构主义学派正式形成于20世纪30年代,包括布拉格学派、丹麦学派和以布龙菲尔德为代表的美国描写主义学派。这里主要介绍描写主义的语法。

描写主义把语素作为语言的基本单位,语素与语素分层次组合起来构成句子。在结构分析方面,他们主张采用直接成分分析法。这种分析法是一贯到底地使用一分为二的切分,先把句子切分为两个直接成分,再把两个直接成分又各切分为两个直接成分,依此类推,可以把句子结构按层次不断切分下去,直到切分至最小的结构体(语素)为止。例如:

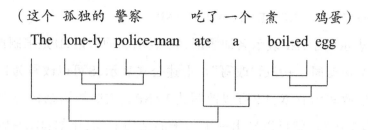

（这个 孤独的 警察　　吃了一个 煮　　鸡蛋）

The lone-ly police-man ate a boil-ed egg

这个句子先分成 The lonely policeman 和 ate a boiled egg 两大部分，然后再按层次作一分为二的切分，直至终端成分"语素"（上例是完全按英语的结构来分析的）。

对于这种直接成分分析法，他们号称是不管意义的。其实不然。如果真的不懂意义，怎么知道从哪里切开第一刀，哪里切开下一刀呢？例如，那切分的第一刀总是开在主语和谓语之间，主谓就是意义关系；再往后的一层一层地切分也都是要参照意义的，只是简单地一分为二，不能很好地揭示出语言结构的内在联系，如"参考资料是必要的"，若只是把"参考资料"一分为二是不够的，还必须揭示出"参考"和"资料"之间是"动宾"还是"偏正"，否则句子的结构便不清楚。现在国内有些书在介绍直接成分分析法时往往同时标上"主谓""动宾""偏正"等名称，这虽然纠正了结构主义完全撇开"意义"的缺点，但也有失结构主义的原貌。

结构主义宣称对自然语言可以撇开意义而去作专门的结构分析，虽未免失之偏颇，但他们全力专注于句子结构分析的做法和精神，却大大推进了自然语言的语形研究。

（二）转换生成语法

美国著名语言学家乔姆斯基是转换生成语法的创始人。转换生成语法包括基础部分和转换部分。

基础部分包括短语结构规则和词库。短语结构规则是一组改写规则。例如：

S→NP+VP　NP→D+N　VP→V+NP

S表示句子,NP表示名词短语,VP表示动词短语,D是限制词,N是名词,V是动词,→表示"改写"。上述公式表示,S可以改写为NP+VP,NP可以改写为D+N,VP可以改写为V+NP。按照短语结构规则,经过这样多次改写,就可以导出一个句子的结构形式,比如:D+N+V+V+D+N。从词库中选择相应的词插入这个抽象的语符列中,便生成各种句子。如:

"这个男孩喜欢这个球",用树形图表示如下:

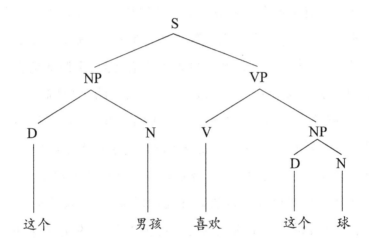

这个男孩喜欢这个球

这个基础部分基本上是从继承结构主义的句法结构理论而来的。

转换部分。在自然语言中,语句的意义和语形结构并非一一对应,而是复杂多样。对于这种复杂多样的关系,乔姆斯基比较成功地作出了简明扼要的分析和概括。他提出了表层结构和深层结构的问题、同义结构和歧义结构的问题,以及所谓转换问题。

表层结构和深层结构。前者是句子用语言形式表现出来的结构,后者则是深藏在人们头脑里的逻辑语义结构。

同义结构和歧义结构。同义结构是指一个深层结构和几个不同表层结构的关系。例如：

$$
\text{表层结构}\begin{cases}\text{老张把钱包丢失了}\\\text{钱包老张丢失了}\\\text{钱包被老张丢失了}\end{cases}
$$

$$
\text{深层结构}\quad\text{老张丢失了钱包}
$$

歧义结构是指一个表层结构和它相应的几个深层结构句子的关系。例如：

$$
\text{表层结构}\quad\text{鸡不吃了}
$$

$$
\text{深层结构}\begin{cases}\text{鸡不吃了}\\\text{我不吃鸡了}\end{cases}
$$

转换问题。对于句子,如果其意义基本上保持不变,是可以改换为不同的句法结构形式的。例如：

老张丢失了钱包（叙述句）

老张把钱包丢失了（把字句）

钱包老张丢失了（主谓谓语句）

钱包被老张丢失了（被动句）

由于意义基本相同,这些不同的句式和句类是可以互相转换的。转换现象早已被语言学家所发现,而乔姆斯基则把它发展成为一种理论体系。他认为根据一定的规则和方式表层结构和深层结构可以互相转换——由深层结构转换到表层结构或由表层结构转换到深层结构。通过转换,理清句子的语形,把握句子的语义。

转换规则和转换方式。转换规则要从具体语言事实中去分析和归纳出来,不同语言的转换规则不一定都相同,但也有一些是普遍适用的(由于它带有很大具体性,这里不讲述)。至于转换方式则比较简要,不管哪一条转换规则,其涉及的方式不外乎移位、复写、插入和省略等。例如:

老张丢失了钱包 —— 钱包老张丢失了 ("钱包" 移位)
钱包被老张丢失了 ("钱包" 移位并插入 "被" 字)
老张把钱包丢失了 ("钱包" 移位并插入 "把" 字)

我不吃鸡了——鸡不吃了 ("我" 省略, "鸡" 移位)

　　描写主义尽量撇开语言的意义而只关心语言结构的分析,而在结构分析方面又拼命求简。据说他们在归纳语句的结构时,主要以不发达的印第安语的素材为依据。他们可能有点故意避开那些较发达的语言,避开那些复杂性和多样性的现象,以力图保持语言结构的"简明性"。迄今为止,他们还写不出一部描写较发达语言的好著作。乔姆斯基把对自然语言复杂性多样性的剖析作为主攻方向,提出了"转换语法",进一步推进了自然语言的语形分析与研究。当然,转换生成语法已不是什么单纯的语形分析,而是密切结合语义分析来进行语形分析。对于自然语言来说,只能如此,也应当如此。

三、逻辑语义学

逻辑语义学研究语言指号的意义问题。

(一)概念、语词的语义问题

逻辑指号学冲破了传统普遍逻辑对概念含义的狭隘理解,参照语言学的理论,拓宽了研究和讨论问题的范围。

1. 意义是怎样产生的

有两种较为流行的理论。一是指称论。它认为概念、语词符号的意义就是对应于它所指称的对象。如"长江"的意义(内涵意义和外延意义)就是实际中那个长江的反映。另一种是使用论,它认为要了解一个概念、语词的意义就要了解它的用法,例如,"如果……那么……"这个词语,离开了它的用法,就说不清它的意义。我们认为指称论和使用论不是互相对立,而是互相补充。❶

2. 意义的种类

①概念意义:它是语词所指对象及其本质属性的反映(传统普通逻辑中所讲的内涵与外延)。它构成一个语词指号的基本含义。

②附加意义:它是人们在使用某个词语时附加上去的。例如:"妇女"的概念意义是"成年女性",但社会上往往附加一些意义,诸如"易动感情""温馨""脆弱"等。附加意义可以因不同国家、不同时代、不同社会集团而异。

③风格意义:指语言使用的社会环境意义。如"爸爸"与"父亲"的概念意义一样,但语体色彩却有所不同。再如,科学用语、文学用语、日常用语的区别,口语与书面语的区别,都是风格意义的区别。

④感情意义:用来表示说话者感情和态度的意义,如通常所说的褒义、贬义便是感情意义。

⑤联想意义:指由词语引起联想而体现出来的意义。如"三个臭皮匠,顶个诸葛亮","臭皮匠"有联想意义"极普通的群众","诸葛亮"的联想意义是"有计谋",整个句子是"人多有智慧"的意思。

⑥搭配意义:有些词语的有些意义产生于语词的搭配。如"交换"与"交流"两词,有部分意义是相同的,但一个与"换"搭配,一个与"流"搭配,搭配不同,因而也就各有些不同的含义。

3. 定义的种类

定义是揭示概念和语词意义的逻辑方法。由于"意义"的种类增

---

❶ 此外还有"观念论""行为论"等,我们认为"观念论"只能从属于指称论,作为指称论的补充,而行为论则和语言的使用有关。

多,所以定义的种类也相应地增多。

①真实定义:它就是传统普通逻辑所讲的邻近属加种差的定义。

②外延定义:划分定义、列举定义、实指定义都是外延定义。

③说明定义(或称"同义语定义"):它是以意义较明确、浅近的同义语来解释被定义项的意义,如"叟"就是"年老的男人"。我国的《尔雅》和《说文解字》都使用过这种定义方法。

④约定定义:它是对一个未经定义语言符号赋予某种特定的含义。如"四美是指心灵美、语言美、行为美、环境美""成年人是年满十八周岁的人"。以上诸种定义,在传统普通逻辑中都讨论过。

⑤语境定义:它是将被定义项放在一定的语境(上下文)中,然后用一个意义相同但不包含被定义项的语句来下定义。例如,"只有这个产品不合格",换句话说,就是"这个产品不合格,而其他产品都合格",从而显示了"只有"的意义。

⑥比喻定义:它是以暗喻的形式显示被定义项某些语义的定义。例如,"石油是工业的血液""儿童是祖国的花朵"。

⑦说服定义:它揭示语词的感情意义。例如,"自然主义是文学艺术创作上的一种不良倾向,它无选择地描写个别现象和琐碎细节,忽视甚至歪曲事物的本质"(《现代汉语词典》)。不同时代、不同文学流派对"自然主义"的评价是不同的,这是我们对当今的自然主义的评价和定义,表示了定义者、说话者的感情和态度。

4. 义素分析法

义素就是从词义中划分出来的最小的构成成分、构成单位。例如,"单身汉"的词义就可以认为是由"人""男性""成年""无偶"四个义素构成。义素反映的就是语词(概念)所表达的事物的一个个特征。义素分析法实际上是从逻辑特征上去揭示词义,从本质上说,是一种逻辑分析法。

怎样去分析义素呢?最重要最根本的一点,就是参照逻辑上"邻近属+种差"定义的思想方法分析和把握某语词(概念)所反映事物的一个个具体的属性。而在语言学著作中则会提到一种与此相应的很好的操作方法,即所谓对比方法。只盯住一个单独的词去分析其义素,常常会觉得无从下手。对比方法是把一组在意义上有共同特征(当然也有不同特征)的词放在一起,用逻辑的行话来说,就是把一组属种关系交错纵横的概念放在一起,通过比较去进行分析。例如,通过对"男人""女人""男孩""女孩"四个词的义素上的同与异的分析,就比较容易得出如下的具体结果:

男人 (人 男性 成年)

女人 (人 女性 成年)

男孩 (人 男性 未成年)

女孩 (人 女性 未成年)

传统语言学是把词义作为一个囫囵的整体来处理的,因而对词义的研究长期不能深入,不能进一步展开。义素分析法为研究词义开辟了新的途径。义素分析法对辨析同义词、分析反义词、检验词的搭配关系提供了新方法。

一些语言学著作还依据义素分析法探讨和构建了"词义的结构式子",其长远的目的是企图探索自然语言形式化的门径。但目前似乎还欠完备和成熟,暂不多作介绍。

(二)语句的语义分析

逻辑指号学在分析句子的意义时,既运用了语言学的理论和方法,也运用了逻辑的理论和方法。下面列出揭示句子意义的途径、办法。

①句法结构分析。句子不是任意凑合的语词序列,只有合乎句法结构的语词序列才是句子,才有意义。用逻辑的行话说,只有合式的符号序列才有意义。所以要分析句子的意义,首先要看它是不是句子。语义分析是不能完全离开语形分析来进行的。

②分析句子的主语、谓语。分析句子是施事还是受事,是主动还是被动,是陈述、疑问还是祈使、感叹。主语、谓语、施事、受事、主动、被动、陈述、疑问、祈使、感叹等说到了语形问题,但更主要的任务还是揭示句子的语义。

③检查句子内部词的搭配关系。具体的办法是通过义素分析来进行,即分析各个词语的义素是否是相容的。例如,"屋旁的那棵桃树还活着,可门前那对石狮子却死了"前一分句中的"桃树"和"活",其意义是相容的,可以互相搭配。可后一分句中的"石狮子"和"死"则是不相容的,不可以互相搭配。"死""活"都有"性命现象"这个义素,"桃树"也有"性命现象"这个义素,因而可以和"活"搭配,可"石狮子"却没有"性命现象",便不能和"死"搭配。

④句子的语义蕴涵命题的分析。在自然语言中,一个语句一般都有许多语义蕴涵命题。所谓一个语句的语义蕴涵命题,就是指离开任何语境都可以从句子本身(即句子字面意义)推出的命题。例如,"北京是个美丽的大城市"。它可以有以下的语义蕴涵命题:"北京是个大城市""北京是个城市""北京是个美丽的地方""有个城市是美丽的大城市""有个城市是北京"等。一个语句的意义就是其语义蕴涵命题的集合,其中每个语义蕴涵命题都构成了这个语句的语义的一部分。

语义蕴涵理论是一种逻辑的理论。它不仅论述了语句的语义分析,而且构建了推理。语义蕴涵推理是关于自然语言的一种推理。这种推理着眼于语义,或者说着眼于内涵。但它的严格性不亚于任何外延推理。例如:

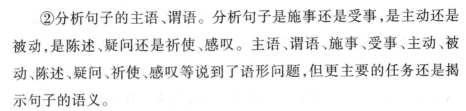

杭州是闻名中外的风景城市　　杭州是名闻中外的风景城市

杭州是风景城市　　　　　　有城市是名闻中外的风景城市

语义蕴涵推理的严格性,在相关的逻辑书上有详细说明。就上述推理而言,它们在由前提到结论的推导过程中,是把某些词项的义素减少,因而结论没有超出前提,推论具有必然性。

四、逻辑语用学

(一)什么是逻辑语用学

有三种较流行的说法。

①研究语言指号与其使用者之间的关系。

②在语言指号使用中去考察其意义问题。

③研究语言指号运用的各方面问题。

上述③可谓失之宽泛,而②可谓失之偏狭。在使用中考察语言的意义确为逻辑语用学的重要内容,但若只限于此,语用学岂不就成了语义学的附庸。①是莫里斯最初提出的定义,虽然也有点不够具体,但却揭示了逻辑语用学的本质特征,"对于逻辑语用学,符号使用者的明确提及是必要的"❶。可以说,只有在明确提及指号使用者的情况下去谈语言运用和语言意义,才算是进入了逻辑语用学的范畴,而且逻辑语用学也不只限于讨论语言运用中的意义问题。

(二)语境

语境展示的是语言运用的主客观条件,而主观条件就是语言指号的使用者。

语境有狭义与广义之分。狭义的语境指语句的上下文(口语中的前言后语)。广义的语境包括下述诸因素:①表达者和接受者;②时间和地点;③语句本身;④背景知识(时代背景、社会环境、自然环境);⑤言语行为(围绕着言语发生的情感和某些动作行为)。

语境的作用。它使交际中的言语确定化。许多语句离开语境,便很难确定它的意义,突出的如索引句、歧义句、省略句等,孤立地看,都很难确定其句意,但在具体的语境中,它们的意义都是确定的。

它帮助获得和理解言外之意。例如,"张三真聪明",这本是一句表

---

❶ 科伊《逻辑语用学》,见中国逻辑学会《逻辑语用学与语义学》,中州古籍出版社,1994年版。

扬的话,但如果是在人们议论张三做错事时说这句话,其意思恰好相反——说话人所要传达的信息是:"张三真笨"。这种言外之意,在语境中是一目了然的。

它确定表达式的恰当与否。例如:

你的孩子弄不好会死的。

如果医生在诊病时说这句话,那并没有什么不妥。如果是在孩子生日的宴会上说这句话,则是不恰当的。所谓恰当性,就是同语境相协调。

(三)会话含义

1. 什么是会话含义

它是越出话语的表面意义而推导出来的意义。人们在进行语言交际时,常常可以从对方话语中合理地推导出含蓄的言外之意。例如,有两个女青年对话:

A:你看我这衣服式样好吗?

B:你这衣服颜色不错。

B并没有直接回答A的问题,然而A听了B的回答之后就可推知:B认为自己的衣服式样并不好。这种言外之意就是会话含义。

2."合作原则"与"会话含义"

根据美国哲学家格赖斯的理论,合作原则有四条准则。

①量的准则:提供适量的信息。说话者提供的信息不多也不少,恰好是听话者想知道的。

②质的准则:话语应当真实,不说没有证据的话,不说自认为是虚伪的话。

③相关准则:内容必须切题,更不能"王顾左右而言他"。

④方式准则:表达清楚明白,不唠叨啰嗦,有条有理,不自相矛盾,话语没有歧义。

违反合作原则有以下三种情况。

①一方遵守合作原则,一方则暗中说谎,即悄悄地不让听话人发觉他在违反合作原则,从而将听话人引入歧途,上当受骗。

②会话的一方明确宣布不愿合作,表示不回答任何问题。

③会话的一方实际是遵守合作原则的,但有点顾此失彼。常见的是为了遵守质的准则而违反了量的准则。例如:

张三:他们什么时候去的机场?

李四:今天上午的某个时候。

李四不知道"他们"去机场的确切时间,又不愿说谎,也不想直接表示不合作而说"不知道",于是只好放弃量的准则而遵守质的准则。

说话人有意地不遵守某一准则,但他相信听话人会觉察到:①说话者实际是合作的;②说话者之所以有意不遵守某一准则的目的是迫使自己越过话语表面意义去推导出其中的会话含义。例如:

莉莉:你姐姐昨天在商店买了什么?

芳芳:她买了一件红衣服,她买了一件绿衣服,她还买了一件花衣服。

芳芳唠叨啰嗦,故意违反方式准则,迫使对方去推出那言外之意:"姐姐老爱买衣服,芳芳真有点不高兴。"

会话含义是推导出来的,这种推导建立在以下基础上:

①话语的理性意义(字面意义);

②合作原则的特殊表现形式(说话人实际是合作的,但却有意不遵守某一准则以迫使听话人去寻求言外之意);

③有关的背景知识;

④非正式推理。

会话含义的推出要同时运用语言学和逻辑学的某些理论和方法。"会话"也明确涉及指号使用者,因为会话是具体的人(指号使用者)的会话。这些都鲜明地显示了其逻辑语用学的性质。

（四）言语行为

言语行为理论是英国日常语言学派代表人物奥斯汀提出来的。他把言语行为分为三种：

①言辞行为：指说出有意义话语的这种行为。

②言内表现行为：指话语本身所构成的一定的行为。如"允诺""警告""抱怨""道歉""催促""侮辱"等。例如，说"这本书你可以借阅三天"这句话，同时也就表现了"允诺"行为。某句具体的话究竟表示一种什么言内表现行为，有时要视语境而定。例如，"桌子上有条鱼。"在语境一中，可能是"抱怨"对方没有把桌子收拾干净；在语境二中，可能是"警告"对方不要让猫叼走鱼；在语境三中，可能是"催促"对方吃饭。

③言后收效行为：指话语对听话者产生的影响，如使他高兴，使他烦恼，让他去做某事，吓唬住他，等等。

其中"言内表现行为"是人们瞩目的中心，也是学者研究的重点。具有"言内表现行为"的话语，自然都是有意义的，即也是一种"言辞行为"；另外它多半也使听话者产生影响，引出种种"言后收效行为"。

具有"言内表现行为"的话语"以言行事"，故亦称行事话语。奥斯汀曾把行事话语分为五种。

①断定话语：它是承认所说之事为真的话语，如"我认为计划是可行的""我预料他的病情不会恶化"。

②指令话语：它是要求听话者做某事的话语，如"我请你来一趟""我劝你别去了"。

③表情话语：它是对某事表达一定心理状态的话语，如"我祝贺你打破纪录""我后悔没有同他一起去"。

④承诺话语：它是制约说话者自己做某事的话语，如"我保证完成任务""我发誓决不说出去"。

⑤宣告话语：它是造成所说某事的话语，如"我宣布大会闭幕""我指派你为全权代表"。

奥斯汀的上述分类，也许并不十分完善、妥帖，但切近"日常语言"，初学者易于理解。

行事话语有逻辑结构F(P)，其中P为命题内容，F为话语表现的行为，有人说F表命题态度；准确地说，那是指号使用者的态度、行为。"言语行为、行事话语"的理论和方法，重心已不是什么"在使用中去考察话语的意义"了，而主要是去揭示指号使用者在语言使用过程中表现的态度和行为。

（原刊于《江西教育学院学报》1994年第4期）

现代普通逻辑提纲:认知逻辑

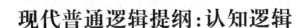

——逻辑与哲学认识论的交叉

一、"知道"与"断定"

认知逻辑涉及"知道"与"断定"等方面的逻辑问题。现代普遍逻辑偏重于结合日用思维的实际来揭示、规定"知道"与"断定"的含义。

(一)知道(绝对知道、相对知道)

绝对知道。认知的主体是整个人类。主体(整个人类)的认知能力是无限的,认知的结果是不断逼近于绝对真理。关于"绝对知道",在辩证唯物主义认识论中有详细的论述。

相对知道。认知的主体是某个(某些)具体的人,主体的认知能力是有限的,认知的结果是一种相对知道,是某些人认为其知道的是真的,主观认为某项知识、法则、规律是真的、可靠的。应当指出的是,这里所谓的"相对""主观"并不具有什么随意性,而是一种理性的知道,是一种比较可靠的知道。

这里的"知道逻辑"主要是讨论"相对知道"的逻辑问题。

(二)断定

断定也有两种。一是现代逻辑演算中的所谓"断定"。在那里,断定是人的集体的断定或公证,它表现为理论的命题体系,表现为某对象事物的公理系统。在那里,"X知道、断定P,并且P→g,则X知道、断定 g", 被确认为一种逻辑法则。这个 X 自然不能是某个具体的人, 他只能是某种公理系统的化身, 只能是先天就具推理能力 (即对 P→g 是先知后觉) 的抽象的人。现代普通逻辑不讨论这种"断定"。现代普通逻辑只讨论日常思维中的所谓"断定", 它是某人 (某些人) 的断定, 如医生的诊所、裁判员的裁定等。这种断定和"相对知道"是相关联的, 断定者知道某事理、某命题是真的, 因而便断定其是真的。

"相对知道"和"日常意义下的断定", 是密切相关的处于同一认知水平的范畴。日用的认知逻辑就是它们二位一体的逻辑。它们有许多共同的、统一的逻辑准则。

二、逻辑准则和公理

(1)林肯公理。

原式。如果 P 是假的, 那就一定存在这样的人, 他不断定 P。也就是说, 假的东西, 总会有人知道它是假的。

这一准则之所以被称为林肯公理, 是因为在《林肯宣言》中曾说过: "不能在所有的时间愚弄所有的人。"也就是说, 只要是一个假命题, 总会有人识破它, 因而不断定它。

扩展式。如果 P 是真的, 那就一定存在这样的人, 他断定 P。

(2)诚实公理。

"如果你确实知道自己知道 P, 那么才说自己知道 P。"这也是通常所说的"知之为知之, 不知为不知, 是知也"。总之, 要十分诚实, 不要不懂装懂。

(3)坦率公理。

"如果你知道 P, 那么就要说知道 P。"这就是说, 要坦率, 不要吞吞吐吐。

(4)无矛盾原则。

"不可能某人知道 P 真并且知道非 P 真。"这是说矛盾律在知道逻辑中也是一条规律和准则。

（5）推理具体性准则。

公式1：并非X知道P，并且P→g，所以X知道g。

公式2：X知道P，并且X知道P→g，所以X知道g。

对于上述公式，在有的逻辑上被概括为"反神学假设"。认知主体X只知道P，而并不知道P可以推出g，在这种情况下就断定X知道g，实际上就是假定了X对P→g已是生而知之了，这种生而知之的人，自然只能在神学世界中找到，因而只能是一种神学假设。并非"X知道P，并且P→g，所以X知道g"就是反神学假设。

考虑到在现代逻辑演算的断定逻辑系统中，"X知道P，并且P→g，所以X知道g"已被确定为一条准则，而且当X被看作某种公理系统的代表时，推理已被抽象化，此时说"X知道g，并且P→g"也便具有了相对的合理性。对此，当我们要在（日用）认知逻辑系统中去否定它的时候，也就不沿用什么"反神学假设"名称。我们只是从正面着眼，将公式1、公式2概括为"推理具体性准则"。

三、语义法则：同一关系概念不能互相替换

在传统普通逻辑中曾讨论过所谓同一关系的概念。例如：

北京亚运会　第十一届亚运会

上述概念，外延相同而内涵有别，是谓同一关系的概念。

在数理逻辑中，一切外延相同的表达式在语义上是完全等价的。所谓语义就是泛指一个表达式所指谓的一切内容。数理逻辑是高度形式化和抽象化的逻辑，一个表达式指谓的内容也被进行归约和抽象。像个体词、谓词（即一般所谓的概念）的语义就只强调其外延，一切外延相同的概念就被看作完全相同而可以互相替换。至于命题或语句的语义就是它的真值（真假值），真值相同的命题也是彼此等价的。在数理逻辑中有所谓外延性原理——设E是一个语句（命题）表达式，而e

（概念的表达式）是E的一个组成部分，如果e在E中由一个跟e具有相同外延的表达式所替换，那么E的真值保持不变。例如，"北京亚运会的吉祥物是熊猫盼盼"中的"北京亚运会"换成与其外延完全相同的"第十一届亚运会"而得出"第十一届亚运会的吉祥物是熊猫盼盼"，则仍然是个真语句，即真值保持不变。

在传统普通逻辑中，内涵不同外延相同的概念虽被标示为两个概念，但又认为存在某种同一思维过程中，二者互相替换，并不违反同一律的逻辑要求。传统普通逻辑虽然不是什么纯粹的外延逻辑，但由于它完全不必计较认知主体（即人）的任何具体主观情况，可以说是基本上排除了认知主体的因素，或者说在那里认知的主体是整体的人、抽象的人，因而内涵不同但外延相同的概念彼此替换便也不会引起什么逻辑上的混乱。

但在知道逻辑中，情况就不同了。在这里"王老汉知道北京亚运会的吉祥物是熊猫盼盼"和"王老汉知道第十一届亚运会的吉祥物是熊猫盼盼"却不是等值的。当前一个语句真时，后一个语句却可能假。因为认知的主体"王老汉"可能根本不知道"北京亚运会"与"第十一届亚运会"指称的就是同一对象。外延性原理在这里已失效了。在知道逻辑中，认知的主体是某个人（某些人），他不是什么无所不知的人，他不可能轻松自如地由外延而及内涵或由内涵而及外延；说得具体和准确一点，外延相同而内涵不同的同一关系的概念，在其心目中往往就是被看作彼此分离的不同概念。现代语义学明确指出：语义问题、意义问题，不仅仅是指称问题，而且还有语用问题，即与语境和语言的具体使用者有关。这种情况在知道逻辑中尤其值得注意。

对于知道逻辑中的这种语义现象，早在古希腊的斯多噶派那里就作过具体的讨论。奥列斯特回家来了，他的妹妹厄勒克拉特（与哥哥少小分离）不认识他，但厄勒克拉特又知道奥列斯特是她的哥哥。由此可以得出这样一个推理：

厄勒克拉特不知道站在她面前的这个人是她的哥哥

厄勒克拉特知道奥列斯特是她的哥哥

而站在她前面的人就是奥列斯特

所以，厄勒克拉特既知道又不知道这个人是她哥哥

这就是逻辑史上提到的所谓的"厄勒克拉特悖论"。当然，斯多噶派并没有真的把它看作是一个悖论，而只是利用这个富有幽默的有趣话题来具体而生动地表述他们在语义问题上的一种见解。斯多噶派认为，在上述这段言语中，除了表达式及表达式所反映的客观对象（即指称）以外，还存在第三种东西，那就是"意义"；语言表达式"奥列斯特"和"站在厄勒克拉特前面的人"，虽然在事实上是指称同一对象，但却具有不同的"意义"，所以厄勒克拉特知道奥列斯特是自己的哥哥，但却不知道站在自己面前的人就是哥哥。

斯多噶派的表述多少还有点失之笼统和含混。他们没有（当时也不可能）明确作出"外延相同内涵有别"这样的措词。他们也没有（当时也不可能）明确点明语义问题不仅有指称问题，而且还有语用（涉及语境和语言使用者）问题。在上述具体问题上，语言使用者是厄勒克拉特这一单个的人，语境是"她和哥哥少小分离，老大不相识"。不过，斯多噶派实际上已经意识到了在知道逻辑中，外延相同内涵有别的同一关系概念是不能（无条件地）互相替换。

著名的逻辑学家弗雷格也讨论过这个问题。他构造了如下一个推理：

哥白尼知道晨星是一颗行星

晨星和昏星是同一颗行星

所以，哥白尼知道昏星是一颗行星

他认为这是一个非有效推理。昏星和晨星是指同一颗星，即所谓金星，它们外延相同，但内涵有别。晨星是专说它早上出现在东方天空这一特点，昏星则是说它晚上出现在西方天空这一特点（过去在我

国也有"东启明""西长庚"的说法,即把早晨出现在东方天空的金星称为"启明",而把晚上出现在西方天空的金星称作"长庚"),而外延相同内涵不同的概念在知道逻辑中是不能(无条件地)互相替换的。

有人把上述语义法则称为"内涵性原则",这多少有点失之笼统和含混。我们还是利用普通逻辑通行的用语作如后的具体表述——语义问题不仅是个指称问题,而且还有语用(涉及语境和语言使用者)问题。(日用)认知逻辑中的认知主体是某人(某些人),在语义问题上必须充分考虑到语用原则。其具体法则是:在表达式中外延相同内涵有别的同一关系概念不能(无条件)互相替换。

(原刊于《江西教育学院学报》1995年第1期)

中国逻辑

中国逻辑思想史稿：先秦名家逻辑思想

我国是文明古国,有着几千年的优秀文化。我国古代社会,也和古代希腊一样,不但整个学术辉煌灿烂,而且逻辑思想丰富多彩。春秋战国时期,惠施、公孙龙、荀况、韩非都各具有自己的逻辑思想。特别是墨家后学,其作为一个学派,依靠集体的力量和智慧,撰写了具有百科全书式的逻辑专著《墨经》。及至两汉,中国的逻辑界仍然名家辈出,各有创新。《淮南子》一书发展了中国的古典归纳逻辑,桓谭、王充发展了中国古典的论证逻辑,魏晋南北朝时期,"名辩"之风又复昌盛。就整个来说,虽然魏晋人的"名理"之学不免流于玄虚和诡辩,但嵇康、范缜、陆机、葛洪等人也都对逻辑思想的发展作出了积极的贡献。唐宋元明时期,中国古典逻辑思想确乎转向消沉,但是这一时期我国的一些人物,为积极输入印度的因明学和西方的逻辑学作出了努力。清代以后,随着中国社会内部资本主义因素的萌芽和发展,随着整个学术思想逐渐开始活跃,中国的逻辑论坛也开始热闹起来,首先是中国古典逻辑的复兴,其次是对印度因明学和对西方逻辑研究工作的复兴。后来,还有许多人为综合三种逻辑思想作了许多尝试,做了许多有益的工作。这份逻辑思想史稿,将试图叙述从先秦到五四运动以来,我国逻辑思想的发展,将中国古典逻辑思想的发展及印度因明学的传入和西方逻辑的输入都包括进去。

中国逻辑思想的史料是很丰富的,由于我的见识有限,搜集得很不全面。另外,搜集资料之后,怎样串写成史,使之能真正看出发展的脉络线索来,这是我力不易及的。

中国的逻辑思想史应当从哪里写起呢? 应当从古代名家写起,因为中国古典逻辑的研究,确实是从先秦的几位名家人物开始的。

关于先秦的名家,《汉志·名家》记载曰:

邓析二篇。郑人,与子产并时。

尹文子一篇。说齐宣王,先公孙龙。

公孙龙子士四篇。赵人。

成公生五篇。与黄公等同时。

惠子一篇。名施,与庄子并时。

黄公四篇。名疵,为秦博士。

毛公九篇。赵人,与公孙龙并游平原君赵胜家。❶

成公生、黄公、毛公的著作已全佚无故。

今本《邓析子》《尹文子》,不少人认为是秦汉以后的人伪作,这种说法大致可信。因此,先秦的名家真正有史可查的就只剩下公孙龙和惠施。据近人的考证,惠施先于公孙龙,所以我们先从惠施谈起。

一、惠施

惠施,宋人,约生于公元前370年,卒于公元前310年。他曾经做过魏国的宰相,是战国时期所谓"合纵政策"的一位实际组织者。后来张仪的连衡政策得势,惠施被迫离魏至楚,不久又转入宋。在宋国,惠施与庄子相晤论学。几年之后,他又回到了魏国。

《汉书·艺文志·名家》载有《惠子》一篇,但没有保存下来。目前只有一些关于惠施言行的片断,散见于《庄子》《荀子》《韩非子》《吕氏春秋》等书中。清代人马国翰曾辑有《惠子》一卷,就是把这些散见的片断搜集在一起。马国翰并没有把所有记载惠施的资料都搜集进去。马国翰辑本中绝大多数是历史故事的形式,并无什么有关逻辑的史料。真正介绍了惠施学术思想的只有《庄子·天下篇》,这是我们研究惠施逻辑思想的主要资料。

---

❶ 班固《汉书》,中华书局1975年版。

《庄子·天下篇》记载惠施历物十事。"历"有治理的意思,"历物"就是考察分析事物。惠施历物十事如下:

一、至大无外,谓之"大一";"至小"无内,谓之"小一"。

二、无厚不可积也,其大千里。

三、天与地卑,山与泽平。

四、日方中方睨,物方生方死。

五、"大同"而与"小同"异,此之谓"小同异"。万物"毕同""毕异",此之谓"大同异"。

六、南方无穷而有穷。

七、今日适越而昔来。

八、连环可解也。

九、我知天下之中央,燕之北,越之南是也。

十、泛爱万物,天地一体也。❶

第八条"连环可解也",意义晦涩,实在难解。因此,我们只根据其他九条来讨论惠施的逻辑和哲学思想。

惠施在逻辑上的具体成就是对一些概念进行了逻辑的定义。

"至大"无外,谓之大一;"至小"无内,谓之小一。

战国时期,生产比以前有很大发展,科学也随着更有进步,人们便开始对天地自然的各种现象进行考察,并试图作出种种解答。"至大""至小"便是当时讨论的问题之一。那时一般人认为:天地是最大的东西,毫末是最小的东西。问题是否如此呢? 一些哲学家们并不到此止步。譬如《庄子·秋水篇》就曾说:"又何以知毫末之足以定至细之倪? 又何以知天地之足以穷至大之域?"这就是说,不能肯定"天地是最大的""毫末是最小的"。惠施可能和庄子一起讨论过这个问题。他的历物第一事,就是对"至大""至小"所作的一种逻辑上的定义。他反对世人常识之见,指出:真正大的东西("大一")应该"无外",即无限大;真

---

❶ 谭戒甫《庄子天下篇校释》,商务印书馆 1935 年版。

正小的东西("小一")应该"无内",即无限小。这是一种极限论的概括,有相当的科学价值。

历物第二事:无厚不可积也,其大千里。

"无厚"也是战国时期一部分人经常讨论的一个问题。《荀子·修身篇》曾提到过所谓"有厚无厚之察";《韩非子》和《吕氏春秋》提到过所谓"无厚"之辞。

"无厚"是什么呢? 就是《庄子·养生主》里提到的那个"无厚":"彼节者有间而刀刃者无厚,以无厚入有间,恢恢乎其于游刃必有余地矣"。"无厚"就是没有厚度的意思。惠施引用"无厚"来对几何上的平面进行逻辑上的定义。几何上的平面,从理论上讲是没有厚度的,无厚度的平面从理论上来说也是不可累积的,所以说"无厚不可积";至于几何平面的面积则是可以很大的,所以说"其大千里"。今天数学知识普及,这样的概念是极容易被人们理解和接受的,但在当时却很容易被视为奇谈怪论。那么,当时的惠施为什么能对"几何平面"作出这样纯数学的解释呢? 我们知道,战国时期各种学科,如医学、天文学、数学都有相当发展,这是他能对上述科学概念作出精确的逻辑定义的社会条件。惠施本人是一个博学多才的人,据《庄子·天下篇》记载说,当时南方有个奇怪的人叫黄缭,请问惠施,天为什么不塌下来,地为什么陷下去,以及什么是发生风雨雷霆的原故等。惠施几乎是不假思索地把这一系列问题回答了,并且"偏为万物说,说而不休,多而无己,犹以为寡"。这说明惠施是博学的,对"几何平面"作出纯数学解释是无疑的。

在哲学上,惠施认为事物的差别是相对的:

天与地卑,山与泽平。这是说高和低的差别是相对的。一般说天是高的,地是低的;山是高的,泽是低的。但有时则不然,如高山的湖泊比低处的山还要高,所以说"山与泽平。"

日方中方睨,物方生方死。太阳刚升到正中,同时也就开始西斜了。一个东西在生长的过程中,也就包含着死亡的因素。事物总是处在不断的变化过程中,它们前后性质上的差异也是相对的。

今日适越而昔来。人们去任何地方,总得要花费功夫走一段路程,因此称呼时间的早晚,要看你以哪一个地点为标准来说。例如,从魏国到越国,以越国为标准说,是今天到达,但以动身的魏国来说,则是前些时候就来了,所以说"今适而昔来"。

我知天下之中央,燕之北,越之南是也。从中国说,中央是在燕之南,越之北。而说燕之北,越之南为中央,这是怎么回事?晋司马彪注解这一条时有"天下无方,故所在为中"之说,谭戒甫在解释这一条时则更明确地说,战国时惠施和墨家的一些人都已知道地球是圆的。❶既然地球是圆的,那么"燕之北""越之南"之间也就有个中心地点了。

总之,惠施认为,高、低、正、斜、今、昔等事物,无不具有其相对性。

但是,惠施并没有到此止步,而是继续向前。他提出了"万物毕同毕异""天地一体"的命题。"毕同"就是完全同,"毕异"就是完全异。说"完全同"又说"完全异",实际上是无所谓同异。万物无所同异,无所差别,乃至"天"和"地"也没有分别了。因此,他"向前"滑得太远了,最后陷入了相对主义的泥坑。

那么,惠施究竟是唯物的还是唯心的呢?《庄子·天下篇》批评他"散于万物而不厌""逐万物而不返""弱于德,强于物"。这说明他有点沉溺于研究万物和自然,倾向于唯物主义方面。

在中国逻辑史上,惠施是第一个有史可查的人物。他是在研究万物和自然的基础上,开始对逻辑进行研究的。他为中国的逻辑研究作了一个良好的开端,但惠施又有着浓厚的相对主义色彩。相对主义是逻辑诡辩的先导。在中国逻辑史上紧接着惠施而出现的人物,便是诡辩的公孙龙。

---

❶ 谭戒甫《庄子天下篇校释》,商务印书馆1935年版。

二、公孙龙

公孙龙,赵国人,约生于公元前325—公元前315年,卒于公元前250年左右。他活动的年代比惠施迟,和荀子同时而稍早。据说,他曾劝燕昭王偃兵,又曾和赵惠文王讨论过偃兵。他做过平原君的门客。秦围赵都邯郸,平原君求救于魏,结果邯郸围解,平原君有功于国。虞卿要为平原君请封,公孙龙劝平原君勿受,可见他不是一个一般的食客。公孙龙还有不少的门生、弟子。他的著作,《汉书·艺文志》里记载有14篇,流传到现在的有《指物论》《坚白论》《白马论》《通变论》《名实论》和《迹府》6篇。《迹府》讲了一些公孙龙的事迹,可能是他的门生、弟子或后人写的。其他几篇当是公孙龙自己的著作,讨论了哲学和逻辑问题。

《指物论》讲什么呢?讲"指",讲"物"。"指"是什么呢?柏拉图有所谓"理念",黑格尔有所谓"绝对精神"。"指"就是属于这一类的东西,但又和"理念""绝对精神"不同。柏拉图的"理念",黑格尔的"绝对精神"都只有"一个",万物都是由这一个"理念"、由这一个"绝对精神"而来。公孙龙的"指"却有很多个,如"白""马""坚"等都是。公孙龙认为,所谓"物"就是"指"这一类观念东西的表现,"物"是"指"的聚合,所以他说:"物莫非指"(这个"非"字和"莫"字紧相连,不是用来修饰"指"的。这句话的意思是:一切物没有不是由"指"变成的)。公孙龙还认为,"指"一旦聚合为"物",就和独立自存时不同,所以他把聚合于物的"指"称为"非指"(有时也叫"物指")。公孙龙说:"而指非指。""指非指",是说"指"变成了"非指",或者说"指"变成了"物指"。据清代陈澧考证,公孙龙之所以用"指""非指"这样一些术语,是因为借譬如下一种情况:人以手指物,物皆是指,而手指非指。公孙龙的"指"(即"观念""理念""精神"之类的东西)就好像魔术师的指头一样,指东成东,指西成西,东西皆成于指,而指头非东西。物成了精神的产物,可见公孙龙是一个唯心主义者。

谁都知道，一块白色而坚硬的石头摆在这里，对这块石头来说，坚和白是不能离的，决不能设想石头只有硬度而没有颜色，也决不能设想石头只有颜色而没有硬度。可是公孙龙却要离坚白。他在《坚白论》中说：

视不得其所坚而得其所白者，无坚也。

拊不得其所白而得其所坚者，无白也。❶

"白"是"目"的感觉，"坚"是手的感觉。目、手非一，所以坚、白相离。他是利用人们对"色"和"形"的感应器官不同，来论证坚白相离的。可见，他不仅和一切主观唯心主义一样，认为只有感觉到的才是存在的，而且排斥了"感觉经验的复合"。

公孙龙还进一步解释说，坚、白相离并不是离去的那个就没有了，而是藏起来了。例如，当我们目视时，是"得白"而"无坚"，这个"无坚"不是说"坚"真正没有了，而是隐藏了，但又不藏在石头里，而是自藏了。坚、白是互离而又自藏的，一切（坚白等）共相都是互离而自藏的。在公孙龙的唯心主义中，有众多的互离自藏的共相，没有一个统一的"绝对精神"，可见，他的唯心主义是多元的。

公孙龙的唯心主义很庞杂。当他讲"物莫非指，而指非指"时，像是个客观唯心主义；当他讲"视得白而无坚，拊得坚而无白"时，又表现为主观唯心主义，而且是一个否认感觉复合的形而上学的主观唯心主义；而当他讲"坚、白"各自互离而自藏时，却又转向了客观唯心主义。唯心主义是反科学的，它本来就经常背离我们正常人的常识，使我们觉得不好懂。公孙龙却时而摆出客观唯心主义的一套，时而又搬出主观唯心主义的一套，这就使它的学说更加隐晦曲折。王充的《论衡·案书篇》中说："公孙龙著坚白之论，折言剖辞，务曲折之言。"这是说公孙龙是用一种曲折的道理，来进行离坚白的诡辩论证的。

---

❶ 庞朴《公孙龙子译注》，上海人民出版社1974年版。

"白马非马"是战国时代广为流行的一个论题。《韩非子·外储说左上》有一条记载:"儿说,宋人,善辩者也。持白马非马也服齐稷下之辩者,乘白马而过关,则倾白马之赋(看到他骑了白马就要收他的马税)。故籍之虚辞,则能胜一国,考实按形不能谩于一人。"这是说,在实际生活中谁也不会相信白马非马。但是这个轰动一时而且直到今天仍然诱惑人的问题,究竟是怎么回事呢? 这就需要我们去详细研究一番公孙龙的《白马论》。

公孙龙论证"白马非马"的一个论式是:

求马,黄黑马皆可致

求白马,黄黑马不可致

<u>黄黑马一也,而可以应有马,而不可以应有白马</u>

是白马之非马,审矣

我们先把上述的论述改写成为一个三段论:

黄黑马是马

<u>黄黑马不是白马</u>

所以,白马非马

用三段论的规则来衡量,这个推论患了大词不当周延的毛病,是一个不正确的推论式。然而,我们的分析不能就此止步,因为:第一,我们的读者也许有一部分尚不熟悉三段论的规则;第二,更主要的是,这里尚没有把问题的所以然讲出来。公孙龙所列举的前提,一个个分开来说都是正确的,但他这样的串通法、推导法,是错误的,是诡辩。请看下面的图解:

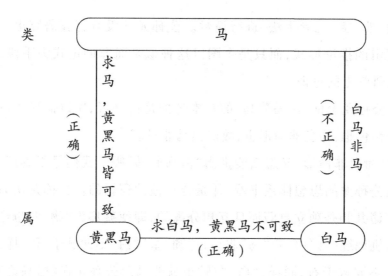

"求马，黄黑马皆可致"，这是说：一般总是寓于个别，"属"是属于"类"的。这个命题是正确的。"求白马，黄黑马不可致"，则是说：同一类下面的各个"属"是互不相等的。这也是对的，因为相等就无须分成各个属。但"白马"这个属不同于"黄黑马"这个属，并不等于"白马"也就不属于"马类"了。所以最后推出来的"白马非马"这个结论是不正确的。

公孙龙论证"白马非马"的另一个论式是：

设问：谓有马为有黄马，可乎？

诱论敌回答：不可。

进行推论：以有马为异有黄马，是异黄马于马也；异黄马于马，是以黄马为非马；以黄马为非马，而以白马为马……此悖言乱辞也。

明眼人一看就知道，这个推论是包含着逻辑错误的。"异黄马于马"，这怎么就能推出"是以黄马为非马"呢？"异黄马于马"还可以勉强说是因为个别不完全等于一般，"属"不能完全代表"类"。而"以黄马为非马"则是说"个别并不属于一般""属完全离开了类"。公孙龙居然把这样两个命题完全等同起来，就连三岁小孩也要讥笑其荒唐了。

公孙龙并不是无意地陷入逻辑上的混乱，而是有意地把"异"字偷换为"非"字,玩弄手法,进行诡辩。公孙龙并没有打算研究出一种合乎逻辑的推论形式,而只是企图以这种似是而非的论式为手段,来完成他哲学上的论证。

公孙龙论证"白马非马"的基本论据是:"马者,所以命形也,白者,所以命色也,命色非命形也,故曰白马非马。"

"命色非命形"又怎么能推出"白马非马"呢?我们是很难理解的,但从公孙龙的思想体系来看,却是合乎他的逻辑的。公孙龙认为"形""色"诸共相是独立自藏而且互相分离的,即使凝集为"物"时也还是不能有机地统一:"白"和"马"非马,正和"坚""白"不同域于石一样;"坚""白"不同域于石,同样,"白""马"也就非马。公孙龙在《白马论》中还讲:"白马者,马与白也;白与马也,故曰白马非马也。"对于公孙龙来说,"白马非马"与"白马非白"具有同样的意义。"白"和"马""坚"与"白",这些不仅是精神和理念,而且是孤立的、割裂的。

公孙龙的"离坚白"和"白马非马"到了《通变论》里。被进一步概括为一个更抽象的公式了。请看《通变论》中一句原文:

曰:"二有一乎?"曰:"二无一。"❶

"二"是什么?"白"和"马"是二,"坚"和"白"也是二。坚、白不域于石,白、马不域于马,两个共相虽聚于一物,但不是有机地化合在一起,而是互相分离,就好像泾渭合流,却仍然泾渭分明一样,这就是所谓"二无一"。在公孙龙那里,事物被机械地割裂了,世界被机械地割裂了。

公孙龙不仅割裂事物,割裂世界,而且还认为世界应当是不变的。他的《名实篇》就是宣扬这种不变的哲学观。《名实篇》说:

物以物其所物而不过焉,实也。实以实其所实而不旷焉,位也。出其所位,非位而位其所位,正也。❷

---

❶ 庞朴《公孙龙子译注》,上海人民出版社1974年版。

❷ 庞朴《公孙龙子译注》,上海人民出版社1974年版。

这就是说,世界上应当没有不当其位的,而都是位其所位的。所谓"各当其位,皆无过差",这便是世界的正常秩序。割裂事物还只是方法论上的形而上学,主张不变则是思想上的保守。公孙龙是一个保守主义者。

然而,在《名实论》中也包含着一种有价值的逻辑思想:强调概念指称的确定性。他说:

> 其名正,则唯乎其彼此焉。❶

这个"名",有"名称""概念""称谓"的意思。整个句子的大意是:概念的指称是确定的,则万物彼此的界限也就是分明的。接着,他进一步展开说:

> 谓彼,而彼不唯乎彼,则彼谓不行。谓此,而此不唯乎此,则此谓不行……故彼彼当乎彼,则唯乎彼,其谓行彼。此此当乎此,则唯乎此,其谓行此。❷

"谓"和"名"一样,有"名称""概念""称谓"等意思。"彼""此"有时是指"彼物""此物",有时是指称彼指此的名称或概念。上面一段文字的意思说,用一个名称来称谓一个事物,而又不用来专门称谓这一个事物,这样,这个名称就无法使用,无法通行。所以,我们发现某个名称适宜于称谓某种事物时,就要用来专门指称这一种事物。这样,这个名称才能够使用和通行。

关于概念指称的这种确定性,公孙龙再三强调说:

> 故彼彼止于彼,此此止于此:可。

> 彼此而彼且此,此彼而此且彼:不可。❸

公孙龙的这些言论表述了逻辑上同一律的思想。然而同一律在这里是被头脚倒置起来了。因为公孙龙要求指称的确定性和要求名实的相符,并不是使名符合于实,而是使实符合于名,是用名去校正实。他

❶ 庞朴《公孙龙子译注》,上海人民出版社1974年版。

❷ 庞朴《公孙龙子译注》,上海人民出版社1974年版。

❸ 庞朴《公孙龙子译注》,上海人民出版社1974年版。

第二编 中国逻辑

说:"其正者正其所实也;正其所实者,正其名也。"这就是说,正名的首要任务在于纠正实而不在于改正名。

公孙龙的这种诡辩逻辑,以及那些离奇的逻辑命题,曾引起了轰动和争论,受到了人们的反对和批判。但是,它也刺激着逻辑思想的向前发展。

三、荀子

荀子名况,赵国人,约生于公元前313年,卒于公元前238年。他比惠施出生晚,约略和公孙龙同时而稍迟。他曾到齐国的稷下学宫游过学,据说还在那里主持过讲坛,得到过"祭酒"一类的高级职称。他游历过秦国。赵国是他的老家,他自然也在那里论过学。晚年,他退居楚国。他是先秦学术界一个很有影响力的人物,著有《荀子》一书,现存32篇。

荀子积极参与了战国时期的逻辑论争。他对当时的所谓名家是持批判态度的。《荀子·非十二篇》说:

不法先王,不是礼义,而好持怪说,玩奇辞,甚察而不惠,辩而无而寡用,多事功,不可以治纲纪;然而其持之有故,其言之成理,足以欺惑愚众。是惠施、邓析也。❶

他虽然承认名家"其持之有故,其言之成理",然而批判的措词是激烈的。另外,荀子还在《修身篇》里批判了名家。他说:

夫"坚白""同异""有厚无厚"之察,非不察也,然而君子不辨。❷

坚白之察是说公孙龙,无厚之察是说惠施。坚白、异同、有厚无厚这样一些命题,都是讨论概念、名实的问题。荀子虽然极力否定这些具体的命题,但还是被吸引着去研究了名实方面的问题。他的著名逻辑篇章《正名篇》,就是以讨论名实问题为主的。

---

❶ 章诗同《荀子简注》,上海人民出版社1974年版。

❷ 章诗同《荀子简注》,上海人民出版社1974年版。

荀子的概念论比较精辟,他考察了"所有为名、所缘以同异与制名的枢要"等问题。

《正名篇》说:

异形离心,交喻异物,名实玄纽,贵贱不明,同异不别,如是则志必有不喻之患,而事必有困废之祸。故知者为之分别制名以指实:上以明贵贱,下以辨同异。贵贱明,同异别,如是则志无不喻之患,事无困废之祸,此所为有名也。❶

这是说制名的必要性。事物是异形的,人心是相隔离的。如果不用名来指实,交流思想时,就会产生事物之间名实纠结不清的现象。一个人的思想不能发表,做起事来就必然产生很多困难。因此,有见识的人,就把所有的事物,分别制定出名来,使各个事物各有一个名。这样制名指实以别同异,于是交流思想便成为可能了。

制名是为了辨别事物的同异,那么,依靠什么来辨别事物的同异,从而做到按实定名呢?《正名篇》用设问开始,展开了对这个问题的论述:

然则何缘以同异? 曰:缘天官。凡同类同情者,其天官之意物也同。故比方之疑似而通,是所以共其约名以相期也。形、体、色、理以目异;声音清浊、调竽奇声以耳异;甘、苦、咸、淡、辛、酸、奇味以口异;香、臭、芬、郁、腥、臊、奇臭以鼻异;疾、痒、沧、热、滑、铍、轻、重以形体异;说、故、喜、怒、哀、乐、爱、恶、欲以心异。心有微知,微知则缘耳而知声可也,缘目而知形可也。然微知必将待天官以当薄其类,然后可也。❷

这就是说,人们的感觉器官对外界事物的感觉认识是一致的,可以辨别出事物的同异。我们通过天官辨知了事物的同异之后,就可以给事物按实定名。荀子所说的天官,包括耳、眼、口、鼻等各种器官。辨

---

❶ 章诗同《荀子简注》,上海人民出版社1974年版。

❷ 章诗同《荀子简注》,上海人民出版社1974年版。

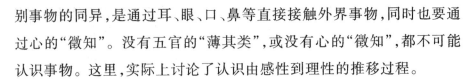

别事物的同异，是通过耳、眼、口、鼻等直接接触外界事物，同时也要通过心的"徵知"。没有五官的"薄其类"，或没有心的"徵知"，都不可能认识事物。这里，实际上讨论了认识由感性到理性的推移过程。

《正名篇》还说：

同则同之，异则异之。知异实者之异名也，故使异实者莫不异名也，不可乱也，犹使同实者莫不同名也。单足以喻则单，单不足以喻则兼。单与兼无所相避则共，虽共不为害矣。故万物虽众，有时而欲遍举之，故谓之物。物也者，大共名也。推而共之，共则有共，至于无共然后止。有时而欲偏举之，故谓之鸟兽，鸟兽也者，大别名也。推而别之，别则有别，至于无别然后止。名无固宜，约之以命，约定俗成谓之宜。名无固实，约之以命实，约定俗成，谓之实名。名有固善，径易而不拂谓之善名。物有同状而异所者，有异状而同所者，可别也，状同而为异所者，虽可合，谓之二实。状变而实无别而为异者谓之化。有化而无别谓之一实，此事之所以稽实定数也。此制名之枢要也。❶

"枢要"就是"要领"和"原则"。荀子在上面一段话中讲到的制名枢要约可分为四条。

一是同则同之，异则异之。

凡是相同的事物，就用相同的名去命它，如张三是人，李四是人，就同命之为"人"。不同的事物就命之以不同的名，如牛是牛，马是马，马非牛，牛也非马，就分别命之曰"牛"和"马"。总之，要求做到"异实者莫不异名""同实者莫不同名"，不能紊乱。

二是名之单、兼、共、别。

什么是共名和别名呢？共名和别名，就是今天的所谓类概念和属概念。例如，"物"是一个大类，"物"便是共名；"鸟兽"是"物"里的一个"属""鸟兽"便是别名。荀子还认为，共名和别名是相对而言的。共名之上还有共名，要到无共为止；别名之下还有别名，要到无别为止。

---

❶ 章诗同《荀子简注》，上海人民出版社1974年版。

什么是单名和兼名呢？有的注释家说，单名就是由单音的单纯词表示的名称，比如说"马"；兼名就是用复合词表示的名称，比如说"白马"。我们只需笼统地讲马时，就用一个单名"马"；但我们必须分门别类地去说明马时，就必须用兼名，用"黄马""白马"，等等。

如果对单名与兼名的这种理解是正确的话，那么，单名与兼名的提出就可能是针对公孙龙的"白马非马"而言的。

荀子说："单与兼无所相避则共，虽共不为害矣。"[1]有人说，"避"同于"僻"，是乖离的意思。另外，句子里还有一个"则"字，通常我们容易认为它只是一个表条件与结果的连词，其实，它还是一个表转折的连词，在这里便是可以换作"而"字以表转折。因此，荀子的意思是说：单名与兼名并不相乖离违异，而是可以相共的。公孙龙把单名"马"和兼名"白马"，看作对立的、互不相关的，而荀子则把它们看作可以相共的，"虽共不为害矣"。为什么虽共不为害呢？因为"单名与兼名"的关系和"共名与别名"的关系是一样的，都是事物的类属关系的反映，只不过前者偏重于概念的语词形式而言，后者才明确地从事物的遍举和偏举来讲。

不破不立，不辩不明。荀子的概念论中有些论断，应当说是在与公孙龙相辩难的情况下提出来的。

三是约定俗成和径易而不拂的原则。

荀子认为，什么"实"用什么"名"来称谓，原是没有定则的，而是根据大家的约定，在长期交流思想的过程中成了习惯，从而被确定下来的。这就是约定俗成的原则。当然，约定不是随便去约定，约定必须做到"径易而不拂"才算好。"径"，是直截的意思；"易"，是容易懂的意思；"不拂"，是不易混淆。"名"只有径易而不拂才易于为大家接受，才能最后俗成。

四是关于稽实定数的原则。

---

[1] 章诗同《荀子简注》，上海人民出版社1974年版。

什么是"稽实定数"呢？从字面上讲，就是"考察事物的实质来确定事物名称的多寡"。但这个原则究竟是怎么回事？荀子说得不够明确。什么是"同状异所"呢？什么是"异状同所，有化而无别"呢？有的注释家说，甲马和乙马是同状而异所，"蚕变蛹""水变冰"是"异状同所，有化而无别"。但是，这样把甲马和乙马看作两个实，而蚕和蛹（或水和冰）反而看作一个实，这怎么来按"实"定名呢？把甲马和乙马定作两个名吗？把蚕和蛹定作一个名吗？总之，"稽实定数"的具体含义现在还弄不清楚。

除了概念论之外，荀子在推理论证方面的逻辑成就不大。《正名篇》曾提到所谓"期、命、辨、说"：

> 实不喻然后命，命不喻然后期，期不喻然后说，说不喻然后辨。故期、命、辨、说也者，用之大文也。❶

期、命、辨、说是什么呢？"命"就是命名。"期"：有的说是形容和打比方，有的说是给名称一个简短的定义；当用名称来指称一个事物还不能使对方了解时，就指手画脚用一些物象来形容和打比方，或者说出一个简短的定义。显然，这些还是属于概念的问题。对于"辨、说"，荀子《正名篇》中解释说：

> 辨说也者，心之象道也。心也者，道之工宰也。道也者，治之经理也。心合于道，说合于心。❷

显然，这里是讨论辨、说在内容上的是非标准，而不是讨论辨、说的逻辑形式和逻辑原则。

另外，在《荀子》书中，有些地方，就其片断的语句看，似乎是在讲推理，但就其整个意思看，却又不是。

> 故曰：欲观千岁，则数今日；欲知亿万，则审一二；欲知上世，则审周道；欲知周道，则审其人，所贵君子。故曰：以近知远，以一知万，以微

---

❶ 章诗同《荀子简注》，上海人民出版社1974年版。

❷ 章诗同《荀子简注》，上海人民出版社1974年版。

知明,此之谓也。

妄人者,门庭之间,犹诬欺也,而况千世之上乎!

圣人何以不可欺?曰:圣人者,以己度者也。故以人度人,以情度情,以类度类,以说度功,以道观尽,古今一也。类不悖,虽久同理,故乡乎邪曲而不迷,观乎杂物而不惑。(《非相篇》)❶

这里的"以类度类""类不悖,虽久同理"有一定的逻辑意义,但整个文意主要是宣传所谓圣人的智慧,并不是讨论逻辑的推理论证。

法先王,统礼义,一制度,以浅持博,以古持今,以一持万。苟仁义之类也,虽在鸟兽之中,若别黑白。倚物怪变,所未尝闻也,所未尝见也,卒然起一方,则举统类而应之,无所疑怍,张法而度之,则奄然若合乎节,是大儒也。(《儒效篇》)❷

有人曾说,"举统类而应之""张法而度之"是讲逻辑推理。我们认为不对。试问:卒然而起的,未尝闻见的奇物怪变,抽象地讲一个"举统类以应之,张法而度之",怎么就能知道得清清楚楚呢?所以,这不能是讲推理,而是在宣扬大儒的"神知先觉"。

还有《荀子·解蔽篇》说:"疏观万物而知其情""经纬天地而材官万物"。有人曾认为这是讲归纳和演绎推理。下面,我们把这一整段文字引出来看看。

虚壹而静,谓之大清明。万物莫形而不见,莫见而不论,莫论而失位。坐于室而见四海,处于今而明久远,疏观万物而知其情,参稽治乱而知其度,经纬天地而材官万物、制割大理,而宇宙理矣。恢恢广广,孰知其极!罢罢广广,孰知其德!涫涫纷纷,孰知其形!明参日月,大满八极,夫是之谓大人。大恶有蔽矣哉!❸

这段文字的主旨是讲什么呢?讲"大人"能"无蔽"。大人为什么能"无蔽"呢?因为他能够"虚壹而静"。"虚壹而静"是说心灵的修养境

---

❶ 章诗同《荀子简注》,上海人民出版社1974年版。

❷ 章诗同《荀子简注》,上海人民出版社1974年版。

❸ 章诗同《荀子简注》,上海人民出版社1974年版。

界——虚静专一，荀子把它叫做"大清明"。有了这个"大清明"，就能"坐于室而观四海，处于今而论久远，疏观万物而知其情，经纬天地而材官万物……"很显然，这不是讨论推理论证的逻辑问题。总之，我们认为荀子在逻辑推理的理论和实践方面，都没有什么贡献。

四、韩非

韩非，韩国人，约公元前280年生，死于公元前233年，著《韩非子》五十五篇。

战国时期，百家争鸣，韩非是一个积极参与者。他参与了各种政治上和学术上的论争，也参与了当时逻辑上的论争。韩非是个法家，也是个逻辑学家。韩非的这种身份，使他经常把"明法"的问题和逻辑问题不适当地纠缠在一起，并使逻辑处于从属地位。这就妨碍了他的逻辑思想的发展。《韩非子·问辩篇》说道：

明主之国，令者，言最贵者也，法者，事最适者也，言无二贵，法不两适。故言行而不轨于法令者必禁，若其无法令而可以接诈应变生利揣事者，上必采其言而责其实，言当则有大利，不当则有重罪，是以愚者畏罪而不敢言，智者无以讼，此所以无辩之故也。[1]

任何一种法令，一旦制订之后，就一定要执行，在这方面主张"无辩"是对的。但是，韩非把问题无限扩大，认为一切的辩察，乃至于一切的逻辑命题，都对法令的实行有妨碍。他在《问辩》的结尾时说：

坚白无厚之辞章，而宪令之法息。[2]

"坚白无厚之辞章"和"宪令之法息"，并不具有必然的联系。韩非这样把问题混淆起来，就禁锢了自己的思想，不去对"坚白无厚之辞"进行具体的逻辑探讨，因而也就不能在这方面提出新的有价值的见解。

---

[1] 陈奇猷《韩非子集释》，上海人民出版社1974年版。
[2] 陈奇猷《韩非子集释》，上海人民出版社1974年版。

我国的古典逻辑可以说是从讨论名实问题开始的。先秦的逻辑学家大都谈名实问题，韩非也谈名实问题。

《奸劫弒臣篇》：循名实而定是非，因参验而审言辞。

《杨权篇》：名正物定，名倚物徙……不知其名，复修其形，形名参同……

《主道篇》：同合形名，审验法式，擅为者诛，国乃无贼。

《二柄篇》：人主将欲禁奸，则审合刑名，（形名）者，言与事也。❶

刑名就是形名，形名就是讲名实问题。一切事物，有形有名，名以形称，形依名定，形名二者，必求相合，这就是所谓"审合刑名"或"形名参同"。

韩非的名实的逻辑问题，主要是为其法术理论服务的。《韩非子》中，以言为名，则事为形，言事对举是谓形名；以法为名，则事为形，事必须与法的条文相合；以官为名，则职为形，职务必求其与官位相合。韩非讲形名，重点在于宣扬法的重要性，强调法的权威，要求"引绳墨、切事情、明是非"。正因为如此，所以韩非虽然也讲形名，谈名实，但在逻辑的概念论方面，并没有提出什么精辟的见解。

韩非在逻辑上的创新，是在中国逻辑史上第一个提出了逻辑上的矛盾律。

《韩非子·难一篇》说：

历山之农者侵畔，舜往耕焉，期年，畎亩正。河滨之渔者争坻，舜往渔焉，期年，而让长。东夷之陶者器苦窳，舜往陶焉，期年而器牢。仲尼叹曰："耕、渔与陶，非舜官也，而舜往为之者，所以救败也。舜其信仁乎！

或问儒者曰："方此时也，尧安在？"其人曰："尧为天子"。"然则仲尼之圣尧奈何？圣人明察在上位，将使天下无奸也。今耕渔不争，陶器不窳，舜又何德而化？舜之救败也，则是尧有失也；贤舜则去尧之明察，圣尧则去舜之德化；不可两得也。楚人有鬻盾与矛者，誉之曰：'吾

---

❶ 陈奇猷《韩非子集释》，上海人民出版社1974年版。

盾之坚,莫能陷也。'又誉其矛曰:'吾矛之利,于物无不陷也。'或曰:'以子之矛陷子之盾何如?'其人弗能应也。夫不可陷之盾与无不陷之矛,不可同世而立。今尧舜之不可两誉,矛盾之说也。"❶

这一段文字是针对儒家而写的。尧舜是我国历史传说中的两个人物。是不是真有具体的这么两个人?他们的情况究竟如何?谁也说不清楚。但儒家却煞有介事地任意编造了许多所谓"历史事实",以宣扬他们的厚古薄今的非历史主义观点,结果在立论过程中出现了自语相违的现象。韩非就立论以难之,因而写出了这段文字,生动形象地描述了逻辑上那种自相矛盾的情况。这段文学,对逻辑上的矛盾律作了比较完备说明。短短一段话,内容丰富:第一,创造了"矛盾"这一精当的逻辑术语;第二,指出两种互相否定的说法不能同时成立;第三,对于两个互相否定的说法,肯定一个就可以否定另一个。这里,他把逻辑矛盾律的要点都讲到了。对于那个卖矛和盾的故事,韩非子还在《难势篇》中应用过它。"难势"是什么意思呢?"势"是法家的一个术语,《韩非子·难势篇》引慎子的话说:

飞龙乘云,腾蛇游雾,云罢雾霁,而龙蛇与蚓蚁同矣,则失其所乘也。贤人而屈于不肖者,则权轻位卑也,不肖而服于贤者,则权重位尊也。尧为匹夫不能治三人,而桀为天子能乱天下,吾以此知势位之足恃,而贤智之不足慕也。❷

从这段文字可知,"势"就是"势位""地位"。韩非和慎子一样,主张"释贤而专任势",抱法处势,就足以为治。韩非为了宣传他的观点,写了《难势篇》。他假设有某某来非难"势",然后通过与某客问辩的形式,阐述自己的观点,所以叫做《难势篇》。在《难势篇》里,韩非是怎样运用"卖矛和盾"的故事呢?

(韩子)应之曰:"其人[指慎子]以势为足恃以治官,客曰:'必待贤

❶ 陈奇猷《韩非子集释》,上海人民出版社1974年版。

❷ 陈奇猷《韩非子集释》,上海人民出版社1974年版。

乃治’，则不然矣。夫势者，名一而变无数者也。势必于自然，则无为言于势矣……若吾所言（势），谓人之所得（设）也而已矣，贤何事焉？客曰（此二字不当有）人有鬻矛与盾者，誉其盾之坚，物莫能陷也，俄而又誉其矛曰：‘吾矛之利物无不陷也。’人应之曰：‘以子之矛陷子之盾何如？’其人弗能应也。以为［“为”字当没有］不可陷之盾与无不陷之矛，为名不可两立也。夫贤之为（道）不可禁，而势之为道也无不禁，以不可禁之（贤处无不禁之）势，此矛盾之说也。❶（［］里的话是作者注释，（）里的字根据陈奇猷的校注添补）。

　　比较起来，我们前面引出的《难一篇》的那段文字好懂得多，《难势篇》的这段文字则非常不好懂。卖矛和盾的故事用到这里，不仅没有帮助把问题说得更清楚，反而使人觉得行文紊乱，使文意更形晦涩曲折。产生这种“意义晦涩、逻辑混乱”的原因，是韩非要非难的论题，本身是正确的。“选贤”和“任势”并不是不可两立的，但主张任势而又选贤决不会陷入自相矛盾的境地。

　　韩非敏锐地发现了矛盾律。他为了申述自己的主张和驳倒对方的论点，使用了他发现的逻辑手段。对方的论点真正错了的时候，逻辑的运用当然得心应手；但对方的论点不错的时候，逻辑反而会帮倒忙，使自己的破绽显露出来。韩非运用矛盾律非难“选贤而又任势”的主张时，便出现了这种情况。当然韩非是没有发现出了破绽的。他狂热地去明法，而把逻辑看得很次要。他发现了逻辑矛盾律，然而却不认真地对待它、思索它、总结它，因而也就无法把矛盾阐述到非常明确的程度。

（原刊于《江西师院学报》1978年第2期）

---

❶ 陈奇猷《韩非子集释》，上海人民出版社1974年版。

中国逻辑思想史稿:中国古典逻辑的发展

一、中国古典逻辑发展的第一阶段

(一)《墨经》

今存《墨子》中的《经上》《经下》《经说上》《经说下》《大取》《小取》六篇,通常被称为《墨经》。《墨经》可以说是一部百科全书式的逻辑专著。早在晋朝时,鲁胜就曾把《经上》《经下》《经说上》《经说下》专门从《墨子》一书中抽出来,名之曰《辩经》或《墨辩》。

对于《墨经》,现在一般都肯定它是后期墨家的著作。关于《墨经》的撰写情况和成书的时间,我们大致同意杜国庠先生的意见。他说:

《墨经》作者的姓名,现在虽然无从稽考,但作者必不只一人,也非写于一个时代……我们可以说《墨经》写成的年代,大体是依照今本的顺序:《经》上、下,《经说》上、下,《大取》《小取》。这次序,是逻辑的,也是历史的。

(《墨经》)最后一次的编定,或者和《大取》《小取》两篇的写定,约略同时,当在《荀子》和《韩非子》成书年代的中间。❶

墨家后学也积极参与了战国时期的逻辑论争。在论争中,他们显得比荀子和韩非子更具有科学和客观的态度。《墨经》的作者对惠施的一些逻辑命题基本上没有提出什么反对意见。《经上》第六十九条(本文中《经》上、下条文的编号全依谭戒甫《墨辩发微》一书):次,无间而不相撄也。[经说]:次〇无厚而后可。近人高亨解释这一条说:"次即

---

❶ 杜国庠《杜国庠文集》,人民出版社1962年版。

几何学所谓相切也。撄即几何学所谓相交也。二者相切,其中无间,而并不相交,故曰:'次,无间而不相撄也。'厚即几何学所谓体也。几何学所谓相切,或两点相切,或两直线相切,或两平面相切,而无两体相切……故曰:'无厚而后可。'"[1]《经上》六十五条:盈,莫不有也。[经说]:盈○无盈无厚。盈是充盈,充盈是说包含有东西在内。有东西充盈才成厚,无所盈则不成厚。又《经上》第五十五条:厚,有所大也。"有所大"是有形体体积可言的意思,厚是有形体体积可言,那么无厚就是无所积。上述几条,讨论的是"有厚无厚"的问题。《墨经》没有跟《荀子》那样,把"有厚无厚"之辩简单地斥之为"玩奇辞",而且《墨经》对"无厚"的解释和惠施对"无厚"的解释大致相近。《墨经》对公孙龙的"离坚白"和"白马非马"是持否定态度的。《经上》六十六条:"坚白,不相外。"《小取篇》说:"白马,马也;乘白马,乘马也。"但是,对于公孙龙的东西,《墨经》并不是一律采取排斥的态度。下面我们引出《经下》第六十八条:

[经]循此循此与彼此同,说在异。[2]

这一条据高亨《墨经校诠》当校正如下:

[经]彼彼此此与彼此同,说在不异。

[说]彼○正名者彼此彼此,可。彼彼止于彼,此此止于此,彼此不可。彼且此也,彼此亦可。彼此不止于彼此,若是而彼此也,则彼亦且此也。[3]

高亨对这一条解释说:"正名者循实以立名……设彼为彼,而彼止于彼,不能为此……例如牛为牛,而牛止于牛。马为马,而马止于马。则谓牛为马,不可也。设彼为彼,且为此,则谓彼为此亦可……例如白马为白马,且为马,则谓白马为马,亦可也",高亨的解释大致是合理的。《墨经》的这一条是针对公孙龙的"彼彼止于彼"的命题而发的,它

---

[1] 高亨《墨经校诠》,中华书局1962年版。

[2] 谭戒甫《墨辩发微》,中华书局1964年版。

[3] 高亨《墨经校诠》,中华书局1962年版。

没有对公孙龙的原命题加以否定,而是本着探讨的精神,企图对公孙龙的命题加以补充。《墨经》对公孙龙的学说也是具体问题具体分析的。这充分显示出墨家后学的科学精神。

墨家后学作为一个学派,是依靠集体的力量,集中许多人的智慧来撰写《墨经》的。这就使《墨经》这部逻辑专著,无论在内容的广度和深度方面都达到了比较高的水平。现在我们按照《经上》《经下》《大取》《小取》这个历史的也是逻辑的顺序,分别评介它们的逻辑思想。

《经上》《经说上》是《墨经》的概念篇。《经上》共有90多条,其中有60多条为概念的逻辑定义,有10多条论述概念的分类、概念之间的关系和其他一些逻辑问题。另外,有几条是论述认识论的问题,只有十多条意义不易通晓。

关于概念的逻辑定义,我们可以举出很多具体的条目,不仅意义明白易晓,而且十分正确。

《经上》第一条[经]故,所得而后成也。

　　　　[说]故○小故,有之不必然,无之必不然……大故,有之必然。❶

"故",就是事物得以形成或出现的原因、条件,所以说"所得而后成"。关于小故和大故,杜国庠先生解释说:"事物的所以然,都有若干的故。仅有故的一部分而不完全的,叫做小故,综合故的全部而无缺的,叫大故。"❷

《经上》第五十八条[经]圆,一中同长也。

　　　　[说]圆○规写交也。❸

这是对圆所做的描述定义或发生定义,非常科学而且明确。下面我们还可以举出很多几乎不加解释就可看懂的概念的逻辑定义。

第十四条　　信,言合于意也。第二十三条　卧,知无知也。

❶ 谭戒甫《墨辩发微》,中华书局1964年版。
❷ 杜国庠《杜国庠文集》,人民出版社1962年版,第225页。
❸ 谭戒甫《墨辩发微》,中华书局1964年版。

第二十四条　梦,卧而以为然。第三十六条　尝,上报下之功也。

第四十三条　始,当时也。　　第四十五条　损,偏去也。

第五十二条　平,同高也。　　第五十四条　中,同长也。

第六十条　　倍,为二也。　　第九十条　　闻,耳之聪也。

第六十一条　端,体之无序而最前者也。

第九十一条　言,口之利也。❶

概念的分类:《墨经》把"名"分为达、类、私三种。《经上》第七十八条:

[经]名、达、类、私。

[说]名〇物,达也,有实必待文多也命之。马,类也,若实也,必以是名也

命之。臧,私也,是名也止于是实也。❷

"物",荀子称之为共名,《墨经》称之为达名。"达"也是总共的意思。《墨经》说,达名是"有实必待文多也命之","文多"是什么意思呢? 不太好解。高亨在他的《墨经校诠》里说:"文疑当作兀,形似而误。墨书通以兀为其。"❸"必待其多也命之"就是说,必须综合多种物质,而后方可命之曰"物"。"马"是类名,凡是具有"马形"这一种实体的都以"马"这个名称来称谓,这就是所谓"若实也必以是名也命之"。第三种是私名,它相当于现在所说的专有名词,所以说"是名也止于是实也"。"臧"是随便举出的一个人的名字。

概念之间的关系。《墨经·经上》讨论了概念之间的同、异关系。《经上》第八十六条:

[经]同:重、体、合、类。

[说]同〇二名一实,重同也。不外于兼,体同也。俱处于室,合同也。有以同,类同也。❹

---

❶ 谭戒甫《墨辩发微》,中华书局1964年版。

❷ 谭戒甫《墨辩发微》,中华书局1964年版。

❸ 高亨《墨经校诠》,中华书局1962年版。

❹ 谭戒甫《墨辩发微》,中华书局1964年版。

名同有四种：重同、体同、合同、类同。重同就是二名一实，例如"狗"与"犬"是重同关系。体同是不外于兼，兼是全体，体是部分。整体当中的两个部分，它们互相连属，不外于兼，其相应的概念是体同。合同是俱处于室。"俱处于室"是什么意思，还不太清楚。因此，对什么是"合同"，我们暂且存疑。"有以同"就是"有所相同""有某些地方相同"的意思。类同并不是要求事物的全部特征都相同，而只是要求"有以同"，即有某些地方相同，如牛、马同为四足而毛，鸡、鸭同为二足而羽，它们便各自成一类。牛、马是类同，鸡、鸭也是类同。《墨经》所说的"名之同"，大体相当于现代逻辑教本中所讲的概念的可比较关系。例如，《墨经》讲的二名一实的重同，便就是现代所说的同一关系的概念。下面再讲名之异。《经上》第八十七条：

[经]异：二、不体、不合、不类。

[说]异〇二必异，二也。不连属，不体也。不同所，不合也。不有同，不类也。❶

概念之间的相异关系也有四种：二之异，不体之异，不合之异，不类之异。概念的相异关系，虽然也列了四种，其实可以归纳为一种：互不相关。这即是现代逻辑教本中讲的概念的不可比较关系。概念的不可比较关系，本来是不必具体去分类的，然而《墨经》却要勉强去分类，这是没有多大意义的。

《经下》《经说下》是《墨经》的论式篇。《经下》共有80多条，格式几乎完全划一：《经》文先提出一个论断，接上是"说在某某"，然后[说]对那个"说在某某"作进一步的解释。例如：

《经下》第六条：异类不比，说在量。

[说]异〇木与夜孰长？智与粟孰多……❷

异类为什么不能相比呢？因为它们之间没有相同的量。木长以尺

---

❶ 谭戒甫《墨辩发微》，中华书局1964年版。

❷ 谭戒甫《墨辩发微》，中华书局1964年版。

寸计,夜长以时间算,计量不同,怎么去比较其长短呢?粟米可以用升、斗计,可是智力却无法用升、斗量,怎么去比较它们的多少呢?

《经下》是比较难懂的,但我们仍可以举出很多意思基本明白的条目来。下面我们再举几个较有意义而且格式较典型的论式。

《经下》第四十三条:五行毋常胜,说在多。

[说]五○金、水、土、火、木离。然火烁金,火多也。金靡炭,金多也……❶

金、水、土、火、木,通常被称为五行,那时有五行相胜的说法。《墨经》则认为,并不是五行相胜,而是多者为胜。例如,燃火而销金,因火多也。以金压炭火,可以灭炭火,因金多也。这就是说火可胜金,金也可胜火。可见五行无常胜,而是多者为胜。

《经下》第二条:推类之难,说在之大小。

[说]推○谓四足兽,与牛马异,物尽异,大小也……❷

这一条是说,推类之难,难在其类的范围有大有小,越出范围,推类就产生错误。例如,"四足兽"这个类和"牛、马"类及"物"类都不同,它比牛、马类大,比物类小。这三者的关系图示如下:

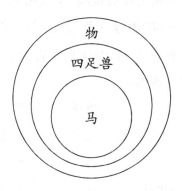

一般说由小类推向大类是可以的,反过来便不行。我们可以说马

❶ 谭戒甫《墨辩发微》,中华书局1964年版。

❷ 谭戒甫《墨辩发微》,中华书局1964年版。

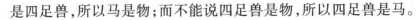

是四足兽,所以马是物;而不能说四足兽是物,所以四足兽是马。

《经下》第七十一条:"以言为尽悖",悖,说在其言。

[说]以○悖,不可也。之人是言可,是不悖;则是有可也。之人之言不可;以当,必不审。❶

这一条是反驳"以言为尽悖"这句话。怎么反驳呢? 就从分析这句话本身入手。如果这个人的这句话是对的,那么天下的言论里面至少有他这句话是对的,因此我们不能作出"言为尽悖"的结论。如果这个人的话不对,我们把它当成对的,那就不够审察。总之,"以言为尽悖"这句话是违背道理的。类似这样的逻辑论证,古代希腊也曾出现过。克里特人爱匹门尼德说:"所有的克里特人都说谎"这就产生一个问题:爱匹门尼德说的是真话还是假话? 如果认为他说了真话,那就是说,他这个克里特人也是说谎者(因为所有的克里特人都说谎话);如果认为他说了谎话,那么他说的"所有的克里特人都说谎"这句话就是谎话。总之,爱匹门尼德不可能是一个说真话的克里特人。这样生动有趣、内容基本相同的逻辑典故,在东西方的逻辑历史发展过程中,差不多是同时出现,真是无独有偶。

以上这些论式都是先出辞后说故,不仅格式较整齐,而且说理也还充分。整个《经下》是一部"出故立辞"的论式集锦。

对于《墨经》的这种论式,有的注释家曾把它比之于西方的三段论和印度因明的三支式。例如:

《经·说下》第六条	因明三支	三段论
异类不	比	宗论题
说在量	因	大前提
木与夜孰长? 智与粟孰多?	喻	小前提

我们认为,《墨经》的作者尚没有在逻辑论式的形式化方面迈出这么大的步子。他们不仅尚没有论式结构三分法的思想,而且甚至还未

❶ 谭戒甫《墨辩发微》,中华书局1964年版。

能把论题和论据清楚地划分开来。他们总是把那个"说在某某"上附在[经]文中，而不是下移在《经说》中。而且，它的那个"说在某某"也没有把理由完整地明确地说出来，只是提示出一个思考问题的角度。我们必须把它和下面的[经说]联系起来，才能看清意思。如"说在量"就必须和"木与夜孰长？智与粟孰多？"连起来看，才能知道这是说"量不同故不能相比"。杜国庠先生说："墨辩自是墨辩，它本来就不重形式，排不排比得整齐，和它什么相干。在它，只要能够正确出故，'说'的能事已毕，推理的目的也就达到了。"❶杜国庠先生的意思是，"不重形式"这不是墨辩的缺点，而正是墨辩的特点。我们认为，墨辩不是不重形式，它把那么多论证全都化成那样简要的整齐的格式，本身就是力图使逻辑形式化的巨大努力。但作为一个逻辑的先驱者，他们不可能一下就完成那么多的创造，跨出那么大的步子。

《墨经》的《大取篇》对逻辑论证进行了理论上的讨论和总结。《大取篇》说：

> 夫辞以故生，以理长，以类行者也。立辞而不明于其所生，妄也。今人非道无所行；唯（虽）有强股肱而不明于道，其困也可立而待也。夫辞以类行者，立辞而不明于其类，则必困矣。❷

"辞"就是"论题""命题"。辞要"以故生，以理长，以类行"。"故""理""类"被称为立辞三物。"故"是什么呢？"故"就是《经上》第一条所提到的"所得而后成也"，即客观事物所以然之故。论证就是要做到以说出故。论证既然已经"出了故"，为什么还要提"以理长"呢？"辞以理长"讲的是辩说的合理组织形式、逻辑形式。我们知道，逻辑证明只能去证明那些客观上本来为真的命题。逻辑的重大作用就在于它用清楚明白的形式和合乎规则的推衍来揭示出论题的客观依据，使其真实性明显化。《经·说下》列举的那些具体论式，就是企图用清楚明白的形式

❶ 杜国庠《杜国庠文集》，人民出版社1962年版。

❷ 谭戒甫《墨辩发微》，中华书局1964年版。

揭示出论题的客观依据,使辞不仅"以故生",而且是"以理长"。"故"与"理",名分为二,实际上是一里一表的关系。"故"是事物的所以然,"理"用今天的术语来讲,可以说是一种逻辑的理由。事物的所以然之故,通过清楚明白的逻辑形式表示出来,就成了逻辑的理由,"故"也就变成了"理"。"辞以类行"是什么意思呢?"类"就是某一类事物的"类"。《大取篇》强调立辞要明其类,而且还一口气举出了13个例子。比如说:"凡兴利,除害也。其类在漏壅(兴利就是除去有害的东西。塞住堤坝的漏洞以兴水利,便是这类情况)。"《大取》的明类,不是把较为具体的东西归于更为一般的类,而是用更具体的东西来说明一个较一般的命题。类似这样的逻辑方式在《经·说下》中也有。

《经下》第四十五条:

[经]损而不害,说在余。

[说]损〇饱者去余,适足不害。❶

"损而不害"是指那些去掉多余的情况而言,如过饱伤胃,去余就变成适当,因而不害。这样用具体来说明一般,甚而至于采用取譬设喻的办法,使论证具有更通俗易懂的特点,这便叫"辞以类行"。只有明白易懂,才能广为通行。这个"辞以类行"的逻辑方式很有点相似于因明的"喻"。

"辞以故生,以理长,以类行",这便是《大取》的"三物必具"的原则。这个原则应当说是对《经·说下》那些具体论式在理论上的一个概括和总结。但是近人谭戒甫却认为它是另一种更高级的论式产生的宣言书。他说:"墨辩论式,其最后所定者为一辞、三辩,即由'辞、故、理、类'四物组成之;疑本毕功于三墨之门人,其例证当在《三辩篇》,今已亡矣。《经·说》四篇,文义复绝,结构奇古,玄珠苦索,阁笔茫然。然爬罗剔抉,略得四五,且为'辩期'之旧法,诸式杂陈,偶有比合,究非极

---

❶ 谭戒甫《墨辩发微》,中华书局1964年版。

诣。"❶这段话是肯定有一种由"辞、故、理、类"四项组成的新论式。这种新论式在《经·说》四篇中尚未出现。《经·说》中有那么四五个例子，有点像是那种新论式的雏形，但都不完整。这种新论式的例证记载在已经亡失的《三辩篇》中。谭戒甫的这种论断是缺乏充足根据的。如果墨家后学真的还创立了一种更高级的论式，那就不可能只在《三辩篇》中出现。

《小取篇》比《大取篇》讨论的问题更为广泛。首先，它对逻辑的科学内容和主要作用作了精当的说明：

夫辩者，将以明是非之分，审治乱之纪，明同异之处，察名实之理，处利害，决嫌疑；焉（乃）摹略万物之然，论求群言之比；以名举实，以辞抒意，以说出故，以类取，以类予；有诸己不非诸人，无诸己不求诸人。❷

这段文字词义较为浅显，除个别句子外，历来对它的解释和说明都比较一致。"明是非，审治乱，明同异，察名实，处利害，决嫌疑。"这是辩的作用和目的。"摹略于万物"来"论求群言"，做到"以名举实，以辞抒意，以说出故，以类取，以类予"，这是辩的内容。"以名举实"是概念的问题。"以辞抒意"是判断的问题。"以说出故，以类取，以类予"，讲的是推理论证的问题。推理和论证是《小取篇》讨论的重点。

"以说出故"和"以类取，以类予"，这是《小取篇》提出的立论的两大原则。这里讲的"类取类予"和《大取篇》的"辞以类行"的意义不同。"辞以类行"是以具体来例证一般，具有归纳的倾向。"类取类予"说的是以类相推予，具有演绎的性质。《小取篇》侧重讨论了立论的一系列演绎的过程和方式：

或也者，不尽也。假也者，今不然也。效者，为之法也。所效者，所以为之法也。故中效，则是也；不中效，则非也；此效也。辟也者，举它

❶ 谭戒甫《墨辩发微》，中华书局1964年版页。

❷ 谭戒甫《墨辩发微》，中华书局1964年版。

第二编　中国逻辑

物而以明之也。侔也者比辞而俱行也。援也者，曰"子然，我奚独不可以然也?"推也者"以其所不取之"同于"其所取者"予之也;是犹谓"它者同也"，吾岂谓"它者异也"。❶

"或也者""假也者"是什么? 有人说"或"是指"或然判断"，"假"就是"假言判断"。我们认为，"或""假"是指那些特征的论题。在立辞的开始，论点刚刚提出而没有被证明时，它暂时还是"或然""假然"，因而要求我们去证明它。证明的方式有效、辟、侔、援、推。

"效"，就是用一种已知为真的规律性知识来证明论题，中效则是，不中效则非。这是一种必然性的推论。《墨经》对"效"的讨论并没有充分展开，对"效"的具体形式没有说明，也没有举例子。这对怎样去具体进行必然性的推论还是模糊的。

"辟"是举他物以明之。它不单是指推论，一般的举例设譬的方法也是辟。如《经上》第二条说:"体，分于兼也，若二之一，尺之端也。"❷这里的"若二之一，尺之端"便是举例设譬。兼是全体。体是全体的一部分，如"二"里面的"一"，"尺"里面的"端"，便都是体。"辟"也可以用来作为推论的手段，如《墨子·当染篇》记载说:"墨子见染而叹，染于苍则苍，染于黄则黄……人亦有染……"❸这是由以染布设辟，来推论人也是染于善人则为善，染于恶人则为坏。

"侔"是比辞而俱行。有人解释说，"侔"是对同一判断的主词和谓词酌予比例地增减而成的推论式。例如:白马，马也;乘白马，乘马也。骊马，马也;乘骊马，乘马也。

"援"，引也，引彼证此。而且，援引来作证的东西还是争论的对方也承认的，所以说"子然，我奚独不可以然也"?《小取篇》就曾有过一个"援"的推论式:

盗，人也，多盗，非多人也。无盗，非无人也。恶多盗，非恶多人也。欲无盗，非欲无人也。——世相与共是之。若若是。

---

❶ 谭戒甫《墨辩发微》，中华书局1964年版。

❷ 谭戒甫《墨辩发微》，中华书局1964年版。

❸ 谭戒甫《墨辩发微》，中华书局1964年版。

则"虽盗,人也;爱盗,非爱人也;不爱盗,非不爱人也;杀盗,非杀人也"无难矣。❶

"恶多盗,非恶多人,欲无盗,非欲无人",这是对方也承认的。以此为前提来证明"杀盗非杀人",这就是"援"的论证方式。

"推",并不等于今天所谓的逻辑推理这个总的名称,只是相当于今天逻辑学上所谓的类比推理。我们知道,类比推理是已知两物在某些方面的相同而推断它们在另一些方面也会相同。它是以"其所不取之(未知的,未明显表露的方面)",来比同于"其所取者(已知的相同相类的方面)"而进行推论的。事物既然在那几个方面会相同(是犹谓它者同也),我们岂能说它们在这方面就会有差异(吾岂谓他者异也)。

对于"辟、侔、援、推"四种方式,《小取篇》认为它们都有一定的流弊:

夫物有以同而不率遂同,辞之侔也,有所至而正。其然也,有所以然也,其然同,其所以然也不必同。其取之也,有所以取之,其取之也同,其所以取之不必同。是故辟、侔、援、推之辞,行而异,转而危,远而失,流而离本,则不可不审也,不可常用也。❷

说"辟、侔、援、推的时候,要审察",这是对的,但说它们不可常用,便缺乏积极的态度。对于"辟、侔、援、推的不可常用",《小取篇》还进一步申述自己的理由说:

故言多方,殊类异故,则不可偏观也。夫物或是而然,或是而不然,或一周而一不周,或一是而一非。白马,马也;乘白马,乘马也。此是而然者也。其弟,美人也;爱弟,非爱美人也。此是而不然者也。桃之实,桃也;棘之实,非棘也。之马之毛黄,则谓之牛黄,之马之毛众,而不谓之牛众,此乃一是而一非者也。(引录时有删节)❸

以上举出的一些例证,并不是从同一个角度出发的,如"桃之实可

❶ 谭戒甫《墨辩发微》,中华书局1964年版。

❷ 谭戒甫《墨辩发微》,中华书局1964年版。

❸ 谭戒甫《墨辩发微》,中华书局1964年版。

第二编 中国逻辑

以叫桃，棘之实不叫做棘"。这纯粹是个语言上的约定俗成的问题。"白马，马也；乘白马，乘马也。其弟，美人也；爱弟，非爱美人也。"这反映着事物的殊类异故，包含着逻辑的问题。在上述两个判断中，其谓词的性质是不同的。在"白马，马也"这一判断中，谓词"马"是一个类概念；而在"其弟，美人也"这一判断中，谓词"美人"是一个属性概念。两个判断的谓词性质不同，进行逻辑推导时也就有差别。《小取》的作者自己也似乎已经意识到，他举的例证里面，有些是语言的"多方"问题，有些是事物的殊类异故的问题。但他不懂得，这样同时从几个不同的角度去举例证，把语言的"多方"问题混入逻辑的领域中来，就会把事物弄得纷纭复杂，使自己觉得很多逻辑推导的方式都是不可常用的了。《小取篇》的作者，既然觉得"辟、侔、援、推"是不可常用的，因而也就无法对这些推理方式作进一步的讨论，也就无法在这方面作出更多的创造。

以上分别论述了《墨经》各篇在逻辑上的总成就。另外，在《墨经》的一些条目或片断的文字中，还包含着一些非常有价值的逻辑思想，其中最突出的是关于排中律的思想。下面作些评介。

辩论是为了明是非，但并不是任何一种辩论都能起到明是非的作用。《韩非子·外储说左上》记载有一则故事："郑人有相与争年者。一人曰：'吾与尧同年'。其一人曰：'我与黄帝之兄同年'。讼此而不决，以后息者为胜耳。"[1]这种各讲一套、"郑人争年"式的辩论是没有意义的，因为争论的双方，彼此并不针锋相对，结果也就无法决定谁是谁非。怎样的争辩才有意义呢？遵循什么样的原则去争辩才能明辩是非呢？墨家后学便因为讨论这些问题而总结出了逻辑学上的排中律。

《经上》第七十四条：辩，争彼也。辩胜，当也。

［说］辩○或谓"之牛"，或谓"之非牛"，是争彼也……[2]

---

[1] 陈奇猷《韩非子集释》，上海人民出版社1974年版。

[2] 谭戒甫《墨辩发微》，中华书局1964年版。

这一条是说,就主词相同,谓词为矛盾的一对判断(这是牛,这是非牛)进行争辩,谓之争彼;这样一对判断,必然是一可一否;这样争彼,总有一方是对的,一方是错的。

《经下》第三十五条:"谓"辩无胜,必不当,说在不辩。

[说]谓○所谓,非同也,则异也。同:则或谓"之狗",其或谓"之犬"也。异:则或谓"之牛",其或谓"之马"也。俱无胜是不辩也。辩也者:或谓"之是",或谓"之非",当者胜也。❶

这一条是说,要据以为辩,必须是不两可的东西。说这东西是狗,或说这东西是犬,谓语名异而实同,是非可以两同,所以是俱当,也可以是俱不当,不能据以为辩。说这东西是牛,或说这东西是马,可以是一当一不当,也可以是俱不当(如当这东西是羊时便俱不当),也不能据以为辩。辩论应当是:或谓之是,或谓非,当者胜也。

或谓"之牛",或谓"之非牛";或谓"之是",或谓"之非";双方据以争论,必然是一对一错。把这些思想再加以形式化,便变成:或者 A,或者非 A。众所周知,这就是现代逻辑教本中对排中律的表述公式。

《墨经》讨论的逻辑问题相当广泛,涉及概念、判断、推理论证和思维规律等各个方面,是我国古代一部百科全书式的逻辑专著,可以和古希腊亚里士多德的逻辑巨著《工具论》相媲美。

(二)《吕氏春秋》

《吕氏春秋》是秦国宰相吕不韦集中他的门客编成的,参加编纂人的具体名字一个也没有流传下来。全书共分十二纪(每纪五小篇)、八览(每览一般八小篇)、六论(每论六小篇)。《吕氏春秋》的主要内容是什么呢? 我们先看清代人汪中的介绍:

《吕氏春秋》出,则诸子之说兼有之。故《劝学》《尊师》《诬徒》《善学》四篇,皆教学之方,与《学记》表里。《大乐》《侈乐》《适音》《古乐》《音

---

❶ 谭戒甫《墨辩发微》,中华书局 1964 年版。

律》《音初》《制乐》皆论乐……十二纪发明明堂礼，则明堂阴阳之学也。《贵生》《情欲》《尽数》《审分》《君守》五篇，尚清净养生之术，则道家流也。《荡兵》《振乱》《禁塞》《怀宠》《论威》《简选》《决胜》《爱士》七篇皆论兵，则兵权谋形势二家也。《上农》《任地》《辩土》三篇，皆农桑树艺之事，则农家者流……而《当染》全取《墨子》……司马迁谓不韦使其客人人著所闻，以为备天地万物古今之事，然则是书之成，不出于一人之手，故不名一家之学……然其所采摭，今见于周、汉诸书者十不及三四，前古之佚事，赖以此传于后世……亦有间里小智，一意采奇词奥旨，可喜可观。❶

这是说《吕氏春秋》并不自成一家，只是兼收众说，博采九流，罗致了前古的佚事，记载了民间的"奇词奥旨"。

《吕氏春秋》是不是只是博采众说而没有自己的主旨和倾向呢？我们再看另一些人的论述：

（吕不韦）独能明黄帝、伊尹之道，使其客人人著所闻，集论以为《吕氏春秋》，斟酌阴阳儒法刑名兵农百家众说，采撷其精英，捐弃其畛挈，一以道术之经纪，条贯统御之。❷

这是说《吕氏春秋》虽然博采百家，但是以黄老道家之学为统御的。关于这一点，汉人高诱在其《吕氏春秋序》里早就讲过：

不韦乃集儒士，使著其所闻，为十二纪、八览、六论，合十余万言，备天地万物古今之事，暴之咸阳市门，悬千金其上，有能增损一字者与千金，时人无能增损者。诱以为时人非不能也，盖惮相国畏其势耳。然此书所尚，以道德为标的，以"无为"为纲纪。❸

"崇黄老，讲无为"，这确实是《吕氏春秋》的主旨和倾向。吕不韦为什么要讲这一套东西呢？我们且引一段《吕氏春秋》本身的文字。《吕氏春秋·序意篇》说：

---

❶ 汪中《述学·容甫遗诗》，台湾世界书局1972年版。

❷ 许维通《吕氏春秋集释》，文学古籍刊行社1955年版。

❸ 许维通《吕氏春秋集释》，文学古籍刊行社1955年版。

维秦八年,秋甲子朔,良人请问十二纪,文信侯(即吕不韦)曰:尝得黄帝之所以诲颛顼矣。爰有大圆在上,大矩在下,汝能法之,为民父母。盖闻古之清世,是法天地。凡十二纪者,所以纪治乱存亡也,所以知寿夭吉凶也:上揆之天,下验之地,中审之人。若此,则是非可不可无所遁矣。❶

秦始皇13岁开始做皇帝,8年之后,只有21岁。吕不韦企图给他制定一个治国的大圆大矩,一切都照章办事,无为而治。吕不韦出于政治的目的,为《吕氏春秋》制订了"崇黄老,讲无为"的编纂方针,但吕不韦未必真懂黄老之学,他的门客中也未必真有黄老之学的权威和杰出代表,所以全书在政治上讲"君道无为"多,对黄老之学作理论上的阐述少。因此各家之说,在《吕氏春秋》中仍然显得有点并驾齐驱,无所统帅,给人一种"杂"的感觉,拼凑的痕迹、折中的现象,比比皆是。

以上是论述《吕氏春秋》的主旨和倾向,下面具体介绍它的逻辑思想。

《吕氏春秋》有《正名篇》和《审分篇》,它是逻辑篇章也是政治文告。

《正名篇》曰:名正则治,名丧则乱。使名丧者,淫说也。说淫则可不可而然不然,是不是而非不非……凡乱者,刑(形)名不当也。

《审分篇》曰:王良之所以使马者,约审之以控其辔,而四马莫敢不尽力。有道之主,其所以使群臣者亦有辔。其辔何如? 正名审分,是治之辔也。故按其实而审其名,以求其情,听其言而察其类,无使放悖。夫名多不当其实而事多不当其用者,故人主不可以不审名分也。不审名分是恶壅而愈塞也……今有人于此,求牛则名马,求马则名牛,所求必不得矣……万物,群牛马也。不正其名,不分其职,而数用刑罚,乱莫大焉。❷

---

❶ 许维遹《吕氏春秋集释》,文学古籍刊行社1955年版。

❷ 许维遹《吕氏春秋集释》,文学古籍刊行社1955年版。

"求牛则名马,求马则名牛",对于这种形名异充,声实异谓的现象,《吕氏春秋》大张挞伐,要求人们辨名审实,正名审分,这自然不能不说是逻辑的语言。但纯逻辑的讨论并没有充分地展开,重心仍然在政治方面。正名是正百官之名,审分是审百官之职。人主不应侵百官之事,代百官之职,而只需正名审分,控辔执要以临天下。这里还是贯穿着吕不韦的"君道无为"的思想。

《吕氏春秋》有个《审应览》,在政治上主张人君应当审应,重言。

《审应览·审应篇》说:人主出声应容,不可不审。凡主有识,言不欲先,人唱我和,人先我随,以其言为之名,取其实以责其名,则说者不敢妄言,而人主之所执其要矣。

《审应览·重言篇》说:人主之言,不可不慎。高宗,天子也。即位,谅闇三年不言。卿大夫恐惧患之。高宗乃言曰:"以余一人正四方,余唯恐言之不类也,兹故不言。"❶

政治上重言;审应,在逻辑上就必然是主张息辩止争。《审应览·精谕篇》明确指出:"故至言去言,至为无为,浅智者之所争则末矣。"因此《审应览》用了大量的篇幅来非难那些辩察之士。

首先是邓析被形容为一个播弄是非的小人。请看《离谓篇》中的一段话:

子产治郑。邓析务难之,与民有狱者约:大狱一衣,小狱襦袴。民之献衣襦袴而学讼者不可胜数。以非为是,以是为非,是非无度而可与不可日变。❷

其次是公孙龙被描绘成一个诡辩论者。请看《淫辞篇》中的一段话:

空雄(地名)之遇,秦、赵相与约。约曰:"自今以来,秦之所欲为,赵助之,赵之所欲为,秦助之。"居无几何,秦兴兵攻魏,赵欲救之。秦王不悦,使人让赵王。曰:"约曰:秦之所欲为,赵助之。今秦欲攻魏,

---

❶ 许维遹《吕氏春秋集释》,文学古籍刊行社1955年版。

❷ 许维遹《吕氏春秋集释》,文学古籍刊行社1955年版。

而赵因欲救之,此非约也。"赵王以告平原君,平原君以告公孙龙。公孙龙曰:"亦可以发使而让秦王曰:'赵欲救之,今秦王独不助赵,此非约也。'"

孔穿、公孙龙相与论于平原君所,深而辩,至于藏三牙("藏"是一个人或一种人,三牙当为"三耳",以下写作"三耳")。公孙龙言藏之三耳甚辩,孔穿不应。少选,辞而出。平原君谓孔穿曰:"昔者,公孙龙之言甚辩。"孔穿曰:"然,几能令藏三耳矣。虽然,实难。愿得有问于君,谓藏三耳甚难而实非也,谓藏两耳甚易而实是也,不知君将从易而是者乎,将从难而非者乎?"平原君不应,明日谓公孙龙曰:"公无与孔穿辩。"❶

最后是《不屈篇》,整个篇幅列举了许多事例来说明惠施是如何地用辩察来饰非惑愚,败坏魏国的政治。

"辩察"是逻辑发展的杠杆,甚至诡辩对逻辑的发展也具有刺激的作用。《吕氏春秋》这样起劲地反对辩察,实在是有点矫枉过正,何况引用的那些材料有不少在先秦的其他典籍中没有记载,它也许是采自民间的"奇词",但几经口头转述,难免有夸张或失实之处。

《吕氏春秋》有一个《别类篇》,可以说是专讲逻辑的。它讨论的是"推知的可能与否"的问题。

为了叙述的方便,我们根据《别类篇》本身的内在结构把它分作三段。下面将各段的原文引出(文字略有删节)。第一段:

物多类然而不然,故亡国戮民无已。夫草有莘有藟,独食之则杀人,合而食之则益寿。漆淖水淖,合两淖则为蹇(强而坚),湿之则为干。金柔锡柔,合两柔则为刚,燔之则为淖。或湿而干,或燔而淖,类固不必,可推知也? 小方,大方之类也;小马,大马之类也;小智,非大智之类也。❷

❶ 许维遹《吕氏春秋集释》,文学古籍刊行社1955年版。
❷ 许维遹《吕氏春秋集释》,文学古籍刊行社1955年版。

这里根据事物的多样性和复杂性，提出了类的复杂性，所谓物多类然而不然，因此，结论是"类不可必推"。

"类不可必推"并不一定否定类推，如果在承认类推的基础上而同时又指出类不可必推，这是十分正确的。然而，《别类篇》是特别强调类不可必推。不仅如此，它还要再跨一步——怀疑推知的可能性。《别类篇》的第二段写道：

鲁人有公孙绰者，告人曰："我能起死人。"人问其故。对曰："我固能治偏枯，今吾倍所以为偏枯之药，则可以起死人矣。"物固有可以为小不可以为大，可以为半不可以为全者也。射招者欲其中小也，射兽者欲其中大也。物固不必，安可推也？❶

"物固不必，安可推也。"这个结论具有逻辑取消主义的倾向，而且整个由前提导出结论的过程也带有诡辩的色彩。作者运用故事的夸张和不恰当的比附来代替逻辑的论证。倍"治偏枯之药"去"起死人"，是故事的夸张；"射招欲中小，射兽欲中大"，是毫无意义的比附。

推知既然不大可能，那人们岂不是无法计划下一步的工作吗？出路何在呢？《别类篇》提出了一个"兴制而不事心"的原则。在论证这个命题时，引用的前提仍然是一个故事的夸张。《别类篇》的第三段写道：

高阳应将为室家，匠对曰："未可也。木尚生，加涂其上，必将挠。以生为室，今虽善，后将必败。"高阳应曰："缘子之言，则室不败也，木益枯则劲，涂益干则轻，以益劲任益轻则不败。"匠人无辞而对，受令而为之。室之始成也善，其后果败。高阳应好为小察而不通大理也。目固有不见也，智固有不知也，数固有不及也。不知其说所以然而然。圣人因而兴制，不事心焉。❷

这里所说的"制"是什么？"制"当是指规矩绳墨，如做屋便有做屋的规矩绳墨。这里所说得"心"又是什么呢？"心"就是目击智虑。作者

---

❶ 许维遹《吕氏春秋集释》，文学古籍刊行社1955年版。

❷ 许维遹《吕氏春秋集释》，文学古籍刊行社1955年版。

认为,作为个人来说,"目固有不见,智固有不知"。这些心智之虑是不可靠的,人们应当"不事心焉"。

这个命题有其合理的一面。"制"是人们社会实践经验的总结,是综合了许多人的经过实践证明了的经验的结果,有时确实高出于个人心智之虑。但《别类篇》把二者绝对地对立起来,多少带点不可知论的色彩。试问,如果各个人的目击和心虑都不可靠的话,那么集体的经验又从何而来呢?

"兴制不事心",应当说它是《吕氏春秋》政治哲学上的命题。吕不韦所设想的模范君主就是一个"兴制不事心"、一切都是照章办事而不自作主张的人。《别类篇》在讨论逻辑问题的时候,受到了吕不韦政治主张的干扰,结果妨碍了它的逻辑思想的发展,使它由本来并不错误的基点滑退到了"否认推知"的错误地步。

春秋战国时期,百家争鸣,百家争斗,刺激着名辩思潮的发展。在我国逻辑思想大发展的这个第一阶段,一般地说,更强调推类,演绎的色彩更为浓厚,其中还有少数学派,纯任心智,连类譬喻,确也带有浓厚的诡辩色彩。《吕氏春秋》对这一阶段的逻辑思想基本上是持一种否定态度。这种否定是不合理的。不过它也不是简单的否定,而是同时提出了另一个口号:要看到事物的多样性和复杂性,要看到现实世界大量相似而不相类的现象,这多少把人们的注意力引去深入考察各个具体的事物。它的学说中露出了另一种逻辑体系,即归纳体系的端倪。一百多年以后《淮南子》发挥了《吕氏春秋》逻辑思想中的积极因素,在一定程度上扬弃了《吕氏春秋》逻辑思想中的消极因素,发展了中国的古典归纳逻辑。

(三)《淮南鸿烈》

《淮南鸿烈》(以下简称《淮南子》)是汉淮南王刘安主持编成的,参加编纂的主要人物有苏飞、李尚、左吴、田由、雷被、毛被、伍被、晋昌等人。王充《论衡·谈天篇》记载伍被等人能"论天下之事,道异类之物、外国之怪,列三十五国之异"。《淮南子》虽然也和《吕氏春秋》一样,成于众人之手,但它能自成一个完整的体系。在哲学上,《淮南子》基本上是唯物的。它的宇宙观以继承古代道家唯物主义为主,同时也吸收了先秦其他学派的一些唯物主义观点。在讲宇宙的形成时,它既讲"道",又讲"气"。在我国上古哲学中,"道"可以是唯物的,也可以是唯心的,但"气"则多用来表现唯物主义。下面我们看《天文训》的一段叙述:

> 天坠未形,冯冯翼翼,洞洞灟灟,故曰太昭。道始于虚廓,虚廓生宇宙,宇宙生气,气有涯垠。清阳者,薄靡而为天;重浊者,凝滞而为地。❶

《淮南子》虽然也讲"无为",但不流于消极。《修务训》说:

> 或曰:"无为者,寂然无声,漠然不动,引之不来,推之不往,如此乃得道之象。"吾以为不然……若吾所谓无为者,私志不得入公道,嗜欲不得枉正术,循理而举事,因资而立功,推自然之势,而曲故不得容者,事成而身弗伐,功立而名弗有。非谓其感而不应,攻而不动者。若夫以火熯井,以淮灌山,此用己而背自然,故谓之有为。若夫水之用舟,沙之用鸠,泥之用輴,山之用蔂,夏渎而冬陂,因高为田,因下为池,此非吾所谓为之。❷

它把"无为"解释为任自然之理而为之,任自然之理是《淮南子》所反复强调的。《淮南子》在第一篇《原道训》中就提出了"万物固以自然"的理论,"万物固以自然"是《淮南子》唯物主义哲学的核心思想。

在"万物固以自然"的哲学理论指导下,《淮南子》在逻辑上的名言是:

"得隋侯之珠,不若得事之所由;得禺(古"和"字)氏之璧,不若得

---

❶ 刘安《淮南子》,台湾艺文印书馆1974年版。

❷ 刘安《淮南子》,台湾艺文印书馆1974年版。

事之所适。"(《说山训》)❶

　　这里很像西方归纳逻辑创始人德谟克拉特所说过的一句话。他说："我宁肯找出一个因果解释也不愿获得一个波斯王位。"当然东西方的逻辑历史决不会简单的雷同，德谟克拉特的话和《淮南子》的话并不完全对等。"得事之所由"说的是事物的因果关系，"得事之所适"则需要另作一番解释。"适"就是"合适、适宜"。《淮南子》认为天地间的万事万物，形殊性异，用途不同，甲适于此，乙宜于彼。它大声疾呼：我们的任务是要任其自然，使"各用之于其所适，施之于其所宜"。但事物究竟何以异，何以别，何以甲适于此而乙宜于彼呢？《淮南子》自己说不出所以然，甚至还觉得有点茫然。所以，"得事之所适"并没有进入到因果分析的境界。下面我们看《淮南子》的原文：

　　广厦阔屋，连闼通房，人之所安也，鸟入之而忧。高山险阻，深林丛薄，虎豹之所乐也，人入之而畏。川谷通原，积水重泉，鼋鼍之所便也，人入之而死。咸池、承云、九韶、六英，人之所乐也，鸟兽闻之而惊。深谿峭岸，峻木寻枝，猿狖之所乐也，人上之而栗。形殊性诡，所以为乐者乃所以为哀，所以为安者乃所以为危也。乃至天地之所覆载，日月之所照誋，使各便其性，安其居，处其宜，为其能。故愚者有所修，智者有所不足。柱不可以摘（或谓当作刺）齿，筐（小树枝）不可以持屋，马不可以服重，牛不可以追速，铅不可以为刀，铜不可以为弩，铁不可以为舟，木不可以为釜，各用之于其所适，施之于其所宜❷，即万物一齐而无由相过。夫明镜便于照形，其于函食不如簞……夫玉璞不厌厚，角觡不厌薄，漆不厌黑，粉不厌白，此四者相反也，所急则均，其用一也。今之裘与蓑孰急？见雨则裘不用，升堂则蓑不御，此代为常者也。譬若舟、车、楯、肆、穹庐，故有所宜也。(《齐俗训》)

　　慈石能引铁，及其于铜，则不行也……树荷山上，而蓄火井中，操钓上山，揭斧入渊，欲得所求，难也。方车而蹠越，乘桴而入胡，欲无穷，

❶ 刘安《淮南子》，台湾艺文印书馆1974年版。

❷ 着重符号为引者所加。

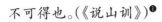

不可得也。(《说山训》)❶

这些都是根据事物的不断重复而作出的归纳,并没有作什么因果的分析。

矢之于十步贯兕甲,于三百步不能入鲁缟。骐骥一日千里,其出致释驾而僵……小马非大马之类也,小知非大知之类也……宁百刺以针,无一刺以刀;宁一引重,无久持轻;宁一月饥,无一旬饿;万人之蹞,愈于一人之队。(《说山训》)

百星之明,不如一月之光;十牖之开,不如一户之明。矢之于十步贯兕甲,及其极也不能入鲁缟;太山之高,背而弗见;秋毫之末,视之可察。(《说林训》)❷

以上是说事物之于远和近、大和小、多和少要各因其宜。这里实际上牵涉事物的数量与质量的关系问题,但对数量与质量的关系问题并没有作出什么科学的分析。它时而讲达到一定数量的界限就会引起质的变化,时而又讲数量的累积不足以影响质,总之,列举是混乱的,叙述是不清楚的,观察也是肤浅的。

夫以一世之变,欲以耦化应时,譬犹冬被葛而夏被裘。夫一仪不可以百发,一衣不可以出岁,仪必应乎高下,衣必适乎寒暑。是故世异则事变,时移则俗易。故圣人论世而立法,随时而举事。(《齐俗训》)

以一世之度制治天下,譬犹客之乘舟,中流遗其剑,遽契其舟楫,暮薄而求之,其不知物类亦甚矣。夫随一隅之迹而不知因天地以游,惑莫大焉。虽时有所合,然而不足贵也。(《说林训》)

时难得而易失,木方茂盛,终日采而不知,秋风下霜,一夕而殚。(《说林训》)❸

这里是说,"得事之所适"也指要适应时间、地点、条件等之变化,但并没有达到明确化和理论化的程度,还只是多量观察后的经验归纳。

---

❶ 刘安《淮南子》,台湾艺文印书馆1974年版。

❷ 刘安《淮南子》,台湾艺文印书馆1974年版。

❸ 刘安《淮南子》,台湾艺文印书馆1974年版。

《淮南子》的作者经过对多量事物的观宜、察由之后，认识上的结论是：事物是复杂多样的，逻辑上的主张是：类可推而又不可必推。下面我们引出《淮南子》有关的论述：

佳人不同体，美人不同面，而皆悦于目；梨、桔、枣、栗不同味，而皆调于口……荻苗类絮而不可为絮，麻不类布而可以为布……明月之光可以远望而不可以细书，甚雾之朝可以细书而不可远望寻常而外。画者谨毛而失貌，射者仪小而遗大。(《说林训》)

狂者东走，逐者亦东走，东走则同，所以东走则异。溺者入水，拯之者亦入水，入水则同，所以入水则异……故寒颤，惧者亦颤，此同名而异实。(《说山训》)

或谓冢或谓陇，或谓笼或谓簦，头虱与空木之瑟，名同而实异也。(《说林训》)

狸头愈鼠，鸡头已瘘，虻散积血，斫木愈龋，此类之推者也。膏之杀鳖，鹊矢中蝟，烂灰生蝇，漆见蟹而不干，此类之不推者也。推与不推，若非而是，若是而非，孰能通微？(《说山训》)

小马大目，不可谓之大马；大马之目眇，可谓之眇马。物固有似然而似不然者。故决指而身死，或断臂而顾活。类不可必推。(《说山训》)

人食矾石而死，蚕食之而不饥；鱼食巴菽而死，鼠食之而肥；类不可必推。(《说林训》)❶

《淮南子》强调类不可必推，同时并不排斥据类以推。下面再举一些主张类推的言论：

尝一脔肉知一镬之味，悬羽与炭而知燥湿之气，以小明大。见一叶落而知岁之将暮，睹瓶中之冰而知天下之寒，以近论远。(《说山训》)

见窾木浮而知为舟，见飞蓬转而知为车，见鸟迹而知著书，以类取之。(《说山训》)

---

❶ 刘安《淮南子》，台湾艺文印书馆1974年版。

循绳而斫则不过，悬衡而量则不差，植表而望则不惑。(《说林训》)

见象牙知其大于牛，见虎尾乃知其大于狸，一节见而百节知也。(《说林训》)

见本而知末，观指而睹归，执一而应万，握要而治详，谓之术。居知所为，行知所之，事知所秉，动知所由，谓之道。(《人间训》)❶

类有时可推，有时又不可必推，"若非而是，若是而非"，究竟怎么办呢？那就是要审察事物之所由。《淮南子·人间训》再一次申述了这个观点："铅之与丹，异类殊色，而可以为丹者，得其数也。故繁称文辞，无益于说，审其所由而已矣。"❷

在《淮南子》中，对于察事物所由，虽然反复强调，但真正具体典型的因果分析却很少；对于"得事之所适"，虽然讲得很多，但考察得都比较肤浅。这就必然使之在一定程度上呈现出一些不可知论的色彩。它强调事物的复杂性和多样性，这是对的；但在看到事物的错综复杂之后却高喊着"神秘"，这便夹带着不可知论的色彩。请看下面的一段话：

得失之度，深微窈冥，难以知论，不可以辩说。何以知其然？今夫地黄主属骨而甘草主生肉之药，以其属骨责其生肉，以其生肉论其属骨，是犹王孙绰之欲倍偏枯之药而欲以生殊死之人，亦可谓失论矣。若夫以火能焦木也，因使销金，则道行矣；若以慈石之能连铁也，而求其引瓦，则难矣。物固不可以轻重论也。夫燧之取火于日，慈石之引铁，蟹之败漆，葵之向日，虽有明智，弗能然也。故耳目之察，不足以分物理；心意之论，不足以定是非。故以智为治者，难以持国，唯通于太和而持自然之应者为能有之。(《览冥训》)❸

可以看出这里面有不少观点是承袭《吕氏春秋》的，甚至"倍偏枯之药以起死人"之类的例子也是依样照搬的。

❶ 刘安《淮南子》，台湾艺文印书馆1974年版。

❷ 刘安《淮南子》，台湾艺文印书馆1974年版。

❸ 刘安《淮南子》，台湾艺文印书馆1974年版。

"得失之度，深微窈冥，难以知论，不可以辩说"，那怎么办呢？《淮南子》认为"唯通于太和而持自然之应者为能有之"。问题解决了没有呢？所谓"通于太和而持自然之应"是什么呢？在《淮南子》中，"自然"是唯物的一种标志，也是神秘的一种色彩。"万物固以自然"，因而上帝和造物主就不存在。然而"自然"也是窈冥难知境界的代名词。试问，耳目和心智都不能认识的"太和""自然"，究竟算什么呢？那只能是康德的"自在之物"一类的东西，是一种神秘的境界。

"火能焦木因使销金则行，磁能吸铁而求其引瓦则难……""或类之而是，或类之而非"，《淮南子》对诸如此类的现象投之以神秘的眼光。《淮南子》也正是根据诸如此类的现象做出了"类不可必推"的结论。所以"类不可必推"的命题也是神秘主义的产物，实际上含有一种否定类推的倾向。

"类"是形式逻辑中的重要概念，是类比的依据、归纳的基础、演绎的前提。《淮南子》把"类不可必推"这一思想强调得有点过了头，这里面不免包含了若干逻辑取消主义的倾向。

从战国时期至西汉前期，这是中国古典逻辑发展的第一阶段。公元前475年，我国历史算是进入战国时代。这时儒、墨、道等各种学派相继出现。学派之间开始互相争论，互相辩难，互相批判。在这种"相訾""相应"的风气之下，孕育着名辩思潮的发展，然而名辩思潮的形成也不是一蹴而至的：进入战国后的一个很长时期内，人们尚不是自觉地带着一种明确的意识来专门谈论逻辑的问题，直至惠施、公孙龙这样一些所谓名家人物出来，逻辑才成了一种专门研究的学问。这些专门研究逻辑的先驱人物，后来之所以被称为名家，是因为他们是从论讨名实问题着手而开始其逻辑研究的。名实问题也就是今天所说的概念问题。中国古典逻辑的概念论，由惠施开始，中间经过公孙龙诡辩的刺激，最后到荀子和墨家后学手中便发展得非常完整。在战国时代名辩思潮的发展过程中，惠施、公孙龙、荀子的成就大都只束限在概念论方面。公孙龙在进行"白马非马"的诡辩过程中，虽然实际上已经出现了一些论证的逻辑形式结构，但那并不是他有意识有计划研究的课题。而且由于公孙龙的诡辩，那些逻辑形式结构都是一些不正确的格式。战国时期，逻辑的全能者只有墨家后学。墨家学派在先秦诸子中是最具有逻辑头脑的学派。早在墨家的创始人墨子手里，就经常"言故""察类"；墨家后学将其先辈的这种"言故察类"的思考问题的方法，发展成为较为完整的逻辑推理论证。明故、察类是形式逻辑的两大基石，然而明故、察类却又并不是一个纯逻辑的问题，而是决定于人们对客观事物认识的深度和广度。当时明故、察类的逻辑原则和逻辑方式尽管提出来了，但对各个具体现象的"故"是什么，对于纷纭复杂的万事万物具体怎么去归类，就当时人们的知识水平来说，这还不是一个容易解决的问题，这就往往使人们会对逻辑推类的正确性持某种怀疑态度。所以，在墨家后学高唱其"以说出故，类取类予"的逻辑原则时，《吕氏春秋》却强调要看到事物的复杂性，强调类不可推。《吕氏春秋》的问世大概是公元前239年，这时《墨经》亦早已写定。因此我们无法知道墨家后学是否发表有反批评的意见。公元前221年，秦始皇统一六国，不久，秦亡汉兴。在连年战争和动乱的情况下，诸子争鸣之风暂息，逻辑的论争也停顿下来。汉统一天下后，社会重新走上安定。西汉前期，诸子百家之流风余绪仍然存在。汉文帝时，淮南学派（指《淮南子》的作者伍被等人）对先秦诸子争论的一些学术问题和逻辑问题发表了自己的见解。在逻辑上，他们继承却又修正了《吕氏春秋》的观点。他们强调要考察事物的具体缘由，但也不否定类推的可能性，从而发展了古典的归纳逻辑，使中国古典逻辑思想体系进一步完备起来。

二、中国古典逻辑发展的第二阶段

汉武帝时期，中国学术史上发生了一件大事，就是罢黜百家，独尊儒术。罢黜百家，独尊儒术，虽然没有使中国逻辑思想的发展完全停止下来，但汉武帝的这一政策，使在战国时期已经蔚为大观的古典逻辑思想不能再广为流播。于是，自汉武帝起至东汉末年这一段时期逻辑思想的发展，便确乎变得有点另起炉灶的味道。连续性被斩断，问题几乎要重新提出，一切都要蒙上一层儒学的色彩。本来在先秦诸子中，儒学是最少谈逻辑的，而且汉武帝独尊的这个儒术又不完全是先秦儒学的那个原物，而是一种被改造了的东西。具体说，它是经过董仲舒加工制作的儒学，是与科学的逻辑思想格格不入的。因此，这一时期逻辑思想的发展，便是围绕着崇董、崇儒与反董、反儒这一对立斗争而进行的。

（一）董仲舒

董仲舒生于公元前179年，卒于公元前104年，在汉景帝时做过官方讲授儒家经典的教师（当时称为"博士"）。汉武帝举贤良文学之士，董仲舒的三篇《对策》提出了他的哲学体系的基本要点和大体轮廓，同时还提出了"罢黜百家，独崇儒术"的建议。除了《对策》外，董仲舒还著有《春秋繁露》。《春秋繁露》对《春秋公羊传》进一步给以主观、神秘的解释，阐发了董仲舒的唯心主义、天人感应的神秘主义学说。

董仲舒也谈逻辑，他使逻辑屈服于他的唯心主义体系。他在逻辑上没有提出任何新的或足以启发人的东西。他在逻辑上的主张纯粹是作为反面教员而存在的。

唯心主义的概念生成观。董仲舒宣称天是有人格、有意志的至高无上的神。他认为，一切自然现象和人事，如四时的更替、日月星辰的运行、国家的治乱兴衰，都是天的意志的表现。同样，名（概念）也是天的意志的表现。他在《春秋繁露·深察名号》里说：

名号之正，取之天地，天地为名号之大义也。古之圣人，謞而效天地谓之号，鸣而施命谓之名。名之为言鸣与命也，号之为言謞而效也。

譇而效天地者为号,鸣而命者为名。名号异声而同本,皆鸣号而达天意者也……是故事各顺于名,名各顺于天,天人之际,合而为一,同而通理,动而相益,顺而相受,谓之德道。❶

一般地叫是鸣,大声地叫是譇。体天之意而鸣譇,于是就产生了"名"和"号"(即概念)。事顺于名,名顺于天,概念不过是天的意志的一种表现。这便是董仲舒的概念生成观。

"名"既然是天的意志的表现,于是就被提到非常重要的地位:

治天下之端,在审辨大;辨大之端,在深察名号。名者,大理之首章也。录其首章之意以窥其中之事,则是非可知,逆顺自著,其几通于天地矣。是非之正,取之逆顺;逆顺之正,取之名号。欲审曲直,莫如引绳;欲审是非,莫如引名;名之审于是非也,犹绳之审于曲直也。诘其名实,观其离合,则是非之情不可以相谰已。(《深察名号篇》)❷

有了名就可审辨是非曲直,深察名号是治理天下的一个先行的步骤。董仲舒把名抬得如此之高,目的是抬高天神。

董仲舒曾讨论过"名"的真实性问题,而且从表面上看似乎还是承认"辨物以正名"的,其实不然。请看《深察名号篇》里面的两段话:

《春秋》辨物之理以正其名,名物如其真,不失秋毫之末,故名陨石则后其五,言退鹢则先其六。圣人之谨于正名如此。君子于其言,无所苟而已,五石六鹢之辞是也。

名生于真,非真弗以为名。名者,圣人之所以真物也。名之为言真也。故凡百讥有黮黮者,各反其真,则黮黮者还昭昭耳(讥:诘察,考察。黮:不明白。昭:明白。百讥有黮黮者:反复考察有不明白的)。❸

第一段是从《春秋》中"五石六鹢之辞"谈起的。《春秋》僖公十六年记载:"春,王正月戊申朔,陨石于宋,五。是月,六鹢退飞,过宋都。"《公羊传》解说道:"曷为先言陨而后言石?陨石,记闻,闻其磌然,视之

❶董仲舒《春秋繁露》,中华书局1975年版。

❷董仲舒《春秋繁露》,中华书局1975年版。

❸董仲舒《春秋繁露》,中华书局1975年版。

则石,察之则五……曷为先言六而后言鹢？六鹢退飞,记见也;视之则六,察之则鹢,徐而察之,则退飞。五石六鹢何以书？记异也。外异不书,此何以书？为王者之后,记异也。"僖公十六年,宋国发生了两起异常的现象,一次是落下了五个陨石,一次是刮大风,使六只鹢退着飞。这些事为什么要记在《春秋》上呢？《公羊传》解释说,那是因为宋国是殷王朝的后代,所以要把那里发生的异常现象记载下来。《公羊传》还解释了措词的先后次序为什么是"陨石五"和"六鹢退飞"。董仲舒则进一步引申说,这就是《春秋》辨物之理以正其名,就是圣人谨于正名的表现。《春秋》并没有这许多微言大义,它不过是一般的记异。陨石雨,风刮得鸟儿退着飞,这都是罕见的异象,不管它发生在哪里都是值得记载下来的,并不一定是因为宋是王者之后才有所记载。至于"陨石五,六鹢退飞",这只是一般的修辞规范;《公羊传》那样解说,已经有点铺张扬厉;董仲舒把它说成是"圣人之谨于正名",是什么逻辑上的光辉范例,更是牵强附会,其目的无非是使逻辑也蒙上儒学的色彩而把它引向歧途。然而,问题还不仅仅于此。从语言的角度来说,五石六鹢之辞,确实是比较真切地描摹了事物的情状。董仲舒把这个语言上描绘如真的范例搬出来,是为了偷运他的"名物如其真"的命题。"名物如其真"的命题是一个貌似唯物而实则唯心的命题。我们知道,名如实地反映物便是真。如果说"名物如其真",那么,"名"和"物"都成了第二性的东西,而抽象的"真"倒成了第一性的东西。在董仲舒那里,所谓"真",就是天神、上帝的意志一类的东西。关于"名""物""真"三者的关系,在上述引文的第二段中就讲得更显露了:名并不生于物,而是生于"真","名之为言真也";物不是名真的客观基础,相反,"名者,圣人之所以真物也"。"真"决定"名","名"决定"物",这就是董仲舒的"真神生名,以名正实"的唯心主义逻辑。

董仲舒深察名号的另一个诡辩伎俩,是任意解释一个概念,把名区分为"号"和"散名"两种不同类型的概念。他说:"名众于号,号其大全。名也者,名其别离分散也。号凡而略,名详而目。目者,遍辨其事也;凡者,独举其大也。享鬼神者,号一曰祭,祭之散名:春曰祠,夏曰礿,秋曰尝,冬曰烝。猎禽兽者,号一曰田,田之散名:春苗,秋蒐,冬狩,夏狝。"(《深察名号篇》)❶表面上看来,这里很像荀子所说的共名与别名的关系,但实际上却绝然不同。荀子的别名与共名,是以客观事物的类属关系为基础,是唯物主义路线;董仲舒之所以要在号之下还分出各种散名,完全是为对一些概念作主观任意的解释大开方便之门。董仲舒在《深察名号篇》里专门有一段讲"王"号。他说:

深察王号之大意,其中有五科:皇科、方科、匡科、黄科、往科。❷

"王"是号,皇、方、匡、黄、往是散名。皇是大的意思,方是端方的意思,匡是完备,黄是美好,往是归往。总括而言,"王"便是大而端方、普遍完美、四方归往的意思。董仲舒就是这样生造几个所谓散名,给"王"作了主观任意的解释,把最高的封建统治者美化到骇人听闻的地步。

董仲舒是以治《春秋》起家的。他认为一部《春秋》,微言大义甚多,读《春秋》、治《春秋》的人应当善于连通比附,即运用所谓偶类法。他说:

是故为《春秋》者,得一端而多连之,见一空而博贯之。(《精华》)

是故论《春秋》者,合而通之,缘而求之,伍其比,偶其类。(《玉杯》)❸

什么叫"伍其比,偶其类"呢?古代军队五人为伍,一个队列也叫伍,一伙也叫伍,所以,伍比也就是偶类。伍比偶类也就是"得一端而多连之,见一空而博贯之"。董仲舒的伍比偶类,并不是按照现实事物在客观上的真正相类、相伍来进行比偶连通,而是搞一种主观的比附。董仲舒自己也并不想掩饰这种方法的主观性,所以精选了"偶类"这样

❶ 董仲舒《春秋繁露》,中华书局1975年版。

❷ 董仲舒《春秋繁露》,中华书局1975年版。

❸ 董仲舒《春秋繁露》,中华书局1975年版。

一个术语。"偶类"就是相配成类的意思。既然是相配成类,董仲舒就主观地把一些物象配成对子,说它们是同类。他有时明白地打出偶类的旗号,有时也就把偶类说成是同类。《春秋繁露》有一个《同类相动篇》,在那里,客观上的同类和相配成类的偶类都统一说成为同类。

> 今平地注水,去燥就湿;均薪施火,去湿就燥。百物去其所与异,而从其所与同,故气同则会,声比则应,其验皦然也。试调琴瑟而错之,鼓其宫则他宫应之,鼓其商而他商应之,五音比而自鸣,非有神,其数然也。美事召美类,恶事召恶类,类之相应而起也,如马鸣则马应之,牛鸣则牛应之。❶

这里除"气同则会"一句埋伏有机关外,其他都还是客观上的同类相动。这是董仲舒偷运私货的一种手法,他先真后假,使你真假难分。董仲舒在引列了一些同类相动的事例后,接上就运用其"偶类"法来随意进行比附:

> 帝王之将兴也,其美祥亦先见;其将亡也,妖孽亦先见;物故以类相召也。故以龙致雨,以扇逐暑……天将阴雨,人之病故为之先动,是阴相应而起也。有忧使人卧者,是阴相求也;有喜使人不欲卧者,是阳相索也。水得夜益长数分,东风而酒湛溢,病者至夜而疾益甚,鸡至几明皆鸣而相薄,其气益精。故阳益阳,而阴益阴,阳阴之气,固可以类相益也……天有阴阳,人亦有阴阳,天地之阴气起,而人之阴气应之而起;人之阴气起,而天地之阴气亦宜应之而起;其道一也。明于此者,欲致雨则动阴以起阴,欲止雨则动阳以起阳。故致雨非神也,而疑于神者,其理微妙也。❷

宇宙的自然现象和人类社会的吉凶祸福,自然界的什么阴阳之气和人的病、卧、喜、忧,以至龙和雨,都是同类;既然是同类就会互相感应,互相引动,这就是董仲舒的哲学,就是董仲舒的逻辑。用董仲舒自

---

❶ 董仲舒《春秋繁露》,中华书局 1975 年版。

❷ 董仲舒《春秋繁露》,中华书局 1975 年版。

第二编　中国逻辑

己的话说,这叫"偶其类",叫"同类相动"。我们把它的老底拆穿来说:这是不类而类的任意比附。

董仲舒这汉儒的一代宗师,不仅要说教,而且还要去作法求晴雨。《春秋繁露》的第七十四篇是《求雨》,第七十五篇是《止雨》。怎么求雨呢?董仲舒不是说龙和雨是类同吗?有了龙就可以引动雨吗?那么,到哪里去找龙呢?龙不是早就绝种了吗?如果假令一条大蛇就算是一条龙吧,董仲舒这个书生也无法去找来一条大蛇,并且让其乖乖地听他的指挥来完成那个求雨的仪式。但董仲舒毕竟有个办法,那就是做几条假龙。《求雨篇》开列求雨仪式曰:"……于邑东门之外为四通之坛。为大苍龙一,长八丈,居中央;为小龙七,各长四丈……为四通之坛于邑南门之外。为大青龙一,长七丈,居中央;又为小龙六,各长三丈五……"[1]假龙也就是真龙。龙雨同类相动,假龙真龙也是同类相通,因此假龙致雨,也是完全合乎逻辑的。这种滑稽而荒唐的东西在那时竟然也有一个堂堂正正的名字,叫作"象类而通"。

董仲舒的逻辑就是这种"类与不类,相与为类"的无类比附逻辑。

(二)刘向

汉武帝罢黜百家、独尊儒术以后,除了《五经》《论语》等儒家典籍,其他的书籍便很少流传。据《汉书》的记载,西汉末有个著名的学者桓谭,想读《老子》《庄子》,但自己没有这一类的书,就去找班嗣(班彪的从兄)想办法,因为班家当时受皇帝的命令"进读群书",特许把一些皇家图书放在家里。据说,那一次班嗣并没有把书借给桓谭,大概在当时这些书的出借是受到限制的。这些儒家以外的先秦诸子的书,都贮藏在皇家的书库里,只有少数专管皇家图书的人,才有机会读到。所以,这一时期学术思想的发展、转变情况,只有从这些人身上才看得出一点消息。汉武帝以来,先是司马谈、司马迁父子以太史职位得读内

---

❶董仲舒《春秋繁露》,中华书局1975年版。

府秘书,后是刘向、刘歆父子被任命专门校勘内府秘书。司马谈,约卒于公元前110年,和董仲舒差不多是同时代的人。他研究过阴阳、儒、墨、名、法、道各家的学说,曾谈论过六家学说的要旨,认为六家都有可取的地方。他没有特别抬高儒家,这是有意对董仲舒的权威进行挑战。司马谈的儿子司马迁,对诸子百家的态度与司马谈并不完全相同。他有点抬高儒家的地位而贬低其他一些学派的地位。他为孔子立传,而列之于世家,没有为墨子专门立传,仅于孟荀列传的后面附带地说了几句,对于名家也是附属于别的地方交代几句。不过司马迁对董仲舒的权威还是不承认的。在西汉时,把董仲舒捧为绝对权威的是刘向。《汉书·董仲舒传赞》(卷五六)说:"刘向称董仲舒有王佐之才,虽伊、吕亡以加。管晏之属,伯者之佐,殆不及也。"刘向在学术思想上和逻辑思想上都完全追随着董仲舒。

刘向约生于公元前79年,卒于公元前8年。他在从事整理图书的过程中编辑了两部书,一部叫《新序》,一部叫《说苑》。这两部书辑录的是周秦以来的杂说杂事,体例很杂,各种问题都谈到,其中也谈到了逻辑问题。这两部书虽说是材料的辑录,但这些材料还是由刘向自己的观点统率的,而且其中夹有很多刘向自己的言论。刘向笃信天人感应,并且使逻辑屈服于唯心主义。刘向的《说苑》有一个《辨物篇》,可以说是他的逻辑篇章。我国先秦的一些逻辑学家在辨察事物的基础上,提出了明故知类的逻辑法则。刘向也辨物、谈故、说类。刘向在辨察事物时总的指导原则是什么呢? 他所说的"故"与"类"又是什么货色呢? 请先看下面的引录:

天垂象,见吉凶,人圣则之。昔者高宗(殷朝的一个君王)、成王,感于雊雉暴风之变,修身自改,而享丰昌之福也。逮秦皇帝即位,慧星四见,蝗虫蔽天,冬雷夏冻,石陨东郡,大人出临洮,妖孽并见,荧惑守心,星茀太角,太角以亡,终不能改。二世立,又垂其恶。及即位,日月薄蚀,山林沦亡,辰星出于四孟,太白经天而行,无云而雷,枉矢夜光,荧惑袭月,蓐火烧宫,野禽戏庭,都门内崩,天变动于上,群臣昏于朝,百姓乱于下,遂不察,是以亡也。

仰以观于天文,俯以察于地理,是故知幽明之故。夫天文地理、人情之效存于心,则圣智之府。是故古者圣王既临天下,必变四时,定律历,考天文,揆时变,登灵台以望气氛。

成人之行,达乎性情之理,通乎物类之变,知幽明之故,睹游气之源,若此而可谓成人。❶

"天垂象,见吉凶",这是刘向天人感应的物象观:一切自然现象都是为了昭示人间社会的吉凶,一切社会现象都是体天的意志而行事。同样,刘向的谈故、说类也是浸透着天人感应的神秘主义。刘向说的"故",是一种幽明之故,即天文地理和人情之间怎么互相感应。刘向认为对这种天文地理人情的感应能够了然于心的人,就可算得上圣和智。至于刘向说的"类",毋宁说是一种"不类"。因为他所说的类,是讲天象和人事是如何各以类为验。一个天上,一个地下,一个是自然现象,一个是社会现象,怎么会同类呢?不过从董仲舒和刘向的观点来看,这倒是合乎逻辑的,因为他们就是讲天人相通的。他们关于"知类"的口号也叫"通乎物类之变",重心是在"通"和"变"。言物类而讲通变,实际上就是去抹杀"类"的界线。这里还是董仲舒的"类与不类,相与为类"的无类比附。

从本质上来说,唯心主义、神秘主义同科学的逻辑学是格格不相入的。刘向不仅把"说故"引向玄虚,把明类引向无类,而且还一味去赞扬应对敏捷的纵横术,以巧辩术来代替逻辑学。《说苑》的《善说》《奉使》及《新序》的《杂事第二》讲的都是纵横巧辩之说。

(三)刘歆

刘歆约生于公元前50年左右,卒于公元23年左右。从刘歆的身上

---

❶ 刘向《新序·说苑》,台湾世界书局1970年版。

可以看出汉代学术思想某些转变的迹象。先秦诸子的灿烂文化,比董仲舒的神学唯心主义,是要显得丰富多彩和富有吸引力的。刘歆典校图书,阅读精研诸子百家之说,也就必然要使他的思想冲破天人感应神学唯心主义的束缚而另求出路。刘歆的父亲刘向也是典校图书的。他们都是对诸子百家之书无所不读,而且都编有古书目录学性质一类的著作。刘向著有《别录》,刘歆则著有《七略》。然而,由于时代的先后不同,由于经历的不同,二人的倾向是不一致的。刘向年幼时精研过一本讲神仙点金和道士延命的秘书,而且后来把这本书献给了汉武帝,并得到汉武帝的支持,去按符炼金。金子自然是没有炼出来。汉成帝时,刘向典校图书,在著《别录》之外,花了很多精力去集合洪范五行传,加以论列并上奏皇帝。五行传这是一个谈天人感应阴阳灾异的领域。因此,刘向的思想也浸透了神学的色彩,走上了崇拜、追随,吹捧董仲舒的道路。刘歆则不同,他著《七略》之外,则把主要精力集中于搞古文经学以对抗当时的今文经学。古文经和今文经之争虽然没有跳出儒学内部门户之争的范畴,但刘歆的行动毕竟是对当时学术权威的一种挑战。刘歆没有跟刘向那样一味去吹捧董仲舒,而是主张去复先秦之古。当然,刘歆的复古、存古是以崇儒崇孔为大前提的。他把孔子说成是中国古代思想的开山祖师,先秦诸子的思想都是起于孔子死后。刘歆还提出了一个先秦诸子皆出于王官的说法。《七略·诸子略》指出:

儒家者流,盖出于司徒之官,明教化者也。道家者流,盖出于史官,明成败兴废,然后知秉政持要,故尚无为也。阴阳家者流,盖出于羲和之官,敬顺昊天,以授民时者也。法家者流,盖出于理官者也。名家者流,盖出于礼官,名位不同,礼亦异数,孔子曰:必也正名乎。墨家者流,盖出于清庙之官……纵横家者流,盖出于行人之官,遭变用权,受命而不受辞。杂家者流,盖出于议官。农家者流,盖出于农稷之官。此九家者,各引一端,高尚其事,其家虽殊,譬犹水火,相灭亦相生也。舍所

短取所长,足以通万方之略矣。❶

刘歆对诸子百家的论述,对后世影响甚大。班固后来写《汉书·艺文志》时,便基本上是依据刘歆定下的基调。下面我们只引出他对名家的叙述和评论:

> 名家者流,盖出于礼官。古者名位不同,礼亦异数。孔子曰:"必也正名乎! 名不正则言不顺,言不顺则事不成。"及警者为之,则苟钩鈲析乱而已。❷

说名家盖出于礼官,讲逻辑是导源于孔子,在当时是给了逻辑以声誉和地位。从某种意义上说,有利于逻辑思想的发展。但从科学的角度来讲,这个关于名家起源的说法并无多少价值。"名不正则言不顺,言不顺则事不成"这两句话,并没有什么典型的逻辑意义。我国古典逻辑的产生并不导源于孔子的"正名"。孔子的正名是一种纯道德纯伦理的范畴。逻辑导源于哲学。先秦的名家和其他逻辑学家都是从讨论哲学问题、认识问题、主客观关系等问题入手而开始对逻辑的研究。我国古典逻辑确实是从讨论"名"开始的,但那是哲学式的讨论,即名实对举。公孙龙有《名实论》,《墨经》说"以名举实",荀子虽然把其逻辑的概念篇章叫《正名篇》,但在内容上也是名实对举。孔子的正名是讲礼仪,正名位。他那样去正名,正一百遍,正一百年,也正不出一个逻辑学来。把我国古典逻辑说成是什么出于礼官,而且与孔子挂上钩,把孔子说成是中国逻辑的先驱人物,这是违背历史事实的。刘歆的这种逻辑史观给了往后中国逻辑的发展一种不良的影响。魏晋时期就曾有一部分人把名实问题讨论的重心放在人事、伦理道德和品评人物上面,使逻辑的研究钻进了死胡同。

在当时,要使逻辑思想健康地发展,必须冲破重重藩篱:董仲舒神学的藩篱,名家出自礼官、逻辑导源于正名的陈腐思想。在两汉之际,

---

❶ 刘歆《别录·七略辑本》,台湾广文书局1969年版。

❷ 班固《汉书》,中华书局1975年版。

企图去冲破这种藩篱的人物有桓谭。桓谭比刘歆更具有反潮流的倾向,不仅反董仲舒的神学,而且还具有一定的反儒和反孔的倾向。

(四)桓谭

桓谭,字君山,约生于公元前23年,卒于公元56年左右。桓谭著的《论形神》,有着鲜明的唯物主义色彩。他还著有《新论》29篇,全书早已遗失,只有一些片断散见于其他各书中。清孙冯翼、严可均都各有辑本。辑本是将这些散见的片断辑录在一起,并不成系统,无法说明桓谭思想的全貌。

桓谭反对天人感应的神秘主义,认为天是没有目的和意志的。《新论》记载曰:

> 余与刘子骏(刘歆)言养性无益,其兄子伯生曰:"天生杀人药,必有生人药也。"余曰:"钩藤不与人相宜,故食则死,非为杀人生也。譬若巴豆毒鱼,矾石贼鼠,桂害獭,杏核杀猪,天非故为作也。"❶

"天非故为作也",就是说天是没有目的,没有意志的。既然天是没有意志的,那么河图洛书和一切的谶记便都是虚假的。他批评当时流行的谶纬说:"今诸巧慧小才伎数之人,增益图书,矫称谶记,以欺惑贪邪……其事虽有时合,譬犹卜数只偶之类。"❷由于桓谭反对谶纬,光武帝说他"非圣无法",几乎将他斩首。

很多材料说明桓谭是一个"离经叛道"的人。朝廷里实行的是罢黜百家,独尊儒术的政策,而他却兼采百家并不独尊儒学。他曾向班嗣去借阅老庄的书,他对公孙龙很有研究,有人说《公孙龙子·迹府篇》的前半段就是桓谭撰写的。当时很多人都吹捧董仲舒,他却盛赞扬雄,说"汉兴以来,未有此人也"❸。当时的儒生把《春秋》奉若圣典,以为"圣人复起,当复作《春秋》",而桓谭却认为不是这样,理由是"前圣后

❶ 桓谭《新论》,上海人民出版社1977年版。

❷ 范晔《后汉书》,中华书局1965年版。

❸ 桓谭《新论》,上海人民出版社1977年版。

圣未必相袭也",他认为他的《新论》就何异《春秋》❶。

桓谭有没有具体谈逻辑的问题?现在因《新论》的残失,已无法作出论断,不过王充是盛赞其论辩之才的。《论衡·超奇篇》曰:"桓君山作《新论》,论世间事,辨昭然否,虚妄之言,伪饰之辞,莫不证定……说论之徒,君山为甲。"❷桓谭与扬雄、刘歆同时,经常与他们两个"辨析疑异",这里面当包含着一些逻辑问题。如桓谭与刘歆就曾辩论过"土龙致雨象类为说"的问题,这事在《新论》和《论衡》中都有记载。《新论》孙辑本记曰:

> 刘歆致雨,具作土龙,吹律及诸方术无不备设,谭问:"求雨所以为土龙何也?"曰:"龙见(现)者辄有风雨兴起以送迎之,故缘其象类而为之。"❸

对于此事,《新论》辑本只说到这里,至于桓谭自己的观点没有记载下来。据《论衡·乱龙篇》的记载,桓谭是反对"土龙致雨,象类为说"的。这件事,我们以后还要谈到,此处暂且从略。总之,我们认为桓谭有可能具体讨论了逻辑问题,只因文献不足,无法作进一步的论述。

桓谭的批判精神有助于学术思想的解放,东汉的唯物主义者王充便明显地受着他的影响。

(五)王充

王充,生于公元27年,卒年大约在公元100年左右。两汉之际,谶纬、神仙迷信思想泛滥,王充"读虚妄之书,明辨然否,疾心伤之"而作《论衡》。王充是一个战斗的唯物主义者。他认为天和地都是一种实体,它们是没有目的、没有意志的。《论衡·自然篇》说:"天道无为,故春不为生,而夏不为长,秋不为成,冬不为藏。阳气自出,物自生长;阴气

---

❶ 桓谭《新论》,上海人民出版社1977年版。

❷ 王充《论衡》,上海人民出版社1974年版。

❸ 桓谭《新论》,上海人民出版社1977年版。

自起,物自成藏。"❶王充认为天地实体和自然界的万物都是元气构成的。他说:"天地,含气之自然也。"(《谈天篇》)他还说:"天地合气,万物自生……天者,普施气万物之中……夫天覆于上,地偃于下,下气蒸上,上气降下,万物自生其中间矣。"(《自然篇》)❷这是说,自然界万物的生成、变化都是天地所含之气聚和散的结果,元气是自然界万物原始的物质基础。

王充不仅坚持唯物主义的自然观,而且坚持唯物主义的认识论。他认为,人要获得认识,首先必须由人的感觉器官与外界事物相接触,即"须任耳目以定情实""如无闻见,则无所状"(《实知篇》)❸,但人的认识又不能满足于耳目闻见的感性认识,而必须由感性认识发展到理性认识。他说:"通人知士,虽博览古今,窥涉百家,条入叶贯,不能审知,唯圣心贤意,方比物类,为能实之。夫论不留精澄意,苟以外效立事是非,信闻见于外,不诠订于内,是用耳目论,不以心意议也。夫以耳目论,则以虚象为言;虚象效,则以实事为非。是故是非者,不徒耳目,必开心意。"(《薄葬篇》)❹"不徒耳目,必开心意",就是说认识必须由感性发展到理性。对于认识过程中感性和理性的相结合,王充还论述道:"据象兆,原物类,意而得之。其见变名物,博学而识之,巧商而善意,广见而多记,由微见较。"(《知实篇》)❺广见、博识、象兆,这是感性的材料。根据这些感性材料,再运用心意思度,推源物类,就可由微见较,得出理性的认识来。在感性材料基础上运用心意思度的过程,一般都包含有逻辑归纳和演绎的过程。所以,一般地说,认识上承认由感性到理性的推移,在逻辑上就会重视对推理论证的研究。王充也是这样,他既是一个战斗的唯物主义者,同时也是一个逻辑学家。

---

❶ 王充《论衡》,上海人民出版社1974年版。

❷ 王充《论衡》,上海人民出版社1974年版。

❸ 王充《论衡》,上海人民出版社1974年版。

❹ 王充《论衡》,上海人民出版社1974年版。

❺ 王充《论衡》,上海人民出版社1974年版。

第二编 中国逻辑

在中国逻辑史上，王充的创新和贡献是把论证作为一种自觉的逻辑手段而加以运用。

王充说他的《论衡》"形露易观"而且有点四不像，"谓之饰文偶辞，或径或迂，或屈或舒；谓之论道，实事委琐，文给甘酸，谐于经不验，集于传不合；稽之子长（即司马相如）不当，纳之子云（即扬雄）不入"（《论衡·自纪》）❶。实际情况也是如此，《论衡》确实有点非经非传，不文不赋。《论衡》就是"论"。对于"论"，王充的主张是："论贵是而不务华，事尚然而不高合，论说辨然否。"（《自纪》）❷怎样才能很好地去辨然否呢？王充明确地提出："事莫明于有效，论莫定于有证，空言虚词，虽得道心，人犹不信。"（《薄葬篇》）❸对于事明于效、论定于证，王充在《知实篇》中再一次提到。《知实篇》一起首就说："凡论事者，违实不引效验，则虽甘义繁说，众不见信。"❹把上面两段引录的话归纳起来，王充的意思是说：只有引出证据，才能使论断得以确立，才能使立论见信于众。所谓见信于众，用现在的逻辑术语来说就是要求论题真实性的明显化。因此，王充对"论证"的叙述接近于现代逻辑教本中关于"证明"的定义。

王充不仅提出"引证定论"的主张，而且在《论衡》中实践着这一主张。《论衡》的许多篇章可以说就是典型的逻辑证明。例如，《实知篇》《知实篇》便是反对天才论的出色的逻辑论证。《实知篇》是逻辑反驳，反驳了"圣人前知千岁，后知万世，不学自知，不问自晓"的荒谬主张。《知实篇》是逻辑证明，正面证明"圣人不能神而先知"。用现代逻辑知识来分析，它们都分别具有"反驳"和"证明"的完整结构。

《知实篇》逻辑结构分析：

圣人不能神而先知。——论题。

---

❶ 王充《论衡》，上海人民出版社1974年版。

❷ 王充《论衡》，上海人民出版社1974年版。

❸ 王充《论衡》，上海人民出版社1974年版。

❹ 王充《论衡》，上海人民出版社1974年版。

何以明之？——转入证明。

全篇共列举16条论据。下面摘录其中几条：

颜渊炊饭，尘落甑中。欲置之则不清，投地则弃饭，掇而食之。孔子望见以为窃食，圣人不能先知，三也。

匡人之围孔子，孔子如审先知，当早易道以违其害。不知而触之，故遇其患。以孔子围言之，圣人不能先知，四也。

子畏于匡，颜渊后。孔子曰："吾以汝为死矣！"如孔子先知，当知颜渊必不触害，匡人必不加悖，见颜渊之来，乃知不死。未来之时，谓以为死。圣人不能先知，五也。

阳货欲见孔子，孔子不见，馈孔子豚。孔子伺其亡也而往拜之，遇诸途。孔子不欲见，既往，候时其亡，是势必不欲见也。反遇于路。以孔子遇阳货言之，圣人不能先知，六也。

长沮桀溺耦而耕。孔子过之，使子路问津焉。如孔子知津，不当更问。

论者曰："欲观隐者之操。"则孔子先知当自知之，无为观也。如不知而问之，是不能先知，七也。

......❶

这样一口气列举16条，平铺直叙，笔法毫无变化。从写文章的角度来看，确实是"实事委琐，文给甘酸"，但王充的宗旨并不是教人如何去作文，而是企图去对逻辑的证明作出示范。

《实知篇》逻辑结构分析：

儒者论圣人，以为前知千岁，后知万世，有独见之明、独听之聪，事来则名，不学自知，不问自晓。——先列出欲反驳的论题。

孔子将死，遗谶书曰："不知何一男子，自谓秦始皇，上我之堂，踞我之床，颠倒我衣裳，至沙丘而亡。"其后秦王兼吞天下，号始皇，巡狩至鲁，观孔子宅，乃至沙丘，道病而崩。又曰："董仲舒乱我书。"其后江都相董仲舒，论思《春秋》，造著传记。又书曰："亡秦者胡也。"其后二世

❶ 王充《论衡》，上海人民出版社1974年版。

胡亥竟亡天下。用三者论之，圣人后知万世之效也。——再列出论敌的论据。

曰：此皆虚也。——转入反驳。

反驳从驳斥论敌的论据入手。

案神怪之言，皆在谶记。所表皆效图书。亡秦者胡，河图之文也。孔子条畅增益以表神怪，或后人诈记以明效验……孔子见始皇仲舒，或但言将有观我之宅，乱我之书者。后人见始皇入其宅，仲舒读其书，则增益其辞著其主名。案始皇本事，始皇不至鲁，安得上孔子之堂，踞孔子之床，颠倒孔子之衣裳乎？既不至鲁，谶记何见而云始皇至鲁？至鲁未可知，其言孔子曰"不知何一男子"之言，亦未可用。"不知何一男子"之言不可用，则言"董仲舒乱我书"亦复不可信也。

反驳往下由对方论据的虚假归结到其论题的虚假。

行事、文记谲常人言耳。非天地之书，则皆缘前因古，有所据状。如无闻见，则无所状。凡圣人见祸福也，亦揆端推类，原始见终，从闾巷论朝堂，由昭昭察冥冥。谶书秘文，远见未然，空虚闇昧，豫睹未有，达闻暂见，卓谲怪神。❶

这里总括指出谶纬之书卓谲怪异，无所据状，不足为信。在此基础上作者正面指出，一个人如无闻见，则无所状；圣人之预见祸福，也必须先有所闻见，然后才能"揆端推类，原始见终，由昭昭察冥冥"，而决不能是什么"不学自知，不问自晓"。

除了逻辑证明之外，王充还经常谈论"类"和"推类"，如我们已经引录过的便有"据象兆，原物类""揆端推类""比方物类"，等等。但是在严格"类"的界线方面，王充似乎并不能首尾一贯。

王充在《物势篇》中曾经提出一个"兴喻，人皆引人事"的严格标准。在很多地方，他也确实是非常注意类推的精确性。例如：

然则杞梁之妻哭而崩城，复虚言也。因类以及，荆轲刺秦王，白虹

---

❶ 王充《论衡》，上海人民出版社1974年版。

贯日；卫先生为秦画长平之计，太白食昴，复妄言也。(《变动篇》)❶

这里的前提和结论列出的事例，性质是完全相同的，逻辑的推导词用"因类以及"是完全恰切的。

血脉不调，人生疾病；风寒不和，岁生灾异。灾异，谓天谴告国政；疾病，天复谴告人乎(血脉不调使人生疾病，风寒不和使岁生灾异。没有谁说疾病是天谴以告人，怎么能说灾异是天谴以告国政呢)？……占大以小，明事物之喻，足以审天。(《谴告篇》)❷

这里的前提和结论中列举的事例，虽然近似，但性质并不完全相同，因而逻辑的推导词用的是"明事物之喻"，这也是比较精确的。

然而，王充并不能始终如一地严格这种类的界线。就在那个《物势篇》中，便出现了比类不当的情况：

夫天地合气，人偶自生也，犹夫妇合气，子则自生也……人生于天地，犹鱼之于渊，虮虱之于人也，因气而生，种类相产。万物生天地之间，皆一实也。❸

这段话对反对目的论来说，是有积极意义的，但那样去比附，未免有引喻失义的毛病。所以，王充的论敌批评说，是"比不应事，未可谓喻"(《物势篇》)❹。像这样引喻失义的比附，还可以举出一些例子来。下面是《明雩篇》里的一段话：

夫雨水在天地之间也，犹夫涕泣在人形中也。或赍酒食请于惠人之前，请出其泣，惠人终不为之陨涕。夫泣不可请而出，雨安可求而得……变复之家，不推类验之，空张法术。❺

把人的泣涕来比附天下雨，显然是不伦不类。

在"推类"方面，王充更严重的缺点是他的所谓"象类"说。事情是这样的：

---

❶ 王充《论衡》，上海人民出版社1974年版。

❷ 王充《论衡》，上海人民出版社1974年版。

❸ 王充《论衡》，上海人民出版社1974年版。

❹ 王充《论衡》，上海人民出版社1974年版。

❺ 王充《论衡》，上海人民出版社1974年版。

两汉时期,首先系统倡导天人感应目的论的神学唯心主义者是董仲舒,他申《春秋》之雩,设土龙以招雨,其意以云龙相致。董仲舒的逻辑是:"易曰'云从龙,风从虎',以类求之,故设土龙,阴阳从类,云雨自至。"❶这段话的意思是说:云与龙、风与虎,虽然一个天上一个地下,但它们"各以类为验",所以云与龙、风与虎,总是相伴而行;土龙与真龙,一假一真,但它们阴阳从类,所以土龙若真龙,客观上以类为验,逻辑上就可象类而推——你看到土龙就可推断天必然下雨。这就是董仲舒象类为推的荒谬逻辑。

据《论衡·乱龙篇》记载,当时围绕这个问题而展开的逻辑论争,延续了很长时间。

首先是所谓儒者起来反对。或问曰:"夫《易》言'云从龙'者,谓真龙也,岂谓土哉?楚叶公好龙,墙壁盘盂皆画龙,必以象类为若真,则是叶公之国常有雨也。《易》又曰:'风从虎。'谓虎啸而谷风至也。风之与虎,亦同气类。设为土虎,置之谷中,风能至乎?夫土虎不能而致风,土龙安能而致雨?古者畜龙,乘车驾龙,故有豢龙氏御龙氏。夏后之庭,二龙常在,季年夏衰,二龙低伏。真龙在地,犹无云雨,况伪象乎?礼画雷樽,象雷之神。雷樽不闻能致雷,土龙安能而动雨?顿牟掇芥(芥,轻微之物;顿牟,琥珀一类的东西,经过摩擦带电后,能吸附轻微之物),磁石引针,皆以其真是,不假他类。他类肖似,不能掇取者,何也?气性异殊,不能相感动也。"反驳者不仅否认土龙可以致雨,而且还否认云雨总是伴随着真龙而来的说法。反驳基本上是正确的。

后来"刘子骏(刘歆)掌雩祭,典土龙事,桓君山(桓谭)亦难以"顿牟磁石不能真是,何能掇针取芥",子骏穷无以应(桓谭反驳的大意是:只是像而不真是顿牟磁石,便不能掇芥引针;土龙像龙而非真龙,又何能致雨呢)。❷

---

❶ 董仲舒《春秋繁露》,中华书局1975年版。
❷ 王充《论衡》,上海人民出版社1974年版。

在这场逻辑论争中，王充站到反面一方去了。他说刘子骏之被驳倒，这件事"非议误，不得道理实也"。王充反驳桓谭这一派说："夫以非真难，是也；不以象类说，非也。"❶王充还提出许多所谓象类若真的现象来论证土龙可以致雨。下面抄列其中几条：

齐孟尝君夜出秦关。关未开，客为鸡鸣，而真鸡鸣和之。夫鸡可以奸声感，则雨亦可以伪象致。

楚叶公好龙，墙壁盂樽皆画龙象，真龙闻而下之。夫龙与云雨同气，故能感动，以类相从。叶公以为画致真龙，今独何以不能致云雨？

有若似孔子。孔子死，弟子思慕，共坐有若孔子之座。弟子知有若非孔子也，犹共坐而尊事之。云雨之知，使若诸弟子之知，虽知土龙非真，然犹感动，思类而至。❷

严格"类"的界线，科学地进行类比，是形式逻辑的座右铭。王充却象类若真，异类相通，随便比况，因而很多地方显得滑稽而可笑。

王充的逻辑错误有其认识论的根源。在哲学上，王充是元气论。元气论是唯物的，在当时来说，是以自然科学知识为基础的较为科学的哲学概括。但从近代科学观点来看，元气论毕竟还是不科学的。元气论认为天地、万物都是统一由元气构成（人是禀受了元气最精致部分）。既然都是由元气构成，那么这个元气有时也就不免要沟通物类而使之互相感应了。王充在《命义篇》中就曾说道："天有众星，天施气而众星布精；天所施气，众星之气在其中矣。人禀气而生，含气而长，得贵则贵，得贱则贱，贵或秩有高下，富或赀有多少，皆星位尊卑小大之所授也。"❸你看，天的气、星的气、人的气，是相通的；天人相应，人星相应，云龙相致，土龙像龙，路路相通，于是逻辑上就可象类而推了，何等错误！

王充患了逻辑错误而不自觉，反而沾沾自喜，认为自己驳倒了桓

❶ 王充《论衡》，上海人民出版社 1974 年版。

❷ 王充《论衡》，上海人民出版社 1974 年版。

❸ 王充《论衡》，上海人民出版社 1974 年版。

谭,胜过了刘子骏,保护并阐发了董仲舒的"土龙致雨说"。他在《乱龙篇》的结尾说:"夫如是,传之者何可解,则桓君山之难可说也,则刘子骏不能对,劣也,劣则董仲舒之龙说不终也,《论衡》终之,故曰乱龙,乱者,终也。"❶当然,王充也曾认为"雩祭可以应天,土龙可以致雨"不免有点难以理解,但他觉得董仲舒既为一代大儒,因而其"修雩始龙,必将有义,未可怪也"(《案书篇》)❷。王充毕生为反对谶纬、神仙迷信思想而努力,然而却迷信于董仲舒的思想而不能自拔,这是很可悲的。

东汉时期,以论说见称的除王充之外,还有王符和仲长统。仲长统是汉末魏初的人。他生于公元179年(灵帝光和二年),卒于公元220年(汉献帝建安25年,也即是魏文帝黄初元年)。仲长统著有《昌言》一书,共35篇,凡十余万言。但其书早已散失,所剩的一些剩卷残篇很少论述名理方面的问题。因此,在这里我们只可能去论列一下王符的逻辑思想。

(六)王符

王符生卒的确定年代已不能详考。他大概生于东汉和帝与安帝之际,卒年约在桓帝灵帝之际。他著有《潜夫论》,凡30余篇。王符对先秦诸子思想是进行过一些研究的,曾专门写了一个《释难篇》来批评韩非子关于自相矛盾的逻辑命题。《释难篇》写道:

> 庚子问于潜夫(王符自号潜夫)曰:"尧舜道德,不可两美,实若韩子戈伐之说邪?"潜夫曰:"是不知难而不知类。今夫伐者,盾也,厥性利。戈者,矛也,厥性害,是戈为贼,伐为禁也。其不俱盛,固其术也。夫尧舜之相与,人也,非戈与伐也,其道同仁不相害也。戈伐弗得俱坚,尧舜何如不得俱贤哉?且夫尧舜之德,譬犹偶烛之明于幽室也。前烛即尽照之矣,后烛入而益明。此非前烛昧而后烛彰也,乃二者相因而成大光,二圣相德而致太平之功也。是故大鹏之功,非一羽之轻也;骐骥之

---

❶ 王充《论衡》,上海人民出版社1974年版。

❷ 王充《论衡》,上海人民出版社1974年版。

速，非一足之力也；众良相德，而积施乎无极也；尧舜两美，盖其则也。❶

王符的批评是不中肯的。仔细研究过《韩非子》的人，都知道韩非认为"圣尧之明察与贤舜之德化"是自相矛盾之说。韩非的主旨是反对所谓"德化"政治，主张明赏罚以治天下。韩非并不执着于历史上是否有尧舜这么两个人，重心也不是去评论这两个人的好和坏，整个立论是没有问题的。韩非的缺点是在最后对命题进行概括时，语言过于简略，把"尧之明察与舜之德化的不可两立"说成了"尧舜不可两誉"。王符对韩非的批评，不仅显得有点吹毛求疵，而且随意偷换论点。王符的批评并不是想使对矛盾律的阐述精确化，而是企图根本否定韩非的天才发现。这说明王符是缺乏逻辑眼光的。

在逻辑上，王符是把名实问题的讨论，引上评品人物轨道的开端者。他说：

名理者必效于实……今则不然……群僚举士者，或以顽鲁应茂才，以桀逆应至孝，以贪饕应廉吏，以狡猾应方正，以谀谄应直言，以轻薄应敦厚，以空虚应有道，以嚚闇应明经，以残酷应宽博，以怯弱应武猛，以顽愚应治剧：名实不相副，求贡不相称，富者乘其财力，贵者阻其势要，以钱多为贤，以刚强为上。(《潜叹》)❷

这样的论列对品评政治、针砭时弊有一定的战斗性。但这样来讨论名实问题，并无多少逻辑意义。王符把逻辑研究引入正名位、讲人伦和品评人物上面去了。王符的逻辑观，后来在魏晋时期发展成为一个流派，这个流派用《人物志》来充当逻辑学。

（原刊于《江西师院学报》1978年第3期）

---

❶ 王符《潜夫论·申鉴·中论》，台湾世界书局1975年版。

❷ 王符《潜夫论》，台湾世界书局1975年版。

中国逻辑思想史稿:魏晋时期逻辑思想

一、鲁胜的《墨辩注序》评介

公元220年,曹丕废汉献帝自立,改元黄初,这是魏晋南北朝时期的正式开始。但实际上,公元196年汉献帝自洛阳迁都许昌,改元建安,曹操挟天子以令诸侯,魏晋时代就算是已开始了。

本篇将叙述魏晋南北朝时期的逻辑思想。这一时期出了一位杰出的逻辑学家鲁胜,他的《墨辩注序》是中国逻辑史上的不朽篇章。

鲁胜,西晋人,生卒年月不可确考。据《晋书·隐逸传》的记载,他"少有才操",为佐著作郎,元康初(公元291年为元康元年)迁建业令。在建业令任期内,他写有天文历算方面的专著《正天论》,并上表请求依据他的推算改正以前历算上的错误,而且说"如无据验,甘当刑戮",对自己的学问非常自信。但朝廷并不重视他的创造性劳动,没有答复他的请求。不久,他称疾去官。张华曾派自己的儿子去劝鲁胜再出来做官,"征博士""举中书郎",他都谢绝了。公元300年,张华在政争中被杀,鲁胜大概也就完全转入隐逸生活了。鲁胜是代郡人,青年时期是在北方度过的,成年以后,入洛阳做小京官,后来又到南方做地方官。这种经历,使他能够广见博识,学兼南北,《晋书》说"其著述为世所称"。大概在他的晚年或身后不久,他的家乡开始了长期的战乱,他的著作也就"遭乱遗失"。鲁胜用了很大的精力研究逻辑,大概遍读了先秦的大部分逻辑著作,同时也洞察了当代逻辑思想的动向。他在逻辑方面有两大专著,一是将《墨子》的《经上》《经下》《经说上》《经说下》四篇辑为《墨经》并作了注解;二是采取先秦其他各家(也许还包括魏晋人)的逻辑言论,集合为《刑名》二篇。遗憾的是,这两大专著都早已遗失。现流传下来的只有一篇《墨辩注序》,今录其全文于下:

> 名者所以别同异,明是非,道义之门,政化之准绳也。孔子曰:"必也正名,名不正则事不成。"墨子著书,作辩经以立名本。惠施、公孙龙祖述其学,以正形名显于世。孟子非墨子,其辩言正辞则与墨同。荀卿庄周等皆非毁名家而不能易其论也。名必有形,察形莫如别色,故有坚白之辩。名必有分明,分明莫如有无,故有无序之辩(当为"故序有无之辩")。是有不是,可有不可,是名两可。同而有异,异而有同,是之谓辩同异。至同无不同,至异无不异,是谓辩同辩异。同异生是非,是非生吉凶。取辩于一物而原极天下之汗隆,名之至也。自邓析至秦时,名家者世有篇籍,率颇难知,后学莫复传习,于今五百余岁,遂亡绝。墨辩有上下经,经各有说,凡四篇,与其书众篇连弟,故独存,今引说就经,各附其章,疑者阙之。又采诸众杂,集为《刑名》二篇,略解指归,以俟君子,其或兴微继绝者亦有乐乎此也。❶

这位杰出的逻辑学家的这篇不朽的篇章,确实是耐人寻味的。它的正确部分和错误部分对我们叙述中国逻辑思想发展的历史,都富有启发性。

鲁胜对先秦的逻辑史有着创造性的见解。西汉以来,对先秦的名家都只提到邓析、尹文、惠施、公孙龙,而鲁胜则说"墨子著书,作辩经以立名本",把墨子学派作为名家的中心支柱。他热烈地叙述着当时名家的广泛影响——"孟子非墨子,其辩言正辞则与墨同,荀卿庄周等皆非毁名家而不能易其论也"。

鲁胜对先秦逻辑思想发展情况的叙述也有不正确的地方。他把孔子的"正名"看作逻辑名实学的渊源。他大概认为包括《墨辩》在内的《墨子》全书都是墨子本人写成的,惠施、公孙龙又学习并阐发了墨子的逻辑思想,于是把墨子、惠施、公孙龙看作前后师承相授,观点统一

---

❶ 房玄龄等《晋书》,中华书局1974年版。

的。看来,他认为包括邓析在内的先秦名家,都是一个统一的派别,而《墨辩》是一个总的代表作。所以,他把邓析的,"两可之说""公孙龙的坚白之辩"都算作《墨辩》的主要内容。对于《墨辩》的内容,鲁胜在以名为本的前提下提到了坚白之辩,两可之论,同异之辩,有无之辩。《墨辩》的内容当然不只这些,而且主要的不是这些。特别是有无之辩,在先秦时期并不怎么突出;坚白、同异之辩,虽然在《墨辩》中记载得较多,但在《经上》《经下》近 200 项的条目中,毕竟还是一个很小的分量。对于先秦的逻辑,鲁胜的纵的排列(按渊源和师承)是,孔子、墨子、惠施、公孙龙子;横的排列(按谈辩的内容)是,正名之论、坚白之辩、有无之辩、两可之论、同异之辩。不管是纵的排列还是横的排列,都不符合先秦逻辑思想发展的实际。从纵的来说,孔子、墨子、惠施、公孙龙子并不是先后相承,而是各人的逻辑路数不同。从横的来说,有无之辩在先秦并不盛行,而先秦重点讨论的"故"与"类"却根本没有提到。鲁胜为什么会作出这种错误的判断和概括呢? 这就需要剖析一下鲁胜的学术思想。鲁胜这个人可以说是当时学术思想的一个时代缩影。当时北方重经学,鲁胜家住北方,因此读过儒经,尊过孔子。那时,京洛重老庄。鲁胜在洛阳做过京官,一定仰慕过玄学家谈吐的风采,熟悉老庄哲学。那时,吴下是研究天文的中心。鲁胜在南京做过地方官,也曾沉溺于天文历算的研究,因而他是比较务实的,所以在众人都不谈墨子的时候,他却独能看到《墨子》一书的价值。在那谈辩之风特盛的时候,他自然也是把研究的重点放到《墨子》的《辩经》上。然而,他是带着儒玄杂糅的眼色去治《墨经》的,是根据当时的逻辑思想动向来理解《墨辩》的内容的。中国有句俗话:驾轻就熟。什么东西最熟呢? 自然是当代的东西。当人们去考古时,首先是对熟悉的那些东西最先注意,最先理解。鲁胜也是这样。他之所以把《墨经》的说故、明类给遗漏了,是因为魏晋人不大重视这个东西;而他之所以要把"正名之论""有无之辩"强作为《墨辩》的主要论题,是因为这是魏晋人谈辩的重要内容。所以，鲁胜的《墨辩注序》，与其说是"讲古"，不比如说是"道今"。鲁胜提到的"正名之论""同异之辩""有无之辩""坚白之论"都是魏晋时期风靡一时的谈辩内容。当然，《墨辩注序》毕竟是谈《墨辩》，我们只能从它身上看到一点魏晋时代逻辑思想的动向和信息，而不能原封不动地把它作为叙述这一时期逻辑思想的提纲。关于魏晋时期的逻辑思想，我们准备分作三部分来叙述：魏晋南北朝时期的论名实；魏晋南北朝时期的名理学；魏晋南北朝时期的推论逻辑。

二、关于论名实

汉朝史学家司马谈首先开划分诸子百家的先例，把那些专论名实问题的学者划归名家。尔后，刘歆把论名实的主要含义说成就是孔子的所谓"正名"，这样哲学上的论名实和政治上的综核名实以正名位，就都成了名家之学。历代史学家们就是根据这样的理解，来开列名家的书单。《隋书·经籍志》开列隋以前名家著作如下：

《邓析子》一卷，析，郑大夫。

《尹文子》二卷，尹文，周之处士，游齐稷下。

《士操》一卷，魏文帝撰，梁有《刑声论》一卷，亡。

《人物志》三卷，刘劭撰。梁有《士纬新书》十卷，

姚信撰；又《姚氏新书》二卷与《士纬》相似；

《九州人士论》一卷，魏司空卢毓撰；《通古人论》一卷，亡。❶

上列书籍当时尚存的共4部合7卷，流传到现在的只有《邓析子》《尹文子》和《人物志》。邓析、尹文本是先秦人物，但今本《邓析子》《尹文子》，很多人都认为是魏晋时期的作品。巧得很，这里列出的都是魏晋之书。今本《邓析子》没有谈什么逻辑问题，我们不去管它。今本《尹文子》和《人物志》，按照司马谈和刘歆的规定，则确实应列为名家之书。总的来说，《尹文子》和《人物志》都是论名实，但前者着重从研

---

❶ 魏徵、令狐德棻《隋书》，中华书局1973年版。

究逻辑概念的角度出发来论名实,后者则着重从正名位、举人才的角度出发来论名实。因此,我们将分开来评述它们的逻辑观。

三、《尹文子》

先讲《尹文子》的写作时代问题。《尹文子》不是尹文本人所作,这几乎已经定论。那么,这部书究竟写于什么时候,是谁写的呢?《尹文子》成书的时间有两种可能,一可能是战国或汉朝初年,一可能是魏晋时期,因为书里面明显地把道家摆在最高的位置上,而我国历史上只有这两个时期是崇尚道家的。就这两个时期而言,我们认为说它是魏晋时期的伪作较为妥当。战国时期和汉朝初年的人,要托别人的名字写书则总是一假到底而不留痕迹的,唯独魏晋时期的人,一方面要托古人之名,另一方面又不肯完全埋没自己,于是总要写一篇序文之类的东西以留下一点蛛丝马迹。今本《尹文子》前面也有一篇短序,序的结尾处写道:

余黄初末,始到京师。缪熙伯以此书见示,意其(甚)玩之;而多脱误。聊试条次,撰定为上下篇,亦未能究其详也。山阳仲长氏撰。❶

仲长氏应是汉末魏初的进步学者、唯物主义哲学家仲长统。但《尹文子》这篇序并不出自仲长统之手。仲长统卒于汉献帝建安25年(即魏文帝黄初元年),而序文是讲黄初末年见到《尹文子》这本书。黄初前后共7年,黄初末,仲长统已死了六七年,不可能编书并写序,所以这是一个破绽。这个破绽很可能是故意搞的。伪造者一方面把仲长统抬出来以扩大影响,而又有意把时间错乱一下,给明眼人知道是假托于仲长统的。《尹文子》的作者很可能就是缪熙伯。缪熙伯即缪袭。《魏志·刘劭传》附记:"劭同时东海缪袭,亦有才学,多所述,叙官至尚书光禄勋……历事魏四世,正始六年,年六十卒……袭友人山阳仲长统汉末

---

❶ 厉时熙《尹文子简注》,上海人民出版社1977年版。

为尚书郎。"[1]缪袭本人有才学,又长期受仲长统的熏陶,能够写出《尹文子》这样的书来,是完全可以理解的。《尹文子》关于"形与名"的理论是魏晋逻辑思想中的一颗明珠。

有形者必有名,有名者未必有形。形而不名,未必失其方圆黑白之实。名而无形,不可不寻名以检其差。故亦有名以检形,形以定名,名以定事,事以检名。察其所以然,则形名之与事物,无所隐其理矣。[2]

"形"指的是事物,也就是"实"。"名"是概念,先秦一些逻辑学家已经揭示出以名举实的唯物主义法则。《尹文子》则更进一步指出在现实生活中,要注意防止的倾向是名离开形的有名无实、"有名者未必有形"的现象。《尹文子》认为形而不名,关系还不大,如方圆黑白的东西,如果没有名,仍不失其为方圆黑白,但是名而无形,就会引起参差和错乱,那应当算是一种错误。在这里,《尹文子》强调了实的第一性和主导作用,但丝毫不否认名的重要性,说:

名者名形者也,形者应名者也。然形非正名也,名非正形也(句中两个"正"字当是衍文,句子当是"形非名也,名非形也");则形之与名,居然别矣,不可相乱,亦不可相无。无名,故大道不称;有名,故名以正形。今万物具存,不以名正之则乱,万名具列,不以形应之则乖,故形名者,不可不正也。[3]

"形名有别,不可相乱,不可相无",这是一个非常有价值的思想。概念是反映事物的,但概念并不等于事物,并不就是事物,一个是主观的,一个是客观的,这种主观、客观之间的差别和矛盾,不仅是推进人类认识的一种动力,而且使认识过程变得生动而丰富多彩。因此,决不能把事物和概念混为一谈,这就是《尹文子》强调"形名不可相乱"的意义所在。另外,我们说"形"是第一性的和主导的,这只是从认识的来源上说。如果从整个认识过程和内容来说,没有"名",就等于没有

[1] 陈寿《三国志》,中华书局1959年版。
[2] 厉时熙《尹文子简注》,上海人民出版社1977年版。
[3] 厉时熙《尹文子简注》,上海人民出版社1977年版。

第二编 中国逻辑

任何认识运动，因而客观世界在人的面前就是一个混沌的整体，无法理解。所以《尹文子》说"无名，故大道不称（任何客观事理都无法显露，无法表述），有名，故名以正形，今万物具存，不以名正之则乱，万名具列，不以形应之则乖"。《尹文子》说的"名形不可相无"的意义就在这里。

《尹文子》的形名理论，不仅是唯物的，而且是辩证的。尽管他对这个问题的叙述还是朴素的，但就当时的水平来说，却是先进的。它使中国古典逻辑的概念论达到了极高的水平。《尹文子》的这种形名学说，是后来欧阳建作"言能尽意论"的理论基础。

《尹文子》虽是崇奉道家的，但继承的是先秦道家的思想，和后来王弼等人"谈玄冥，论玄虚"的老庄哲学有别，因而在逻辑上能作出积极的贡献。

四、《人物志》一类书籍中的逻辑观

品评人物，综核名实以正名位，这种风气早在东汉末年就已经开始。《后汉书》卷九八《郭太传》注引谢承书："泰（即太）之所名，人品乃定。先言后验，众皆服之。"[1]品评人物就要讲"名"讲"实"。东汉李固在写给黄琼的信里面就曾讲到当时很多的所谓高贤逸士都是"盛名之下，其实难副"。从我们今天的眼光来看，这个"名"与"实"是很一般的用语，但那时品评一个人的名实问题是一件大事。从个人来说，一经品定，便身价十倍，一旦得了个名不符实的结论，就可能丢官去爵。从朝廷来说，怎样使举选的人才都名副其实以正名位，是政治上的一件大事。然而，这个政治上的大事怎么又会成了逻辑上的问题呢？自从刘歆创"名家出于礼官，正名乃逻辑的首要任务"之说后，有很多人就真的从这方面下功夫去创建"名学"，把名实问题的讨论引导到狭隘的人事范围内。起先是在一些政论的书籍中列有"品人物论名实"的专

---

[1] 范晔《后汉书》，中华书局1965年版。

题,后来则出现了"人物志"一类的书来评人品、论名实。魏晋时期,这种结合品评人物而论名实的书有如雨后春笋,其中有代表性的是刘廙的《政论》,徐干的《中论》和刘劭的《人物志》。刘廙,长期仕于曹、魏,黄初二年(公元221年)卒。《魏志·刘廙传》称"廙著书数十篇及与丁仪论刑礼,皆传于世"[1]。刘廙所著的称为《政论》,《群书治要》中保存了8篇。徐干,北海人,建安七子之一,建安二十三年(公元218年)死于瘟疫。刘劭比他们二人晚出,历仕曹操、文帝、明帝和齐王芳四世。他们三人都是结合品评人物来论名实的。《群书治要》载刘翼《政论·正名篇》:

夫名不正则其事错矣,物无制则其用淫矣;错则无以知其实,淫则无以禁其非;故王者必正名以督其实,制物以息其非。名其何以正之哉? 曰:行不美则名不称,称必实所以然,效其所以成,故实无不称于名,名无不当于实也。[2]

刘廙自己定其篇目曰《正名篇》,篇内论述的主旨也是"王者的正名",足见他的名实论是一种正名逻辑。下面再看徐干《中论·考伪篇》的论名实:

仲尼之没于今数百年矣,其间圣人不作,唐虞之法微,三代之教息,大道陵迟,人伦之中不定。于是惑世盗名之徒,诬谣一世之人,诱以伪成之名。苟可以收名,而不必获实,则不去也;可以获实,而不必收名,则不居也。悲夫! 人之陷溺,盖如此乎! 孔子曰:"不("不"字衍)患人之不己知者,虽语我曰吾为善,吾不信之矣。"问者曰:仲尼恶没世而名不称,又疾伪名,然则将何执? 曰:是安足怪哉? 名者,所以名实也。实立而名从之,非名立而实从之也。故长形立而名之曰长,短形立而名之曰短,非长短之名先立而长短之形从之也。仲尼之所贵者,名实之名也。贵名乃所以贵实也。人徒知名之为善,不知伪善者为不善也,惑甚

[1] 陈寿《三国志》,中华书局1959年版。

[2] 魏徵、褚遂良、虞世南《群书治要》,台湾商务印书馆1972年版。

第二编 中国逻辑

矣！求名有三：少而求多，迟而求速，无而求有，此三者不僻为幽昧、离乎正道，则不获也，固非君子之所能也。(节录)❶

这里完全是祖述孔子的"正名"观。在具体论述"名、实"时，虽然提到了长形短形等一般事物的名实关系，但只是一个引子，一个比喻，主旨还是讨论人事上的名与实。至于《人物志》的论名实则更是束限在狭隘的人事范围内，请看下文：

夫名非实，用之不效，故曰名犹口进，而实从事退。中情之人，名不符实，用之有效，故名由众退，而实从事章。(《效难篇》)❷

诸如此类以评品人物为中心的名实讨论，对逻辑思想的发展是不会有什么积极作用的。

品评人物不仅要论名实，而且也会讨论"谈辩"的问题，因为人总是要说话的，要争论的。怎样的谈吐、争辩才是合乎准则的呢？徐干专门有一个《核辩篇》讨论这个事。他说："俗之所谓辩者，利口者也。苟美其声气，繁其辞令，如激风之至，如暴雨之集，不论是非之性，不识曲直之理，期于不穷，务于必胜，以固浅识而好奇者见其如此也，固以为辩……夫辩者，求服人心也，非屈人口也，故辩之为言别也，为其善分别事物而明处之也，非谓言辞切给而以陵盖人也。"❸反对利口之辩，要求善于分辨事类"而明处之"，这都是对的。但徐干再往下的论述似乎又有点不太对头，他说："故传称《春秋》微而显，婉而辩者。然则辩之言必约，以至不烦而谕，疾徐应节，不犯礼教，足以相称，乐尽人之辞，善致人之志，使论者各尽得其愿而与之得解，其称也无其名，其理也不独显，若此则可谓辩。"❹不着重去研究立论的原则，而偏于去讲谈吐的礼仪和风度，逻辑学被人物学所淹没和窒息了。对于"谈辩"，刘劭的论述倒是更具有逻辑意义。他在《人物志·材理篇》里讨论了"论辩"的

❶ 徐干《中论》，台湾世界书局1975年版。

❷ 刘劭《人物志》，台湾中华书局1974年版。

❸ 徐干《中论》，台湾世界书局1975年版。

❹ 徐干《中论》，台湾世界书局1975年版。

原则,其中有两点是值得肯定的。第一,反对说而不难,即是说谈辩时应观点鲜明,针锋相对。本来刘劭也和徐干一样,很讲究论辩时的礼仪风度,但他却把观点鲜明、针锋相对看得更重要。他认为,尽管方式方法不对头,若能坚持,"诘难、攻强",就能做到彼此针锋相对,使辩论有所收获,"若说而不难,各陈所见,则莫知所由矣"。这个问题,在先秦时期就曾讨论过,如韩非子曾批评过"郑人争年,以后息者为胜"的各讲一套的争辩方式;《墨经》也曾讲过"辩就是争彼";刘劭把这个问题重新提出来加以强调。第二,关于理胜与辞胜的问题。刘劭说:"夫辩有理胜,有辞胜。理胜者,正白黑以广论,释微妙而通之。辞胜者,破正理以求异,求异则正失矣。"❶刘劭赞扬理胜而反对追求辞胜。他所谓的辞胜不单是指那种利口之辩,浮华之辞,而是指那种"破正理以求异"的诡辩。然而,刘劭对立论的逻辑原则也还是没有下很多功夫去探讨,很快地又转到讨论人的才性气质与谈辩的关系了。他说:"必也聪能听序,思能造端,明能见机,辞能辩意,捷能摄失,守能待攻,攻能夺守,夺能易予。兼此八者,然后乃能通于天下之理。"❷怎样才能做到这八点呢?刘劭认为,这要决定于各人的才性,而且就大多数人的才性而言,只能做到其中的一两点;只有所谓通才的人,才能兼具这八种本能。用"聪能听序,辞能辩意"等这样一些抽象的智能来代替具体的逻辑法则,本来已经不是科学的态度了;还要说这些抽象的智能又是依赖于人的先天才性,这就更加荒唐了。在这里,逻辑思想被反科学的人物学所压碎和窒息。

五、魏晋南北朝的名理学

《尹文子》的唯物主义形名论,徐干和刘劭等人的正名逻辑,或是先秦的流风余绪,或是汉儒刘歆等人逻辑观的继续和发展,尚不是魏晋

---

❶ 刘劭《人物志》,台湾中华书局1974年版。

❷ 刘劭《人物志》,台湾中华书局1974年版。

名辩思潮的主要流向。魏晋名辩思潮的主要流向是和玄学相伴而产生的所谓名理学。玄学和名理学这两个概念,历来都比较含混。我们认为,玄学是魏晋时期哲学中的一个主要流派。这个流派通过注解《老子》《庄子》《周易》等书发展了老庄哲学的唯心主义。玄学在当时是处于支配地位,此外还有一些反玄学的哲学流派。魏晋时期玄学与非玄学之间,玄学内部之间,经常互相辩难,因而发展成为一种具有特殊风尚的名辩之学。这个名辩之学就是所谓名理学。从历史典籍的用语来看,对于整个魏晋南北朝时期那些精长逻辑而善于论辩的人,都称为"善名理",这是古人用语的含混。我们经过一番研究,发现徐干刘劭等人主要是论名,可以说是属于刘歆最先规定的"正名"逻辑系统;只有到了那些玄学家手里才名、理兼谈,而且主要谈"理",才真正是所谓名理学。

魏晋南北朝时期谈玄说理可说是风靡一时,《世说新语·文学》记载:

裴散骑(遐)娶王太尉(衍)女,婚后三日,诸婿大会。当时名士王、裴子弟悉集。郭子玄在坐,挑与裴谈。子玄才甚丰瞻,始数交未快。郭陈张甚盛。裴徐理前语,理致甚微。四坐咨嗟称快。王亦以为奇。谓诸人曰,君辈勿为尔,将受困寡人女婿。

孙安国(盛)往殷中军(浩)许共论,往返精苦,客主无闲。左右进食,冷而复暖者数四。彼我奋掷,麈尾脱落,满餐饭中,宾主遂至暮忘食。

卫玠始渡江,见王大将军(敦)。因夜坐,大将军命谢幼舆,玠见谢甚说之,都不复顾王,遂达旦微言……玠体素羸,恒为母所禁。尔夕忽极,于此病笃,遂不起。❶

婚宴喜庆,请客会友时,也要来訾应辩难一番,有的辩得废寝忘餐,有的谈得生病卧床,真是一代的风气所尚。

---

❶ 刘义庆《世说新语》,台湾艺文印书馆1974年版。

这种谈玄说理，有的是问学式的。《世说新语·文学》载："卫玠总角时，问乐令（广）梦。乐云：'是想。'卫曰：'形神所不接而梦，岂是想邪？'乐云：'因也。'……卫思'因'不得，遂成病。乐闻，故命驾为剖析之，卫即小差。"❶不过，这种谈玄说理更多的是，互相辩难。下面引录《世说新语·文学》的几条记载：

桓南郡（玄）与殷荆州（仲堪）共谈，每相攻难。

殷中军为庾公（亮）下都，王丞相（导）为之集，桓公王长史王兰田谢镇西并在。丞相自起解帐，带麈尾语殷曰："身今日当与君共谈析理。"既共清言，遂达三更，丞相与殷共相往反（"共相往反"也就是"反复辩难"）。

太叔广甚辩给，而挚仲治长于翰墨。俱为列卿，每至公坐，广谈，仲治不能对。退著笔难广，广又不能答。❷

这种訾应辩难，似乎并不只是在观点上、内容上争是非，而是要讲究立论和反驳的谈辩术。问题怎样提出，论证怎样展开，怎样控制对方等，似乎都有很多方法和技巧可以讲究。下面引《世说新语·文学》几条记载：

何晏为吏部尚书，有位望，时谈客盈坐。王弼未弱冠，往见之。晏闻弼名，因条向者胜理语弼曰：此理仆以为极可，得复难不，弼便作难，一坐人便以为屈。于是弼自为客主数番，皆一坐所不及。❸

所谓"胜理"是什么呢？胜理是指某一个具体的论证。这个论证在某一次或多次的辩论中取得了胜利，何晏拿出这样一个论证来，问王弼能不能对这个论证提出非难。王弼提出了非难，当时大家觉得这个论证已被破掉了。但结果不然，王弼又假设自己为主方，对于那个非难提出了反批评。不仅如此，王弼还能这样轮换几次，"自为客主数番"。

---

❶ 刘义庆《世说新语》，台湾艺文印书馆1974年版。

❷ 刘义庆《世说新语》，台湾艺文印书馆1974年版。

❸ 刘义庆《世说新语》，台湾艺文印书馆1974年版。

第二编　中国逻辑

羊孚弟娶王永言女,及王家见婿,孚送弟往。时永言父东阳尚在。殷仲堪是东阳女婿,亦在坐。孚雅善理义,乃与仲堪道齐物。殷难之。羊云,君四番后,当得见同。殷笑曰,乃可得尽,何必相同。乃至四番一通。殷咨嗟曰:仆便无以相异。叹为新拔者久之。❶

这次辩论的是关于齐物论的问题。羊孚是主方,先摆了自己的论点。殷仲堪是客方,对羊孚的论证进行非难。辩论一开始,羊孚就预言,经过四次论难之后,对方就会不得不完全同意自己的立论。但是,殷仲堪起初也很自信,笑着说,经过四次论难之后,就能完全驳倒对方。辩论的结果是,经过数次论难之后,殷仲堪再也提不出反驳的意见了。

支道林殷渊源俱在相王许,相王谓二人可试一交言,而才性殆是渊源崤函之固,君其慎焉。支初作,改辙远之。数四交,不觉入其玄中。相王抚肩笑曰,此自是其胜场,安可争锋。❷

这次辩难的主方是殷渊源,客方是支道林。辩难的内容是"才性"问题——这是殷渊源最为精通的一个论题。论难一开始,支道林提出了与对方相对立的论点,但经过几次论难之后,竟被殷渊源诱逼到使自己推出的结论竟和主方的论点相同,完全坠入主方摆好的圈套,入其彀中了。

魏晋的这些名理家们,后来大概都变得专门去追求这种论辩术,而把论题内容的是非争论看成是次要的、无关重要的了。《世说新语·文学》有一则记载:

支道林许掾诸人,共在会稽王斋头;支为法师,许为都讲。支通一义,四座莫不厌心。许道一难,众人莫不抃舞。但共嗟咏二家之美,不辩其理之所在(厌,同餍,"满足"的意思。莫不厌心,是说都觉得很满意)。❸

----

❶ 刘义庆《世说新语》,台湾艺文印书馆1974年版。

❷ 刘义庆《世说新语》,台湾艺文印书馆1974年版。

❸ 刘义庆《世说新语》,台湾艺文印书馆1974年版。

这次论难的只有两个人，但在旁边听的倒有不少。大家对双方精湛的辩术都十分佩服，然而对于这次争论要解决的是非问题是什么，都觉得莫名其妙。这种不重内容而专门讲究辩论术的学问和本领，魏晋名理家自己把它称为"理中之谈"。请看下面的一段记载：

> 许掾年少时，人以比之王苟子（修）。许大不平。时诸人及于法师并在会稽西寺讲，王亦在焉。许意甚忿，便往西寺与王论理，共决优劣。苦相折挫，王遂大屈。许复执王理，王执许理。更相覆疏，王复屈。许谓支法师曰：弟子向语何似。支从容曰：君语佳则佳矣，何至相苦邪！岂是求理中之谈哉！（《世说新语·文学》）❶

这是说许掾和王修相辩论。第一次许掾胜了；后来许掾把自己的"胜理"给王修，而把王修的"输理"拿过来，再进行辩论，结果他又胜了。可见立论的内容并不关重要，只要你精通辩论术，"输理"也可以变成"胜理"。许掾两次都胜利之后，就去请支道林对自己在辩论中的语言艺术（严格说应是辩论技术）这一类东西进行评价。支道林的回答是："好是好，不过，你是在追求一种'理中之谈'啊！"当然，支道林自己也是很讲究"理中之谈"的人。上述的这则记载，指出了魏晋名理学发展的一种趋向，那就是越来越追求一种巧辩术。巧辩术实际上是一种近乎诡辩的论辩法。魏晋名理家们的名辩方法，虽然从总的来说不免越来越流于诡辩，但《世说新语》把这描绘得那样有声有色，恐怕这里面也确乎有一些可以借鉴的东西，但因记载有缺，无法论列。

以上着重叙述的是名理学论辩的形式和方法，下面再就名理学谈辩的内容方面进行一些叙述。

我们已经论述过，鲁胜在《墨辩注序》中提到的正名之论，坚白、两可之辩，有无、同异之争，实际上也反映了魏晋人谈辩的内容。其中除了正名之论以外，剩下的那些便是名理家们喜欢谈论的东西。这里面有些是当代的新课题，有些则是先秦名家的论题，但都被赋予了当代

---

❶ 刘义庆《世说新语》，台湾艺文印书馆1974年版。

第二编　中国逻辑

的色彩而重新搬了出来。先秦名家主要是指惠施和公孙龙。魏晋时期,谈论惠施的不多,这里只举出一条记载:

> 司马太傅(道子)问谢车骑(玄):惠子其书五车,何以无一言入玄?谢曰:故当是妙处不传。(《世说新语·文学》)❶

先秦的惠施是没有谈过玄的,沉浸在谈虚论玄气氛中的司道子觉得很不理解,于是提出疑问。谢玄回答说,"谈玄"是惠施学说中最精妙部分,而精妙的部分是难于见诸文字的,"故当是妙处不传"。谢玄的回答说明魏晋人并不重视如何去祖述惠施,而是要给他们蒙上一层玄学的色彩,使之当代化,以扩大玄学的影响。由于惠施的思想和玄学的差距较大,不容易随便附会,所以一般来说,对惠施的谈论并不多。魏晋人最喜欢谈论的还是公孙龙。

> 爰翰子俞,字世都,清贞贵素,辩于论议。采公孙龙之辞,以谈微理,少有能名。(《三国志·魏志·邓艾传》引荀绰《冀州记》语)❷

> 谢安年少时,请阮光禄(裕)道白马论,为论以示谢,于时谢不即解阮语,重相咨尽。阮乃叹曰:"非但能言人不可得,正索解人亦不可得。"(《世说新语·文学》)❸

对于公孙龙,魏晋人是怎样来解说他的那些逻辑命题,怎样把他当代化呢?下面引《列子·仲尼篇》的一则故事。现存《列子》并非先秦著作,是魏晋人的伪作。《列子·仲尼篇》具体谈到了公孙龙的逻辑思想:

> 乐正子舆曰:"子(指公子牟),龙之徒,焉得不饰其阙。吾又言其尤者。龙诳魏王曰:'有意不心。有指不至。有物不尽。有影不移。发引千钧。白马非马。孤犊未尝有母。'其负类反伦,不可胜言也。"公子牟曰:"子不谕至言,而以为尤也,尤在子矣。夫无意则心同。无指则皆至。尽物者常有。影不移者,说在改也。发引千钧,势至等也。白马非

---

❶ 刘义庆《世说新语》,台湾艺文印书馆1974年版。

❷ 陈寿《三国志》,中华书局1959年版。

❸ 刘义庆《世说新语》,台湾艺文印书馆1974年版。

马,形名离也。孤犊未尝有母,非孤犊也。"❶

　　《列子》的作者对公孙龙是深有研究的:"白马非马,形名离也",一句话就点出了公孙龙立论的基本论据。公孙龙用"形名离"来论证白马非马,这是一种天才的诡辩。明明知道他的论题是背离现实的,是错了的,但对形名离那一套玄虚曲折的理论,却不能一下子彻底驳倒,这种意义虽乖而不可夺其辞的东西,很合魏晋名学家的口味。公孙龙的逻辑调门和他们是那样的合拍。公孙龙又是一个为许多人所熟知的人物,是一面值得借用的旗帜,于是他们就把许多不是公孙龙的命题,甚至于当代的一些命题都一股脑儿归到公孙龙的名下。上面列出的命题,除"白马非马"外,其他几个都不是公孙龙的,有些是先秦其他一些诡辩者的命题,有的如"有意不心"则是始见于《列子·仲尼篇》的,也就是说,它是当代人自己的,不过托之于古人的名下而已。如果我们再仔细研究一番公子牟对几个命题的解说词,则可以看出那是魏晋人在借古人之口道今人之情。我们知道魏晋的玄学唯心主义者是贵无贱有的。"有意不心""有指不至""有物不尽"都是否定有的。"无意则心同""无指则皆至""尽物者常有"则是贵无的。这些正反命题结合起来,无非是说明如下一个思想:"有"反而是"虚"的(有……不……),"无"反而是"实"的(无……则……)。为了把这些命题的含义说得更清楚一些,我们再来看看《世说新语·文学》篇对"旨(指)不至"的解释:

　　　　客问乐令(广)"旨不至"者。乐亦不复剖析文句,直以麈柄确几日:"至不?"客曰:"至"。乐因又举麈尾曰:"若至者那得去。"于是客乃悟服。乐词约而旨达,皆此类。❷

　　这是说乐广解释"旨(指)不至"时辞约而旨达。辞是"约"的,但讲得很玄,我看"旨"并没有达。所以刘孝标不得不在此处加上一个很长的注解:

<hr>

❶ 佚名《列子》,台湾艺文印书馆1975年版。

❷ 刘义庆《世说新语》,台湾艺文印书馆1974年版。

夫藏舟潜往，交臂恒谢，一息不留，忽焉生灭。故飞鸟之影，莫见其移；驰车之轮，曾不掩地。是以去不去矣，庸有至乎？至不至矣，庸有去乎？然则前至不异后至，至名所以生。前去不异后去，去名所以立。今天下无去矣，而去者非假哉！既为假矣，而至者岂实哉！❶

看了注解以后，我们大致可以知道"旨（指）不至"是讨论"至"与"去"这些观念问题。例如，你见到这个桌子，你就说它"至"，而说它"存在"，这是不可以的，因为你既然肯定它的存在，你就是说了它不会消灭。而事物的存留，几乎只是交臂之间，甚至可以说是"一息不留，忽焉生灭"。所以"至""去"这些观念，都是人们勉强搞出来的，实际上"去"是假的，"至"也是不实的。魏晋的玄学家有一个巧妙的手法，就是通过讲事物的变化而否定物质世界的存在性，从而肯定绝对精神的永恒性。王弼就曾说过："运化万变，寂然至无，是其本矣。"（《周易注》复卦）这几句话的意思是说，无是根本；物质世界虽然千变万化，但到头来是要毁灭的，只有"寂然至无"的精神世界才是永恒的。《列子·仲尼篇》用公孙龙的名义提出的这一连串命题，便是为宣扬这种唯心主义哲学观点服务的。

把历史上的一些论题加点当代色彩再拿来谈论，这不是魏晋名理论坛的主要节目。魏晋名理家们在更多的情况下，是谈论他们自己提出的一些新问题，这些问题多半是玄学中的一些问题。开始的时候，谈辩的问题也许并不集中，小而至于《老子》《庄子》《周易》等书中的一章一节，一个注解，一条义理；大而至于《老子》《庄子》主旨，儒佛典籍的精义等，无所不谈，漫无中心。后来，逐渐地出现了一些争论的中心议题，如《世说新语·文学》记载："旧云王丞相过江左，止道'声无哀乐''养生''言尽意'三理而已矣。"❷声无哀乐论、养生论、言尽意论，大概就是王敦那个时候比较流行的几个论题。从整个魏晋南北朝时期来

---

❶ 刘义庆《世说新语》，台湾艺文印书馆1974年版。

❷ 刘义庆《世说新语》，台湾艺文印书馆1974年版。

说,最有代表性的中心议题是"才性同异之辩""有无之辩""言意之辩"等几个。才性同异之辩盛行于魏朝,当时钟会论才性合,傅嘏论才性同,李丰论才性异,王广论才性离。据说钟会曾集合四家的言论著《四本论》,不过这本书早已散失。所以,对于才性同异之辩的具体内容也就无法详细知道。"有无之辩"盛行于晋朝。早在魏朝的时候,王弼注《老子》和《周易》,首倡"贵无",后来,晋裴𫖯著《崇有论》反对王弼的学说,于是就开始了"有无之辩"。《世说新语·文学》记载:"裴成公作崇有论,时人攻难之,莫能折。唯王夷甫(衍)来,如小屈,时人即以王理难裴,理还复申。"❶有无之辩,哲学的意味较浓,我们在这里不作详细的介绍。言意之辩具有较大的逻辑意义,下面我们着重进行介绍和评论。

言能不能尽意的问题,早在《易传》中就提出来了。

子曰:"书不尽言,言不尽意,然则圣人之意,其不可见乎?"子曰:"圣人立象以尽意,设卦以尽情伪,系辞焉以尽其言……"。(《周易·系词上》)

这是孔子的自问自答,不是对立的争论。言意之辩的展开,是在魏晋时期,一派主张"言不尽意",另一派主张"言能尽意",两派进行争论。总的来说,言尽意派是正确的,但言不尽意派也提出了一些足以启发人们思考的东西。

魏明帝太和年间,荀粲首先提出了"言不尽意"的主张。《魏志·荀彧传》注引何劭《荀粲传》记载说:

(粲)常以为子贡称夫子之言性与天道不可得而闻,然则六藉虽存,固圣人之糠秕。粲兄俣难曰:"《易》亦云圣人立象以尽意,系辞焉以尽言,则微言胡为不可得而闻见哉?"粲答曰:"盖理之微者,非物象之所举也。今称立象以尽意,此非通于意外者也;系辞焉以尽言,此非言乎系表者也。斯则象外之意,系表之言,固蕴而不出矣。"当时能言者不

❶ 刘义庆《世说新语》,台湾艺文印书馆1974年版。

第二编 中国逻辑

能屈也。❶

　　"言不尽意",是说语言文字并不能把一个人对事物的最复杂部分的认识和理解表达出来。所以荀粲认为,孔夫子的论性和论天道这些精微的认识都无法见诸文字,现在六经所记载的,都只是圣人讲述的一些粗浅的道理和表面的东西。这种言、意关系的讨论,当时经常是结合《易经》中的一些问题进行的。《易经》有一套阴阳八卦的符号,"⚊"代表阳,"⚋"代表阴。阴阳组合排列便构成八种三叠一组的基本卦,如(乾☰)(坤☷)等。然后再由这八个基本卦,两个一组,错综配合,产生六十四卦和三百八十四爻,如䷀(仍称"乾卦",由六个阳爻组成)等。这些卦、爻象征着世界的万事万物及其变化。孔颖达曾经指出:"夫易者,象也;爻者,效也。圣人有以仰观俯察,象天地而育群品,云行雨施,效四时以生万物。"(《周易正义序》)❷所以"易"的主要含义就是"象",卦、爻配合变化的那一套东西就是所谓易象。据说是周文王最先对卦、爻提出了文字解说,这便是《易经》。后来文字解说越来越多,有所谓《十翼》,这便是《易传》。对易象进行文字的解说,叫做"系之以辞"。荀粲认为,这些"模拟的象"和"系着的辞",都无法表述出人们对复杂事物的认识。他认为有所谓象外之意、系表之言,这些"理的微妙处",不是图像和语辞所能表达的。荀粲只是把"言不尽意"的主张提了出来,尚未作出什么精湛的理论分析。对"言不尽意"真正进行理论分析的是王弼。王弼是魏晋玄学中的一个重要人物,一个唯心主义者。王弼的著作有《周易注》《周易略例》《老子注》《老子指略》《论语释疑》。《论语释疑》和《老子指略》都已逸失,但近人王维诚辑得有王弼的《老子指略》。王弼在《老子指略》和《周易略例》中讨论了"言不尽意"的问题。

　　在《老子指略》里,王弼主要是从分析概念入手来论证"言不尽意"的。他说:

---

❶ 陈寿《三国志》,中华书局1959年版。

❷ 孔颖达《周易正义》,台湾中华书局1966年版。

名之不能当,称之不能既,名必有所分,称必有所由。有分则有不兼,有由则有不尽。不兼则大殊其真,不尽则不可以名……然则言之者失其常,名之者离其真……是以圣人不以言为主,则不违其常。不以名为常,则不离其真。❶

这段话,就逻辑上来说,总的倾向是错了的,但其中提到的"名必有所分,称必有所由,有分则有不兼,有由则有不尽",却足以启发人的思考。"分"是"部分"的意思,"由"有"角度"的意思。我们知道,逻辑上的概念(名、称)总是从某个角度出发,抓住事物的某一部分特征来反映事物,所以作为一个个单独的概念来说,它并不反映事物的全体,并没有穷尽事物的一切。"名必有所分,称必有所由,有分则有不兼,有由则有不尽"这几句话,便包含有这个意思。但是王弼却抓住这一现象把它吹胀、扩大、绝对化,得出了"言之者失其常,名之者离其真"的结论。王弼的意思是说,执着于语言就会失去对事物规律的认识,执着于概念反而会离开事物的真实,概念和语言(言)是不能尽意的,这个结论是错误的。我们认为:作为单个的概念,它是不能反映出事物的全体,也没有穷尽事物的一切,但语言和概念的整个体系是可以把任何复杂的事物、奥妙的思想表述清楚的,如《老子》的学说、王弼的唯心主义,都是通过概念和语言的体系表述出来!

在《周易略例》中,王弼是结合《周易》中的"象"与"辞"来论证"言不尽意"的。他说:

夫象者,出意者也;言者,明象者也。尽意莫若象;尽象莫若言。言生于象,故可寻言以观象;象生于意,故可寻象以观意。意以象尽。象以言著。故言者所以明象,得象而忘言;象者所以存意,得意而忘象。犹蹄者所以在兔,得兔而忘蹄;筌者所以在鱼,得鱼而忘筌也。然则,言者象之蹄也;象者意之筌也。是故存言者,非得象者也,存象者,非

---

❶ 中国哲学史教学资料汇编编选组《中国哲学史教学资料汇编·魏晋南北朝部分》上册,中华书局1964年版。

得意者也……然则,忘象者乃得意者也;忘言者乃得象者也。得意在忘象,得象在忘言。故立象以尽意,而象可忘也;重画以尽情,而画可忘也。是故触类可为其象,合意可为其征。意苟在健,何必马乎?类苟在顺,何必牛乎?爻苟和顺,何必坤乃为牛?义苟应健,何必乾乃为马?而或者定马为乾,案文责卦,有马无乾,则伪说滋漫,难可纪矣。(《明象章》)❶

王弼的上述言论,总的趋向也是错了的,但其中也有合理的地方。易象对客观世界的描摹是极其朴素和原始的,并不能象征出天地万物及其变化的复杂性和多样性。《易传》中的那些文字解说也是不科学的,如"乾卦"的意义是"健","坤卦"的意义是"顺",于是乾便象征马,坤便象征牛,这是牵强附会,越具体引申越显露出荒唐和不科学。因此,王弼批评说:"意苟在健,何必乾乃为马?类苟在顺,何必坤乃为牛?"王弼的这种具体指责是合理的,问题在于他以偏概全,由个别随意扩展到一般,从而得出"忘言、去言、得意废言"的结论。王弼错误地把概念和语言看作只是表意的一种工具。他打比方说,言者象之蹄,象者意之筌(蹄筌,指渔猎的用具),得鱼忘筌,可推断出得意必要忘言。他不懂得概念、语言和思想是密不可分的。概念和语言对于思想来说,并不是一种表达的工具,概念本身就是思维的一种形式,而语言则是思维的直接现实。"物"和"概念对物的反映"是有差别的,但思想、人的认识和概念、语言则是相伴相行、密不可分、同时发展的。人的认识不断发展变化,概念和语言也愈益深刻和丰富。人对物的认识达到了什么程度,概念和语言便能把这种认识表述得清楚到什么程度。

王弼以后,晋朝的张韩,作《不用舌论》(《全晋文》)❷,也主"言不尽意"之说,但没有提出什么新的见解。

到了南北朝时,和尚竺道生也宣扬"言不尽意",目的是替自己对佛

---

❶ 中国哲学史教学资料汇编编选组《中国哲学史教学资料汇编·魏晋南北朝部分》上册,中华书局1964年版。

❷ 严可均《全上古三代秦汉三国六朝文》,中华书局1958年版。

经作出新解释找借口。他说：

　　夫象以尽意，得意则忘象。言以诠理，入理则言息。自经典东流，译人重阻，多守滞文，鲜见原义。若忘筌取鱼，始可与言道矣。(《高僧传》卷七)❶

　　竺道生在"言不尽意"理论掩护之下，违反当时佛经上的一般见解，提出"一阐提"（梵语，"贪欲作恶"的意思）人皆得成佛的说法，给进入天国开出了极廉价的通行证。"言不尽意"论大大地帮了神学家的忙。

　　和"言不尽意"论相对立的有"言尽意"论，其代表人物是欧阳建。他的著名论文《言尽意论》写得很简短，现录全文如下：

　　有雷同君子问于违众先生曰："世之论者，以为言不尽意，由来尚矣。至乎通才达识，咸以为然。若夫蒋公之论眸子，钟傅之言才性，莫不引此为谈证。而先生以为不然，何哉？"先生曰："夫天不言，而四时行焉；圣人不言，而鉴识存焉。形不待名，而方圆已著；色不俟称，而黑白以彰。然则名之于物，无施者也！言之于理，无为者也！而古今务于正名，圣贤不能去言，其故何也？诚以理得于心，非言不畅；物定于彼，非名不辩。言不畅志，则无以相接；名不辩物，则鉴识不显。鉴识显而名品殊，言称接而情志畅。原其所以，本其所由，非物有自然之名，理有必定之称也。欲辩其实，则殊其名；欲宣其志，则立其称。名逐物而迁，言因理而变。此犹声发响应，形存影附，不得相与为二矣。苟其不二，则言无不尽矣。吾故以为尽矣。"❷

　　欧阳建避开了《易传》中那些什么"象""辞"等不科学的累赘，直接从分析概念和语言入手进行立论。

　　首先，他肯定物是不依赖名（概念）而客观地存在的——"形不待名而方圆已著，色不俟称而黑白以彰"。但欧阳建并不由此而导致对"名""言"否定。而相反地认为概念和语言这些东西，对于识别事物和

---

❶ 慧皎《高僧传》，台湾广文书局1971年版。

❷ 严可均《全上古三代秦汉三国六朝文》，中华书局1958年版。

第二编　中国逻辑

交流思想是必不可少的——"理得于心，非言不畅；物定于彼，非名不辩。言不畅志，则无以相接；名不辩物，则鉴识不显。"

接着，欧阳建提出了一个崭新的论点——"名逐物而迁，言因理而变，此犹声发响应，形存影附，不得相与为二矣"。"名逐物而迁"，从横的角度来说，不同物会有不同的"名"；从纵深来说，对物的认识越深入，相应地也就会有更为深刻的概念。欧阳建看到了概念形式的多样性和语言的丰富性，看到了概念和语言的不断变化发展，肯定了概念和语言是能够表达出人们对客观事物不断增长的认识的。

"名逐物而迁，言因理而变，此犹声发响应、形存影附，不得相与为二"，这是欧阳建的新创造、新发现。它比《尹文子》的"名形不可相无"的观点，有着更丰富的内容和更深刻的含义。

到了东晋时期，孙盛继续主"言能尽意"之说，写了一篇《易象妙于见形论》来阐述自己的主张。和孙盛同时而主"言不尽意说"的是殷浩，他们两人经常争论。《晋书·孙盛传》记载：

（孙盛）善言名理，于时殷浩擅名一时，与抗论者惟盛而已。盛著《易象妙于见形论》，浩等竟无以难之，由是遂知名。❶

《世说新语·文学》又记载：

殷中军（浩）、孙安国、王、谢能言诸贤，悉在会稽王许。殷与孙共论《易象妙于见形》。孙语道合，意气干云，一坐咸不安孙理，而辞不能屈。会稽王慨然叹曰："使真长（刘惔）来，故应有以制彼。"即迎真长，孙意已不如。真长既至，先令孙自叙本理。孙自叙己语，亦觉不及向。刘便作二百许语，辞难简切、孙理遂屈，一坐同时拊掌而笑，称美良久。❷

孙盛是怎样反驳殷浩，立论的内容又是如何，由于书传缺乏记载，其具体见解已不可详知，但估计不会超过欧阳建的水平。孙盛既然把自己申述"言能尽意"的论文叫作《易象妙于见形》，那就说明他尚未能

❶ 房玄龄等《晋书》，中华书局1974年版。
❷ 刘义庆《世说新语》，台湾艺文印书馆1974年版。

踢开《易传》中那些"乾为马，坤为牛"等不科学的累赘之物，说明他并没有能像欧阳建那样从科学的逻辑学的高度去反驳殷浩、刘惔一伙，无怪乎最后要被刘惔所击败。

六、魏晋南北朝的推论逻辑

魏晋南北朝时期的推理论证逻辑有相当的成就。在这方面做出了具体贡献的人物有：嵇康、范缜、陆机、葛洪。这几个人在当时都精于谈辩，但他们的学风和那些典型的玄学家们又有些不同。范缜是一个十分清醒的唯物论者，嵇康在自然观方面也是倾向唯物论的。至于陆机和葛洪，他们都是吴人，年轻时居于家乡，远离玄风炽盛的洛阳，受诡辩术的熏陶较少。因此，这几个人精于议论而不尚诡辩，使之有可能在逻辑方面作出某些积极贡献。

嵇康（233—262）是喜欢辩论的人，从他的文章便可以看出来。他先有《养生论》，向子期作《难养生论》驳他，他又作《答难养生论》一篇去反驳。张辽叔有《自然好学论》。嵇康不赞成而作《难自然好学论》。时人有《宅无吉凶论》，嵇康作《难宅无吉凶论》，那人又来一篇《释难宅无吉凶论》，嵇康便再作一篇《答释难宅无吉凶论》以回答。在这些问题上，嵇康的观点不一定都值得肯定，只是通过这些材料来说明他是一个擅于名理、精于谈辩的人。嵇康的"声无哀论"和"养生论"在魏晋时期曾被公认是有名的"理"。嵇康就是在他的《声无哀乐论》中提出了一个很可贵的逻辑准则。他说：

夫推类辨物，当先求之自然之理。理已定，然后借古义以明之耳。今未得之于心，而多恃前言以为谈证，自此以往，恐巧历不能纪耳。❶

"推类"与"辨物"并提，这是先秦一些逻辑学家的优良传统。嵇康继承这一传统，而且进一步提出了"当先求自然之理"的唯物主义准则。

---

❶ 嵇康《声无哀乐论》，人民音乐出版社1964年版。

稽康的这个"自然之理"，在杜国庠等人著的《中国思想通史》中被看成是唯心主义的东西。他们说：

> 所谓自然之理，又是什么一种理呢？是从哪里找寻得来的呢？看下文，原来所谓自然之理，却正是"得之于心"的师心之见，则其不足恃，也还与古义相仿佛的。他在论至理的时候，同样持着师心之见。"夫至理诚微，善溺于世，然或可求诸身而后悟，校外物以知之。"（稽康《答难养生论》）这里的"求诸身"，是上文的"得之于心"的同义语。求诸身，有所悟，然后校外物以知之，外物的重要性，与上文的古义相同，只是次要的。❶

《中国思想通史》根据稽康说过理要"得之于心"，理"可求诸身而后悟"一类的话，便得出结论说，"得之于心""求诸身而后悟"便都是"自然之理"的同义语，因而这个"自然之理"便只能是观念的。实际情况究竟如何呢？为了说清楚问题，我们将稽康的原话作比较完整的引录：

> 师襄奏操，而仲尼睹文王之容，师涓进曲，而子野识亡国之音……此皆俗儒妄记，欲神其事而追为耳。欲天下惑声音之道，不（"不"字当为衍文）言理尽此而推。使神妙难知，恨不遇奇听于当世，慕古人而叹息。斯所以大罔后生也。夫推类辨物，当先求之自然之理。理已定，然后借古义以明之耳。今未得之于心。而多恃前言以为证……❷

稽康认为，像师襄、师涓那样能反映人的音容形象和政治衰微的音乐本是没有的，所以人们在现实生活中总是遇不到，但很多书上又说古时候确有此事，于是大家就"恨不遇奇听于当世，慕古人而叹息"。稽康是反对这种不信耳目的现实见闻而专迷信书面文字记载的错误思想方法的，他所说的"今未得之于心，而多恃前言以为证"，是批评那些"恨不遇奇听于当世，慕古人而叹息"的人。"未得之于心"当是"心里没

❶ 侯外庐、赵纪彬、杜国庠《中国思想通史》（第三卷），人民出版社1957年版。
❷ 稽康《声无哀乐论》，人民音乐出版社1964年版。

有感受"的意思。我们不能看到用了"得之于心"的字样,就说是唯心主义的东西。

下面我们再引出《答难养生论》中一段较为完整的文字:

夫渴者唯水之是见(渴:大概是指由糖尿而引起的病理现象,不是指一般的口渴),酗者唯酒之是求,人皆知乎生于有疾也。今若以从欲为得胜,则渴酗者非病,淫沔者非过,粲跐之徒,皆得自然,非本论所以明至理之意也。夫至理诚微,善溺于世,然或可求诸身而后悟,校外物以知之者。人从少至长,隆杀好恶有盛衰。或稚年所乐,壮而弃之,始之所薄,终而重之,当其所悦,谓不可脱,值其所丑,谓不可欢。然还情易地。则情变于初。苟嗜欲有变,安知今之所耽不为臭腐,曩之所贱,不为奇美耶?❶

从前后文的整个意思来看,"求诸身而后悟"并不是唯心的语言。既然是讲一个人的养生问题,为什么不可以根据自身的一些心理现象和生理现象来考察问题呢?

总之,我们认为嵇康所说的"自然之理"是属于唯物主义的范畴。嵇康提出的问题具有重大的逻辑意义。是先言自然之理还是恃前言为谈证,引古义为理由,这往往是唯物主义和唯心主义表现在逻辑上的不同特点。这种情形,在南北朝时期的有名的"神灭"与"神不灭"的争论中充分地表现出来。

"神灭"与"神不灭"的争论,在宋文帝刘义隆时就已开始,到了齐、梁时期,著名的唯物论者范缜把这一争论推向了高潮。《南史·范缜传》记载:"缜及从弟云、萧琛、琅邪颜幼明,河东裴绍明,相继将命,皆著名邻国。时竟陵王子良,盛招宾客,缜亦预焉。尝侍子良,子良精信释教,而缜盛称无佛……子良集僧难之,而不能屈……子良使王融谓之曰:'神灭既自非理,而卿坚执之,恐伤名教。以卿之大美,何患不至中书郎,而故乖剌为此?可便毁弃之。'缜大笑曰:'使范缜卖论取官,已

---

❶ 嵇康《嵇康集》,中华书局香港分局 1974 年版。

至今仆矣,何但中书郎邪?'"●这里讲的是范缜与齐朝宗室竟陵王萧子良斗争的事实,但这还不是高潮,高潮还在梁武帝萧衍的时候。萧衍是一个推崇佛教的皇帝,曾三次舍身为佛,以扩大佛教的影响。萧衍在齐朝时曾与范缜"同台为郎,旧相友爱",即是说他和范缜曾在同一部门共过事,旧交还不错,但做了皇帝之后,大力奉行佛教,而范缜仍然盛称无佛,并发表了著名的《神灭论》,于是双方展开了论战。萧衍亲自下令,动员王公朝贵、高级僧侣60多人去围攻范缜。这些人大都以辱骂和恐吓来代替战斗,真正能与范缜战上一两个回合的只有曹思文、萧琛等几个人。这场争论实际上以萧衍的失败而告终。最后,萧衍只好顾自己的面子说:"缜既背经以起义,乖理以致谈,灭圣难以圣责,乖理难以理诘。如此则言语之论,略成,可息。"(《弘明集》卷九《重难范缜神灭论》附诏)❷

在这场论争中,范缜坚持以分析客观事理为主,阐明了科学的"神灭论";而"神不灭论"者则总是只引用一些"古人怎么说,书传怎么讲"之类的话来作为理由。下面我们作些具体的叙述和分析。

先分析范缜的《神灭论》:

或问:"子云神灭,何以知其灭也?"答曰:"神即形也,形即神也。是以形存则神存,形谢则神灭也。"(即:相当于"若即若离"的"即",在这里是"不相离""相结合"的意思。)

问曰:"形者无知之称,神者有知之名。知与无知,即事有异。神之与形,理不容一。形神相即,非所闻也。"答曰:"形者神之质,神者形之用,是则形称其质,神言其用,形之与神,不得相异也。"

问曰:"神故非质,形故非用,不得为异,其义安在?"答曰:"名殊而体一也"。

问曰:"木之质无知也,人之质有知也。人既有如木之质,而有异木

---

❶ 李延寿《南史》,中华书局1975年版。

❷ 僧祐《弘明集》,台湾新文丰出版公司1974年版。

之知，岂非木有其一，人有其二邪？"答曰："异哉言乎！人有如木之质以为形，又有异木之知以为神，则可如来论也。今人之质，质有知也；木之质，质无知也。人之质，非木质也；木之质，非人质也。安在有如木之质而复有异木之知哉？"

问曰："死者之形骸，岂非无知之质也？"答曰："是无知之质也。"

问曰："若然者，人果有如木之质，而有异木之知矣。"答曰："死者有如木之质。而无异木之知；生者有异木之知，而无如木之质也。"

问曰："死者之骨骼，非生者之形骸邪？"答曰："生形之非死形，死形之非生形，区已革矣。安有生人之形骸，而有死人之骨骼哉？"

问曰："若生者之形骸非死者之骨骼……则此骨骼从何而至此邪？"答曰："是生者之形骸变为死者之骨骼也。"

问曰："生者之形骸虽变为死者之骨骼，岂不因生而有死？则知死体犹生体也。"答曰："如因荣木变为枯木，枯木之质宁是荣木之体？"

问曰："荣体变为枯体，枯体即是荣体，丝体变为缕体，缕体即是丝体。有何别焉？"答曰："若枯即是荣，荣即是枯，则应荣时凋零，枯时结实也……荣枯是一，何不先枯后荣，要先荣后枯何也？丝缕同时，不得为喻。"❶

原文引到这里，《神灭论》的基本论点和精华所在已经可以看到了，其论理的基本逻辑法则也可以看到了。

"形神相即，形称其质，神言其用，名殊而体一"，这是形灭论的基本论点。《神灭论》通过三个设问设答把这个基本论点提出之后，再进一步展开论证。范缜已经相当明确地看到了人的形体是一种特殊的物质，是既有知觉又能思维的物质。于是他拼命地论证人体的这个特殊性，不厌其烦地比较，去分辨，去说明"人之质非木之质，死体并非生体"。这个不同于万物的人的生体，是一种特殊的有知之质。在这种有知之质中，形称其质，神言其用，形神相即，名殊而体一。范缜就是

❶《法家著作选读》编辑组《〈神灭论〉注译》，北京人民出版社1975年版。

这样,立足于对客观事物的直接考察和分析,用科学的辨察物类自然之性的方法,完成了他的论证,坚持了推类辨物先言自然之理的逻辑准则。

至于奉萧衍之命,对范缜进行围攻的那些人,他们又是怎样来申述"神不灭"的理由呢? 先看其中的所谓佼佼者曹思文的《难范缜神灭论》罢!

论(指神灭论)曰:"神即形也,形即神也,是以形存则神存,形谢则神灭也。"难曰:"形非即神也,神非即形也,是合而为用者。而合非即矣。生则合而为用,死则形留而神逝也。何以言之? 昔者赵简子疾,五日不知人,秦穆公七日乃寤。并神游于帝所,帝赐之钧天广乐。此其形留而神逝者乎? 若如论旨,形灭则神灭者,斯形之与神,应如影响之必俱也。然形既病焉,则神亦病也,何以形不知人,神独游帝所,而欣欢于钧天广乐乎……"

论曰:"非有兒,斯是圣人之教然也(教:神道设教)。"难曰:"今论所云,皆情言也,而非圣旨。请举经纪,以证圣人之教。《孝经》云:'昔者周公郊祀后稷以配天,宗祀文王于明堂,以配上帝'。若形神俱灭,复谁配天乎? 复谁配帝乎? 且无神而为有神,宣尼云:'天可欺乎?'今稷无神而为有神,而以稷配,斯是周旦其欺天乎? 果其无稷也,而空以配天者,既其欺天矣,又其欺人也……原导论旨,以无鬼为义。试重诘之曰:'孔子菜羹瓜祭,祀其祖祢也。'《记》云:'乐以迎来,哀以送往'。神既无矣,迎何所迎? 神既无矣,送何所送?"(《弘明集》卷九,引文有删节,但没有删除论点,删除的只是一些反复之语)❶

再看看高级和尚僧佑又说出了些什么道理呢?

若疑人死神灭,无有三世,是自诬其性灵,而蔑视其祖祢也。然则周孔制典,昌言鬼神。易曰:"游魂为变,是以知鬼神之情状。"既情且状,其无形乎?《诗》云:"三后在天,王配于京。"升灵上旻,岂曰灭乎?"

---

❶ 僧祐《弘明集》,台湾新文丰出版公司1974年版。

《礼云》:"夏尊命,事鬼敬神。"大禹所祇,宁虚诞乎?《书》称周公代武王云:"能事鬼神。"姬旦祷亲,可虚罔乎？苟亡而有灵,则三世如镜,变化轮迴,孰知其极？俗士执礼而背叛《五经》,非直诬佛,亦侮圣也。若信鬼于《五经》而疑神于佛说,斯固聋瞽之徒,非议所及,可为哀矜者二也。(《弘明集》后序)❶

请看,除了"经云""子曰"和书传上的神怪记异,即援引所谓"古义"之外,便拿不出一点什么像样的理由来。对这样连篇累牍地举出许多"经云""子曰"和神怪记异来强词夺理,范缜在理论上的回答是:"此难可谓穷辩,未可谓穷理也。"(《弘明集》卷九《答曹舍人》)❷

范缜在逻辑上的贡献,不仅在于他写下了雄辩的《神灭论》,而且还在于他有正确的逻辑观。他强调穷理而反对穷辩,和嵇康提出的"先言自然之理"一脉相承。

魏晋推论逻辑的另一朵灿烂之花是演连珠。什么是连珠呢？下面先抄录陆机演的一首连珠:

(臣闻)通于变者用约而利博,明其要者器浅而应玄,是以天地之颐该于六位,万殊之曲穷于五位。❸

陆机演的连珠因为是奏给皇帝的,所以前面加上"臣闻"二字。这首连珠的大意是说,对于一类事物如果通晓它的变化,掌握了它的要领,便能以简驭繁;所以,《易经》用六爻就能描绘出世界万物的图像,琴只用五根弦就能弹出许多曲调来。

连珠体产生于两汉,杨雄、班固、贾逵、傅毅都曾演过连珠。演连珠最初是作为一种文学创作活动而兴起的,所以对连珠的定义和界说都是出文学家之口。沈约说:"连珠……盖谓词句连续,互相发明若珠之结绯也。"❹《文选·李善注》引傅玄对连珠的解释说:"其文体辞丽而言

---

❶ 僧祐《弘明集》,台湾新文丰出版公司1974年版。

❷ 僧祐《弘明集》,台湾新文丰出版公司1974年版。

❸ 严可均《全上古三代秦汉三国六朝文》,中华书局1958年版。

❹ 严可均《全上古三代秦汉三国六朝文》,中华书局1958年版。

约,不指说事情,必假喻以达旨,而览者微悟,合于古诗讽兴之义,欲使历历如贯珠,易看而可悦,故谓之连珠。"❶这些文学家虽然侧重从文艺的角度来描述连珠,但由于连珠是便于用来说理的一种形式,所以他们也不可避免地会提到这方面的一些特点。傅玄是说它"假喻以达旨",沈约是说它"互相发明若珠之结绯"。"假喻以达旨",是说连珠体总是通过连类譬喻的方法,来达到论理的目的;"互相发明",是说连珠式的各句之间存在着一种互相推导的关系。

演连珠作为一种文学体裁,生命力是不强的,因为它便于说理而不便于传情言志,所以两汉时期扬雄、班固等人演的连珠都没有流传下来,魏晋南北朝以后演连珠的也很少。魏晋时期连珠体较为盛行,《文选》中有陆机演的连珠50首,葛洪《抱朴子·外篇》的《广譬》《博喻》两篇有连珠100多首。演连珠为什么独盛于魏晋呢? 我们认为这与当时整个社会谈辩说理之风盛行有关。连珠体以优美的辞章来包含论理的内容,这自然要引起那些名理家们的兴趣,而致力于去运用它、创作它。葛洪把自己演的连珠明确地标示出是一种"譬、喻",这说明他已自觉地把连珠作为一种说理形式来看待。陆机由于在43岁的壮年时就因受谗而遇害,没有能像葛洪那样从容地去整理、编辑自己的著作,因此我们无法看到他论述连珠与说理相关的言论,但他将连珠应用于推理方面的实际成就是相当大的。

陆机(261—303),三国时吴人。吴亡后十年,他离开家乡去洛阳。他的家乡是不太重谈辩术的。为了适应洛阳的社会风气,他在赴洛阳前着实钻研了一番名理之学,并且形成了自己的逻辑观。《太平广记》卷三一八引刘敬叔《异苑》云:

机初入洛。次河南之偃师。时阴晦,望道左若有民居,见一年少,神姿端远,置《易》投壶,与机言论,妙得玄微。机心服其能,无以酬抗,乃提纬古今,总验名实,此年少不甚欣解。既晓便去,税驾逆旅,问逆

---

❶ 萧统《文选》,中华书局1977年版。

旅姬。姬曰："此东数十里无村落,止有山阳王氏冢尔"。机往视之……方知昨所遇者王弼也。❶

这则故事当然是有着文学艺术的渲染和加工,但我们绝不可以把它当作一个笑话来看待。这则故事是以文学形式描述了陆机的名辩思想。陆机对玄学们的那一套名辩术,一方面是心服其能,另一方面又不以为然。陆机有他自己一套"总验名实"的学问。他觉得他的这一套学问,那些玄学家也"不甚欣解"。陆机有很好的文学修养,在魏晋文坛颇负盛名,又有一套与玄学家们颇为不同的"名理"学问,这就使他在推演连珠方面能有出色的成就。他用优美的文字写出来的那些连珠,真是"文理"并茂。下面我们对保存在《文选》中陆机的50首连珠作比较全面的分析和评介。

(臣闻)良宰谋朝不必借威,贞臣卫主修身则足,是以三晋之强屈于齐堂之俎,千乘之势弱于阳门之哭。

["俎",在这里指战国时接待外宾的礼节。晋国的一个大臣出使到齐国,要求用一种超过规定的礼节来接待他,齐国宰相晏婴坚持不肯,于是那个出使者知道齐国是不可侮的,从而遏止了晋国侵犯的野心。"阳门":是宋国的一个地方,那里死了一个老百姓,大臣子罕哭得很悲哀,这件事给晋国知道了,从而打消了伐宋的念头。]❷

这里每段两句,一共两段。第一段是赖以为推的前提,第二段是推导出来的结论。陆机演的连珠以两段的最多:有37首,约占总数的四分之三。这种两段的连珠可分为三种类型。

一是具有演绎性质的,即前提讲的是更一般的道理,结论则是更具体的事情。例如:

(臣闻)积实虽微必动于物,崇虚虽广不能移心;是以都人冶容不悦西施之影,乘马班如,不辍太山之阴。

❶ 李昉《太平广记》,台北古新书局1976年版。
❷ 萧统《文选》,中华书局1977年版。

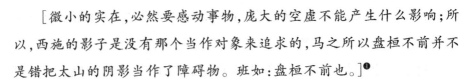

[微小的实在，必然要感动事物，庞大的空虚不能产生什么影响；所以，西施的影子是没有那个当作对象来追求的，马之所以盘桓不前并不是错把太山的阴影当作了障碍物。班如：盘桓不前也。]❶

二是具有归纳倾向的，即由个别推向一般。例如：

（臣闻）钻燧吐火以续汤谷之暑，挥羽生风而继飞廉之功；是以物有微而毗著，事有琐而助洪。

[钻木头吐出的火星可以使整个山谷燃烧起来，鸟儿摇着翅膀和大风刮得东西飞跑是一样的功能；所以，微琐的事物总往往是和大事情联系着。飞廉：神话中说它是风神。]

（臣闻）目无尝音之察，耳无照景之神。故在乎我者不诛之于己，存乎物者不求备于人。

[眼睛没有听音乐的本领，耳朵没有看东西的能力；因此，我们对自己不深责苛求，对人也不求全责备。]❷

这种归纳推理，由于前提也只限于一段，列举的个别事例很少，因而表现为一种很不完全的归纳推导。

三是假喻以达旨，类比而推的。傅玄虽然把演连珠说成主要是假喻以达旨，但在陆机的二段式连珠中，这种类型却倒是少数，细算只有八九例，占37首的五分之一左右。这说明用狭隘的文学眼光来观察连珠式，就不能掌握它的特点。下面是"假喻达旨类比而推"的两个例证：

（臣闻）虐暑薰天，不减坚冰之寒，涸阴凝地，无累陵火之热；是以吞纵之强，不能反蹈海之志，漂卤之威，不能降西山之节。

[酷暑中的坚冰不会改变其凉的本性，天寒地冻时的火不会改变其热的特性，暴力的强大威势不足以动摇斗士的意志和节操。吞纵：指秦国，它有并吞关东合纵六国的力量。蹈海之志：指鲁仲连的意志，鲁仲

---

❶ 萧统《文选》，中华书局1977年版。
❷ 萧统《文选》，中华书局1977年版。

连曾说过,若秦"肆然而为帝,则连有蹈东海而死耳,吾不忍为之民。漂卤:语出贾谊《过秦论》伏尸百万,流血漂橹。西山:指首阳山,是传说中伯夷叔齐隐居的地方。]

(臣闻)春风朝煦,萧艾蒙其温,秋霜宵坠,芝兰被其凉;是故威以齐物为肃,德以普济为弘。

[春风和煦,恶草也蒙其温暖,秋夜的霜冻,芳草也受凉;因此行威施德都应当一视同等。]❶

上述的连珠式虽然表现为各种不同的推理形式,但在逻辑连接词的运用方面,却没有什么明确的分工。37首连珠中,用"是以"的35首,用"是故"和"故在乎"的各一首。"是以""是故""故在乎"在意义上并无什么本质的不同,而表现在文字上有些差异,可能是与句子的节奏韵律声调等有关。

连珠式不仅有两段的,而且还有三段的,过去严复在翻译《穆勒名学》时,便把西方逻辑中的三段论式译为演连珠。

在陆机的连珠中,三段的有两种格式:一种为"……是以……故……"的格式。

(臣闻)任重于力,才尽则困,用广其器,应博则凶;是以物胜权而衡殆,形过镜则照穷;故明主程力以效业,贞臣底力而辞丰。

[一个人担负的责任超过他的才能就会陷入困境,使用一种东西超过了适用范围就会被损坏;是以称的东西超过了秤锤的负荷量秤就危险了,东西大过镜的反射范围就无法把它照出来;所以,明主要根据臣子的才力来授官,忠实的臣子要辞去自己担任不了的多余职务而致力于自己擅长的工作。]❷

这一则是很典型的演绎推理,而且有点像三段论:第一段是既包括人事也兼及物类的一般性原理,第二段推及具体的物事,第三段推及

---

❶ 萧统《文选》,中华书局1977年版。

❷ 萧统《文选》,中华书局1977年版。

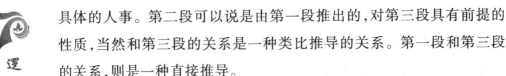

具体的人事。第二段可以说是由第一段推出的,对第三段具有前提的性质,当然和第三段的关系是一种类比推导的关系。第一段和第三段的关系,则是一种直接推导。

(臣闻)触非其类,虽疾弗应,感以其方,虽微则顺;是以商飙漂山,不兴盈天之云,谷风乘条,必降弥天之润;故暗于治者唱繁而和寡,审乎物者力约而功峻。

[物非同类,再怎么接触也不会感应,按照规律去使物类相感,用力虽小而功效大;因此秋风漫山地刮来,也不会使天上兴起乌云,而润湿的东风吹来,却预示着天必降大雨,所以不善于治事的,不断地发出号令,却没有人响应,洞察物情的人,用力少而收效大。商飙:秋风。谷风:东风。《诗经·谷风篇》:"谷风习习,维风及雨。"]❶

这一则连珠和上一则一样,也是比较典型的三段演绎推理。

(臣闻)音以比耳为美,色以悦目为欢;是以众听所倾,非假百里之操,万夫婉娈,非侯西子之颜;故圣人随时以擢佐,明主因时而命官。❷

这里由第一段到第二段之间的推导还是一种严格的演绎,但由第一、二段推导出第三段,却是一种连类譬喻的类比推导。

三段的连珠还有一种"……何则……是以……"的格式,例如:

(臣闻)寻烟染芬,薰息犹芳,微音录响,操终则绝;何则? 垂于世者可继,止乎身者难结;是以玄晏之风恒有,动神之化已灭。

[用烟和香料熏染东西,色彩气味仍然存在,宫商角徵羽的各种音响,琴一弹完便没有了;为什么呢? 凡是留痕迹于后世的,其影响当然会继续,而那些只止乎其身的东西,过了时便难于捉摸;所以何晏的玄理因有记载而一直存在,但他个人那种"谈吐入化"的神态却无可考究了。]❸

在陆机的连珠中,这种格式有好几首。几乎毫无例外,它们都是:

---

❶ 萧统《文选》,中华书局1977年版。

❷ 萧统《文选》,中华书局1977年版。

❸ 萧统《文选》,中华书局1977年版。

第一段先从具体现象谈起,第二段把解释具体现象的一般道理讲出来,第三段又推论到具体事物。这一格式有点像形式逻辑中的所谓带证式的演绎推理。

　　葛洪,约生于公元280年,死于公元340年左右,丹阳句容人,求学治学的道路比较曲折复杂。他自叙,20岁以前,"但贪广览,于众书,乃无不暗诵精持,曾所披涉,自正经诸史百家之言,下至短杂文章近万卷。"(《抱朴子·自叙篇》)[1]与此同时,他还涉猎过"河洛图纬""星书算术"和"风角、望气、三元、遁甲、方士神仙之术"。不过,他当时的志向并不在"星书、风角、望气"这些方士神仙之术方面,而是希望去博涉那浩如烟海的子书。为此,他动身赴洛阳,企图去读一读在江南看不到的许多诸子之书。但他还在旅途中,洛阳就发生大乱,随即吴下也遭陈敏之乱,使他进退不得,只好辗转到广州。可能是由于颠沛流离的刺激,他还是转向了学习神仙方士之术。他在广州恐怕有上十年的时间。后晋室南渡,东晋政权逐渐稳定,他又返回乡里,在东晋朝廷里做官,被赐爵关内侯。这一时期,他大概更注重研究经世致用的学问了。晚年,他又往广州,不久即入罗浮山修道并死在那里。葛洪在政治上对司马王朝和北方士族采取若即若离的态度。在学术上,他对谈玄说理的京洛学风持反对和批判的态度。他不欣赏玄学家们的那种常常置人于窘境的穷诘强难,在《自叙》中说:

　　每与人言,常度其所知而论之,不强引之以造彼所不闻也。及与学士有所辩识,每举纲领。若值惜短,难解心义,但粗说意之所向,使足以发寤而已,不致苦理,使彼率不得自还也。彼静心者,存详而思之,则多自觉而得之者焉。度不可与言者,虽或有问,常辞以不知,以免辞费之过也。[2]

　　葛洪在逻辑上的具体贡献是继续开展了演连珠活动。他演的连珠

---

[1] 葛洪《抱朴子内外篇》,台湾商务印书馆1968年版。

[2] 葛洪《抱朴子内外篇》,台湾商务印书馆1968年版。

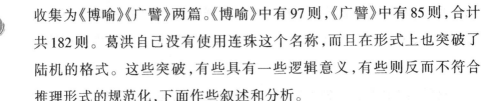

收集为《博喻》《广譬》两篇。《博喻》中有97则,《广譬》中有85则,合计共182则。葛洪自己没有使用连珠这个名称,而且在形式上也突破了陆机的格式。这些突破,有些具有一些逻辑意义,有些则反而不符合推理形式的规范化,下面作些叙述和分析。

陆机的两段式连珠,大都是四句一则,而且都用上了"是以""故"等一类的逻辑联结词。葛洪完全按照陆机的格式演的连珠大概只有50则左右,不到总数的三分之一,下面举两个例子:

盈乎万钧,必起于锱铢,竦秀凌霄,必始于分毫,是以行潦集而南溟就天涯之旷,寻常积而立圆致极天之高(立圆:同县圆,指昆仑山之顶)。

神农不九疾,则四经之道不垂;大禹不胼胝,则玄圭之庆不集。故久忧为厚乐之本,暂劳为永逸之始。❶

在更多的情况下,葛洪是突破陆机格式的限制。第一个突破,是打破四句一则的限制:

至大有所不能变,极细有所不能夺;故冰霜肃杀,不能凋菽麦之茂,炽暑郁阴,不能消雪山之冻,飙风荡海,不能使潜龙扬波,春泽荣物,不能使枯卉发华。

志得则颜怡,意失则容戚,本朽则末枯,源浅则流促,有诸中者必形乎表,发乎迩者必著乎远。

虎豹不能博噬于波涛之中,螣蛇不能登凌于不雾之日,挚雄兔则鸾凤不及鹰鹞,引耕犁则龙鹿到不逮双崎故武夫勇士,无用乎晏如之世,硕生逸才,不贵乎力竞之运。

常制不可以待变化,一涂不可以应无方,刻舟不可以索遗剑,胶柱不可以谐清音,故翠盖不设于晴朗,朱轮不施于涉川,味淡则加之以盐,沸溢则增水而减火。

多力何必孟贲乌获,逸容岂唯郑旦毛嫱,飙迅非徒骅骝骐骥,立断

❶ 葛洪《抱朴子内外篇》,台湾商务印书馆1968年版。

未独沈间、干将，是以能立素王之业者，不必东鲁之丘，能洽掩枯之仁者，不必西邻之昌。❶

上述的第一例，从推演的程序来说是演绎的，但给人的逻辑实感却是归纳的。这则连珠一般性的大前提是"至大有所不能变，极细有所不能夺"，"故"字后面是推出的一系列结论。我们看了这则推论之后，并不是信服其由前提到结论之间推导的必然性，相反地，那个一般性的大前提，是因为有了后面的许多具体的列举，而真实性更明显。所以有人说，这是一种结论在前的推理。上述的第二例，是典型的归纳推导，但却没有逻辑联结词，因而从格式上来说是不够严整的。第三、四、五例都是连类譬喻的类比推理。葛洪在进行归纳和类比推理时，突破二段连珠体一则四句的限制，尽量地多作具体的列举，这是具有逻辑意义的。因为作为归纳推理来说，列举的项目越多，归纳就有更充分的根据；作为类比推理来说，参与比较的事项越多，类推就更显得具有某种必然性。葛洪是喜欢运用归纳，特别是类比推理的，在他的180多则连珠中，连类譬喻的类比推理占大多数。

为了准确地表述连类相比的推导关系，葛洪突破陆机只用因果连词作逻辑联结词的限制，而运用"犹"来作逻辑联词。例如：

禁令不明而严刑以静乱，庙算不精而穷兵以侵邻；犹钐禾以讨蝗虫，伐木以杀蠹蝎，食毒以中蚤虱，撤舍以逐鼠雀也。

明主官人，不令出其器，忠臣居位，不敢过其量，非其才而妄授，非所堪而虚任；犹冰碗之盛沸汤，葭莩之包烈火，缀万钧于腐素，加倍载于扁舟。❷

葛洪对连珠格式的最后突破是取消逻辑联结词。这个最后突破是一种倒退，其结果是使连珠变成了排比句和短文章，使连珠最后丧失其逻辑意义。下面举出几个例子：

---

❶ 葛洪《抱朴子内外篇》，台湾商务印书馆1968年版。

❷ 葛洪《抱朴子内外篇》，台湾商务印书馆1968年版。

盘旋揖让,非御寇之容;摜甲缨胄,非庙堂之饰;垂绅振佩,不可以挥刃争锋,规行矩步,不可以救火拯溺。

立德践言,行全操清,斯则富矣,何必玉帛之崇乎,高尚其志,不降不辱,斯则贵矣,何必青紫之兼控也。俗民不能识其度量,庸夫不得揣其铨衡,是则高矣,何必凌云而蹈霄乎。问者莫或测其渊流,求者未有觉其短乏,是则深矣,何必洞河而沧海乎。四海苟备,虽室有悬磬之窭,可以无羡乎铸山而煮海矣。身处身兽之群,可以不渴乎朱轮而华毂矣。❶

这种不用逻辑联结词的现象,并不是个别的,我们计算了一下,共有50多则,将近总数180多则的三分之一。

演连珠,实际上可以看作逻辑推理形式化的一种尝试。比较陆机和葛洪二人的工作,葛洪虽然在充实归纳类比的前提方面比陆机做得更好,但总的来说,葛洪不如陆机。陆机坚持连珠格式的严整性,一段、二段、三段,程序、步骤,一点不乱,什么地方用什么样的逻辑联结词也都有一定的规律性,推导的关系显得明白清楚。这些都是在逻辑推理形式化的过程中最值得注意的问题。而葛洪演的连珠,则正如他自己的名称那样:广譬博喻;不但有偏重于譬喻类比这一种形式的缺点,而且广博不羁,形式散乱,有很多根本无逻辑形式可言。

演连珠作为一种推理形式化的尝试,在实践方面的成就是相当可观的。它和《墨经》的《经上》中概念定义的形式化和《经下》中论式的形式化同样宝贵,但《墨经》对概念定义形式化和论式形式化不仅有实践方面的成就,而且有理论上的总结和说明,而魏晋人对自己的推理形式化却没有作出专门的理论说明。不能作出专门的理论说明,这就意味着还不是一种十分有意识的活动。

魏晋南北朝时期占支配地位的是玄学。从哲学上来说,玄学比神学谶纬迷信更具有某种合理性;从方法论来说,谈玄说理,就是在某种

---

❶ 葛洪《抱朴子内外篇》,台湾商务印书馆1968年版。

程度上主张简要,崇尚理性。因此,从某种意义上说,这比汉儒的繁琐章句之学更具有先进性。黑格尔有一句名言:"凡是合理的都是现实的。"❶正因为如此,魏晋玄学就否定汉学而兴起了。玄学的兴起,引起了学术思想的一定程度的解放,所以魏晋南北朝时期,訾应辩难,一时蔚为风气。在这种风气的刺激下,魏晋南北朝的逻辑思想也有所发展,如《尹文子》欧阳建的概念论,嵇康、范缜、陆机等的推理论证逻辑,都在某些方面超过了前人的水平。然而,魏晋的訾应辩难,却没有像战国时期的百家争鸣那样,使逻辑得到较全面的发展,其原因在于唯物论和唯心论这一对矛盾的双方已经变换了位置。战国时期,唯物论占主导地位。只有唯物论才能总结出较系统的科学逻辑思想,而某些唯心论者只能对逻辑思想的发展起某种刺激作用,或提出一些足以启发思考的问题。魏晋南北朝时期,占主导地位的是唯心主义。当时玄学是魏晋唯心主义的中心支柱,佛学则附庸于玄学,另外玄学家和高级僧侣又都去释解儒经。儒、佛、玄的唯心主义理论被杂糅混合,居于较为绝对的统治地位。而反玄学、反诡辩的,有的是清醒的唯物论者,有的则只是儒、玄中的一些异端人物或不同支派的一些人物,力量较小,而且大都分散作战,不相统属,因此始终未能出现一个较为强大的唯物主义学派,或反玄、佛的强大学派,因而也就不能产生较为系统的科学的名辩理论和方法。

另外,当时战乱频繁,社会长期动荡。战乱和动荡使某些逻辑研究的成果,不仅当时不能传播,而且不久便被毁弃湮没。如鲁胜的著作,如果当时能传之于世的话,也许会给魏晋的逻辑思想增添不少的色彩。

玄学兴盛于魏晋,到了南北朝时期就开始走下坡路。宋、齐、梁时期的一些皇帝和贵族都转向去扶助佛教,宣扬佛学。这说明玄学的戏法已经变得差不多了,逐渐开始失去其诱惑人的魅力,佛学逐渐取代

---

❶ 恩格斯《费尔巴哈与德国古典哲学的终结》,人民出版社1949年版。

玄学而风靡一时。当然，玄学的余波还是存在，直到唐朝还有其影响，不过在思想上已不占重要地位了。

随着佛学的东流，印度的文明随之引进，学术上产生了许多新的思想方法，这在一定程度上有利于中国学术的发展。特别是在逻辑方面，随着印度文明和佛学的东来，引进了印度的因明学，这对于中国逻辑思想的发展具有重大的意义。

（原刊于《江西师院学报》1978年第4期）

逻辑教学与逻辑史研究

中国逻辑思想史稿：宋元明时期的逻辑思想

一、理学和逻辑

宋元明时期，前后600多年，学术思想上占统治地位的是理学。因此在叙述这个时期的逻辑思想时，不能不涉及理学中的一些问题。

理学亦称"道学"，是儒释道三教合流而结出来的一个果子。《宋史·道学传》说程颢"年十五六……慨然有求道之志……泛滥于诸子，出入于老释者数十年，返求之于六经而后得之"[1]。"出入老释而返于六经"，这是大多数理学家的经历和治学方法。

宋明理学的著名人物是邵雍、周敦颐、张载、程颢、朱熹、陆九渊、王阳明等人。

邵雍（1011—1077），创制了一种先天象数学，即用阴阳八卦来解释和推衍天地万物的生成变化。他的学说被认为是渊源于道教。邵雍有一个所谓"先天图"，便是渊源于宋初著名的道士陈抟。《宋史儒林传·朱震传》记载：

> 震经学深醇，有《汉上易解》云："陈抟以先天图传种放，放传穆修，修传李之才，之才传邵雍。"[2]

邵雍虽然被尊奉为理学中的一个重要人物，但他的先天象数学后来在理学中却没有占上什么地位，其中的大部分内容被理学的中坚人物程颢、程颐所否定。因为他的先天象数学也是唯心地解释世界，且极其繁琐。如果理学把它奉为必读的典籍，那必然要使许多人望而却

---

[1] 脱脱等《宋史》，中华书局1977年版。

[2] 脱脱等《宋史》，中华书局1977年版。

步。因此,程氏兄弟便对它采取坚决的否定态度。《宋元学案·百源学案》记载:

> 晁以道问先生(指邵雍)之数于伊川。答曰:"某与尧夫同里巷居三十余年,世间事无所不问,惟未尝一字及数。"

> 明道云:"尧夫(即邵雍)欲传数学于某兄弟,某兄弟那得功夫? 要学须是二十年功夫。[1]

程氏兄弟的话虽然讲得很委婉,但语气却是很坚决的。

周敦颐(1017—1073),他的主要哲学著作有《太极图说》。他企图把世界本体及其形成和发展归结为一个简单的图式——《太极图》。《太极图》也是渊源于道教徒。黄宗炎《太极图辨》说:

> 周子《太极图》创自河上公……河上公本图名《无极图》……钟离权得之以授吕洞宾。洞宾后与陈图南(抟)同隐华山而以授陈,陈刻之华山石壁……(陈)以授种放,放以授穆修与僧寿涯……修以《无极图》授周子,周子又得《先天地之偈》于寿涯……周子得此图而颠倒其序,更易其名,附于《大易》(指《周易》),以为儒者之秘传。(《宋元学案·濂溪学案》)[2]

这是说,道教中原来有一个秘传的无极图,周敦颐得到这个图后,作了一些变动,把它改名太极图,并且诡称是"儒者的秘传"。

周敦颐的学说,后来基本上被程颐和朱熹所采纳。

张载(1020—1077),字横渠,他的主要著作有《正蒙》。下面是《正蒙》中的一段名言:

> 太虚气之体,气有阴阳。屈伸相感之无穷,故神之用也无穷。其散无数,故神之应也无数。虽无穷其实湛然,虽无数其实一而已。阴阳之气,散则万殊,人莫识其一也;合则混然,人莫见其殊也。形聚为物,形溃反原。反原者,其游魂为变欤? 所谓变者,对聚散存亡为文,非如萤

---

❶ 黄百家《宋元学案》,台湾广文书局1979年版。

❷ 黄百家《宋元学案》,台湾广文书局1979年版。

雀之化,指前后身而为说也。(《正蒙·乾称篇》)❶

张载提出了一个"气"和一个"神"。他在《正蒙·太和篇》里解释说:"散殊而可象为气,清通而不可象为神。"❷若是专讲"气",张载的学说无疑是唯物的,但再加上了一个"神",则又通向了唯心主义。程颐在修正张载的学说时便是抓住这个"神"字开刀的。

《宋元学案·横渠学案》引程子语曰:

一气相涵,周而无余。谓气外有神,神外有气,是两之也,清者为神,浊者何独非神乎?❸

这就是说"神"和"气"是不能分开的。"神"在程颐那里实际上也就是"理"。《二程遗书卷一》云:

盖上天之载,无声无臭,其体则谓之易,其理则谓之道,其用则谓之神。❹

程颐认为,张载"神气"并提,也就是主张"气外尚有理"。说张载主张"气外尚有理",也不完全是从外面强加的。张载自己也说过:"天地之气,虽聚散攻取百涂,然其为理也,顺而不妄。"(《正蒙·太和篇》)❺

张载的学说经过一番融化改造,后来也基本上被程颐、朱熹所接受下来。

程颢(1032—1085),后人称为明道先生;程颐(1033—1107),后人称为"伊川先生"。他们是亲兄弟,都是理学的中坚人物,特别是程颐,更是理学发展中的重要人物。程颐对理论的正面创树并不突出,但具有很强的批判能力和总结能力,对邵、周、张的学说决定取舍,为以后理学的理论创作定出一个"理一分殊"的基调。

朱熹(1130—1200),是程颐的三传弟子。他根据程颐定下的调门

❶ 王夫之《张子正蒙注》,中华书局1975年版。

❷ 王夫之《张子正蒙注》,中华书局1975年版。

❸ 黄百家《宋元学案》,台湾广文书局1979年版。

❹ 程颐、程颢《二程全书》,株式会社中文出版社1979年版。

❺ 王夫之《张子正蒙注》,中华书局1975年版。

完成了"理的一元的客观唯心主义"的制作。他在创作其理论时，首先要设法把周敦颐和张载的一些思想和命题融化进去，以显示理学阵营的统一性。要融化周敦颐的学说是比较容易的，因为周敦颐的学说本来就和朱熹的思想很接近。周敦颐用来说明世界生成变化的精神实体被称为"太极"，这个"太极"原来在道士陈抟那里本叫"无极"。周敦颐虽然把名称改换了一下，但他还常常是二者并提。他说：

> 无极而太极，太极动而生阳，动极而静，静而生阴，静极复动。一动一静，互为其根。分阴分阳，两仪立焉。阳变阴合而生水火木金土，五气顺布，四时行焉。五行一阴阳也，阴阳一太极也，太极本无极也。（《太极图说》）❶

　　一个精神实体为什么要用两个名称呢？这是因为它们各有各的用处。"无极"是说具有无形无象的特征，"太极"是说具有化生万物之能力。所以朱熹解释说："无极就是无形，太极就是有理"（《宋元学案·濂溪学案》黄宗羲转引朱熹语）。❷这样，"太极"和朱熹所常说的"理"，实际上是没有两样。朱熹只需在二者之间画上一个等号就够了。朱熹说：

> 太极只是天地万物之理。在天地言，则天地中有太极；在万物言，则万物各有太极。未有天地之先，毕竟是先有此理。动而生阳，亦只是理；静而生阴，亦即是理。（《朱子语类辑略》卷一）❸

　　朱熹在融化张载学说的过程中，是颇费了一番周折的。虽然程颐已经打开了路子，说是张载的"神"也就是理。但"理""气"的关系究竟怎么摆法呢？起先他不得不搬出"形上、形下"和"理在气先"的说法：

> 天地之间，有理有气。理也者，形而上之道也，生物之本也。气也者，形而下之器也，生物之具也。是以人物之生，必禀此理，然后有性；

---

❶ 周敦颐《周子全书》，台湾广学社印书馆1975年版。

❷ 黄百家《宋元学案》，台湾广文书局1979年版。

❸ 张伯行《朱子语类辑略》，商务印书馆1936年版。

必禀此气，然后有形。(《文集卷五·答黄道夫书》)❶

或问："必有是理，然后有是气，如何？"曰："此本无先后之可言，然必却推其所从来，则须说先有是理。然理又非别为一物，既存乎是气之中，无是气，则是理亦无挂搭处。"(《朱子语类辑略》卷一)❷

"理者，物之本；气者，物之具""理在气先"，这不免还是一种理气二元论。"理一分殊"的理论还是没有被最后创造出来。于是朱熹又提出了"理生气"的说法：

问："未有天地之先，毕竟是先有理，如何？"曰："未有天地之先，毕竟也只是理。有此理，便有此天地；若无此理，便亦无天地。无人无物，都无该载了。有理便有气流行，发育万物。(《朱子语类辑略》)❸

"有理才有气流行，然后发育万物"，这样就是主张理生气了，就成了理气一元论了。"理"和"气"的关系就很像法相唯识宗的"阿赖耶识"和"种子"的关系了，朱熹只不过是把佛家的理论用另外一种语言把它说出来罢了。

在另外一些言论中，朱熹还干脆抛开"气"不讲。

问理与气，曰："伊川说得好，曰理一分殊，合天地万物而言，只是一个理；及在人，则又各自有一个理。(《朱子全书》卷四十九)❹

"万一各正，小大有定"，言万个是一个，一个是万个。盖统体是一太极，然一物又各具一太极。(《朱子语类》卷九十四)

问："《理性命》章云：'自其本而之末，则一理之实而万物分以为体，故万物各有一太极。'如此，则是太极有分裂乎？"曰："本只是一太极耳。如万物各有享受，又自各全具一太极耳。如月在天，只一而已；及散在江湖，则随处而见，不可谓月已分也。"(同上)

释氏云："一月普现一切月，一切水月一月摄。"这是那释氏也窥得

❶ 朱熹《朱子遗书》，株式会社中文出版社1975年版。
❷ 张伯行《朱子语类辑略》，商务印书馆1936年版。
❸ 张伯行《朱子语类辑略》，商务印书馆1936年版。
❹ 朱熹《朱子遗书》，株式会社中文出版社1975年版。

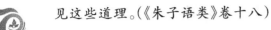

见这些道理。(《朱子语类》卷十八)

……不是割成片去,只如月印万川相似。(《朱子语类》卷九十四)❶

朱熹最后在佛家那里借来个"月印万川"的命题,才算是最后完成了"理一分殊"的理论论证。

朱熹的理论并没有一贯性,他时而这样讲,时而那样讲。当他用"理气二元"的观点来解释万物生成时,他可以讲出一些似乎倾向于唯物的话。例如,他曾经批判佛家说:

若佛家之说,都是无,已前也是无,如今眼下也是无。色即是空,空即是色,大而万事万物,细而百骸九窍,一齐都归于无。终日吃饭,都道不曾咬着一粒米;满身着衣,却道不曾挂着一条丝。(《朱子语类辑略》卷七)❷

但是,朱熹在另外一些言论中,却又极力赞扬包括主观唯心主义在内的所有佛家理论:

因举佛氏之学与吾儒有甚相似处。如云:"有物先天地,无形本寂寥。能为万象主,不逐四时凋。"又曰:"扑落非他物,纵横不是尘。山河及大地,全露法王身。"又曰:"若入识得心,大地无寸土。"看他是甚么样见识,今区区小儒,怎生出得他乎?(《朱子语类辑略》卷七)❸

这最后一句"若人识得心,大地无寸土",便是非常露骨的主观唯心主义命题,它和那"终日吃饭,却道不曾咬着一粒米"完全是一码事。朱熹一时是褒,一时又是贬,完全缺乏理论的一贯性。

怎样来解释这种不一贯性呢?我们认为朱熹的思想是有变化的。应当说,他是逐渐抛弃了理气二元论而转向了理的一元的客观唯心主义,即是说,"理一分殊""月印万川"才是最能代表朱熹思想的哲学命题。由理气二元论转向理的一元化,便排除了任何倾向于唯物论的嫌疑而且变得更为简易。理学应当简易,这是程氏兄弟的基本思想。朱

❶ 黎靖德《朱子语类》,株式会社中文出版社1970年版。

❷ 张伯行《朱子语类辑略》,商务印书馆1936年版。

❸ 张伯行《朱子语类辑略》,商务印书馆1936年版。

熹起初大概并不理解这一点,所以他曾去从事过一些支离繁琐的论证,如最初的人是怎样产生的,山为什么会呈现蜿蜒起伏的形状,等等。后来,他渐渐觉得这样做法有点不太对头,而且对自己有所批判。敏锐的王阳明看出了这一点,于是便把朱熹这方面的言论搜集起来,提出了一个"朱子晚年定论说"。这个朱子晚年定论说虽曾受到很多人的非难,王阳明也有点过分其辞地说是朱熹已转向主观唯心主义。但总的来说,王阳明的观察是对的。朱熹的主张确实是有所改变,他也觉得理学应当简易。

在理学中把简易强调到十分突出的地步并转向主观唯心主义的是陆九渊。

陆九渊(1139—1192),是一个具有很大影响的主观唯心主义者。陆九渊的名言是:"宇宙便是吾心,吾心即是宇宙。"他还说:"心即理也。"他认为只要明心,便可穷理,因此不主张去读什么书,更不主张去格什么物。有一次一个叫朱道济的人来向他问学,他告诉那个人说:"正坐拱手,收拾精神,自作主宰,万物皆备于我,有何欠阙。"(《宋元学案·象山学案》)❶陆九渊把"心"看作是自然灵明透彻的,他对"心"的理解颇有点像禅宗六祖惠能的四句偈所描绘的那样:菩提本无树,明镜亦非台。本来无一物,何处惹尘埃。陆九渊的主张受到了来自理学家内部的猛烈攻击。陈淳说:"象山(即陆九渊)教人终日静坐,以存本心,无用许多辩说劳攘。此说近本,又简易直捷。若果能存本心,亦未为失。但其所以为本心者……以此一物甚光辉灿烂,为天理之妙。不知形气之虚灵知觉,凡有血气之属,皆能趋利避害,不足为贵。此乃舜之所为(谓)人心者而非道心之谓也。今指人心之为道心,便是告子生之谓性之说,蠢动含灵皆有佛性之说。"(《宋元学案·象山学案》)❷

批评者肯定陆九渊学说的简易直捷,但觉得陆九渊把一切人心都

---

❶ 黄百家《宋元学案》,台湾广文书局1979年版。

❷ 黄百家《宋元学案》,台湾广文书局1979年版。

第二编　中国逻辑

说成"光辉灿烂"没任何欲念的遮蔽却是一个大错。后来明代的王阳明出来修正了陆九渊的说法。

王阳明(1472—1528),他的学说可用"致良知"三个字来概括。"良知"说简单一点也就是"良心",它是心的本体、知的本能。王阳明认为心经常会被一些欲念所影响和遮蔽,因此要经常克服这些欲念的影响以致良知。王阳明学派曾有四句话:无善无恶是心之体,有善有恶是意之动,知善知恶是良知,为善去恶是格物。这四句话被称为"王门四句教"。这四句话的基本精神就是强调要经常做诚意(格物)的功夫,才能去私欲存良知。作为封建社会的上层建筑,王阳明的学说比陆九渊的完善得多,狡猾得多。

理学成功地将儒释道三种唯心主义体系综合成一体,使中国封建社会的意识形态表现出某种花样翻新。理学是中国封建社会唯心主义发展的最高阶段,但也是最后阶段。中国封建社会的唯心主义发展到理学,已算是耗尽了它的最后生命力,从此以后,便再拿不出任何一点具有诱惑力的新东西来。

理学是一种哲学,本来任何一种哲学的兴旺都会刺激逻辑思想的发展,但是理学居然成了一种例外。理学兴盛了五六百年,却没有孕育出什么新的逻辑思想。这就不得不引导我们去检讨理学这一哲学的特殊性。我们认为理学有三个特点,这三个特点使它不能孕育出任何有意义的逻辑思想。我们甚至可以说,这三个特点使它具有一种反逻辑的倾向。

第一,理学的僧侣主义性质。

理学是一种三教的综合,虽然巧妙地褪去了宗教的外衣,但骨子里仍然具有浓厚的僧侣主义性质。我们知道,宗教大多数宗教将"极乐的天国"放在遥远的彼岸世界,而理学家们却直接宣传现实世界就是合理的。在这方面张载的《西铭》便是一篇很富于煽动性的文章。今引录其全文于下:

乾称父，坤称母，予兹藐焉，乃混然中处。故天地之塞，吾其体；天地之帅，吾其性；民，吾同胞；物，吾与也。大君者，吾父母宗子；其大臣，宗子之家相也。尊高年，所以长其长；慈孤弱，所以幼其幼。圣其合德，贤其秀也。凡天下疲癃残疾，惸独鳏寡，皆吾兄弟之颠连而无告者也。于时保之，子之翼也。乐且不忧，纯乎孝者也。违德曰悖，害仁曰贼，济恶者不才，其践形惟肖者也。知化则善述其事，穷神则善继其志。不愧屋漏为无忝，存心养性为匪懈。恶旨酒，崇伯子之顾养；育英才，颍封人之锡类。不驰劳而底豫，舜其功也；无所逃而待烹，申生其恭也。体其受而归全者，参乎；勇于从而顺令者，伯奇也。富贵福泽，将厚吾之生也；贫贱忧戚，庸玉汝于成也。存，吾顺事；没，吾宁也。❶

记得1949年前学这篇文章时，老师对张载的"民胞物与"的"伟大精神"，曾着力夸扬过一番。其实《西铭》的主旨是叫人们逆来顺受，安于现实。请看：

"颠连而无告者""皆吾兄弟"。苦难者居然也还是人家的兄弟，那又怕什么呢？难道还有谁会把兄弟丢掉吗？安于现实吧！

"富贵福泽，将厚吾之生也；贫贱忧戚，庸玉汝于成也"。贫贱能"玉汝于成"，那你还怨什么贫贱呢？安于贫贱吧！

"存，吾顺事；没，吾宁也"。生存是一种"顺事"，死去是一种"归息"，无怨无忧度此一生吧！

…………

《西铭》是理学中的一篇重要文献，程颐和朱熹都极力推崇，其原因就在于它既维护了社会的不平等，又伪善地表现了理学的救世精神。

理学家们有的讲这个"理"，有的讲那个"理"，怎样的"理"才是最好的理呢？明代的理学泰斗王阳明曾经吐露过真言。

明嘉靖六年（1527年），王阳明56岁，奉命征思田。他的弟子钱绪山（亦名德洪）、王龙溪（亦名汝中）赶来送行，在舟中论学，因意见不

---

❶ 张载《张载集》，中华书局1973年版。

一,要求王阳明加以裁决。他欣然答应,于是移席于天泉桥上,先由钱王二人各抒己见,然后由王阳明加以裁决。这便是有名的天泉证道问答。

钱绪山主张:"无善无恶是心之体,有善有恶是意之动,知善知恶是良知,为善去恶是格物。"[1]

王龙溪则不以为然,他说:"若说心体是无善无恶,意亦是无善无恶的意,知亦是无善无恶的知,物亦是无善无恶的物矣。"[2]

钱绪山以为心的本体无善无恶,但人有习心,因而意念上有善恶,所以要做诚意格物致知的功夫。而王龙溪则认为心、意、知、物只是一事,若心无善恶,则意、知、物当中亦无所谓善恶。所以王龙溪认为不必去做习心的功夫,即不必去做诚意格物致知的功夫。

最后王阳明裁决曰:

二君之见,正好相资为用,不可各执一边,我这里接人,原有此两种。利根之入,直从本源上悟人。人心本体原是明莹无滞的,原是个未发之中。利根之人,一悟本体,即是功夫,人己内外,一齐俱透了。其次不免有习心,在本体受蔽,故且教在意念上实落为善去恶。功夫熟后,渣滓去尽时,本体亦明尽了。汝中之见,是我这里接利根人的;德洪之见,是我这里为其次立法的。二君相取为用,则中人上下皆可列入于道。若各执一边,眼前便有失人,便于道体各有未尽。(《王文成公全书卷三·传习录下》)[3]

"理"的善与美的标准是什么呢?那就是看其是否能把更多的人引入于道。钱绪山和王龙溪大概都不懂得这个诀窍。本来钱绪山的四句话就是王阳明的观点,王龙溪也是知道这一情况的,但他还是提出了不同的看法。钱绪山虽然极力维护老师的观点,但他也不知其中奥妙,说服不了王龙溪。王阳明这时已是重病在身,他大概知道自己将

---

[1] 王阳明《传习录》,台湾商务印书馆1971年版。

[2] 王阳明《传习录》,台湾商务印书馆1971年版。

[3] 王阳明《传习录》,台湾商务印书馆1971年版。

不久于人世,于是不得不彻底去开导一番这两个执迷不悟的幼稚的弟子,吐露出了他的真言,什么这个理,那个理,能够多引人于"道",多"拯救几个灵魂",多骗欺一些群众,便是最完善的"理"。理学就是抱着这样一个政治目的和社会目的来创建他们的"理"的。

理学的这种僧侣主义性质使它的很大一部分内容偏于伦理而远离逻辑。试想想,王阳明在天泉桥上讲的话是逻辑的吗?不是。我们再试想想,张载的《西铭》是伦理的宣传,还是逻辑的论证呢?

第二,理学的神秘主义色彩。

理学是一种不太讨论认识的哲学,如果说,有时候也会涉及一些认识论,那也是一种神秘主义的认识论。

理学家虽然宣称存在一个所谓"理"("天理""太极"),但对于这个理的"情状"甚至"存亡",都认为是无法具体论证的。请看:

> 天理云者,这一个道理,更有甚穷已?不为尧存,不为桀亡。人得之者,故大行不加,穷居不损。这上头更怎生说得存亡加减?是他元无少欠,百理俱备。(《二程遗书》卷二)❶

"存亡加减",一切都说不得,那岂不是只有诉诸信仰吗!

> "万物皆备于我"。不独人尔,物皆然,都自这里出去。只是物不能推,人则能推之。虽能推之,几时添得一分;不能推之,几时减得一分。百理俱在平铺放着。几时道尧尽君道,添得些君道多;舜尽子道,添得些子道多。原来依旧。(同上)❷

这里虽说了"人能推之",但推与不推,全无所谓,你能推它,也添不得一分;你不能推它,也减不得一分。

天理是无所不在的,是万物的根本。既然天理是不可言说、不可论证的,那么一切具体事物便都是不可论证不可言说了。这便是程氏兄弟的反逻辑观。

---

❶ 程颐、程颢《二程全书》,株式会社中文出版社1979年版。

❷ 程颐、程颢《二程全书》,株式会社中文出版社1979年版。

我们再来看看朱熹。朱熹是理学中比较注意谈认识论的一个人。他说过要"格物致知""即物穷理",甚至说过要去格一个个事物的理。他说:

> 上而无极太极,下而至于一草一木一昆虫之微,亦各有理。一书不读,则阙了一书道理;一事不穷,则阙了一事道理;一物不格,则阙了一物道理。须着逐一件与他理会过。(《朱子语类》卷十五)

> 问:"枯槁之物亦有性是如何?"曰:"是他合下有此理,故曰天下无性外之物。"因行阶云:"阶砖便有砖之理。"因坐云:"竹椅便有竹椅之理。"(《朱子语类》卷一)

> 问:"理是人物同得于天者,如物之无情者亦有理否?"曰:"固有是理。如舟只可行之于水,车只可行之于陆。"(同上)❶

朱熹主张对一事一物,一草一木,都要逐一理会过,都要去格它一番,甚至还讲到舟之理就是只可行之于水,车之理就是只可行之于陆。如果朱熹果真是主张去格出那一事一物的具体的理来,那么认识的具体过程,概念、判断、推理的系统,便都将成为他的哲学研究的课题,认识论和逻辑学便会在他手里得到发展。但他的那个格物有时还只是"修心养性"的一个别名。他说:

> 人性本明,如宝珠沉溷水中,明不可见。去了溷水,则宝珠依旧自明。自家若得知是人欲蔽了,便是明处。只是这上便紧着力主定,一面格物。今日格一物,明日格一物,正如游兵攻围拔守,人欲自销铄去。(《朱子语类》卷十二)❷

格物竟能使人清静寡欲,这个物真不知怎么个格法。朱熹把格物叫得震天价响,但却从未讲过具体的格法。这种神秘的格物说曾使年轻的王阳明大吃苦头。《四部丛刊·年谱·阳明集要》记载:

> (阳明年十八)过广信谒娄一斋谅,语格物之学,先生甚喜,以为圣

---

❶ 黎靖德《朱子语类》,株式会社中文出版社1970年版。

❷ 黎靖德《朱子语类》,株式会社中文出版社1970年版。

人必可学而后至也。后遍读考亭（即朱熹）遗书，思诸儒谓众物有表里精粗，一草一木，皆具至理。因见竹取而格之，沉思不得，遂被疾。❶

总之，朱熹的"格物致知""即物穷理"，并未具体讨论什么认知的过程和形式，而是充满着神秘主义色彩。

至于陆九渊，则也是和"二程"一样，主张一切"理"都是不可言说的。《宋元学案·象山学案》记载：

（象山）一夕步月，喟然而叹。包敏道侍，问曰："先生何叹？"曰："朱元晦（朱熹）泰山乔岳，可惜学不见道，枉费精神，遂自担阁，奈何？"包曰："势既如此，莫若各自著书，以待天下后世之自择。"忽正色厉声曰："敏道，敏道，恁地没长进，乃作这般见解。且道天地间有个朱元晦陆子静，便添得些子；无了后，便减得些子。"❷

陆九渊当然不是说自己和朱熹能使天地添得些子，减得些子，而是"各自著书"并不能使那个"天之理"或"心之理"添得些子，减得些子。也就是说，"理"是不可论证的，不需论证的。

在这样的哲学观支配之下，逻辑自然就没有它的地位。

第三，重师承的家长式学风。

宋代，书院林立，私人讲学之风盛行，那些有名的理学家们都各据一方，广收门徒，讲学传道。为了更好地宣传那一套唯心主义学说，他们用各种办法来加强门生对宗师的封建服膺关系，如讲什么道统的传授，编写"圣学宗传""伊洛渊源录"等一类的书，森严书院的学规等，很快地形成了一种家长式学风。那种师道的威严和弟子的小心谨慎，真是出乎我们一些人的想象之外。下面简单介绍一些具体情况。

尹和靖年二十，始登先生（程颐）之门，尝得朱公掞所抄杂说呈先生，问先生此书可观否。先生留半日。一日请曰："前所呈杂说如何？"先生曰："某在，何必观此。若不得某心，只是记得他意。"和靖自此不

❶ 张元济《阳明先生集要》，商务印书馆1919年版。

❷ 黄百家《宋元学案》，台湾广文书局1979年版。

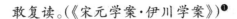

敢复读。(《宋元学案·伊川学案》)❶

书是程颐自己写的,能不能看,还要问过他。先生一旦讲了不能看,弟子便再也不敢去读它。

上蔡(谢良佐)初造程子,程子以客肃之。辞曰:"为求师而来,原执弟子礼。"程子馆之门侧,上漏旁穿。天大风雪,宵无烛,昼无炭,市饭不得温。程子弗问,谢安焉。

先生(谢良佐)习举业,已知名,往扶沟见明道,受学甚笃……先生初以记问为学,自负该博,对明道举史书,不遗一字。明道曰:"贤却记得许多,可谓玩物丧志。"谢闻之,汗流浃背,面发赤。明道却云:"只此便是恻隐之心。"(《宋元学案·上蔡学案》)❷

谢良佐往见"二程"时,已经是小有名望的人了,但一旦执弟子礼之后,便得深自收敛,而老师在生活上,则用一种近乎折磨的办法来锻炼他的诚意;在做学问上,则设法砍杀他的广采博记兼收并蓄的自由学风。

杨时,熙宁九年进士,调官不赴,以师礼见明道……明道没,又见伊川于洛。年已四十,事伊川愈恭。一日,伊川偶冥坐,先生与游定夫侍立不去。伊川既觉,则门外雪深一尺矣。(《宋元学案·龟山学案》)❸

下面我们再看看陆九渊在江西贵溪应天山书院讲学的情况:

先生常居方丈。每旦,精舍鸣鼓,则乘山轿至。会揖,升讲座,容色粹然,精神炯然。学者人以一小牌,书姓名年甲,以序揭之,观此以坐,少亦不下数十百,齐肃无哗。首诲以收敛精神,涵养德性,虚心听讲,诸生皆俯首拱听。非徒讲经,每启发人之本心也,间举经语为证……平日或观书,或抚琴,佳天气则徐步观瀑,至高,诵经训,歌《楚辞》及古诗文,雍容自适。虽盛暑,衣冠必整肃,望之如神。(《全集卷三六·年谱》)❹

---

❶ 黄百家《宋元学案》,台湾广文书局1979年版。

❷ 黄百家《宋元学案》,台湾广文书局1979年版。

❸ 黄百家《宋元学案》,台湾广文书局1979年版。

❹ 陆九渊《象山先生全集》,台湾商务印书馆1968年版。

在这里，宗师是道貌岸然，威严之至；门生是俯首帖耳，鸦雀无声。陆九渊对门生还动不动就加以训斥。《宋元学案·象山学案》记载：

> 临川一学者初见，问曰："每日如何观书？"学者曰："守规矩。"欢然问曰："如何守规矩？"学者曰："伊川《易传》，胡氏《春秋》，上蔡《论语》，范氏《唐鉴》。"忽呵之曰："陋说。"良久复问曰："何者为规？"又顷，问曰："何者为矩？"学者但唯唯……次日复来，方对学者诵"乾知太始，坤作成物。乾以易知，坤以简能"一章，毕，乃言曰："圣人赞《易》，却只是个简易。"道了，遍目学者曰："又却不是道难知也？"又曰："道在近而求诸远，事在易而求诸难？"顾学者曰："这方唤作规矩。公昨日来，说甚规矩！"❶

这种家长式学风窒息着自由思考，扼杀着自由辩论。本来中国魏晋时期，也曾为唯心的玄学统治。玄学虽然也有浓厚的神秘主义色彩，但玄学家在生活作风上主放任旷达，在学术上崇尚互相辩难，因而孕育出了魏晋名理之学。而宋代的情形却不同。当时虽然也有过朱熹和陆九渊的争论，朱熹和陈亮的争论，但理学家们大都不诉诸理性，党同伐异，互相攻讦。如在朱陆之争中，除了在无极和太极的问题上，朱熹曾作过一些逻辑分析，有过一些说理外，其他便都是一种"郑人争年式"的论辩，各说一套。至于朱熹在与陈亮争论时，则更是缺乏精湛的论理而表现得有点强词夺理。我们且举出朱熹的《论理欲系义利邪正之间答陈同甫书》（陈同甫即陈亮）来看看。

> 尝谓天理人欲二字，不必求之于古今王霸之迹，但反之于吾心义利邪正之间。察之愈密则其见之愈明，持之愈严则其发之愈勇。孟子所谓浩然之气者，盖敛然于规矩准绳，不敢走作之中而其自任以天下之重者。虽贲育莫能夺也，是岂才能血气之所为哉？

> 老兄视汉高帝唐太宗之所为而察其心果出于义耶？出于利耶？出于邪耶，正耶？若高帝，则私意分数犹未甚炽，然已不可谓之无；太宗

---

❶ 黄百家《宋元学案》，台湾广文书局1979年版。

第二编 中国逻辑

之心，则吾恐其无一念之不出于人欲也，直以其能假仁借义以行其私。而当时与之争者才能知术既出其下，又不知有仁义之可饰。是以彼善于此而得以成其功耳。若以其能建立国家，传古久远，便谓其得天理之正，此正是以成败论是非，但取其获禽之多而不羞其诡遇之不出于正也。千五百年间，正坐如此，所以只是架漏牵补过了时日。其间虽或不无小康，而尧舜三王周公孔子所传之道，未尝一日得行于天下之间也。

若论道之常存，欲又初非人所能预。只是此个自是亘古亘今常在不灭之物。虽千五百年被人作坏，终殄灭他不得耳。汉唐所谓贤君何尝有一分气力扶助得他耶？（引文有删节，但议论部分没有删除）❶

与陈亮的论争是朱熹十分着力进行的一件事，相互之间书信往返很多。这里引录的信是其中较重要的一封，但就在这封信内也看不到什么真正的说理论证。

信的第一段是说"天理人欲"的问题不必到活生生的历史中去考察，只需在人的内心当中去体验就行。

第二段不加论证地断言，汉唐之世行的是人欲，这一千五百年只是架漏牵补过了时日。

第三段讲，经过了这样1500年而"天理"仍不灭，是因为"此个（指'天理'）自是亘古亘今常在不灭之物"，人家殄灭它不得。

全文从头到尾只是反复讲，"是这样""就是这样"，而"为什么是这样"，道理根本没有去申说，当然，也是他无法申说的。"天理"本身是没有的东西，是纯属捏造的东西，朱熹又怎能说出个什么道理来呢？

不仅如此，在许多场合，朱熹还经常用辱骂来代替战斗，他说："同甫在利欲胶漆盆中"。他还说："陈同甫读书，譬如人看劫盗公案，看了须要断得他罪，及防备禁止他，教做不得。它却不要断他罪，及防备禁止他，只要理会得许多做劫盗底道理待学他做。"❷

❶ 朱熹《朱子遗书》，株式会社中文出版社1975年版。

❷ 王懋竑《朱子年谱》，台湾世界书局1973年版。

理学的重师承的家长式学风，不仅表现在师道威严，学生唯唯诺诺，而且还表现在他们的讲学传道是一种心传。他们不是将自己的理论写成洋洋洒洒的文字，组成严密无瑕的论证，用以昭示于人，而是很像孔夫子，很像佛门中的那些祖师们，平日只是叫弟子们按照他的话闷头闷脑去作，到适当的时候，才"妙语"点破，叫你心领神会。他们之所以采取这样一种方法，当然是由于理学本身的空疏无物。与这种传道授学的方式相适应，在理学中兴起了一种语录体。有人曾设想是否能从宋人语录中分析出一些什么逻辑思想来，我们认为，宋人语录在语言文学上是有某种价值的，但在逻辑上则没有多少意义。理学家们之所以兴行语录，正是他们避免去作严密论证的一种巧妙方法。当然我们不是说，凡是语录都没有论证性，但语录是可以不进行论证的。一段语录总共只有几句话，说出那么几句，申述完了自己的观点，就可以马上收场。我们不妨再引几条朱熹的语录看看。

人之一心，天理存则人欲亡，人欲胜则天理灭，未有天理人欲夹杂着，学者须要于此体认省察。

大抵人能于天理人欲界分上立得脚住，则使长进在。

天理人欲之分，只争些子，故周先生只管说几字。然辨之又不可不早，故横渠每说豫字。(《朱子语类辑略》卷三)❶

这些都是直抒胸怀不加论证的。

宋人语录比较口语化，从语言文学上来说，它是一种新事物。但宋人语录，作为一种唯心主义理学的创作物，在逻辑上是不能从其中找出多少有价值的东西来的。

我们已经说过，理学是封建社会唯心主义发展的最高但也是最后阶段，这个最后的产物必然也是腐朽的。理学的腐朽性表现在，它把自己的全部注意力都集中在如何麻痹人民的反抗意识上。心法性理、伦理纲常是他们侈谈的内容；趺坐打禅、正心诚意是他们的日常功夫。

---

❶ 张伯行《朱子语类辑略》，商务印书馆 1936 年版。

他们甚至还排斥一切封建主义的事功。"凡治财赋者,则目为聚敛;开阃捍边者,则目为粗材;读书作文者,则目为玩物丧志;留心政事者,则目为俗吏。"（《癸辛杂识》）❶理学自宋至明,经过了几百年,当它的那些大师们把一切惊人的"妙语"讲过之后,把一切翻新的花样玩过之后,剩下的便只是一般道学先生的呆板说教,于是诱惑力便开始消失,腐朽性便越来越暴露出来。晚明时期,随着国内外某些情况的变化,一些敏锐的知识分子由于厌弃中国封建文化而开始把眼光转向外国,掀起了一个小规模的输入西方文化的运动。运动最终虽然并没有取得很大的成果,但总算是增强了世界观念。就在这次输入西方文化运动中,西方的逻辑开始传播过来。

二、西方逻辑的输入

十六七世纪时,西方的资本主义已经发展起来。资本主义使物质文明和各种科学兴盛起来,同时也把殖民的魔爪伸张出去。那时在资本主义国家内的教会,虽然尚没有完全摆脱中世纪的落后,但已开始转向为资本服务了,纷纷涌向东方各地去开拓自己的传教事业。1580年以后,传教士利玛窦、庞迪我、熊三拔、毕方济、龙华民、鲁德照、王丰肃、金尼阁、邓玉函、汤若望、南怀仁、傅泛济等,陆续来到中国。

这些训练有素的传教士们经过一番观察和深思熟虑之后,根据中国的具体情况,在传教方面,决定了几条灵活的策略:①尊重中国的风俗习惯,不反对敬天祭祖;②联儒合儒,摘引或篡改儒经来附会天主教义;③以传授西方科学为手段来取得一些士大夫的支持,用科学来夹带神学。

传教士们在观察着中国,在制订策略,中国人也在观察传教士。不同的人们都根据自身的思想、见解乃至切身的利益,来决定迎拒的态度。

---

❶ 周密《癸辛杂识》,株式会社中文出版社1973年版。

中国封建正统文化的代表们，如当时的理学家们，觉得中国不需要什么变动，因而反对任何外来的文化。尽管传教士经常会引用一些儒经来解说天主教义，但那种挂羊头卖狗肉的把戏当然骗不了那些熟诵典籍的儒生们。因此，那些理学大师、儒学正宗们，还是把传教士带来的包括技术和自然科学在内的一切，都看成异端邪说。

另外一些人，如李贽，具有反正统的倾向，但他自身的思想体系仍然没有脱离封建文化的旧窠。李贽对传教士的态度是赞叹、疑惧。李贽曾三次会见过利玛窦，事后对焦竑（李贽的密友，徐光启的老师）发表观感说："承公问及利西泰（即利玛窦），西泰，大西域人也，到中国十余万里。初航海至南天竺，始知有佛，已走四万余里矣。及抵广州南海，然后知我大明国土，先有尧舜，后有周孔。住南海肇庆几二十载，凡我国书籍无不读，请先辈与订音释，请明于四书性理者解其大义，又请明于六经疏义者通其解说。今尽能言我此间之言，作此间之文字，行此间之礼仪，是一极标致人也。中极玲珑，外极朴实。数十人群聚喧杂，雠对各得，傍不得以其间斗之使乱。我所见人，未有其比，非过亢则过谄，非露聪明则太闷闷瞆瞆者，皆记之矣！但不知到此何为？我已经三度相会，毕竟不知到此何干也？"（《续焚书》卷一《与友人》）●

最后我们要提到的是以徐光启为首的一批知识分子。他们对传教士是表示欢迎的，而且后来都入了天主教。对于这些人，我们应当怎样来评定他们的思想，论说他们的功过呢？

徐光启（1561—1633），上海人，早年致力于天文、历算、农田、水利的研究，后来在南京认识利玛窦，便开始学习"西学"。1603年当他已经42岁时，才中进士，以后开始从政。晚年曾做到礼部尚书兼东阁大学士（宰相之一），挤入了明朝廷最高级官僚之列。

李之藻，杭州仁和人，1601年在北京从利玛窦讲求西学；1613年任南京太仆寺少卿；1621年由徐光启推荐，赴京任光禄寺少卿；1623年退

● 李贽《焚书·续焚书》，中华书局1975年版。

居杭州专事译著工作;1629年,再因徐光启的荐引赴北京;1630年病终北京。

杨廷筠,浙江人,1592年中进士,曾任明朝地方和中央高级官吏。

王征,陕西人,1622年中进士,曾任明朝地方和中央高级官吏。

孙元化,徐光启集团中的一个武官,由举人做到了辽东巡抚、登莱巡抚。

徐光启、李之藻、杨廷筠都生活在当时我国商品经济较为发达的江浙地区,徐光启的家世还有着很浓厚的市民色彩,因而他们能敏锐地感受到封建文化的衰落,对科学技术有着较浓厚的兴趣。徐光启的青壮年时代便主要是在研究科学技术的活动中度过的。徐光启集团的大多数成员都是热心于科学技术的人。西方的传教士们经常以夹带科学技术相炫耀,这对徐光启等人来说,无疑是一种极大的诱惑。他们这些人为了向传教士学习科学,最后也连带地接受了神学。但护教并不是他们事业的主体,他们热心的是吸收传教士的科学技术。在这方面,徐光启等人的工作大致有如下几项。

一是设西洋历局。徐光启、李之藻和传教士邓玉函、汤若望等先后参与其事,利用西方天文历算知识,修正天文仪器,改正中国旧历,建立新历。

二是学习西洋枪炮技术和训练军队方法。明神宗万历年间,努尔哈赤逐渐完成了对女真诸部族的统一,接着便开始了直接对明朝的战争。万历末年以后,北部的边防越来越危急,徐光启等人曾两次从事以西洋火炮技术为中心的练兵讲武工作。

第一次是万历末至天启初(1619—1621)。1619年,徐光启在接二连三上疏请求练兵之后,被任命为詹事府少詹事兼河南道监察御史,管理练兵事务。他当时提出两条原则,一是士卒要精选,二是要运用西洋火炮技术。李之藻、杨廷筠、张焘、孙学诗(均为教徒)等积极参与了这一工作。他们曾多次赴澳门购置西洋大炮,聘请外国炮术技师,但后来这一计划未能实现。那些外国传教士之所以愿意帮助建立炮队,不过是借此作为进身之阶,其实他们很多人并不精通此道。当时曾经有几个葡萄牙人弄了几尊大炮到北京来,但在试射时却两次发生爆炸,给人们留下了恶劣印象。于是,那些原先就反对徐光启这一计划的人,就更有理由起来加以阻挠。

崇祯初年,徐光启进行了第二次的练兵讲武工作。崇祯帝即位之后,徐光启比较受到重用,他先是做礼部尚书,后来还兼任了东阁大学士。在这一期间,他和李之藻重新策动了以西洋大炮技术为中心的练兵讲武运动。徐光启把汤若望调取来京参与这一工作。当时由汤若望传授,焦勖笔记著成了《火攻挈要》一书。徐光启向朝廷建议组织"车营"来保卫京师。所谓车营就是一支以火器装备起来的部队,实际上也就是用西洋火炮技术来装配和训练的部队。徐光启从澳门弄来了一些大炮、步枪,还聘请了炮手、造炮技师和以公沙西的劳为领队的一批教练,由传教士陆若汉引领来到京城。徐光启向皇帝建议在孙元化、王征领导的部队中首先开始组训车营,结果训练成了一支约三千人的西式炮队。这支部队在孙元化指挥之下在山东登州一带驻防。1633年(崇祯六年)这支部队参与了孔有德、耿仲明为首的兵变,全部投降了后金。孙元化因此事而被明廷处配,王征被贬职。徐光启的全盘努力最终成了泡影。

三是努力介绍、吸收西方文化,特别是自然科学方面的知识。徐光启等人和一些传教士一起从事了大量的翻译和著述工作。在数学方面,徐光启与利玛窦合译《几何原本》六卷,介绍了当时流行欧洲的欧几里得平面几何。李之藻译《圆容较义》,专论圆的内外接定理。徐光启著《测量法义》,应用几何原理到实用方面去。在物理学方面,汤若望著《远镜说》,传入了西洋的光学知识。王征与教士邓玉函合译《远西奇器图说》四卷,介绍物理学中重心、比重、杠杆、滑车等原理及简单机械构造。熊三拔著《泰西水法》,专论水力机械。徐光启写《农政全

第二编　中国逻辑

书·水力专章》，把中西水力机械加以融会综合。另外，在地理知识方面，利玛窦绘《万国舆图》，介绍世界五大洲之说。杨廷筠、庞迪我等翻译外国地志，成《职方外志》五卷，介绍世界地理知识。

传教士们夹带来的西方科学，严格来说，是一种教会科学，不仅陈旧零碎，而且凡是和神学相触犯的都被阉割和修正。尽管这样，它对当时的中国社会来说，仍然是新鲜的、有益的。徐光启等人欢迎这些东西，立即行动，把它吸收过来，前驱之功，值得肯定。当然，伴随着那些科学知识而来的，还有神学的理论和某些被歪曲了的自然科学理论，这不免给中国社会带来某些消极的影响。但对于这些企图向西方寻求"真理"的第一批前驱人物，我们不能过分苛责。在历史上，完全笔直的道路是少有的。

天启、崇祯年间，徐光启等人由于积极帮助朝廷采用西方技术来改革天文历算和整军经武，权位日渐上升，成为当时一股颇为重要的政治和社会力量。因而，他们从事的学习西方文化运动也能具有一定的规模和影响。明朝末年，社会上兴起了一种讲科学的风气。

逻辑和科学是紧密相联的。一般来说，讲科学便也就要重逻辑。徐光启集团在翻译了许多自然科学的书籍之后，又把眼光转到了逻辑方面。1623—1630年，傅泛济和李之藻合译出《名理探》，它是西方逻辑的第一个中译本。

传教士们带过来的逻辑知识也和他们带过来的科技知识一样，是比较陈旧和浅陋的。《名理探》是17世纪初葡萄牙的高因盘利大学耶稣会会士的逻辑讲义，翻译这本书的传教士傅泛济便是这个学校的毕业生。傅泛济于1619年到达澳门，大概于1621年左右进入中国。很长一段时期，他留居杭州，因为杭州是当时传教总站的所在地。1623年，李之藻辞官退居杭州，和傅泛济合作翻译《名理探》。原书分上下两编，拉丁文本，共25卷。现在我们看到的中译本是前10卷，其余15卷没有看到有中译本。《名理探》的原著在欧洲印行的时间是1611年，比培根

《工具论》的问世只早一年，但内容却落后得多。西方逻辑在亚里士多德手里就已初具规模，特别是演绎逻辑，体系还比较完整。亚氏死后，演绎逻辑在某些具体方面继续有所推进和发展，但到了中古时期教会的经院哲学者手里，亚氏的许多逻辑思想被阉割，逻辑与现实的推理论辩越来越隔绝，变得贫乏、支离和繁琐。随着资本主义的兴起，培根等人在逻辑领域内也掀起了革新的活动。他们批判欧洲中古逻辑的贫乏繁琐，也批判亚里士多德的演绎逻辑，倡导并建立了归纳逻辑。《名理探》不仅没有反映出当时西方逻辑的新成果，而且对旧的演绎体系也没有作比较完整的介绍。《名理探》的原名是《亚里士多德辩证法概论》（在亚里士多德那里，辩证法就是指形式逻辑）。然而，我们绝不可以顾名思义，以为《名理探》是一本全面叙述亚里士多德逻辑体系的书。亚里士多德的逻辑体系是比较广博的，逻辑著作（后人称作《工具论》，计有6篇：范畴篇、解释篇、分析论前篇、分析论后篇、辩证常识篇、辨谬篇）。而《名理探》则只是根据3世纪薄斐略所著的《亚里士多德范畴概论》演伸而成，涉及问题的范围大大缩小，却又搞得非常繁琐。下面我们只以中译本10卷《名理探》前五卷论"五公"、后五卷论"十伦"所涉及的内容为例来作些说明。

关于五公，在《名理探》的译名分别是：宋、类、殊、独、依。后来严复在《穆勒名学》中把五公译作"五旌"，其各别的名称是：类、别、差、撰、寓。"五公""五旌"，我们今天没有与之相当的术语，有人说"公""旌"相当于"概念"的意思，但实际上是不恰切的。五公的各别名称用我们今天的术语来讲就是：类、种、种差、固有非本质属性、偶有性。如说"三角形"是类，"等腰三角形"便是种，而"两边相等"便是种差。固有非本质属性是指事物固有但却不是决定性的特性，如"能笑"便是人的固有而非本质的属性。偶有性，如"黑色"是马的偶有性，"服饰""居住"是人的偶有性等。前者是不可离的偶有性，后者是可离的偶有性。

关于十伦，《名理探》的译名分别是：自立、几何、何似、互视、施作、承受、何居、暂久、体势、得有。后来严复在《穆勒名学》中仍沿用着"十伦"这个名称,但对十伦的各别名称,却没有用凝练的词或固定词组来表示,而只是作一般地描述说:

①言物,言质 ②言教,言量

③言德,言品 ④言伦,言对待,言相属

⑤言感,言施 ⑥言应,言受

⑦言位,言方所,言界 ⑧言时,言期,言世

⑨言形,言势,言容 ⑩言服,言习,言止

关于十伦,用我们今天的术语来说,就是十范畴:

①实体,本质 ②数量

③性质 ④关系

⑤主动 ⑥被动

⑦位置 ⑧时间

⑨姿势 ⑩情况

比如说"人""马""动物",这是属于实体的范畴;"白的"是属于性质的范畴;"重的"是属于数量的范畴;"上午"是属于时间的范畴;"公园里"是属于位置的范畴;"某人之子"是属于关系的范畴;"坐着"是属于姿势的范畴;"说话"是属于主动的范畴;"听见"是属于被动的范畴,等等。

"五公""十伦"通常只是作为研究概念、定义和判断的预备知识,而《名理探》在叙述这些东西时却用了20多万字的篇幅,冗长繁琐,达到了骇人听闻的地步。

另外,《名理探》还处处掺杂着神学的说教。如在《五公卷之一》中,当论及到明悟推通的作用时,就曾这样写道:"夫天神者,不假推通,不必察末而知本,不必视固然而知其所以然,用一纯通,无所不明。人则不然,必须由所已明,推所未明。"

在神学家的眼里,科学是一种低级的、从属的东西。在神学院里,

真正的科学知识只是一种装饰和点缀。《名理探》既然是耶稣会会士的逻辑讲义,其整个体系必然是陈旧、落后和繁琐。《名理探》的中译本虽然自一六三一年起就陆续刊印问世,但基本上没有产生什么影响。几百年来,除少数人因为专门研究的需要而对它作过一些考究外,一般人是不太愿意去阅读它,而且也是没有必要去阅读它的。

但是我们决不因此而抹杀李之藻的历史功绩。李之藻是徐光启集团的重要成员,是醉心于那些传教士带来的所谓"西方文明"的。从1601年他在北京从利玛窦讲求"西学"起,直到1630年逝世,几十年一直致力于学习、介绍"西方文化",当时差不多有50多种译著曾经过他的手,或是参与编写,或是作序以帮助传播推广。他翻译《名理探》,前后费去多年的苦心,一目因而失明。尽管这个译本实际上没有产生什么影响,但李之藻是介绍西方逻辑思想的前驱,他的行动和精神激励着以后的人去进一步从事这一工作。

三、方以智的逻辑思想

方以智,安徽桐城人,生于明万历三十九年(1611年),卒于清康熙十年(1671年)。方以智一生的著作很多,前期代表著作为《通雅》。《通雅》后附有《物理小识》,后来方以智的儿子方中通把《物理小识》另编成为一部独立的书。一般讲文化史或科学史的人多偏重于《物理小识》,如陈登原在其《中国文化史》中引钱家淦《明季理学阐微》云:

> 崇祯十六年,即西历一千六百四十三年,适西方学界之双明星,意人伽里略死,而英人牛顿生之翌年,有密山愚者方以智,著《物理小识》六卷,公诸世。大别为十五门,天历、风雷、雨阳、地占候、人身、医药、饮食、衣服、金石、器用、草木、鸟兽、鬼神、方术、异事、搜罗綦广,时有精义。今之中国,若后于现世界文明者数世纪,而当牛顿之前,已有此著,诚可引以自豪者矣。❶

---

❶ 陈登原《中国文化史》,台湾世界书局1975年版。

这里是单独赞扬《物理小识》的。其实方以智本人是以《通雅》为主体的，《物理小识》不过是一个附编。方以智之所以这样编排，与他对知识和学问的看法有关。他说：

> 农书、医学、算测、工器是实务，各存专家，九流各食其力……总为物理，当作格致全书……道德、经济、文章、小学、方使，约之为天道人事，精之止是性理物理，而穷至于命。即器是道，乃一大物理也。(《通雅》卷首之二《藏书删书类略》)❶

这就是说，天道人事及各种实务，都是一种物之理，不必作绝然划分。方以智还认为，天道人事还是一种大物理，应当摆在更显著的位置。《通雅》和《物理小识》包括了天文、算学、地理、动植矿物学、医学、文字学、文学、艺术及他所谓的许多"志艺"之学。

方以智晚年的代表作是《药地炮庄》(以下简称《炮庄》)。《炮庄》就是要对《庄子》一书加以炮制，要审核它，评论它，批判它。

方以智在《通雅》《物理小识》和《炮庄》中讨论了治学方法、思想方法和逻辑方法。

方以智为什么把书命名为《通雅》呢？他说：

> 函雅故，通古今……理其理，事其事，时其时，开而辩名当物……今以经史为概，遍览所及，辄为要删，古今聚讼，为征考而决之，期于通达……名曰通雅。(《通雅·自序》)❷

《通雅》的含义之一是包含着雅故。

> 雅故，雅言训故也……管子曰："圣人博闻多见，蓄道以待物，知其故，乃不惑。(《通雅》卷三《释诂》)❸

"雅"有"正规""标准"的意思，"雅故"就是一种正规而深刻的道路。方以智著《通雅》，其目的之一就是要把他探求到的事物之故写下来。推求事物之故，这是方以智经常强调的。他在《通雅》的其他地方

---

❶ 方以智《通雅》，清康熙刻本。

❷ 方以智《通雅》，清康熙刻本。

❸ 方以智《通雅》，清康熙刻本。

还讲到过：

始作此者,自有其故,不可不知,不可不疑也。(《通雅》卷一《疑始》)

吾与方伎游,即欲通其艺也,遇物欲知其名也。物理无可疑者吾疑之,而必欲深求其故也。(《通雅·钱序》引方氏语)❶

《通雅》的含义之二是通古今。方以智陈述自己的主张和抱负说：

古今以智相积,而我生其后,考古所以决今,然不可泥古也……智常见数千年不决者,辄通考而求证之……生今之世,承诸圣之表章,经群英之辩难,我得以坐集千古之智,折中其间,岂不幸乎!(《通雅》卷首之一《考古通说》)❷

在折中古今的过程中,方以智还主张要借鉴西方的科学知识。他在《物理小识·总论》中说："借远西为郯子,申禹周之矩积……通神明之德,类万物之情。"❸禹周之矩积,是泛指关于方圆矩积的演算等中国古代科学知识而言。郯子是春秋时期东夷的一个学者,《春秋左传》记载他于鲁昭公十七年朝拜鲁国时曾讲论过自然知识,结果孔子还向他学习。方以智用这个典故来借喻自己要吸收西方的自然科学知识,用它来说明,整理,光大中国的科学。方以智认为像这样借鉴西方,折中古今,就能通神明之德,类万物之情。

"类万物之情"也是方以智的一个重要治学方法和思想方法。他的《通雅》和《物理小识》便是把古今知识既进行综括,又加以分门别类。不过,他觉得他的分门别类和中国的有些类书有本质的不同,曾经指出：

类事之书,始于《皇览》……《魏志·刘劭传》:黄初中受诏集群书,以类相从,号《皇览》……宋李昉等《太平御览》、杨亿等《册府元龟》,各千卷。然《御览》之类,见一字相同则连引之,而本类之应有者反不载。

---

❶ 方以智《通雅》,清康熙刻本。

❷ 方以智《通雅》,清康熙刻本。

❸ 方以智《物理小识》,商务印书馆1937年版。

（《通雅》卷之三《释诂》）❶

这是说《皇览》《御览》《册府元龟》一类的书，只是一字相同而连引之，并没有做到科学的归类。他觉得要做到科学的分类，就必须观古今之通，求事物之故。他曾说："博学不能观古今之通，又不能疑，焉贵书籁乎？"（《通雅·自序》）❷"不能疑"就是不能去深求事物之"故"。博学不能观通，不能求故，那就只不过是一个书箱子而已，谈不上什么类万物之情，谈不上什么科学的分类。

所以，方以智的治学方法和思想方法可以简单归纳为：观古今之通，求雅训之故，类万物之情。观通、求故、类情三者密不可分，互相依存。

从他的方法论出发，方以智特别重视考察实际和独立思考。他曾写过一首小诗来表白他的主张，诗曰：

宇观人间宙观世，山谷狼藉三藏秘。是谁点燧照一际，不攀断贯索凡例。（《愚者智禅师语录》卷一）❸

第一句是说要对宇宙和人间作考察，第二句是说书籍并不能为人们解决问题，第三句是说各人自己应当点起火把去观照事物，第四句是说不要按照旧传统来订立治学的凡例。

方以智不仅积极去倡导一种新的学风新的方法论，而且还批判旧学风。他批评许多人或株守旧说，或主观臆造，"一袭一臆，两皆不免，沿加辩驳，愈成纰缪，学者纷挐，何所适从？"（《通雅·自序》）❹

方以智在《通雅》中着重批判了宋明理学家不考察实际事物的唯心主义方法论。他说：

今日文教明备，而穷理见性之家，反不能详一物者。言及古者备物致用、物物而宜之之理，则又笑以为迂阔无益，是可笑耳！卑者自便，

---

❶ 方以智《通雅》，清康熙刻本。

❷ 方以智《通雅》，清康熙刻本。

❸ 方以智《通雅》，清康熙刻本。

❹ 方以智《通雅》，清康熙刻本。

高者自尊。或舍物以言理，或托空以愚物，学术日裂，物习日变。(《物理小识·总论》)❶

方以智是重视"物"的。他要研究的是物之理，反对理学家"舍物以言理"，离器而尊道。他认为，离开"物"和"器"就没有什么"理"或"道"。他生动而形象地剖析说：

核仁入土，而上芽生枝，下芽生根，其仁不可得矣。一树之根株花叶，皆全仁也……既知全树全仁矣，不必避树而求仁也明甚。(《通雅》卷首之三)❷

这里可以说用的是比喻的手法，但非常贴切。"仁"是果实的种子，它具有生成物的能力，后来儒家把它引申用来作为指称最高的道德或精神实体的一种范畴。在道学家那里，有时"仁"也就是指"理"或"天理"。方以智认为全树即全仁，要知树之理，就应去研究整个树，舍树无理。

方以智的《炮庄》则把批判的锋芒向着中国的上古社会。《炮庄》本是去炮制《庄子》一书的，但因为《庄子》记录了当时诸子的一些言论和思想，因此《炮庄》也就论及了当时许多人的思想。在《炮庄》中，方以智也是反玄虚、重考实的。他说庄子"不过以无吓有，以不可知吓一切知见。"(《炮庄·秋水篇评》)❸他批评公孙龙"离坚白，翻名实以困人"。然而，方以智却极力赞扬惠施穷究自然之理的科学精神。他说：

惠施……正欲穷大理耳。观黄缭问天地所以不坠不陷、风雨雷霆之故，此似商高之《周髀》与太西之质测(质测即指自然科学)，核物究理，不可凿空者也。(《炮庄·天下篇评》)❹

另外，方以智还在其他一些篇章中评论过古人，如他说汉儒"考究家或失则拘，多不能持论，论尽其变"(《曼寓草·史断》)。他说："晋

❶ 方以智《物理小识》，商务印书馆1937年版。
❷ 方以智《通雅》，清康熙刻本。
❸ 方以智《药地炮庄》，台湾广文书局1975年。
❹ 方以智《药地炮庄》，台湾广文书局1975年。

人……诡随造骇,愈遁愈奇。"(《曼寓草·清谈论》)❶

总之,方以智的学风是批判的,对古今东西都积极去审核,评论,批判。通过审核,评论,批判去综合古今,贯通古今。他曾经写过一首小诗来抒发自己的观点。诗曰:

青原垂一足,住山唯钁斧。且劈古今薪,冷灶自烧煮。(《愚者智禅师语录》卷一)❷

"古今薪"就是古今的知识,"自烧煮"就是自己加以审核,评论,批判,综合贯通。

方以智和徐光启等人不同。徐光启集团的人多是偏重于科学的,而方以智则既重科学的实究精神,又重哲学的概括抽象,认为科学和哲学不可偏废,要相互为用。在方以智的书中,科学被称为"质测",哲学被称为"通几"。下面是他的一段重要论述:

以费知隐,重玄一实,是物物神神之深几也。寂感之蕴,深究其所自来,是曰"通几"。物有其故,实考究之,大而元会,小而草木蠡蠕,类其性情,征其好恶,推其常变,是曰"质测"。质测即藏通几者也。有竟扫质测而冒举通几,以显其宥密之神者,其流遗物。谁是合外内、贯一多而神明者乎?万历年间,远西学入,详于质测而拙于言通几。然智士推之,彼之质测犹未备也。儒者守宰理(宰理:指政教伦理)而已,圣人通神明,类万物,藏之于《易》,呼吸图策,端几至精,历律医占,皆可引触,学者能研极之乎?(《物理小识·自序》)❸

物有其故,从考察实物入手去研究它,这便是"质测",便是科学。若是再进一步考察"物物神神"的更普遍的道理和规律(即所谓"几"),这便是哲学,也就是所谓"通几",所以科学和哲学并不决然分离,互不相关。科学中便包含有哲学(质测即藏通几),哲学是以科学为基础,哲学是对科学的进一步概括。丢掉科学而去妄谈哲学,其流弊是忘记

❶ 方以智《通雅》,清康熙刻本。

❷ 方以智《通雅》,清康熙刻本。

❸ 方以智《物理小识》,商务印书馆 1937 年版。

了物，这样的哲学便没有概括的基础。所以，方以智主张"合外内，贯一多"。"外"和"多"是指具体的众多的物的对象，"内"和"一"是指更普遍的概括和更深藏的规律。方以智批评明代输入的西学只讲科学而不谈哲学，而宋明理学则只株守政教伦理的抽象而不谈科学。方以智认为，只有圣人才能对"端几至精"的哲理和"历律医占"的具体科学都能通晓。这样的圣人是谁呢？也许是方以智夫子自道，也许方以智讲的还不是他自己，而是他描绘的一个理想中的人物。

方以智很像西方的培根。他学习科学，积累了一定的科学知识，但主要的工作还是对这些科学知识进行概括，从中抽引出普遍的思想方法来。方以智手中的方法论也和培根手中的方法论一样，并没有达到真正的哲学高度，只是一种较为具体的研究学问、研究事物的方法，是一种逻辑方法。不过，方以智也和培根一样，还没有把这种方法正式地明确地导入逻辑体系中（在西方逻辑史上，培根倡导的新方法论，后来由密尔再加工成为一种新的逻辑——归纳逻辑）。

方以智和培根都是在科学思想的刺激下积极地倡导新的方法论而批判传统的旧方法论，但方以智的时代环境和个人经历同培根大不相同。因此，他在逻辑上的成就，是无法和培根相比拟的。培根是处在资本主义上升时期，接触的是崭新的西方科学，因而他提出的方法论比较完整、比较新颖。而方以智那时的中国社会环境还只是刚刚有某种变动，接触的只是西方的"教会科学"和中国的古代科学，而且在这方面，他的造诣还比不上徐光启等人。特别是明朝灭亡之后，他隐居不出，更是完全脱离了科学。方以智一生中，更多的精力还是花在中国的旧学上。他虽然批判某些传统旧学，但对有些传统旧学却作了过多的肯定。他颂扬《易经》，肯定河图洛书和理学家邵雍的象数之学。这些都影响了他在科学上、哲学上和逻辑上的成就。

明朝嘉靖、万历年间，在我国的东南沿海各地，特别是苏、浙、皖地区，商品经济逐渐发展起来，科学技术也有蓬勃发展之势。崇祯初年，宋应星写成了名著《天工开物》。特别是徐光启,他团结、组织了一大批人来钻研科学,输入所谓泰西文明。在他们这些人的影响下,天文、历算、"泰西文明"几乎成了士大夫中间一种时髦的学问。他们的影响不仅在于明朝,而且还及于清朝初年。清朝前期著名的科学家都不出在雍正、乾隆年间,而是出在顺治、康熙年间。像王锡阐、梅文鼎、薛凤祚、方中通,实际上都是在明末重科学的余风影响下成长起来的。科学的兴旺便相应地要求在思想方法方面产生新的东西。在这种要求之下,李之藻翻译《名理探》,方以智也想总结出一套治学方法和逻辑方法。这种局面和欧洲培根所处的时代真是有惊人的相似之处,虽然当时中国的这种局面要狭小得多,而且从时间上算也要落后50年甚至100年,但这都无碍大局。令人遗憾的是,中国的这种局面不是继续被开拓,相反,明末掀起的这种重科学讲逻辑的呼声,随着明清之际的改朝换代而逐渐变得衰微和消沉。这种现象是众所公认的,但要具体地、科学地解释其原因是困难的。

我们的逻辑史发展到这里,又不免要出现某种沉寂。进入清朝以后,逻辑学经过了艰难的挣扎才逐渐开始复苏,兴旺,最后达到了繁荣的程度。

（原刊于《江西师院学报》1979年第3期）

中国逻辑思想史稿：清代、近代逻辑思想❶

一、中国古典逻辑的复兴

17世纪中叶，清王朝建立。这个王朝开初以其强盛的国力遏制住了外国资本的野心和侵略。清王朝前期的某些内政和外交措施也使国内各民族的联系得到进一步巩固和加强。

但是，在意识形态方面，清王朝一开始就主张尊孔读经，提倡宋明理学，显示出极端的封建落后性。不过，理学尽管受到提倡，却并没有兴旺起来，逐渐发达起来的倒是一种所谓汉学，或叫"考据学"，就是对古典文献的整理与考订。这种考据之学，清代人把它叫做"汉学"，这是因为汉代一些知识分子主要也是从事对古典文献的整理与考订工作，于是清代的这些人觉得自己是以汉儒为师了，所以把自己研究的这种学问叫作"汉学"。

清代汉学的兴起，是一些汉族知识分子对清王朝的一种消极反抗。在清代，开考据风气之先的是王夫之、黄宗羲、顾炎武、傅山等人。他们都是明朝人，清兵入关以后，大都从事过各种反清活动。清王朝确立了在全国的统治后，他们继续采取与清政府不合作的态度，坐在家里读古书，搞考据。他们搞考据固然是一种消极的反抗，但也是一种反抗的消极。到了18世纪，大多数的汉学家则把这种消极变为保守，天天在故纸堆中找生活，不顾现实的政治。因此，清朝的皇帝很高兴，特别是乾隆(清高宗弘历)很支持和提倡这种汉学。乾隆、嘉庆之时，

❶ 编者注：关于清代、近代的时期划分本书不作展开讨论，为保持原文风貌，此处保留原文标题。

第二编　中国逻辑

汉学大为盛行,汉学也往往被称为"乾嘉之学"。

汉学家起初主要把功夫放在"治经"上,后来也渐渐及于诸子之学。这种学风的转变,实际上是清代一些思想家谨慎而小心地有意识发动起来的,是学术思想上的一种解放。乾嘉以后汉学界的学风也不全是保守的。

从逻辑史的角度来说,诸子之学的重光带来了中国古典逻辑的复兴。在清代,鼓动复兴诸子之学的先导人物是傅山。

傅山,山西人,生于明万历三十五年(1607年),卒于清康熙二十三年(1684年)。他30岁那年,山西提学使袁继咸(江西宜春人)受阉党张振孙诬陷,被捕下狱。傅山约集了全省的生员,集体上书直至最后发动请愿运动去营救袁继咸,而且一直闹到京师,惊官动府,到处请愿呼吁,结果袁继咸得以无罪开释。这件事多少能说明傅山的一些为人和性格,也使年轻的傅山名噪一时。明亡以后,他隐居起来。康熙十七年开博学鸿词科,傅山被推荐,但他不肯应征。第二年,清政府再度强行征举,他始终以年老有病相推托,摆脱了清政府的征举。

傅山的著作散失了不少,留存的仅有《霜红龛集》。傅山的学术以系统地研究评注诸子百家之学为中心。当时系统研究诸子之学是要有点反潮流精神的。因为诸子之学早已被视为一种异端,特别是理学兴盛以来,诸子之学更是受到打击,问津的人越来越少了,就连王夫之、顾炎武这些人也未能摆脱传统的束缚去重视诸子的研究。只有傅山大胆地提出了百家之学,把诸子与六经摆在同等的地位。

傅山是具有某种自觉的反道学倾向的人。他讥讽理学先生(亦称"道学先生")们包办正统,迂腐可笑。他说:"明王道,辟异端,是道学家门面,却自己只作得义袭功夫。"(《霜红龛集》卷三十六《杂记》)❶傅山还写了《学解》一文,对宋儒进行了激烈的批评。他说:

理本从玉,而玉之精者无理。学本义觉,而学之鄙者无觉……荀子

---

❶ 傅山《霜红龛集》,台湾汉华文化事业股份有限公司1971年版。

非子思、子舆氏……后世之奴儒实中其非也……奴儒尊其奴师之说，闭之不能拓，结之不能觿(xī希，骨头做的解结锥，这里作动词)……"沟犹瞀儒"者，所谓在沟渠中而犹犹然自以为大，盖瞎而儒也。❶

傅山抨击那些腐儒是为了恢复子学的地位。他曾指出："经、子之争亦末矣。只因儒者知六经之名，遂以为子不如经之尊，习见之鄙可见。"(《霜红龛集》卷三十八《杂记》三)❷

傅山对诸子之学进行了大量的具体研究工作：一是注解了公孙龙的《白马论》《指物论》《通变论》《坚白论》四篇著作而且多有独到见解；二是写有《墨子大取篇释》一文，是近世最早注解《墨子》的文章；三是对《老子》《庄子》《荀子》《管子》《淮南子》等皆有注疏。

傅山鼓吹复兴子学，在当时并没有立即产生广泛的影响，其主要意义是开以后复兴子学的先声。

18世纪后期，清朝乾隆统治时期，表面上似乎极度繁荣强盛，但实际上是由高峰转向下坡的开始，政治经济都预伏着危机。这时清朝的文化统治也不免有点外强中干，乾嘉之时，汉学营垒中出现了异样的动向——复兴子学的呼声开始高昂起来。在这方面叫喊得最为有力的人物是汪中。

汪中，江苏省江都人，生于清乾隆九年(1744年)，卒于乾隆五十九年(1794年)，主要著作有《述学》。汪中出身于不很富有的家庭。王引之说他"少孤好学，贫不能购书，助书贾鬻书于市，因遍读经史百家，过目成诵"(《述学》附录《行状》)❸。尽管汪中年轻时就很有才华，很有学问，但由于是贫士，知道他的人并不多。后来他做了一篇《哀盐船文》，文章被一个名人夸奖为"惊心动魄，一字千金"。于是，汪中开始出名，一些有学问的人开始和他交往，一些做大官的人也会来找他去做幕僚，帮搞文字工作。但汪中始终没有中进士，也没有做过官，一生比较

❶ 侯外庐《中国早期启蒙思想史》，人民出版社1956年版。
❷ 傅山《霜红龛集》，汉华文化事业股份有限公司1971年版。
❸ 汪中《述学·容甫遗诗》，台湾世界书局1972年版。

第二编　中国逻辑

困苦潦倒,由于体弱早衰,死得较早。

汪中的《述学》一书,不能算是什么大部头的著作。他在诸子的具体研究方面所做的工作尚不及傅山,这多少是由于他平日迫于生计,无法专心致志。但一生的困苦潦倒,也有利于形成他的反传统的战斗性格。对于他的反传统、反流俗,当时的人是比较公认的。孙星衍说汪中"篸砭俗学"(孙星衍《汪中传》)❶,江藩说汪中"于时流不轻许可"(《汉学师承记·汪中传》)❷。汪中的反流俗性格,使他能比较敏感地嗅到时代的信息。汉学若是从阎若璩(1636—1704)、胡渭(1633—1714)算起,到汪中活动的年代已将近百年了。起初那些保守的汉学家疏注考证的多是一些经书之类的东西,心目中只有孔子、孟子。乾隆时期,一方面为古而古之风浓密地笼罩于学术界,另一方面也开始有人越出孔孟经学的藩篱。既然是搞考据、读古书,为什么只能束限于经书一类的东西呢? 于是不但讲《荀子》的人有了,而且讲《墨子》的人也出现了……这些人也许还是为古而古,不是有意识地离经叛道。但这一切透露出转变的气息。汪中感觉到了这种气息,于是积极起来鼓吹子学的复兴。

汪中很推崇荀子,为荀子作了年表并撰写了《荀子通论》。《荀子通论》讲道:"六艺之传赖以不绝者荀卿也。周公作之,孔子述之,荀卿子传之。"(《述学·补遗·荀子通论》)❸说荀子传孔子之学是不真确的,这是反传统的。汪中在这里完全撇开了孟子,而且说孔子也只不过是"述之者",对孔子也有点大不敬。

如果说在《荀子通论》中,汪中还有点闪烁其词,不敢大胆地搬去孔子这尊偶像的话,那么到了写《墨子序》时就显得旗帜非常鲜明了。请看下面一段话:

后之君子,日习孟子之说,而未睹《墨子》之本书,众口交攻,抑又甚

----

❶ 孙星衍《孙渊如先生全集》,商务印书馆1968年版。

❷ 江藩《国朝汉学师承记》,中华书局1970年版。

❸ 汪中《述学·容甫遗诗》,台湾世界书局1972年版。

焉。世莫不以其诬孔子为墨子罪,虽然,自儒者言之,孔子之尊,固生民以来所未有矣;自墨者言之,则孔子鲁之大夫也,而墨子宋之大夫也,其位相埒,其年又相近,其操术不同,而立言务以求胜,比在诸子百家,莫不如是。是故墨子之诬孔子,犹老子之绌儒学也,归于不相为谋而已矣。(《墨子序》)[1]

话说得很明白,孔子只是诸子中的一子,儒家只是百家中的一家,可以指摘,可以批判。打倒这个正统,搬去这尊偶像,让诸子百家之学重新复兴起来。

汪中的这种论调在当时是惊人的,是具有强烈的反叛性的。于是那些保守的势力便起来攻击他、威吓他。有一个做过学士的翁方纲就曾歇斯底里地叫喊说:

有生员汪中者,则公然为《墨子》撰序,自言能治《墨子》,且敢言孟子之言"兼爱无父"为诬墨子,此则又名教之罪人……则当褫其生员衣顶……(《复初堂文集》卷十五《书墨子》)[2]

但汪中并没有因而屈服和气馁,他表白说:"欲摧我以求胜,其卒归乎毁,方以媚于世,是适足以发吾之激昂耳!"(《述学·别录·与刘端临书》)[3]

汪中激昂地进行战斗,他的战斗和呼喊促使诸子之学的开始复兴。蕴藏在诸子中的我国古典逻辑思想也重新得到阐发和整理。

在先秦诸子中,墨家的逻辑思想是最为丰富的。然而汉唐以降,湮没沉沦得最厉害的也是墨学,除了晋朝的鲁胜曾以独具的慧眼研究过之外,几乎成了绝学。事情也真是物极必反。在汪中为墨学的复兴作出呼喊的同时,研究墨学的人便已纷纷而起。首先是和汪中约略同时的毕沅著《墨子校注》,两千年来,首次对《墨子》全书作了一番校勘和整理工作。毕源是清朝的高级官吏,曾官至湖广总督,一生得意仕途,

---

[1] 汪中《述学·容甫遗诗》,台湾世界书局 1972 年版。

[2] 翁方纲《复初斋文集》,文海出版社 1979 年版。

[3] 汪中《述学·容甫遗诗》,台湾世界书局 1972 年版。

当然不会一直去做这繁琐费力的工作，《墨子校注》一书的大部分实际上是由孙星衍代作的。但有这么一个赫赫人物来进行提倡，墨学便也容易风行了。毕沅以后，对《墨子》一书，一时注家蜂起。后来，孙诒让（1848—1908）汇总毕沅以后墨学研究的成果，再加上自己的心得，撰《墨子闲诂》。至此，《墨子》全书的校订疏解工作大体上可以看作完成了。下一步的工作便是专门研究其中的逻辑思想。辛亥革命前后，在这方面首先下功夫的是梁启超。1904年，他撰《墨子之论理学》一文，后来又撰写《墨子学案》《墨经校释》等著作。此外，如章士钊、乐调甫、伍非百、谭戒甫等人，都写有这方面的专门论文和著作。墨学和墨辩的研究，在当时真可以说是风行一时。

在墨学和墨辩之学兴起之时，对名家惠施、公孙龙思想的研究也开始受到重视，惠施因为没有留下专著，研究的重点落在《公孙龙子》上面。晚清时期，陈澧著《公孙龙子浅说》。陈澧以后，尚有王时润、王琯等人对公孙龙子作过校注。后来，陈柱收集前人的材料撰《公孙龙子集解》一书；谭戒甫撰《公孙龙子形名发微》，专门阐述《公孙龙子》的逻辑思想。

当先秦名、墨二家逻辑思想的研究分别被突破的同时，人们开始了对先秦名辩思想的综合研究，有的撰写《先秦辩学史》或类似性质的专论，有的在著《中国哲学史》中用较大的篇幅论述先秦的逻辑思想。在这些专著和专论中，除了名墨二家的逻辑思想外，一般还会谈到荀子的《正名篇》和法家的综核名实，等等。

在很长的一段时期，许多人都认为所谓中国的古典逻辑也就是先秦的逻辑，直到侯外庐等人撰写《中国思想通史》时才把视野扩大到先秦以后的各个时期，开拓了中国古典逻辑研究的广阔途径。

二、西方逻辑的再输入

明朝末年，李之藻曾翻译过《名理探》，但那次传入到中国来的西方逻辑知识是非常有限的。李之藻死后不久,明亡清兴,直到顺治康熙年间,留居在中国的还是原来那一批传教士。他们大多数是从天主教的神学院毕业出来的,掌握的西方逻辑知识本来有限,再加上那时他们已经用"科学的诱饵"获得了进身之阶,因而不愿意再想方设法继续传入各种西方文化知识。

雍正以后,由于种种原因,清王朝在对外方面逐渐开始采取一种闭关政策,西方的一些科学知识,西方的形式逻辑系统,自然也就没有被进一步介绍过来。

鸦片战争以后,腐朽的清王朝在帝国主义的侵略面前,由原来的闭关自守一下转变为卑躬屈节,投降卖国。当时,只有人民坚持着斗争与反抗。

在内忧外患的刺激下,在人民反抗和斗争的影响下,鸦片战争以后,一些有志之士也经常会起来鼓吹自强和革新:19 世纪 40 年代有龚自珍、林则徐、魏源;19 世纪 60 年代有容闳、冯桂芬;19 世纪 70 年代以后有郑观应、薛福成、马建忠、王韬;19 世纪末,则有更为闻名的康有为、梁启超、谭嗣同、严复等人。这些人大都把眼光向着西方世界,天真地希望从那里找到救治中国的药方和"真理"。

在这些人的呼喊、实践和影响下,西方资本主义的学术文化和自然科学等方面的知识便陆续被介绍过来。

把西方的一些学术文化,特别是西方形式逻辑介绍过来的过程中,严复是值得着重加以叙述的一个人物。

严复(1854—1921),福建侯官(即今福州)人。他 14 岁考入福州船厂附设的船政学堂,学习英文、数学、其他自然科学和驭船术,毕业后在军舰上实习 5 年。1877 年被派往英国留学,学习海军约 3 年。在学习期间,严复并没有把主要精力放在海军业务上,而是醉心于研究资产阶级哲学和社会科学。1879 年,严复学成回国。回国后,连续在天津北洋水师学堂任总教习(教务长)、总办(校长)约 20 年。1902 年任京

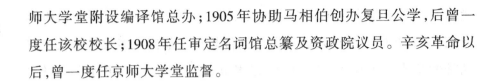

师大学堂附设编译馆总办；1905年协助马相伯创办复旦公学，后曾一度任该校校长；1908年任审定名词馆总纂及资政院议员。辛亥革命以后，曾一度任京师大学堂监督。

严复长期接受西方文化的教育，而且直接受到西方资产阶级的高等教育，对于西方资产阶级的政治社会学说、自然科学和哲学都有较深的理解。严复是我国近代史上第一个比较系统地介绍西方资产阶级学说思想的启蒙人物。严复翻译的著作有：赫胥黎的《天演论》，亚丹斯密的《原富》，斯赛塞尔的《群学肄言》，穆勒的《群己权界论》，甄克斯的《社会通诠》，孟德斯鸠的《法意》，以及《穆勒名学》《名学浅说》等，在当时影响较大的要算《天演论》。《天演论》是严复从英国生物学家赫胥黎的原著选译而成。在《天演论》中，除译文外，严复还加上不少案语，表示自己的意见。他认为种族、国家之间，也像生物界一样，是一个竞争局面，强者胜，否则失败灭亡。他运用"物竞天择、适者生存"的进化论原理，向全国人民敲响祖国危亡的警钟。《天演论》于1895年译稿完成，陆续在《国闻报》上发表，影响很大。鲁迅在《朝花夕拾·琐记》里回忆他在南京矿路学堂学生生活的情景时曾说："一有闲空，就照例地吃侉饼、花生米、辣椒，看《天演论》。"❶《天演论》在当时成了爱国志士和青年学生的精神食粮，"物竞天择、优胜劣汰"给许多人以绝大的刺激。

严复是一个爱国主义者，深感当时中国灾难深重，热切希望中国能振作起来，革新自强。1895年，中日甲午战争结束，中国战败，这给严复以深刻的刺激，于是他便参加了以康梁为首的维新运动。同年，严复在天津《直报》上发表了《论世变之亟》《原强》《辟韩》等论文，表达他的维新思想。严复虽然具有变法的愿望，但政治态度比康梁还要软弱得多，所以戊戌政变发作之时，顽固派并没有把严复罗织到维新党狱之内去。

1898年戊戌变法失败，事实证明改良主义的道路是走不通的。但

---

❶ 鲁迅《朝花夕拾》，人民文学出版社1973年版。

是,严复却不随历史的进展而改变自己的认识。他的思想长期凝结在改良主义的范畴之内,越来越落在时代的后面。

严复致力于介绍西方逻辑是在维新运动失败以后。1900年义和团运动发生时,严复离开天津至上海,开"名学会",讲演名学,同时开始翻译《穆勒名学》,直至1902年,前后凡3年译成了《穆勒名学》半部。《穆勒名学》原书名《逻辑学体系:演绎和归纳》。原著者弥尔(1806—1873),英国人,是强调归纳逻辑的。归纳逻辑最初的倡导人是英国的培根(1561—1626)。培根在总结当时自然科学的实验和研究方法的基础上提出了归纳法。弥尔继承培根而建立了归纳逻辑的一整套体系。弥尔没有完全排除演绎逻辑,但他激烈地批评旧的演绎逻辑,认为旧的演绎逻辑脱离了归纳逻辑,脱离了实验。他主张将演绎逻辑放在实验和归纳逻辑的基础上加以改造。弥尔的原书以比较多的篇幅叙述了归纳逻辑。原书分"名与辞""演绎推理""归纳推理""归纳方法""诡辩""伦理科学的逻辑"六个部分。严复译出的只是全书的一半,虽只一半,但已包括了演绎法的全部和归纳法的重要部分。

另外,严复还翻译了《名学浅说》一书。1908年,严复曾应当时直隶总督杨士骧的约请,在天津居留一段时期。当时,有人请他讲授名学,于是他就取耶方斯的名学浅说,"排日译示讲解,经两月成书"。《名学浅说》是一本逻辑入门的书,原书于1876年在伦敦出版。这本书的第一章第二章是绪论的性质,第三章至十四章讲演绎逻辑,第十五章至二十七章讲归纳逻辑。在这本书中,耶方斯对归纳逻辑推崇备至,认为它是求知的最科学的方法;对演绎逻辑虽然也作了叙述,但对演绎逻辑的三个基本规律则只字未提。

严复译的两本逻辑书虽然都是重归纳的,但也都介绍了演绎逻辑,西方逻辑的大部分内容都算是被介绍过来了。

严复译书的体例和通常有些不同,不完全束限于原文。他的《名学浅说》和原书相差很大,基本上没有按照原文来译。他在《名学浅说·

译者自序》中说:"中间义旨,则承用原书;而所引喻设譬,则多用己意更易。盖吾之为书,取足喻人而已,谨合原文与否,所不论也。"❶对于《穆勒名学》,严复是按照原文译的,但在各章各节内往往加上自己的一些按语。因此在这两本逻辑译本中,还包含着严复自己的逻辑观,现剖析如下。

严复虽不能算是什么归纳派,但却是反对纯粹演绎的。他在《穆勒名学·部乙·篇四》第五节后的按语中说:

穆勒言成学程途虽由实测而趋外籀(即演绎法),然不得以既成外籀遂与内籀(即归纳法)无涉。此言可谓见极。西学之所以翔实,天函日启,民智滋开,而一切皆归于有用者,正以此耳。旧学之所以多无补者,其外籀非不为也,为之又未尝不如法也,第其所本者大抵心成之说,持之似有故,言之似成理,初何尝取其今例而一考其所推概者之诚妄乎?此学术之所以多诬,而国计民生之所以病也。中国九流之学,如堪舆、如医药,如星卜,若从其绪而观之,莫不顺序;第若穷其最初之所据,若五行支干之所分配,若九星吉凶之各有主,则虽极思,有不能言其所以然者矣。无他,其例之立根于臆造,而非实测之所会通故也。❷

严复强调演绎推理所据的前提、公例必须通过实测概括而成,这是正确的。他据此而批评中国旧学中一些始基的理论、原则都是"心成之说"和"立根于臆造"。严复强调实测,推崇归纳,反对"心成之说",反对纯粹的演绎,这是他的逻辑思想积极的一面。

严复肯定在我国的古代也有着丰富的逻辑思想。他在翻译西方逻辑著作时所采用的一些译名,也多是中国已有的一些术语,如逻辑译作"名学",概念译作"名",三段论译作"演连珠",等等。不过严复对中国的古典逻辑,总的来说是缺乏研究的,当谈到中国古典逻辑的具体问题时,议论便显得非常不中肯。下面是严复《译天演论自序》中的一段话:

❶ 严复《名学浅说》,台湾商务印书馆1966年版。

❷ 严复《穆勒名学》,商务印书馆1971年版。

司马迁曰:"易本隐之以显,春秋推见至隐",此天下至精之言也。始吾以谓本隐之显者,观象系辞以定吉凶而已;推见至隐者,诛意褒贬而已。及观西人名学,则见其格物致知之事,有内籀之术焉,有外籀之术焉。内籀云者,察其曲而知其全者也,执其微以会其通者也。外籀云者,据公理以断众事者也,设定教以逆未然者也。乃推卷起曰:"有是哉,是固吾易、春秋之学也!迁所谓本隐之以显者,外籀也;所谓推见至隐者,内籀也;其言若诏之矣。二者即物穷理之最要涂术也。而后人不知广而用之,未尝事其事,则亦未尝咨其术而已矣。❶

说《易经》中包含着某些逻辑思想还勉强可以讲得过去,但也不能说《易经》就是什精密、典型的演绎法;至于说什么《春秋》是典型的归纳法,就更是明显的牵强附会了。

《穆勒名学》问世的前前后后,西方逻辑方面的其他译著也陆续出版,下面是主要的几种。

《辨学启蒙》,上海广学会翻译。广学会是由英国传教士李提摩太和美国传教士林乐知主持的,全称是"传播基督教的及一般知识的会",简称"广学会"。广学会当时出有《西学启蒙》共16种,其中之一便是《辨学启蒙》。《辨学启蒙》的影响并不大,但出版的时间比《穆勒名学》还早,所以在这里提一提。

《论理学纲要》,日人十时弥著,田吴炤译,1902年译成并由商务印书馆出版,和《穆勒名学》问世的时间差不多。田吴炤,日本留学生,他去日本留学的时间约在1899年左右。归国后,曾任湖北自强学堂教习。1901年湖北总督张之洞派训导刘洪烈、光禄寺署正罗振玉,自强学堂教习陈毅、胡均、左全孝、田吴炤等赴日本考察学校教育,购译教科书。《论理学纲学》日文原著本,当为田吴炤于此次赴日本时购回。次年,译本即问世。

《辨学》,原著名"逻辑的基础教程之演绎和归纳",英人耶方斯著,

❶ 严复《天演论》,科学出版社1971年版。

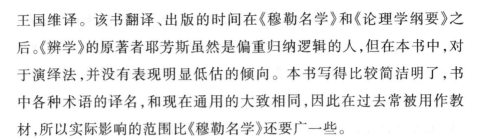

王国维译。该书翻译、出版的时间在《穆勒名学》和《论理学纲要》之后。《辨学》的原著者耶芳斯虽然是偏重归纳逻辑的人，但在本书中，对于演绎法，并没有表现明显低估的倾向。本书写得比较简洁明了，书中各种术语的译名，和现在通用的大致相同，因此在过去常被用作教材，所以实际影响的范围比《穆勒名学》还要广一些。

至于田吴炤译的《论理学纲要》，其影响则比王国维译的《辨学》还要大。《论理学纲要》的原著者是日本人。当时日本人在吸收、融化、普及西方学术知识方面，已经经历了一个比较长的过程，很多有关这方面的教科书和普及读物都编写得比较好。《论理学纲要》便是当时日本在逻辑方面比较通行的普及读物和教科书。田吴炤翻译此书的时间虽和严复译《穆勒名学》的时间差不多，但《论理学纲要》用语通俗，许多逻辑术语便和现在通用的大致相同，因此该书出版之后，比《穆勒名学》更易流行，产生了更大的影响。后来中国一些自编的逻辑读物，有不少是以它为根据的，如蒋维乔著的《论理学教科书》（1912年商务印书馆出版）、张子和著的《新论理学》（1914年商务印书馆出版）、张毓聪著的《论理学》（1914年商务印书馆出版）、卢广熔著的《论理学教科书》1926年北京求知学社出版），都是以十时弥这本书为根据的。

十时弥的书只用比较少的篇幅讲归纳逻辑。它比较重视演绎逻辑。同一律等三个逻辑规律，被摆在比较重要的位置上，在全书开端就作为专章加以叙述。

自此以后，西方形式逻辑的两大部分——归纳和演绎，都比较系统地被介绍过来了。

三、因明学在中国的复苏

唐朝的和尚玄奘把印度因明传入中国后，在当时的几十年内，曾引起过一些僧、俗人员的兴趣，学习、研究、争辩，一时颇热闹，但不久也就沉寂起来，但一直到宋代，在佛门内部的流传尚能不绝如缕。元代以后,因明几乎成了绝学,到清光绪年间才又开始复苏。

在因明尚未完全脱离佛学而独立的时候,它的复苏照例也是要因缘于佛学的兴盛。晚清社会,佛学颇为盛行。梁启超在《清代学术概论》中说道:

晚清思想界有一伏流,曰:佛学。前清佛学极衰微,高僧已不多,即有,亦于思想界无关系,其在居士中,清初王夫之颇治相宗,然非其专好。至乾隆时,则有彭绍升罗有高,笃志信仰;绍升尝与戴震往复辩难。其后龚自珍受佛学于绍升,晚受菩萨戒;魏源亦然,晚受菩萨戒;易名承贵,著《无量寿经会释》等书。龚、魏为今文学家所推奖,故今文学家多兼治佛学。石埭杨文会,少曾佐曾国藩幕府,复随曾纪译使英,凤栖心内典,学问博而道行高。晚年息影金陵,专以刻经弘法为事。文会深通法相、华严两宗。谭嗣同从之游一年,本其所得以著仁学;尤常鞭策其友梁启超,启超不能深造,顾亦好焉;其所论著,往往推挹佛教。康有为本好言宗教,往往以己意进退佛说。章炳麟亦好法相宗,有著述……学佛既成为一种时代流行,则依附以为名高者出矣。往往夙有稔恶或今方在热中奔竞者,而亦自托于学佛;今日听经打坐,明日默货陷人,日日勇于为恶,恃一声阿弥陀佛,谓可湔拔无余。❶

这是说学佛成为一种时代流行,有的人用"学佛"来当"为恶"的遮羞布,有的好佛者是一些遁世之士,有的则还是一些维新派或软弱的资产阶级革命派。

维新人士学佛的动机也各不相同,有的是由于革新失败后思想的退坡,有的则是想凑合一套上层人物甚至像光绪那样的皇帝也能接受的维新理论,要制造这样的理论当然要从某些传统旧学中去找一些素材,如谭嗣同的《仁学》便是这样。他在《仁学》里说:

凡为仁学者,于佛书当通华严及心宗相宗之书,于西书当通《新约》及算学格致社会学之书,于中国书当通《易》《春秋》《公羊传》《论语》

---

❶ 梁启超《清代学术概论》,中华书局1973年版。

《礼记》《孟子》《庄子》《墨子》《史记》，及陶渊明、周茂叔、张横渠、陆子、王阳明、王船山、黄梨洲之书。❶

谭嗣同就是企图"近合孔、耶，远探佛法"来拼制他的维新的理论。我们来看他的一段话：

求之过去，生灭无始。求之未来，生灭无终。求之现在，生灭息息……孔在川上曰："逝者如斯夫，不舍昼夜！"……非一非二，非断非常，旋生旋灭，即减即生。生与灭相授之际，微之又微，至于无可微。密之又密，至于无可密。夫是以融化为一，而成乎不生不灭。成乎不生不灭，而所以成之微生灭，固不容掩焉矣。❷

这里，谭嗣同从孔子和佛学中取来了一些材料，然后自己再进行了一番改造制作。这段话中所表现出来的理论是奇特的，前后不一贯的。"求之过去，生灭无始，求之未来，生灭无终。求之现在，生灭息息。"这是万物流转的变革观点。而"（生灭）融化为一，而成乎不生不灭"，则又转向了静止不变的保守。这种理论上的不一贯和自相矛盾，是维新派思想上的矛盾和不一贯的反映。

晚清时期，主要是由于谭嗣同这样一些维新人士崇尚佛学，学佛才成为一时之风尚。

在佛教诸教派中，禅宗讲明心见性，讲主观内省，讲顿悟。法相唯识宗则重哲理的繁琐分析。禅宗在元明时期本极流行，但清代、近代这些讲佛学的人大都反禅宗而重法相唯识宗。前面我们提到的许多人，如王夫之、杨文会、章炳麟是这样；比章炳麟稍晚出的欧阳竞无、释大虚、唐大园等也是这样。唯识宗重哲理的繁琐分析，所以它特别要借重因明学。在佛学史上喜欢谈因明学的人多为法相唯识宗，有些佛典中，因明学和唯识学还是纠缠在一起的。近代的这些学佛者，既然重法相唯识学，自然也就有兴趣去研究与唯识学经常相伴相行的因明学了。

---

❶ 谭嗣同《仁学》，中华书局1958年版。

❷ 谭嗣同《仁学》，中华书局1958年版。

使因明学在中国复苏的一个重要人物是杨文会。

杨文会，号仁山，生于1837年，卒于1911年，安徽石埭人。他从28岁起开始读佛经，此后即致毕生精力于佛学之研究。40岁以后，曾先后两次随中国外交官赴英国，接触过西方的政治、经济和文化，因此，他并不是一个完全故步自封的人，但也谈不上有什么维新思想。当他第二次赴英国回来之后，也即是从53岁起，便基本上摆脱了其他事务，用他的几乎全部精力研究佛学。他广求各种佛学典籍。当时在中国佛籍流散，有些佛典一时难于寻找，而在日本却很容易买到。杨文会便托人向日本购买各种佛书。我国唐代和尚玄奘、窥基等人译著的有关因明学的书籍，在中国已经散失，也是由杨文会设法从日本购买搜求过来的。当时正是西方形式逻辑再度输入中国之时，而且被一部分人标榜为求知治学的不二法门，于是逻辑学成了一种时髦的东西。因明学的典籍既然又回到了中国，自然也受到重视，于是对因明古籍的校订、注释及因明通俗本的编辑工作次第进行。

在学佛流行的情况下，后来各地还陆续建立了一些佛学专门机构和佛学院，如闽南佛学院、武昌佛学院，等等。在那里，因明成了研究的专题和必修的课程，因明学进一步得到了推广，有关因明的专著和读物越来越多。下面开列近人关于因明学方面的一些著作：

熊十力《因明大疏删注》

吕澂《因明学纲要》

许地山《陈那以前中观派与瑜伽派之因明》

陈望道《因明学》

史一如《因明入正理论讲义》

释太虚《因明概论》

慧圆居士《因明入正理论讲义》

覃达方《哲学新因明论》

虞愚《因明学》

这些书比古代那些因明典籍更为通俗，更为浅近，其中不少本身就是一种教科书。这些书的刊行使因明学进一步流传起来。

四、三种逻辑体系的比较和综合

20世纪初，西方的逻辑已经系统传入，中国的古典逻辑在重新发掘和整理，印度的因明学又在中国复兴起来，我国的逻辑思想领域确实显得有点丰富多彩。

三个逻辑系统同时并存，人们自然会进行比较，甚至还会作综合的尝试。1904年，梁启超发表《墨子之论理学》一文，用西方逻辑的知识和理论对照比较来研究墨家的逻辑思想。十多年后，他先后撰《墨经校释》（1920年脱稿）、《墨子学案》（1921年脱稿），说《墨子》一书中的论式有的相当于西方的三段论，而更多的则相当于印度的三支因明式；对三种逻辑体系进行了比较研究。梁启超思考敏锐，在学术上常有新的见解，但也有博而不精的毛病，这三种逻辑体系在他手里只是浮光掠影地进行了一些比较，并没有深入地作严密考察，不过，他总算是开风气之先了。

这种逻辑的比较研究，也有着不同的路数，表现为各种不同的倾向。当时一些从外国留学回来的人或者那些比较熟悉西方逻辑的人，总觉得西方的逻辑比较完整、科学。于是，他们便以西方逻辑为基准来整理中国古代的逻辑资料。这里面有些人，中国旧学的基础比较好，在进行比较研究时，一般尚能两头都吃透，不至于生吞活剥，因而作出了不少成绩。另外一些人，他们却未能作系统的比较对照，而只是用西方的一些逻辑形式为框框，到中国的古籍中找出许多演绎、归纳甚或至于三段论的例子来。有的甚至殚多年的精力，将某一个古代逻辑学家的言论按照西方的逻辑形式系统整理出来，依次排列，没有作进一步的综合，没有探究其自觉的逻辑思想。尽管这样，在三种逻辑比较研究的第一阶段，他们的工作还是十分有益的。

在逻辑的比较研究中,也有一部分人并不把西方逻辑当作主体和基础。在这方面我们首先要提到的是章炳麟。章炳麟(1868—1936),别号太炎,浙江余杭人。早年因序邹容《革命军》一书,和邹容同时被清政府逮捕,监禁于上海西牢3年,后加入光复会、同盟会,主编同盟会机关报《民报》,鼓吹革命,与改良派进行论战。在辛亥革命前,他不愧是一个资产阶级革命家,辛亥革命后,他的思想明显地转向保守。

章太炎对西方学术有所涉猎,对中国的古学和印度的佛学都有较深的研究。在当时重视逻辑的学术风气之下,他对中国的名学和印度的因明学进行了深入的研究,而且参照了西方逻辑,将三者加以比较综合,写出了《原名》一文,提出了一些独特的见解。

中国的古典逻辑叫"名学"。名学研究的对象是什么呢?刘歆认为,名家者流,盖出于礼官,名学就是正名之学。司马迁作《史记》,说"韩非……喜刑名法术之学"❶,后来一些人解释说,这个刑名也包含"形名"的意义,于是法家的刑名之学被认为是名学的一个重要方面。战国时,公孙龙、荀子、墨家讲名与实(或说形与名),近代大多研究中国逻辑的人,认为这才是典型的名学。章太炎的观点如何呢?他认为:第一,名有几种,有爵名,有刑名,有散名,它们都是古代名学研究的内容;第二,爵名、刑名皆名之一隅而与法制相推移,只有"期命万物"的散名,在一旦约定俗成之后就再不更易,因此名学的重点应当是散名。

章太炎在《原名》中首先叙述了古代论列爵名的情况。他说:

《七略》记名家者流,出于礼官,古者名位不同,礼亦异数……礼官所守者,名之一,所谓爵名也……古之名家考伐阅程爵位。至于尹文,作为华山之冠,表上下平,而惠施之学去尊,此犹老庄之为道,与伊尹大公相塞,诚守若言,则名号替、徽识绝,朝仪不作,绵蕝不布。(然惠施)欲王齐以寿黔首之命,免民之死,是施自方其命,岂不悖哉。自吕

❶ 司马迁《史记》,中华书局1975年版。

第二编 中国逻辑

氏惠刑名异充，声实异谓，既以若术别贤不肖矣。其次，刘劭撰《人物志》，姚信述《士纬》，魏文帝著《士操》，卢毓论九州人士，皆本文王官人之术，又几返于爵名。然自州建中正，而世谓之奸府，浸以见薄。❶

爵，指官和爵。所谓论列爵名，也就是怎样去制定各种爵位和官职，怎样去进行加官进爵这一套工作以达到别等级、正名分、巩固古代阶级社会的政治秩序，这便是所谓文王、伊尹、大公的"官人之术"。据说那是专门由一种礼官来管理这一工作的。礼官不仅管理这一工作，而且还把它搞成一种专门的学问。这种论列爵名以正名分的学问，据说应算是一种逻辑学。章太炎说春秋战国时期的尹文主张上下平，反对讲爵名，而惠施则似乎是陷于"去尊"与"王齐"的自相矛盾之中，直到《吕氏春秋》才又讲究起爵名。以后魏晋时期的刘劭、姚信、曹丕等著《人物志》一类的书，又拿起了论列爵名的正名逻辑。但当时魏晋官方选拔人才的机构——"中正府"日益腐败，"举孝廉，不事亲，举秀才，不知书"，名实混乱，论列爵名的正名逻辑便受到世人的鄙薄而逐渐衰微。章太炎勾画的这个论列爵名的历史，其科学性和准确性究竟如何？还是值得进一步考究的。

在考察过爵名之后，章太炎又讲到"刑名"。他说：

刑名有邓析传之，李悝以作具律，杜预又革为晋名例。其言曰："法者，盖绳墨之断例，非穷理尽性之书也。故文约而例直，听直而禁简。例直易见，禁简难犯。易见则人知所避，难犯则几于刑厝。厝刑之本，在于简直，故必审名分。审名分者必忍小理。古之刑书，铭之钟鼎，铸之金石，所以远塞异端，使无淫巧。今所注皆网罗法意，格之以名分，使用之者执名例以审趣舍，伸绳墨之直，去析薪之理。"其条六百二十，其字二万七千六百五十七，而可以左右百姓，下民称便。惟其审刑名，尽而不污，过爵名远矣。❷

---

❶《法家著作选读》编辑组《章太炎著作选注》，北京人民出版社1976年版。

❷《法家著作选读》编辑组《章太炎著作选注》，北京人民出版社1976年版。

"刑名"是什么呢？这里的刑名就是法家的刑名法术之学。这种刑名法术之学很强调下面这样两点：

　　一是一切以法为准则，引绳墨，切事情，要求人们的行动合乎规定的"法式"。用法家的话来说，这便叫审合刑名或审合形名。

　　二是官吏的严格责任制，考核工作时，循名责实，坚决反对其本人徒居其职不行其事，也坚决反对别人使官吏徒有其职而不让行其事，要求综核名实。

　　正是根据这些，许多人认为，在刑名法术之学里面也包含有逻辑形名（名实）的问题，刑名与形名，法术与逻辑是可以相提而并论的。

　　章太炎也认为刑名法术之中确实包含有逻辑的问题。不过他的解释和传统的说法有些不同。他援引晋朝社预的话解释说，法律、律令这些东西，不像一般的哲理书那样要作详尽繁复的分析推演，而是像木工弹的墨线一样是作为某种准则和法式，它们的特点是简直（简单而明了）。又要简单又要明了，那就要特别注意审名分，一字一句，含义要准确，界说要分明，一旦公布出去，不但因简而易记，而且因"明"而不产生歧义，可以"塞异端""绝淫巧"。这便是刑名中的逻辑问题。章太炎认为研究这种刑名的逻辑，其意义要比论列爵名大得多。

　　然而，不管是爵名还是刑名，章太炎认为"皆名之一隅，不为纲纪"，只有散名才具有较为普遍的意义。他说：

　　老子曰："名可名，非常名。"……孙卿亦云，名无固宜，故无常也，然约定俗成则不易。可以期命万物者，惟散名为要，其他乃与法制相推移。自惠施公孙龙名家之杰，务在求胜，其言不能无放纷，尹文尤短。察之儒墨，墨有经上下，儒有孙卿正名，皆不为造次辩论，务穷其柢。鲁胜有言，取辩乎一物而原极天下之污隆，名之至也。墨翟孙卿近之矣。❶

---

　　❶《法家著作选读》编辑组《章太炎著作选注》，北京人民出版社1976年版。

任何概念、定义都只能近似地描绘出它所反映的那个事物,任何定义都有其局限性。从这个意义上来说,老子的"名可名非常名"具有一定的道理。但老子把这种定义的局限性过分地强调,膨胀,最后陷入不可知论,导致逻辑取消主义,因而受到了许多人的批判。后来孙卿提出"名无固宜,故无常也,然约定俗成则不易"[1],一方面承认定义的局限性,但又纠正了老子的取消主义倾向。这种定义的局限性、概念的相对性,在刑名、爵名中表现得更为突出。这一类的名称和概念因为它们总是和一定的具体社会形态和法律制度联系着的,只能在一定的空间和时间范围内来概括来命名。而有关一般事物的散名,则不论就时间范围或空间范围来说都比爵名、刑名具有更广泛的普遍性。这就是章太炎所说的,"可以期命万物者,惟散名为要,其他乃与法制相推移"[2]。接着,章太炎叙述了战国时期论列散名的情况。散命的讨论开始于名家之杰的惠施、公孙龙,不过章太炎觉得他们二人(还有尹文子)一味追求言辞的胜利,不免有点流于诡辩和乖僻。章太炎极力赞扬墨经上下篇和荀子的《正名篇》。《墨经》和《正名篇》不追求表面的辩察和言辞的胜利,而是尽力去寻求名言的根本准则。鲁胜曾经说过,寻求一个准则而推广于天下,是名言的至高任务。章太炎认为墨家和荀子是朝这方面努力的。

章太炎爵名、刑名、散名问题的一系列见解虽然不一定都是正确的,但却是富有启发性的。它对于我们如何去论列中国逻辑思想的发展具有参考价值。

《原名》中最富有启发性的还是它的关于推论形式方面的新鲜见解。

章太炎把三种逻辑体系中的推论式都叫作"三支比量"。三支比量本是用来称谓印度因明论式的。章太炎用它来称谓一切推论式,我们

---

[1] 章诗同《荀子简注》,上海人民出版社1974年版。

[2] 《法家著作选读》编辑组《章太炎著作选注》,北京人民出版社1976年版。

从中可以看出他对三种逻辑体系倚重倚轻的消息来。现在我们来看章太炎的具体论述。

　　辩说之道，先见其旨，次明其柢，取譬相成，物故可形，因明所谓宗、因、喻也。印度之辩：初宗，次因，次喻。大秦（指西方）之辩：初喻体，次因，次宗；其为三支比量一矣。《墨经》以因为故，其立量次第：初因，次喻体，次宗；悉异印度大秦……大秦与墨子者，其量皆先喻体后宗，先喻体者，无所容喻依，斯其短于因明立量者常则也。❶

　　章太炎先提出了一个辩说之道：先见其旨（即论旨或说论题），次明其柢（柢：木的根，这里指论断的根据），取譬相成。而因明论式为宗、因、喻三支，其格式当然也就最合乎辩说之道的要求。《原名》是把因明论式悬为一种标准法式的。它用这一标准法式来衡量三段论和墨经论式。它觉得三段论和墨经论式较之因明论式来说都少了一个取譬于具体事物的喻依，因而都是不够理想、不够完美的。

　　章太炎是最推崇因明的，不仅推崇，甚至有一点偏爱。当年他和邹容同入上海西牢时，判处监禁三年，他于是送给邹容一本《因明入正理论》，并且对邹容说："学此可以解三年之忧矣。"举止和言谈中表露了他对因明的推崇和偏爱。

　　下面我们再来看一段章太炎论述三支比量的话：

　　且辩说者，假以明物，诚胥以律令则败。夫主期验者任亲，亟亲之而言成典，持以为矩。矩者曰：尽，莫不然也。而世未有尽验其然者，则必之说废。今言火尽热，非能遍扪天下之火也；扪一方之火，而因言凡火尽热，此为逾其所亲之域；虽以术得热之成火，所得火犹不编；以是，言"凡火尽热"，悖。《墨经》通之曰："……知不知其数，而知其尽也，说在明者。"则此言尽然不可知，比量而试之，信多合者，则比量不惑也。若是，言凡火尽热者，以为宗则不悖，以为喻体犹悖。❷

　　❶《法家著作选读》编辑组《章太炎著作选注》，北京人民出版社1976年版。
　　❷《法家著作选读》编辑组《章太炎著作选注》，北京人民出版社1976年版。

这段文字有些地方较古奥，逻辑的理路也不太顺畅。我们且先从其举的那个"火尽热"的具体例子谈起。《原名》认为，一般地说，我们不能作出像"凡火尽热"这样全称的判断，因为你不管是通过直接考察（拊）或间接考察（以术），都不能遍及天下之火。既然不能"尽验其然"，那么"必之说"就废，也即是说"全部都一定如此"的说法也就不能成立。但是章太炎认为，这并不妨碍去进行逻辑的推理。他引《墨经》的话说："知不知其数，而知其尽也，说在明者。""明"，许多注释家把它改作"问"，章太炎仍作"明"。"明"是什么含义，章氏未作说明，我们揣摩，"明"是"逻辑推断"一类的方法而言。这整个一句是说，我们虽然无法知道某类对象究竟有多少个体，无法对它们都去一一进行考察，但我们仍能通过逻辑推理的方法对所有这类对象的全体进行推断。我们可以把通过推理后得出来的结论拿到实际中去考察，如果多相符合，那么这个推理便是没有错误的。这个推理的结论，就可以全称的形式存在。

尽管这样，《原名》还是认为，像这样的全称判断，作为宗是可以的，如果拿去作喻体还是不行的。

喻体不能是全称判断，宗则可以是全称判断，道理何在呢？章太炎在《原名》中也没有说得很清楚。我们经过揣摩，觉得章太炎也只是认为宗可以是以全称判断的形式出现、存在，而并没有承认宗的全称性是一定永远能维持的。"宗"既然是一个待证的论题，是一种推断的结果，在没有遇到与之相矛盾的事实情况下，暂时承认它的全称性，还是合乎逻辑的。而喻体则和宗不同，它是推论的前提，它不是一种待证的，不是一种推断，按照章太炎的意见，它必须是确有根据的亲见和直接经验的概括，而这种对一类事物全体的十分确然的直接经验却似乎又是不可能的。依照章氏的见解，逻辑的推导始终只能从特殊开始，这样，西方的三段论便得全部坍台，逻辑推理的最高形式也只能是用假设句再加上一个具体例证的那种形式来作为前提，那样的前提是对特殊(部分事物)考察已经进入因果分析而又没有完全把握住必然因果联系的一种认识。

章氏的见解也许是偏激的,但却是有益的,特别是对分析因明论式是有益的。

印度因明论式本来是从特殊开始推演的一种论式,后来为了提高它的必然性,进行了巨大的改进工作。从事改进工作的人不仅有陈那等古典的印度逻辑学家,欧洲人东来之后,用西方逻辑理论来解释因明的过程,实际上也是一个对因明加以修正改造的过程。现在的因明几乎基本上被纳入了直言三段论的体系,结果被弄得非驴非马。其实或然推理并不一定都要改造成为必然推理。你看,类比推理不是比直言三段论生动活泼得多么!如果我们规定因明论式的第三支始终保持假设句加具体例证的形式,它岂不是要比现在逻辑教本上的假言推理生动活泼得多么!至于说这种或然推理所得出的结论不十分可靠,那又有什么关系呢?章太炎不是讲过"且辩说者,假以明物,诚督以律令则败"❶,而且我们任何时候都不是靠一种逻辑形式去行事。由一般到特殊(演绎推理),由特殊到一般(归纳推理),分析因果(归纳方法),通常不是走马灯似地交替使用吗?其结合之紧密几乎达到了难分难解的程度,任何一种推演或论证的完成都是各种逻辑形式综合运用的结果。

因明论式的第三支必须是假设句加具体事例——章太炎并没有讲得这样明确,是我们根据他的那个多少还不够完密不够透彻的论证,作了某些推演、发挥。我们认为这种推演、发挥,基本上是按照章太炎自己的理路来的,我们没有把一种不相关的,甚或完全相反的意见加进到里面去。

总括起来,章太炎在逻辑推论式方面提出的有益见解可以归纳如下:

---

❶《法家著作选读》编辑组《章太炎著作选注》,北京人民出版社1976年版。

①他对因明论式提出了一个明确的规定:喻体不能是全称的判断。

②他肯定取譬相成是一种重要的逻辑手段。

③由于重视取譬相成这一逻辑手段,他便把因明论式奉为一种典型法式。这里面虽然有矫枉过正的毛病,但也包含着合理的因素。因明论式应当和西方的演绎、归纳推理的诸种格式同样受到重视。

对于《墨经》的论式,章太炎也提出了一种特殊的见解。他认为墨辩论式既不同于三段论,也不同于因明三支式。他说墨辩论式的立量次第是:初因,次喻体,次宗。章氏强调三种论式都有其各自的特殊性,这是对的。但墨辩论式是否能如他所说的那样分析成顺序为因、喻体、宗的三支式呢?我们觉得似乎存在着困难。章太炎在论述这个问题时虽然举了些例证,作了些具体解释,但讲得不透彻,例子也不典型,缺乏说服力。

在逻辑的比较研究中还要提到的一个人物是谭戒甫。他借鉴因明,立足《墨经》,数十年如一日地进行着研究工作。

谭戒甫,湖南湘乡人,著有《公孙龙子形名发微》和《墨辩发微》等书,自谓"生平好读诸子书,而尤嗜名墨之学"(《墨辩发微原序》)❶。他于辛亥革命前后即开始研究《墨经》,不久写成《墨经长笺》一稿,后几经扩充,并易名为《墨辩发微》。《墨辩发微》的初稿在成于公元一九二三年以前。几十年来,谭戒甫对墨学一直孜孜不倦,精益求精,《墨辩发微》一书不断补充修改。在《墨辩发微》一书中,谭戒甫讨论了《墨经》论式的问题。他发整理墨经中的论式时,基本上是借鉴于因明,对于这一点他自己曾一再申述:

辛酉岁,余于《经·说》论式,稍有发见;凡疑难处,辄复绳以因明。(《墨辩发微·辞过义例第六》)

二千年来,墨辩论式,未能发挥光大,实治学者之不幸也。余以谫陋,取法因明,既作《轨范》以明其理,又考源流以尽其变……(《墨辩发

---

❶ 谭戒甫《墨辩发微》,中华书局1964年版。

微·类物明例第五》)

惟兹墨辩,经余多年寻绎以后,理致虽未大成,规模可谓粗具,而其用可与逻辑并驾齐驱。其尤幸者,彼与因明竟沆瀣一气,术式符同者几达十之七八。(《墨辩发微·墨辩正名第一》)❶

谭戒甫把墨家论式发展的源流分为两个时期。

第一,辩期。

谭戒甫认为《小取篇》是讨论这一时期论式的总结性文章,墨辩论式由"辞、故、辟、侔、推、援"六物组成。"辞、故"是每一论式都必须具备的两项,"辟、侔、推、援"则不一定在每一论式中都要同时出现。下面是谭戒甫举出的一些例子。

例一 (据原《经下》第二条整理而成)

辞 推类之难

故 说在之大小

辟 四足兽与牛马与物

例二 (据原《经下》第四十三条)

辞 五行(金、水、土、木、火)母常胜

故 说在多

辟 火烁金……金靡炭

推 火多也……金多也

例三

辞 辩

故 争彼也

辟 或谓"之牛",或谓"之非牛"

推 是争彼也❷

第二,三辩期。

---

❶ 谭戒甫《墨辩发微》,中华书局1964年版。

❷ 谭戒甫《墨辩发微》,中华书局1964年版。

据谭戒甫的考证,《墨子》原有一个《三辩篇》,现在已经佚失。他认为《三辩篇》讨论到了一种更成熟更完整的论式。他设想这种论式是由"辞"再加上《大取》中提到的"故、理、类"三物共同组成。他拟想了一个具体论式,并且把它和因明论式加以对照。下面便是那个拟想的具体论式❷:

$$
\text{墨辩}
\begin{cases}
\text{辞} & \text{牛马为物} \\
\text{故} & \text{四足兽故} \\
\text{理} & \text{凡四足兽皆物} \\
\text{类} & \text{若犬羊等}
\end{cases}
\qquad
\begin{cases}
\text{宗} \\
\text{喻}\ \text{因} \\
\text{体} \\
\text{依}
\end{cases}
\text{因明}
$$

综观谭戒甫的论述,我们可以看到他的基本意图。他是想证明,在墨家学派那里,已经创造了一种和因明一样成熟的论式。他似乎先悬定了一个目标,拟定了一个结论,然后再来设法证明它。他的研究方法,多少有点呆板。他设想的那个三辩期的论式还缺乏任何的旁证。其次,他把《墨经》及《墨子》各篇的一些论述整理成一个个较为严整的论式,除少数几个形式与内容能相应相称之外,其他大多数都有牵强附会或削足适履的毛病。我们在上面一共举出了三个例子,这三个例子还是经过一番选择的,是其中比较典型的,但还是可以看出一些毛病来:第一例是改动了原文;第三例中的"辩,争彼也"本来是一句话,却被拆成为"辞""故"两部分,十分牵强。三个例子中,只有第二例是勉强可以说得过去的。

然而,谭戒甫把墨经论式看作和因明论式是同一类型,这一基本理解还是对的。墨家在论证一个命题时,不单是要求做到以说出故,还要求或取辟相成或类物明例,使说理论证始终给人以一种具体、明晰之感。

---

❶ 谭戒甫《墨辩发微》,中华书局1964年版。

谭戒甫看到了《墨经》论式和因明论式相同之点,但却未能找出它们相异之处。

对三种逻辑体系的综合研究,虽然经过了许多人的努力,作出了不少成绩,但若就其进展的情况来说,实在还只是一个开端。依据我们的设想,这种综合研究当包括下面的过程。

第一,以西方逻辑和印度因明为借鉴,系统研究和整理中国古代的逻辑史料。先着重从共同的一方面去考察,对中国古代逻辑的具体内容作粗线条的描述。西方逻辑经过几千年持久的发展,特别是经过资本主义时期以后,确实变得比较科学和完整。在印度,对因明的研究,其持续性也比较长,在论式方面也形成了一个相对的独立体系。中国的逻辑,从战国时期蓬勃发展的势头来看,本来可以期望在不长的时间以后就蔚为大观的,但往后的情况却不能令人十分满意。在中国,逻辑没有和西方、印度那样,逐渐从别的学科中分离出来,因此它的发展就受到极大的影响,没有能形成一个相对的独立体系,但这也不是说我们的逻辑就绝对地落后于西方和印度。我国的逻辑在内容的阔大方面实在可以和西方相比,无论在思维规律、概念和推理论证等各方面都显得内容丰富多彩。我国逻辑思想发展过程中的问题是:许多有价值的逻辑思想和有生命的逻辑形式提出来之后,大多数没有被继续加以发展、提高和完善。它们就像一块块散落的璞玉,没有被后来的人拿来加以进一步的雕琢,有的甚至长久被湮没,被遗忘。我们今天研究中国逻辑史的目的就是发现、搜罗所有的逻辑史料,并发展其中有生命的东西。在进行这一工作时,我们不能拒绝借鉴别国。我们的逻辑原来没有一个独立的体系,在别国已经形成了一个独立的体系。任何一门学科,虽然会在不同的国家各自独立地发展,但总是有其共同性的。因此,我们完全可以参照他们的体系去搜罗、整理我国的逻辑史料,探索我国逻辑思想发展的状况。这时,我们发现看到的可能多半是三种逻辑体系相同的地方。

第二,一般说,世界上是不会存在完全相同的东西的。当我们对中国的逻辑史料有相当积累以后,我们应当力求同中求异,力求去发现它的特殊性。

第三,将三种逻辑体系的同和异加以比较综合,改变现在普通逻辑教本中完全按西方逻辑的体系和内容来编排的做法。

从清代以来,经过许多人的努力,研究的第一步工作已经取得了很好的成绩;寻找各种逻辑体系特殊性的第二步工作已经开始,但还没有作出可观的成绩;至于第三步的综合工作,虽不能说完全没有注意到,但基本上没有开展什么有计划的工作。

(原刊于《江西师院学报》1979年第4期)

魏晋南北朝时期的"推论"逻辑

魏晋以后,逻辑推理比先秦有所发展。下面我们谈两点。

第一,魏晋之时,完成了对"连珠体"这一逻辑形式的创造。

战国时代,人们惯于运用取辟设喻的方式来进行某种推论,这一逻辑手段后来便发展成为所谓"连珠体"。连珠体创始于汉代,广泛应用却在魏晋时期。西晋陆机演连珠50首。不过陆机的连珠主要还是作为奏对之用。东晋葛洪更大量地运用连珠体,并且把它用来进行一般的推理论证,最后把连珠体演化成一种逻辑形式。严复曾把它用来作为三段论式的译名。其实连珠体倒不完全是三段,也有两段的。现从陆机的《演连珠》中举出几个例子来说明。

例Ⅰ(二段论式):

臣闻良宰谋朝不必借威,贞臣卫主修身则足;(论旨所在)

是以三晋之疆屈于齐堂之俎,千乘之势弱于阳门之哭。(人事例证)

例Ⅱ(二段论式):

臣闻赴曲之音,洪细入韵;蹈节之容,俯仰依咏;(事例喻证)

是以言苟适事,精粗可施;士苟适道,修短可命。(人事推比,论旨所在)

例Ⅲ(三段论式):

臣闻音以比耳为美,色以悦目为欢;(事例喻证)

是以众听所倾,非假百里之操;万夫婉娈,非俟西子之颜;(人事推比)

故圣人随世以擢佐,明主因时而命官。(论旨所在)

例Ⅳ(三段论式):

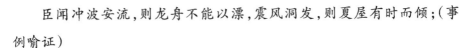

臣闻冲波安流,则龙舟不能以漂,震风洞发,则夏屋有时而倾;(事例喻证)

何则? 牵乎动则静凝,系乎静则动贞;(事理阐发)

是以淫风大行,贞女蒙冶容之悔;淳化殷流,盗跖挟曾史之情。(人事推比,论旨所在)

其中以Ⅰ、Ⅳ两式推理比较严密。第一例以人事喻人事,更相类近。第四例对事理有所阐发,说理比较充分。但是这只是比较而言。其实Ⅰ、Ⅳ两例的推论也是不严密的。第一例以个别喻证一般,缺乏逻辑必然性。第Ⅳ例虽然对事理有所阐发,但是仍然是以事例喻人事,缺乏内在联系。总之我们认为连珠体还不是一种严密的论证形式。

第二,魏晋时期,除了在逻辑形式方面有着上述的成就之外,在有关论辩的法则方面也提出了一些宝贵的见解。号称"竹林七贤"之一的嵇康曾说道:"夫推类辨物,当先求自然之理;理已足,然后借古义以明之耳。"在墨辩的《小取篇》中还只提到论证时必须"以说出故",嵇康进一步明确提出推类辨物当先求自然之理,这不能不算是一个发展。可惜嵇康的所谓"自然之理"是"求诸身而后悟"的,是"观念"的产物。尽管如此,他这个说法还是足以启发后人的思考。后来范缜在《神灭论》中先述理后喻证的光辉逻辑思想,很可能就是批判地继承了嵇康这一逻辑思想。

当时关于逻辑的运用,也有所发展。

南北朝齐梁之时,掀起了一场震惊朝野的"神不灭"与"神灭"的大辩论。梁武帝(即肖衍)天监年间,范缜发表了他的名著《神灭论》。肖衍亲自下命令让当时的高级僧侣和御用学者写文章围攻这位所谓"异端人物"。于是范缜与王公朝贵64人展开了大辩论。范缜在《神灭论》中曾以利刃的关系来说明神形相即而不相离。对于这一点,范缜的主要敌手肖琛、沈约等人都曾加以攻击。肖琛道:"夫刃之有利,砥砺之功;故能水截蛟螭,陆断兕虎。若穷利尽用,必摧其锋锷,化成钝刃;如此则利灭而刃存,即是神亡而形在,何云舍利无刃,名殊而体一邪?刃利既不俱灭,形神则不共亡,虽能近取譬,理实乖矣。"我们说,取譬设喻本是不能做到很精密的,这种逻辑方式在论证中只可以用来做辅助手段。肖琛自己也明知道这只是"就近取譬",然而他却硬要在这些地方大做文章,这正说明他无法大处开刀,且从小处着眼。辩论的结果是神灭论并没有被驳倒。神灭论之所以不可被战胜,从哲学上来说,在于它的唯物主义本质,从逻辑上说则在于它贯穿着"以说出故,先言自然之理"和"辨物知类"的逻辑法则。下面我们对《神灭论》作简要的逻辑分析。

第一部分:

或问予云:神灭,何以知其灭也?

答曰:神即形也,形即神也,是以形存则神存,形谢则神灭也……形者,神之质;神者,形之用。是则形称其质,神言其用。形之与神,不得相异也。

这一部分是《神灭论》最基本的部分,它用"神形相即,形者神之质,神者形之用,形神不相异"这一唯物主义原理,作为论题的充足理由,做到以说出故,论题基本上得到了证明。

第二部分,从"神故非质,形故非用,不得为异,其义安在?"起至"……李丙之性,托赵丁之体。然乎哉?不然也。"这一部分是通过说理展开论证,从头至尾坚持"辨物知类",从而一一冲破了敌论的非难,而完成了它的论证。摘引如下:

人之质,非木质也;木之质,非人质也。

…………

生形之非死形,死形非生形,区已革矣。

…………

生灭之体,要有其次,故也。夫欻而生者,必欻而灭;渐而生者,必

渐而灭。有欻有渐,物之理也。

…………

知即是虑。浅则为知,深则为虑。

…………

是非痛痒,虽复有异,亦总为一神矣。

第三部分,从"圣人犹凡人之形,而有凡圣之殊,故知形神异矣'起至'人灭而为鬼,鬼灭而为人,则未之知也"。这一部分是《神灭论》中最薄弱的一环。在论证方式上,取譬设喻的色彩较为浓厚;在内容上坚持"凡圣之殊",对于先秦儒家的有神论思想不能大胆地与之决裂,因而在逻辑上也就陷入混乱。

最后一部分,说明坚持神灭论反对神不灭论的现实意义,指出神灭思想的战斗任务在于反佛。

（原刊于《光明日报》1962年2月16日）

中国逻辑的独立发展和奠基时期(上): 春秋战国阶段

一、先驱人物：老子、孔子、墨子

老子姓李名耳,出生于楚国苦县(今河南东部的鹿邑)。河南是古代中国腹心之地。夏、商都是以河南为中心。周朝原先建都陕西,后来迁都洛阳,是为东周,也便以河南为中心了。老子曾作过东周的"守藏室之史"(管理藏书的史官),所以有机会遍览当时的文化典籍,成为博学的人。他和孔子同时而略早,孔子曾向他"问礼"。后来老子退隐,他的情况,当时人也不详知,以至今天很难具体考定他的生卒年月。记录老子思想的是五千余字的《道德经》(亦称《老子》),它讨论了宇宙(天地)的问题,讨论了认识论的问题。在逻辑上,老子是第一个对概念(名)作了正式论述的先驱。

> 无名天地之始,有名万物之母。(第一章)[1]

一些注释家亦作如后的句读："无",名天地之始;"有",名万物之母。不管那种句读,它都是论述"概念"的问题。按第二种句读,全句的意思是："无",指称天地开始的状态,"有",指称万物化生的状态。"无""有"是两个具体的概念,是客观世界两种状态在人的头脑中的反映,也就是说,概念是认识的结果,是思维的形式。

> 道常无名……始制有名,名亦既有,夫亦将知止(之)。(三十二章)[2]

---

[1] 高亨《老子正诂》,中华书局1959年版。

[2] 高亨《老子正诂》,中华书局1959年版。

对"始制有名",高亨的注释是:"(人)始为道制名,道乃有名。"❶既然有了名(名亦即有),就表示人认知了道(夫亦将知之)。这里的意思还是断定概念(名)是认识的结果,是思维的形式。

强调名(概念)是客观事物在人的头脑中的反映,是认知的结果。这便把中国逻辑建立在唯物主义认识论的基础上,使中国逻辑有一个好的开始。

孔子(公元前551—前479)的先世是宋国贵族,后迁居鲁国,传到孔子时,已不是很有特权的人家了,所以孔子说"吾少也贱"。孔子年轻时做的是小官,后来聚徒讲学,50岁时任司寇(司法),官比较大,还代理过3个月的鲁相,旋即被掌握实权的大贵族季氏排挤掉,于是周游列国,68岁回到鲁国专门讲学、著述,成为著名的教育家和学问家。春秋末年的孔子是一个很具活力的人物。

在中国逻辑史上,孔子的功绩是开创了"正名"的论述。"正名"是中国古典逻辑的一个重要范畴,中国早期的古典逻辑甚至就被名之为"正名逻辑"。"正名"的字面意义是"端正概念"或"把概念搞正确"。"正名逻辑"的重点是讨论正确使用概念的一系列问题,但也讨论如何在正确使用概念的基础上正确进行判断和辨说的问题。下面我们来看孔子的"论正名"。《论语·子路》:

> 子路曰:卫君待子而为政,子将奚先?

> 子曰:必也正名乎! 名不正则言不顺,言不顺则事不成……故君子名之必可言也,言之必可行也。君子于其言,无所苟而已矣。❷

"名"是"概念",毋容多说。"言"是"言辞",确切地说,在这一具体言语中,它是指"判断"和"论说"。孔子这段话的要义有二:

(1)名正则言顺的规律。"必也正名乎!"正名是首要的,因为名不正则言不顺。应当指出,孔子言论的重心和落脚点却又是摆在"言"

---

❶ 高亨《老子正诂》,中华书局1959年版。

❷ 杨伯峻《论语译注》,中华书局1980年版。

上，"正名"只不过是升堂入室的必经之阶梯，正名的目的是求得"言顺"和"事成"，君子要"于其言无所苟"。大概正是基于这一认识，孔子未能具体而细微地去探讨正确使用概念的各种问题，致使他的正名逻辑显得空洞浮泛。

（2）名可言、言可行的原则。这实际上已意识到了"名（概念）言（判断和论说）"必须反映现实和符合客观的道理。当然，这种意识还比较模糊和朦胧，因而形之于表述，也就十分平淡，不怎么精粹和醒目。以致许多讲孔子逻辑思想的人都把它忽略而不论了。

正名逻辑，在孔子那里虽然还是十分朴素和原始，但已触及到了诸多重大的原则和问题。

墨子（约公元前480—前420），宋国人，后长期在鲁国，起先学习儒术，后另立新说，聚徒讲学。他生逢社会大变动之时，针对变化混乱的时势，提出了一整套的治理方案："国家昏乱，则语之尚贤、尚同；国家贫，则语之节用、节葬；国家熹音湛湎，则语之非乐非命；国家淫僻无礼，则语之尊天、事鬼；国家务夺侵凌，则语之兼爱非攻。"（《墨子·鲁问》）他还叫弟子们"能谈辩者谈辩（为上述主张去游说争辩），能说书者说书（为上述主张去从理论上立说立论），能从事者从事（身体力行）"（《耕柱》）[1]，因此迅速地成为一个强大的学派。墨子的逻辑便是寓于其具体的"说书"和"谈辩"中。其主要成就如下：

（1）名实对举的讨论。《非攻下》曰："今天下之所同义者，圣王之法也。今天下之诸侯，将犹皆攻伐兼并。则是有誉义之名而不察其实也。"[2]

（2）察类、知类。《非攻下》曾说到，当时的"好攻伐之君"曾对墨子"以攻伐之为不义"的论点进行非难说："昔者禹征有苗，汤伐桀，武王伐纣，此皆立为圣王，是何故也？"墨子的答复是"子未察吾言之类"，他

---

[1] 孙诒让《墨子闲诂》，中华书局1954年版。

[2] 孙诒让《墨子闲诂》，中华书局1954年版。

具体解释说："若以此三圣王者观之，则非所谓攻也，所谓诛也。"❶也就是说，"攻伐"与"诛"性质不同，是不同的类。又据《公输》记载：墨子听到公输盘正在帮助楚国制造攻城器械准备攻打宋国，于是从齐国动身，走了十天十夜，去到楚国见公输盘，公输盘问他为何事而来。墨子说，北方有人侮辱我，我想请你去替我把他杀掉。公输盘颇为愤然地说"吾义固不杀人"。于是墨子便说出了那十分具有逻辑力量的话："义不杀少而杀众，不可谓知类。"❷

（3）辩故、明故。墨子言论中的"故"字出现得很频繁。其逻辑意义较典型的有："其故何也"（《兼爱下》）、"辩其故"（《兼爱中》）、"明其故"（《非攻下》）。

名实问题，知类、明故问题，都是中国古典逻辑的核心问题，墨子皆已频频涉及，他在逻辑上的贡献，确已大大超过老子和孔子。不过墨子也还没有对上述问题作纯逻辑、纯理论的探讨。因此，我们还是只把他摆在先驱人物之列。由墨子所创立的学派，后来有一部分人专门从事逻辑的研究，成为中国逻辑史上最为辉煌的学派。

二、惠施及其追随者和公孙龙

《庄子·天下》最后一部分叙录并评论了惠施及其追随者和公孙龙。现略加删节而引录于后：

> 惠施多方，其书五车……历物之意，曰：至大无外，谓之大一；至小无内，谓之小一。无厚，不可积也，其大千里。天与地卑，山与泽平。日方中方睨，物方生方死。大同而与小同异。南方无穷而有穷，今日适越而昔来。连环可解也。我知天下之中央，燕之北越之南是也。泛爱万物，天地一体也。惠施以此为大，观于天下而晓辩者，天下之辩者相与乐之。

---

❶ 孙诒让《墨子闲诂》，中华书局1954年版。

❷ 孙诒让《墨子闲诂》，中华书局1954年版。

卵有毛。鸡三足。郢有天下。犬可以为羊。马有卵。丁子有尾。火不热。山出口。轮不碾地。目不见。指不至，至不绝。龟长于蛇。矩不方，规不可以为圆。凿不围枘。飞鸟之影未尝动也。镞矢之疾而有不行不止之时。狗非犬。黄马骊牛三。白狗黑。孤驹未尝有母。一尺之捶，日取其半，万世不竭。辩者以此与惠施相应，终身无穷。桓团、公孙龙辩者之徒，饰人之心，易人之意，能胜人之口，不能服人之心，辩者之囿也。惠施日以其知与人之辩，特与天下之辩者为怪，此其柢也。

南方有倚人曰黄缭，问天地所以不坠不陷，风雨雷霆之故。惠施不辞而应，不虑而对，遍为万物说，说而不休，多而无已，犹以为寡，益之以怪……弱于德强于物……散于万物而不厌……逐万物而不反……❶

下面我们进行分析评论并推出一些结论。"至大无外，谓之大一，至小无内，谓之小一"至"泛爱万物，天地一体也"共10个论题，被称为"历（阅历，考察）物十事"它们被明确地归属于惠施。其中大多数论题被许多现当代有关学者认定为表述了辩证法的思想和原理。"散于万物而不厌""弱于德强于物"，《天下篇》这些略带讥讽意味的记述更透露了惠施的整个思想方法是倾向于唯物的。

"卵有毛"至"一尺之捶，日取其半，万世不竭"共21个论题，"辩者以此与惠施相应"自然是说这21个论题，不是惠施的而是其他辩者的，所以后来被称为"辩者二十一事"。这"二十一事"可以按照内容和表示的思想方法的不同而分为三类。

（1）甲类。

"一尺之捶，日取其半，万世不竭"：它正确地揭示了物体可以无限分割的辩证法则。

"轮不碾地"：当然不是说轮子可以不接触地面，而是说轮子不会停留在地上的某一点上。疾行之矢的"不行不止之时"，用现代人惯用的

---

❶ 谭戒甫《庄子天下篇校释》，商务印书馆1935年版。

说法,就是"在这一点上又不在这一点上"。所以这两个命题揭示了运动的辩证性质。

"飞鸟之影未尝动也":一般认为可用放电影的道理来加以说明。电影上看到的各种动作实际上是由许多不动的单个映像连续出现而成。飞鸟的影子也不是同一个"影"在动,而是许多影像的变换和连续。这里也揭示了动与静、离与合的某种辩证关系。

"龟长于蛇":就一般情况而言,龟短蛇长,但就特殊情况而言,大龟长于小蛇。

可以说,归入甲类的这些论题,其表现出来的思想方法和惠施的历物十事相近。

(2)乙类。

乙类包括"卵有毛、马有卵、丁子(即虾蟆)有尾、犬可以为羊"等。这里可能是据于物种进化的原理。[1]既然物种是进化的,那么不同物种的某些特性就会互相渗透;所以卵会有毛,马会有卵。由于物种进化所以说"犬可以为羊"也就不足为怪了。至于虾蟆它本是由有尾巴的蝌蚪变成的,因而说它有尾巴,就更是顺理成章了。进化论只讲渐进的进化而不讲飞跃,不免有点形而上学,但进化也是一种变化,因而它也含有朴素的辩证观。在古代社会,进化论应当是更靠近辩证法,而远离形而上学。

(3)丙类。

"鸡三足":先秦的一些典籍说这是公孙龙提出的。它的意思是说,鸡足之名是一,鸡足之数是二,二加一则为三。

"黄马骊牛三":胡适说"牛"为"马"之误[2],"骊"为纯黑色。"黄""骊""马"析离计数为"三"。

"狗非犬""孤驹未尝有母":从狗犬实际指称的事物来说,本是一

---

[1] 胡适《先秦名学史》,学林出版社1983年版。

[2] 胡适《先秦名学史》,学林出版社1983年版。

回事,但从"概念(名)"的抽象分析来说,这二者非一。"孤驹未尝有母"也是这个理路。联系实际事物来说,孤驹尽管现在无母,但过去有母;但若抽象地孤立地从"孤驹"这个概念来说,既称孤驹,就当无母。

"火不热":这里所说的"火",也是指火之名。实际的火无疑是热的,但火之名是不能发热的。

属于丙类的命题,都郑重其事地把"名"(概念)这种思维的东西作为研讨的主要对象。从某种意义上说,它能推进对逻辑的研究,然而这种推进作用是极为有限的,因为它对"名"的独立性强调得过了头,似乎"名"倒是可以离开实而完全独立并最后似乎也能成为一种"实体"。例如,"火"之名就竟然能与实际的火绝然分开来加以讨论,实际的火是热的,而抽象的火却是不热的。

丙类命题所表现的思想方法和现在称为《公孙龙子》的某些篇章的思想方法相近。

根据上面分析,可知辩者集团的多数人(持甲类乙类论题者)是比较认同惠施的思想方法的,因而惠施便势所必然地成为这一大伙辩者集团"相与乐之"的中心人物。《天下篇》的整个那段叙录也主要是围绕惠施来作文章的。至于公孙龙,不仅点到了名字,而且有简短的叙录,自然也是一位佼佼者和重要人物。公孙龙是持丙类命题(较为离奇古怪)的代表人物,因而被较为严厉地讥讽为"饰人之心,易人之意,能胜人之口,不能服人之心,辩者之囿也"。

根据近现代某些学者考证,惠施约生活于公元前370年至前310年,公孙龙约生活于公元前325年至前250年,惠施比公孙龙年长40多岁。惠施死后,公孙龙的影响逐渐增大,与他所持的论题离奇古怪有关,因为离奇古怪的命题比较容易产生轰动效应。不过我们认为,在整个战国时期,惠施在整个辩者集团中还是最有影响的人物。其根据就是《天下篇》是以惠施(而不是公孙龙)为中心来叙述的。《天下篇》不是庄子所作,这已是相关学者所公认的。《天下篇》作于何时呢?我们

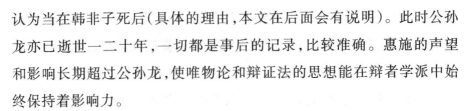

认为当在韩非子死后（具体的理由，本文在后面会有说明）。此时公孙龙亦已逝世一二十年，一切都是事后的记录，比较准确。惠施的声望和影响长期超过公孙龙，使唯物论和辩证法的思想能在辩者学派中始终保持着影响力。

惠施和公孙龙创建了先秦的辩者学派，他们对诸多论题的逻辑分析和逻辑证明进行专门的研究，有不少人甚至以毕生之力致力于此，这极大地推进了中国逻辑的发展。

三、荀子

荀子（约公元前313—前238）原本赵国人，后长期活动于齐国，曾在齐国稷下学宫三为祭酒，晚年退居楚国，曾被春申君推荐为兰陵令（今山东南部苍山县令）。他基本上还是继承孔子学说的儒家人物。他接过孔子和其他儒者的一些话题，论礼乐、论人性、论君道臣道等。孔孟很少论天地宇宙，然而荀子却论天，论天人关系，论人的认识活动。荀子是先秦儒家中全能的标准的典型的哲学家。

在逻辑上，荀子也是空前较为全能的人物。

在其丰硕的哲学论中可以析离出较为系统的逻辑哲学"论事物的齐一性单纯性和推论的绝对可行性和简要性"。荀子认为世界图式非常简单确定。"千人之情，一人之情是也。天地始者，今日是也……故持弥约而事弥大，五寸之矩尽天下之方也。"（《不苟》）他还说："类不可两。""天下无二道，圣人无两心……百家异说，或是或非。"（《解蔽》）❶"类不可两""或是或非"，作为一种哲学观是不可取的，但却是二值逻辑得以提出的基点。世界本身既然如此简约，那么推论也就易如反掌了。荀子说："欲观千岁，则数今日，欲知亿万，则审一二。"（《非相》）"以古持今，以一持万……举统类而应之，张法而度之，若合符节……"

---

❶ 章诗同《荀子简注》，上海人民出版社1974年版。

（《儒效》）❶荀子由于相信事物的"类"和"法度"的单纯性和齐一性,相信推论的绝对可行性和简便性,因而信心百倍地推进中国逻辑的发展,并取得巨大成就。

中国最早的逻辑专著是《荀子·正名篇》(以下简称《正名篇》)。

(1)《正名篇》对逻辑有全般的论述。

故辨说也,实不喻然后命,命不喻然后期,期不喻然后说,说不喻然后辨……名闻而实喻,名之用也。名也者,所以累实也,辞也者,兼异实之名以论一意也。辨说也者,不异实名以喻动静之道也。期命也者,辨说之用也,辨说也者,心之象道也。心也者,道之工宰也。道也者,治之经理也。心合于道,说合于心,辞合于说,正名而期,质情而喻。辨异而不过,推类而不悖,听则合文,辨则尽故。❷

"命"是命名。"期",有人说是"形容和打比方",有人说是给"名"一个简短的定义。当用"名"来指称一个事物还不能使对方了解时,就指手画脚用一些物象来形容和打比方,或者说出一个简短的定义。"辞"是语句、判断,中国古典逻辑的判断论很不发达,荀子在这里也只是一两句话带过。"辨说"是推理论证。上面引录的话,论述了期、命、辨说(概念、推理论证)的意义作用和若干法则、准则。虽然比较粗浅,但总算是胸有逻辑的全般了。

(2)《正名篇》的杰出贡献是"概念论"。精辟的"概念论",使《正名篇》堪称不朽。现将其概念论的大要论述如下。

甲。概念(名)是人们交往和交流思想的必要手段和必然产物。"异形离心。交喻异物,名实玄纽,同异不别,如是则志必有不喻之患,而事必有困废之祸。故知者为之分别制名以指实。"事物是异形的,人心是隔离的,如果不用各种名来分别指实,就会产生事物名实之间纠结不清现象,彼此的思想不能了解,做起事来一定困难重重。于是就必

❶ 章诗同《荀子简注》,上海人民出版社1974年版。

❷ 章诗同《荀子简注》,上海人民出版社1974年版。

然有智者出来分别制名以指实。

乙。概念怎样形成:首先是"待天官的薄其类"(感官接触事物),然后再靠"心之徵知"(理性认识)。这就是说,概念是认识的结果,是人的认识由感性推进到理性阶段时的产物。

丙。名有单、兼、共、别之不同。这是企图对概念进行分类的一种尝试。

丁。"同则同之,异则异之""约定俗成""径易而不拂"的原则。

"同则同之,异则异之""异实者莫不异名""同实者莫不同名""不可乱也"。这些话实际上是要求概念(名)指称的对象确定、明确,不互相混淆,是同一律较为原始和朴素的一种表述。荀子还讨论了概念的语词形式问题。一个概念用什么语词来表示,全是由人们的"约定俗成"。不过,人们在"约定"时应注意贯彻"径易而不拂"的原则,即相关语词在表意(表达相关概念内涵和外延)上要"直捷平易"(径易)而且"不易混淆(不拂)"。这样的约定自然也就能最后俗成。"径易而不拂"的原则还是为了保证概念指称的明确性和确定性,也是体现同一律的要求。

可以说,荀子的概念论,在广度和某些问题的深度上已有点接近现代普通逻辑教材的概念论。

四、韩非

韩非(公元前280—前233)出身韩国贵族,曾建议韩王变法图强,不见用,于是退而著书十余万言。秦始皇读了他的书,赞叹不已,邀之赴秦,后受李斯、姚贾陷害,下狱中并被迫自杀。韩非是法家的重要代表人物,为宣传法家主张而积极进行立论,积极进行争辩。立与破的论难和辩说推动他在逻辑方面作出创造。

韩非是第一个比较明确阐述了矛盾律思想的人。

历山之农者侵畔,舜往耕焉,期年,甽亩正。河滨之渔者争坻,舜往渔焉,期年而鰌长。东夷之陶者器苦窳,舜往陶焉,期年而器牢。仲尼叹曰:"耕、渔与陶,非舜官也,而舜往为之者,所以救败。舜其信仁乎!乃躬耕藉处苦而民从之,故曰"圣人之德化乎!"

或问儒者曰:"方此时也,尧安在?"其人曰:"尧为天子"。然则仲尼之圣尧奈何? 圣人明察在上位,将使天下无奸也。今(当作"令")耕渔不争,陶器不窳,舜又何德而化? 舜之救败也,则是尧有失也。贤舜则去尧之明察,圣尧则去舜之德化,不可两得也。楚人有鬻盾与矛者,誉之曰:"吾盾之坚,莫能陷也。"又誉其矛曰:吾矛之利,于物无不陷也。"或曰:"以子之矛陷子之盾何如?"其人弗能应也。夫不可陷之盾与无不陷之矛,不可同世而立。今尧舜之不可两誉,矛盾之说也。(《难一》)❶

短短一段话,既有生动的叙说(尧舜的传说和矛盾的故事)又有理论的概括("夫不可陷之盾与无不陷之矛,不可同世而立""今尧舜之不可两誉,矛盾之说也")。当然,在这里,理论概括的程度还比较低。"辩"推动韩非在逻辑方面进行创造,但辩的急迫和忙碌也使他疏于逻辑理论的探究。然而,韩非毕竟还是天才地发现了矛盾律。对于上述那段话,只要稍加疏理,略作演绎,便可发现它还是比较完备地表述了矛盾律的:第一,创造了"矛盾"这一精当的逻辑术语;第二,指出两个互相否定的说法不能同时成立;第三,对于两个互相否定的说法,肯定一个就可否定另一个。

韩非较早地创建了一些归纳模式。

《史记·老庄申韩列传》说韩非"喜刑名法术之学,而其归本于黄老"❷。这"归本于黄老"的说法是不怎么准确的。事实上,韩非是"以道补法"并"以法补道",从而对《老子》的某些论述作出新解的。"法"是植根于人世间的"具体性"和"经验性",然而"法"也有"法理",也有个

---

❶ 陈奇猷《韩非子集释》,上海人民出版社1974年版。

❷ 司马迁《史记》,中华书局1975年版。

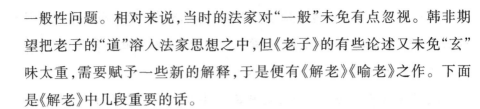

一般性问题。相对来说，当时的法家对"一般"未免有点忽视。韩非期望把老子的"道"溶入法家思想之中，但《老子》的有些论述又未免"玄"味太重，需要赋予一些新的解释，于是便有《解老》《喻老》之作。下面是《解老》中几段重要的话。

　　道有积而积有功（道是有所积聚，积聚了便有功效）德者道之功。功有实而实有光（功效有实际表现，有实际表现就有光辉），仁者，德之光。

　　先物行先理动之谓前识。前识者，无缘而妄意度也。

　　故视强则目不明，听甚则耳不聪，思虑过度则智识乱。❶

　　"道"是"规律"和"一般"。《老子》有"道可道非常道"之说，未免要使人觉得"道"是比较抽象和难于捉摸。韩非则强调"道"是"具体"的一种积聚，有具体可验的功效，有实在可感的表现。据此韩非大力反对所谓"前识"（先于经验的认识），反对强打精神的视、听和思虑。韩非就这样把规律的一般性和经验的具体性完全合乎道理地统一了起来。"一般是具体的积聚""一般是具体的概括"。在逻辑上，这便是归纳的原理和模式。韩非建立了如下几种归纳模式"。

　　（1）经、说相配的模式。

　　《韩非子》有《储说》六篇，共有33个论证。每一个论证都由"经"和"说"组成，"经"提出论点并列出一些具体事例，"说"则进一步对这些事例作具体说明。

　　（2）喻。

　　《韩非子》有《喻老》。它引用许多历史故事和民间传说来印证《老子》中的一些论断。兹举一例如下：

　　宋之鄙人之得璞玉而献之子罕，子罕不受。鄙人曰："此宝也，宜为君子器，不宜为细人用。"子罕曰："尔以玉为宝，我以不受子玉为宝。"是鄙人欲玉，而子罕不欲玉。故曰："欲不欲，而不贵难得之货。"（"故

---

　　❶ 陈奇猷《韩非子集释》，上海人民出版社1974年版。

曰"引出的是《老子》中的话,意思是"把没有欲望当作欲望,不看重难得之财物")❶

这段文字就是一个论证,《老子》的那句话就是论点。论证时主要引用典型的具体事例并略作叙述和评论。韩非把这种论证称作"喻",这个"喻"不能狭隘地解作比喻,它是一种类物明例的论证方法,主要是一种归纳模式。

(3)"其说在……"的逻辑形式。

"其说在……""说在……"的形式存在于《储说》中。《储说》33个论证中,有17个的"经文"中有"其说在"或"说在"的字样,其中16例中的"其说在(说在)"是引出与论点相关事例的导引词。例如:

《内储说·经六·挟智》:挟智而问,则不智者智,深智一物,众隐皆变(通"辨")。其说在昭侯之握一爪也,周主索曲杖而群臣惧,卜皮使庶子,而西门详遗辖。❷

在上面这段话中,先提出论点,然后用"其说在"引出具体事例来加以论证,是一种归纳证明。

(4)所谓韩非的连珠体。

《北史·李先传》有"魏帝召先读韩子连珠二十二篇"❸之说。这个所谓韩子连珠就是《储说》,所云"二十二篇"乃"三十三篇"之误。后来汉魏时的杨雄、陆机等人又制作"连珠"。这些连珠的共同点是都用"故""是以"加以连贯"互相发明若珠的结绯"。实际上韩非的连珠和汉魏的连珠是有差别的。《辞海》"连珠"条把汉魏的连珠体称作是一种文体,而韩非的连珠则不过是"词义连贯的文词,并非文体之称"❹。《辞海》看到这两种连珠的差别,这是对的。但说二者是"文体"与"不是文体"之差(所谓"雅俗之差"),则未得其要领。实际上,两种连珠之差是

---

❶ 陈奇猷《韩非子集释》,上海人民出版社1974年版。

❷ 陈奇猷《韩非子集释》,上海人民出版社1974年版。

❸ 李延寿《北史》,中华书局1974年版。

❹ 《辞海》编辑委员会《辞海》,上海辞书出版社1980年版。

275

逻辑形式的不同。

我们先看汉魏的连珠，兹引陆机连珠一首。

任重于力，才尽则困。用广其器，应博则凶。是以物胜权而衡殆。形过镜则照穷。故明主程才以效业，贞臣底力而辞丰。❶

不难看出。这是一个演绎和类比相结合的推理。

再看韩非的连珠。《内储说下·经六》：

敌之所务，在浮察而就靡，人主不察，则敌废置矣。(敌国所企求的是国君观察错乱而造成错误，君子不明察，就会按敌国的意图任免大臣)故文王资费仲，而秦王患楚使；黎且去仲尼，而干象沮甘茂。是以子胥宣言而子常用，内(纳)美人而虞虢亡，佯遗书而苌弘死，用鸡猴而邻桀尽。❷

很明显，这是一个纯粹的归纳证明。应当指出，作为归纳，作为论据的事例是并列的，然而却用"故""是以"等作连接词是不十分贴切的。也就是说，这一归纳模式还是不十分规范，不十分成熟的。

一共四种归纳模式，其中的"经、说相配""其说在……""连珠"三种模式都藏于《储说》之中，混和使用而未单独析离出来，这是韩非的归纳逻辑尚未充分发育的一种表现。

（原刊于《江西教育学院学报》1997年第2期）

---

❶ 严可均《全上古三代秦汉三国六朝文》，中华书局1958年版。

❷ 陈奇猷《韩非子集释》，上海人民出版社1974年版。

中国逻辑的独立发展和奠基时期(下):
秦汉乱离际会之世

公元前230年,六国中的韩国首先被秦攻灭。公元前179年,汉文帝在吕后乱政之后登上皇位。我们把这个约50年的阶段称为"秦汉乱离际会之世"——公元前230至前221年秦为攻灭六国发动连年不断的战争,后秦始皇统一的十年表面平静;公元前210年秦始皇死,胡亥、赵高篡权乱政,旋即于公元前209年爆发了陈胜、吴广起义并引发各种人物起来进行反秦战争,直至公元前206年刘邦进兵咸阳,秦朝灭亡,接着是以楚汉相争为主的连年战争,直至公元前202年10月,刘邦才在定陶正式即皇帝位;他做了七年的大一统皇帝便去世,往后又是吕后长达15年之久的篡权乱政——战乱际会遇合。

在学术方面,这一阶段是诸子百家之学隐伏而不衰。穷兵黩武的秦始皇虽对诸子百家之学不屑一顾并进而禁锢摧残,但其在学术思想方面的实际控制力却是很弱的。刘邦戎马倥偬,还没有来得及对学术问题定下明确的政策便去世了,所以这一阶段的诸子百家之学仍然甚具活力。不过,此时的学者们已不是喧嚣于公开的论坛,而是退居论学,托先驱之名字完成本学派的著述任务,其结果反而造成了学术上的丰收。

在逻辑学方面,我们把《公孙龙子》《墨经》这两本名世之作看作在这一阶段完成的。

第二编 中国逻辑

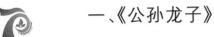

一、《公孙龙子》

(一)《公孙龙子》内容的评述

《公孙龙子》计有《迹府》《白马论》《坚白论》《指物论》《通变论》《名实论》六篇。《迹府》主要描述公孙龙如何执守"白马非马"之说,文章通过与孔穿的辩难来显示白马论的正确性和公孙龙的执着性,颇具趣味性和吸引力。但此篇被公认为公孙龙的门人或后人所作,甚至还包含有魏晋人的补缀。

《白马论》是论证"白马非马",除去那些兜圈子、搞迷离的枝叶文句之外,还是比较直捷明快,算得是观点鲜明。

"白马非马"可乎? 曰:"可"。曰:"何哉?"

曰:"马者所以命形也,白者所以命色也,命色非命形,故曰白马非马。"

"白马"者,马与"白"也,"白与马也"。故曰白马非马。❶

这里是把命色的"白"与命形的"马"切割为能够互相分离和各自独立的东西。"白"与"马"是二,马只是一,二不等于一,故曰"白马非马"。

《坚白论》是分析石头的两种属性"坚"和"白"的关系。《坚白论》的观点是说二者是互相分离的,故被概括为"离坚白"。

视不得其所坚而得其所白者,无坚也;拊不得其所白而得其所坚者,无白也。❷

"白"是目的视觉,"坚"是手的触觉,目手非一,所以坚白相离。这是利用人们感觉器官的不同,来论证二者是相离的。《坚白论》还进一步解释说,坚白相离,并不是离去的那个就没有了,而是藏起来了。例如,当我们目视时,是"得白"而"无坚",这个"无坚"不是说"坚"真正没有了,而是藏起来了,但又不是藏在石头里,而是自藏了。《白马论》把

---

❶ 栾星《公孙龙子长笺》,中州书画社1982年版。

❷ 栾星《公孙龙子长笺》,中州书画社1982年版。

"马"和其属性"白"两个不同层次的东西并列起来讨论,所以论证很难展开。《坚白论》论述的是"石"的两种并列属性"白"和"坚"的关系。这种理路上的变换和改进,使它能多有几个说法。《坚白论》是比《白马论》更为精细的一个论证。

《通变论》也是贯穿"离"和"分割"的形而上学方法论。《通变论》是主张不能通变的。它提出了一个基本命题叫"二无一",认定两个分离的东西总是各正其位,永远分离的,它们不会通变,没有统一。在《通变论》中提到了"辩者二十一事"中的"鸡足三"。

《指物论》讨论"物"与"指"的关系问题,它有四个基本词语"物、指、物指、非指"。对于"物""指""物指"的解释,历来分歧不大。"物"不用多说。"指"就是《坚白论》中的"坚"和"白"等,本是物的属性的抽象化,但在《坚白论》中却被玄化为完全独立自在的东西。但《指物论》的"指",却不是永远独立自在的,它相互结合于"物"时,便成为"物指"。"物指"的聚合便是"物"。至于"非指",它是什么意思,就有点说不清。有人说,"指"转化为"物指"后便和独立自在的"指"不同了,因而得称为"非指"。但细观《指物论》原文,许多处的"非指"是"非"和"指"的连用。并不是一个词(一个概念)。正是这个模糊而不确定的"非指"把全文弄得较为曲折迷离。❶但单从"指""物指""物"几个概念就可说明《指物论》已和《白马论》《坚白论》有点不同。在这里,"坚""白"等一类的"指"已不是无时无刻处于独立的状态了,而是要经常变为"物指"并从而体现为人们能感觉到的"物"了。这是对唯心论的一种动摇,是向唯物论转化的一种开始或萌芽。另外,《指物论》既然承认由"指"到"物指"和"物"的转化,在方法论上还表现了一种由"形而上"向"辩证法"转化的倾向。

《名实论》。它非常易读易懂。第一段开门见山地宣示其宇宙观和方法论:

---

❶ 本文限于篇幅,无法多作疏解。

天地与其所产焉，物也。物以物其所物而不过焉，实也。实以实其所实而不旷焉，位也。出其所位，非位；位其所位焉，正也。❶

"天地以及它们产生的东西叫物"，这是鲜明的唯物主义观点。在方法论上，《名实论》保持明显的"形而上学"观点，强调世界的正常秩序是万物"各当其位"，不能变动，不能"出其所位"。

《名实论》的重心是逻辑，在第一段总的宣示了其宇宙观和方法论之后便转而专门讨论逻辑问题。它认为"夫名，实谓也"，名学（逻辑）的任务就是要"审其名实，慎其所谓"。它似乎觉得"名实"本是"各正其位"的，关键是慎其"所谓"。怎样慎其所谓呢?《名实论》作了反复的申述：

其名正，则唯乎其彼此焉。谓彼而彼不唯乎彼，彼谓不行；谓此而此不唯乎此，则此谓不行。❷

"名"就是名称概念，"谓"作动词用时是"指称""称谓"，作名词用时也就是名称、概念。"彼""此"有时是指彼物此物，有时是指此称彼的名称、概念。《名实论》认为：所谓"名（概念）"的运用正确就是一个名只能单独（唯）指那个，或单独指这个，指那个但不单独指那个，这样的名称概念就通行不了。对于这样一个法则，它唯恐说得不透和强调得不够，于是继续说：

故彼彼当乎彼，则唯乎彼，其谓行彼，此此当乎此，则唯乎此，其谓行此。❸

这里新加进了一个"当（恰当）"，既然用彼名指彼物是恰当的，那就专用来指"彼"好了。补充说了不够，还要反复说：

彼彼止于彼，此此止于此，可；彼此而彼且此，此彼而此且彼，不可。（用那个指那个就只限于指那个……可以；用那个指这个其结果是那个

---

❶ 栾星《公孙龙子长笺》，中州书画社1982年版。

❷ 栾星《公孙龙子长笺》，中州书画社1982年版。

❸ 栾星《公孙龙子长笺》，中州书画社1982年版。

又这个……像这样"这个那个地混淆不清"是不可以的。）**❶**

《名实论》反复申述和强调了概念指谓的确定性,精彩地表述了形式逻辑的同一律。

(二)《公孙龙子》的作者和写作年代

上面已经说到,《公孙龙子》中的几篇著作,在是唯物还是唯心,是形而上学还是辩证法上,其门道和思想路数都不完全相同。因而它不可能是一人之作,而当是出于多人之手。下面作些具体讨论。

(1)它不是公孙龙子的著作。我们且来看看几种主要先秦典籍的相关记录。第一,《荀子》不仅没有提到《公孙龙子》,而且连公孙龙子的名字也没有提到。第二,《韩非子》把"白马论"归属于"儿说"而不是归属于公孙龙。《韩非子·外储说左上》:"儿说,宋之善辩者也,持白马非马也,服齐稷下之辩者,乘白马过关则顾白马之赋。故籍之虚辞,则能胜一国,考实按形,不能漫于一人。"**❷**第三,《吕氏春秋·淫辞》:"孔穿、公孙龙相与论于平原君所,深而辩,至于藏三牙,公孙龙言藏之三牙甚辩。"**❸**《韩非子》《吕氏春秋》都没有说到什么《公孙龙子》一书。第四,《庄子·秋水》则只提到了公孙龙持"离坚白"之说,而没有说有《公孙龙子》一书。《庄子·天下篇》在专论惠施和公孙龙的"叙录"中也没有提到《公孙龙子》一书。荀子、吕不韦、韩非及《天下篇》的作者都比公孙龙晚出。所以,基本上可以肯定,《公孙龙子》全书既不是公孙龙本人所作,也不是由公孙龙子所编定。至于公孙龙本人是否留下有遗稿(书面的或口头的),还很难肯定,如果有的话,那么最大的可能是《坚白论》或《通变论》。

(2)《公孙龙子》是出于公孙龙学派之手。但这个所谓的公孙龙学派实际上还是惠施和公孙龙共创的辩者学派。《公孙龙子》五篇,虽然

---

❶ 栾星《公孙龙子长笺》,中州书画社 1982 年版。

❷ 陈奇猷《韩非子集释》,上海人民出版社 1974 年版。

❸ 吕不韦《吕氏春秋》,台湾艺文印书馆 1974 年版。

在是唯心还是唯物、是形而上学还是辩证法上,其门道和思想路数不完全相同,但从某种意义上说,"同"还是主要的。可以说整个辩者学派的传统是只求"都致力于辩的研讨"这个大同。前期,他们是以惠施为中心和首领而求同存异。后来,则又以公孙龙为中心和首领而求同存异。公孙龙后来不仅是辩者集团的长辈,而且在政治上也成了一位颇为显赫的人物。《吕氏春秋·审应览》曾说到公孙龙与赵惠文王和燕昭王谈"偃兵"及替平原君参决赵之军国大事。现再引《战国策·赵策三》的一段记载:"秦攻赵,平原君使人请救于魏,(赵孝成王九年即公元前257年)信陵君发兵至邯郸城下,秦兵罢。虞卿为平原请益地……赵王曰:'善,将益之地。'公孙龙闻之,见平原君曰:'……为君计者,不如不受便。'平原君曰:'谨受令!'乃不受封。"❶这一记录说明公孙龙在平原君门下的特殊权位。平原君为赵之宗亲,相赵惠文王及孝成王,三去相,三复位,权倾一时。公孙龙追随平原君几十年,自然也就地位特殊。平原君死于赵孝成王十五年(公元前251年)当时公孙龙也已年过70,此后,公孙龙的活动也就不见记录了。看来,公孙龙后来已颇移情于政治了,不过他仍是辩者的首领。政治上的练达可能使他在学术上更加大度和开放,他以自己的政治和经济实力,团结、保护和领导当时的辩者。公孙龙死后不久,六国也相继破灭,公孙龙团结的辩者中的优秀者和有志者乃退而集中论学,并各抒己见著述,但仍托公孙龙之名,汇编而为《公孙龙子》。

《公孙龙子》虽然是以唯心的形而上学的思想方法为主导,但它是侧重于进行逻辑分析和逻辑论证的专门著作,在中国逻辑史上影响甚大。在具体的正面的积极贡献方面,除《名实论》总结出"同一律"这一突出贡献外,其他各篇在进行曲折的辩察过程中,也触及不少科学的逻辑问题。

---

❶ 刘向《战国策》,上海古籍出版社1978年版。

二、《墨经》

《墨经》被公认为出自墨家后学。墨家后学因著有《墨经》而被公认我国古代最为杰出的逻辑学派。然而，对于墨家逻辑学派的具体情况及《墨经》的写作年代，许多相关的近现代学者却语焉而不详。我们认为，墨家逻辑学派的出现和存在可能不会很晚，但因成绩卓著而声名远播则当是较晚的事。例如，荀子在《富国》《乐论》《非十二子》《王霸》《天论》《解蔽》中都曾有许多评论墨家的言论，但都只谈墨家的政治社会学说而不及墨家"名言"（逻辑）思想，估计在《荀子》成书之前，墨家逻辑学派尚无多大影响。再看《韩非子·显学》的记录："自墨子之死也，有相里氏之墨，有相夫氏之墨，有邓陵氏之墨……墨离为三，取舍相反不同。"❶这里也没有提到逻辑方面的问题，但"取舍相反不同"这句话却颇值得玩味。墨家是一个内部组织较严密的学派，在政治和社会学说方面，不可能出现显著的"取舍相反"，但逻辑却只是一种方法，一种工具，自可"自由研讨"，所以这里透露的信息是墨家在逻辑方面的自由研讨已进行得比较热烈。不过，《韩非子》没有秉笔直书"逻辑研讨上的取舍相反"，也就说明墨家逻辑学派的声望和影响还比较有限。对墨家逻辑学派作出具体详尽记录的是《庄子·天下篇》：

相里勤弟子五候之徒，南方之墨者。苦获、已齿、邓陵子之属，俱诵《墨经》，而倍谲不同，相谓别墨；以坚白同异之辩相訾，以不仵之辞相应。❷

《天下篇》为什么能作出比《韩非子》更详尽的叙录呢？最充足的理由就是因为《天下篇》的写成时间在后。《天下篇》是《庄子》中写定时间较晚（甚至是最晚）的篇章已为有关学者多数人所认同。现在我们明确认为它的写成时间在韩非子逝世之后，最早也只能是公元前230年左右（韩非子死于公元前233年），即我们所谓的"秦汉乱离际会之世"开始之时。

---

❶ 陈奇猷《韩非子集释》，上海人民出版社1974年版。

❷ 谭戒甫《庄子天下篇校释》，商务印书馆1935年版。

根据《韩非子·显学》和《庄子·天下》的记录并适当加以推演,我们可以作出如后一些论断。(1)墨家逻辑学派至少始于相里勤,但直到邓陵子初露头角之时尚未达于兴盛,所以,韩非子的记叙便也未能点明相里勤、邓陵子的逻辑家身份。(2)邓陵子比相里勤至少晚出一辈,即和相里勤之弟子五侯年代相当(还有一种可能是:相里勤、五侯、邓陵子是师徒三代相传关系)。大概在邓陵子中晚年时期,墨家逻辑学派便比较昌盛,邓陵子、苦获、已齿都已经以逻辑学家身份而知名于世,因而被《天下》详为记叙。(3)苦获、已齿、邓陵子俱诵而又"倍谲不同"的《墨经》,当不是今本《墨经》,估计墨家逻辑学派曾有些草创之作的《墨经》。这些草创之作,再经过邓陵子等人和诸多弟子的"辩诘""争鸣"及充实发展再创造,才成为今天流行的《墨经》,而且今本《墨经》的最后写定人应当是比邓陵子、苦获、已齿更晚一辈的人。若以30年为"一世"计算,他们当活动于公元前230—前200年,在那"天下大乱"之时,这些杰出的无名英雄却写定了中国古典逻辑最伟大的著作。

对于《墨经》,一贯的传统是把它分析为六篇。侯外庐的《中国思想通史》更是明确地定其写作顺序为:《经上》→《经下》→《经说上》→《经说下》→《大取》→《小取》,而且指出,《大取》尤其是《小取》,"它带有总结墨学的性质"[1]。我们通过对原著的反复琢磨和研究,认为实际情况可能恰恰相反,即《大取》《小取》成书于前,它们只是一种阶段性成果,而《经说》(上下)却是最后写成的完全成熟的集大成之作。在体例上,每一条的"经"与"说",应是同时写出的一个整体,它们可能有一个由粗糙到精细的过程,但绝不是先有《经上》《经下》的写定,然后再有人来据"经"写"说"。对于上述观点,我曾另有文章作过专门论述,此处不再重复。这里只对《经说》(上下)作简要的述评,以昭示《墨经》的总体成就。

---

[1] 侯外庐、赵纪彬、杜国庠《中国思想通史》,人民出版社1957年版,第484页。

(一)《经上》《经说上》

"经""说"是连属配套的。《经上》《经说上》相配计有90多条,这90多条,绝大多数就是概念的逻辑定义。先评说一个例子:

(第59条)[经]圆,一中同长。

　　　　[说]圆;规写交也。(圆只有一个中心,且其中心〈圆心〉至周边的长度"半径"相同。用圆规这种工具画成的相交的线,便是圆。)❶

这是关于"圆"的定义,既揭示了"圆"的内涵,也涉及"圆"的外延。《经说上》中的许多定义都是既揭示内涵并且又展示外延的:

(第20条)勇:志之所以敢也。

　　　　敢于为,敢于不为。

(第40条)久:弥异时也。(久是所有不同时间的概括)

　　　　古、今、旦、暮。

(第41条)宇:弥异所也。(宇是所有不同处所的概括)

　　　　东、西、家(中)、南、北。❷

西方逻辑之父亚里士多德尚只注意揭示概念的内涵,只注意去作出内涵定义。与《经说上》相比,真是有点瞠乎其后矣!

《经说上》以规范的定义形式对许多名物,事理的概念、范畴作出了科学明晰透彻的解说。特别要着重说到的是它通过对很多逻辑范畴(如知、举、言、异、辩等)的定义讨论了概念形成的认知过程、概念的分类、概念间的关系以及排中律等一系列问题。称得上是内容深厚,成熟完备的关于逻辑概念学说的力作。

(二)《经下》《经说下》

《经下》《经说下》可以说是《墨经》的论式篇。《经》《说》相配共成80

---

❶ 谭戒甫《墨辩发微》,中华书局1964年版。

❷ 谭戒甫《墨辩发微》,中华书局1964年版。

多条。80多条中，只有3条没有"说在"的字样，其余诸条结构几乎完全划一：《经》文先提出一个论断，接上是"说在某某"，然后《说》对那个"说在某某"作进一步解说、引申。可以说，每一条就是一个完整的而且是已经形式化了的论证。下面举出两例。

例1. [经]异类不比，说在量。[说]木与夜孰长？智与粟孰多？爵、亲、行、贾，四者孰贵？麋与鹤孰高？蝉与瑟孰悲？

例2. [经]以言为尽悖，悖；说在其言。[说]悖，不可也。之人之言可，是不悖，则是有可也。之人之言不可，以当，必不当。❶

墨辩论式的关键和契机是那个"说在某某"，它提示理由和原因。不过它一般不把理由完整地说出来，我们必须把它和后面的[说]联系起来，意义才十分清楚明白。譬如例1中的"说在量"就必须和"木与夜孰长？智与粟孰多？……"联系起来看，才清楚地显示出其意思是"量不同故不能相比"。"说在某某"作为论式的一支（或一段），似乎独立性少了一些，依赖性多了一些。然而"说在某某"上面紧承论题，下面密联[说]的具体解释，使整个论式显得联系紧密，浑然一体。墨辩论式的"说在某某"大都经过精心锤炼，通常都只用几个字，就明白地揭示出了论式的逻辑理路。墨辩论式是演绎与归有机结合而以演绎为主导的论式。后来在印度发展起来的因明论式，其逻辑结构、逻辑理路和墨辩论式十分相似。

墨辩论式的形成一定会有一个过程。这个过程的开始阶段估计不会很早，很可能就在吕不韦和韩非子著述之时。《吕氏春秋·有始览》有七处论证是用"解在乎"引出一连串事例来证明论题，是归纳论式的一种最简朴的形式。《韩非子》中的归纳模式，结构要更复杂，形式化程度要更高，《储说》33篇，全都采取"经""说"相配的形式，而且半数以上有"其说在""说在"的字样。然而，《储说》的这种框架经过进一步改造、充实能否有更丰富更深邃的逻辑内涵呢？墨家逻辑学派作为一个群

---

❶ 谭戒甫《墨辩发微》，中华书局1964年版。

体,他们既能看到《储说》在逻辑上的重要价值,也更容易发现其"粗野"和简朴,于是再加以改造、发展和创造,建立起了层次相当高级的论式"墨辩论式"。

根据我们前面的分析,韩非子死后,邓陵子才开始以逻辑学家身份知名于世。也就是说,墨辩论式的创造,大概经过了邓陵子、苦获、已齿及其弟子们共几代人的努力。

在《经说下》的论式中,有不少是专论各项逻辑原理和法则的,内含相当丰富。关于这方面的情况,一些近现代和当代的有关专家已有较详尽论述。这里不作具体介绍。

《经说》(上下)基本上构筑起了以"概念论"和"证明论"以及一系列逻辑原理和法则的全般逻辑体系,大致奠定了中国逻辑的基础。

三、汉文景时期至魏晋

(一)淮南王刘安

汉朝的文帝、景帝于长期战乱之后,特别注意社会的休整与稳定,在政治和军事方面,非万不得已,尽量不进行大的运作。在意识形态方面,也采取相配套的方针,即纵容甚至倡导黄老之说。淮南王刘安(公元前179—前122)好读书,善文辞,他因宗室之亲贵与富有,"集约百家","招致宾客方术之士数千人",集体编写成《淮南子》一书。编书的时间为景帝年间和武帝初年。当时极端崇奉黄老道家之说的窦太后还健在,而刘安本人及这个编书的集体又因种种原因而比较专情于博采百家而以道家思想为统御的《吕氏春秋》学派。在客观的政治思想氛围和作者的主观创作意向比较相一致的情况下,《淮南子》的创作比较成功。它在思想路数上虽然有点上承《吕氏春秋》,但却体系更严密,思想更精粹,文字也更锦绣。《淮南子》在思想方法论方面形成了较为独特的体系,但在逻辑的方面则显得有点漫不经心。它曾经有两句名言："得隋侯之珠，不若得事之所由，得和氏之璧，不若得事之所适。"（《说山训》）❶这有点像西方归纳逻辑创始人德谟克拉特所说的"我宁愿找出一个因果解释，也不愿获得一个波斯王位"。而从《淮南子》的全般来考察，其重心并不是强调因果分析，而是倡导"具体问题具体分析"的思想方法。由于过分执着于具体问题具体分析，《淮南子》一方面承认逻辑上的类推，另一方面又声言类不可必推。总之，纯逻辑在《淮南子》中的分量已经很轻了，中国逻辑发展的高峰期已经过去了。

（二）王充

王充（约27—100左右），生活于东汉鼎盛之时。汉朝自武帝起开始加强意识形态方面工作。许多人说，汉武帝"罢黜百家，独尊儒术"；有人说，汉代皇帝搞的是"内法外儒"。这些说法都不完全正确。事实上，西汉的武帝，东汉的光武帝都是围绕"提高君权，加强中央控制"这一中心来取舍百家之说。他们两人最积极倡导和宣传的是阴阳五行、天人感应之学。儒法都尊君权，主一统，都是他们感兴趣的。道家"致虚守静"的人生哲学对"削弱反抗""安抚百姓"也有作用，因而亦未被忽视，只有专事辩察的"名家"才真正受到了冷落；他们没有禄位，没有专养，结果自然溃不成军。名家虽然受到冷落，但名学却仍继续绵延发展，只是多转向为应用逻辑。王充便是在应用逻辑中对逻辑作出重大创造的著名人物。

王充的思想是首重儒法，主张"讲德治"与"重耕战"并举。在天道观方面则取道家之说："夫天道，自然也，无为；如谴告人，是有为，非自然也。黄老之家，论说天道，得其实矣。"（《论衡·谴告》）❷王充几乎是毕生致力于治学。年轻时在家乡读书。后到京师"受业大学"，师事过班彪，常游洛阳书肆，遂得博览群书，通众流百家之言。潜心沉思，评说议论，出入综合，著《论衡》流传于世。王充说他的《论衡》"形露易

---

❶ 刘安《淮南子》，台湾艺文印书馆1974年版。

❷ 王充《论衡》，上海人民出版社1974年版。

观"而且有点四不像,"谓之饰文偶辞,或径或迂,或屈或舒;谓之论道,实事委琐,文给甘酸,谐于经不验集于传不合"(《论衡·自纪》)❶。《论衡》自然是要去"论"。然而怎样个论法呢?王充要一反传统,"不文不赋""非经非传",他要创造一种"形露易观"的表现形式。王充可以说是既不自觉而又自觉地去总结,创造了"逻辑论证形式"。

对于"论",王充的主张是:"论贵是而不务华,事尚然而不高合,论说辩然否。"(《自纪》)❷怎样才能很好地去辩然否呢? 王充明确提出:"事莫明于有效,论莫定于有证,空言虚词,虽得道心,人犹不信。"(《薄葬》)"凡论事者,违实不引效验,则虽甘义繁说,众不见信。"(《知实》)❸归纳起来,王充的意思是说:只有引出证据,才能使论断得以确立,才能使立论见信于众。所谓见信于众,用现在的逻辑术语来说,就是要求论题真实性的明显化。因此,王充对"论证"的论述接近于现代逻辑教本中关于"证明"的定义。

王充不仅总的提出了"引证定论"的主张,描述了"证明"的特征,而且努力去探求规范化的论证形式,结果写出了在逻辑论证上堪称典范的《知实篇》和《实知篇》。

《知实篇》所表现的是"证明"的完整结构。

"圣人不能神而先知"——论题

"何以明之"——转入证明

全篇共列举16条论据。下面摘录其中几条:

> 颜渊炊饭,尘落甑中。欲置之则不清,投地则弃饭,掇而食之。孔子望见以为窃食。圣人不能先知,三也。

> 匡人之围孔子,孔子如审先知,当早易道以违其害;不知而触之,故遇其患。以孔子围言之,圣人不能先知,四也。

> 子畏于匡,颜渊后,孔子曰:"吾以汝为死矣"。如孔子先知,当知颜

---

❶ 王充《论衡》,上海人民出版社1974年版。

❷ 王充《论衡》,上海人民出版社1974年版。

❸ 王充《论衡》,上海人民出版社1974年版。

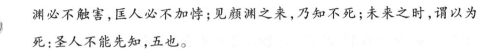

渊必不触害，匡人必不加悖；见颜渊之来，乃知不死；未来之时，谓以为死：圣人不能先知，五也。

阳货欲见孔子，孔子不见；馈孔子豚。孔子时（同伺）其出，而往拜之。遇诸途。孔子不欲见，既往，候时其亡，是势必不欲见也，反遇于路。以孔子遇阳货言之，圣人不能先知，六也。

长沮桀溺耦而耕。孔子过之，使子路问津焉。如孔子知津，不当更问。论者曰，欲观隐者之操。则孔子先知，当自知之，无为观也。如不知而问之，是不能先知，七也。❶

这样一口气列举十六条，平铺直叙，笔法毫无变化。从写文章的角度来看，确实是"实事委琐，文给甘酸"。但从逻辑证明的角度看，却达到了形式的规范化典型化。

《实知篇》所表现的是"反驳"的完整结构。

儒者论圣人，以为前知千岁，后知万世，有独见之明，独听之聪，事来则名，不学自知，不问自晓。——先列出欲反驳的论题。

孔子将死，遗谶书曰："不知何一男子，自谓秦始皇，上我之堂，踞我之床，颠倒我衣裳，至沙丘而亡。"其后秦王兼并天下，号始皇，巡狩到鲁，观孔子宅，乃至沙丘，道病而崩。又曰："董仲舒，乱我书。"其后江都相董仲舒，论思《春秋》，造著传记。又书曰："亡秦者，胡也。"其后二世胡亥，竟亡天下。用三者论之，圣人后知万世之效也。——再列出论敌的论据。

曰：此皆虚也。——转入反驳。

先从驳斥论敌的论据入手——案神怪之言，皆在谶记。所表皆效图书。亡秦者胡，河图之文。孔子条畅增书，以表神怪；或后人诈记，以明效验。……孔子见始皇，仲舒，或时但言将有观我之宅，乱我之书者。后人见始皇入其宅、仲舒读其书，则增益其辞，著其主名……案始皇本事，始皇不至鲁，安得上孔子之堂，踞孔子之床，颠倒孔子之衣裳

❶ 王充《论衡》，上海人民出版社 1974 年版。

乎？既不至鲁，谶记何见而云始皇至鲁？至鲁未可知，其言孔子曰"不知何一男子之言"亦未可用。不知何一男子之言不可用，则言董仲舒乱我书，亦复不可信也。

反驳最后收结，由对方论据的虚假归结到其论题的不能成立——谶书秘文，远见未然，空虚阐昧，豫睹未有，达（当作"远"）闻暂见，卓谲怪神……不学自知，不问自晓，古今行事，未之有也。❶

上述的证明和反驳都是归纳的。王充对演绎论证形式没有作什么探究。这大概与他的经验主义方法论有关。值得注意的是，《知实》《实知》也是王充论述经验主义方法论的篇章。所谓经验主义并不是只强调感性和直接经验，而是主张要在充分考察经验和事实的基础上再进行一般性的分析比较和推导，即通过求实来求知。

（三）鲁胜

鲁胜，西晋代郡（治所在今河北蔚县东北）人，生卒年月不可确考。据《晋书·隐逸传》记载，他"少有才操"，为佐著作郎，元康元年（291年）初迁建业（治所在今南京市秦淮河以北）令，在建业令任期内，写有天文历算方面的专著《正天论》，并上表请求依据他的推算改正以前历算上的错误，说"如无据验，甘即刑戮"，但朝延却没有理会其请求，不久便称疾去官，隐逸不出。西晋灭亡时（316年）估计他还健在。

魏晋两朝虽有200多年之久，但真正的全国统一却为期甚短，从晋太康元年（280年）灭吴到李特在益州建立成国（303年）总共不过20多年。尽管如此，曹魏和西晋的都城洛阳还是有过较长期的相对稳定，曾经是政治文化的中心。魏晋时期世家大族在政治上有较多参与权和发言权，在学术文化上有较多的自主和自由。然而当时国家衰弱，社会动乱，政治上的长治久安之计，辉煌宏伟之说，似乎都很难谈，于是便转向学术。当时在学术思想的走向上，大致是儒道兼容，不过有的

---

❶ 王充《论衡》，上海人民出版社1974年版。

更重儒,有的则更偏向道。在学风上则比较自由和开放,对扬辩洁,颇有点先秦的"百家争鸣"之风,不过规模来的更小。在辩诘方式上,有著书立说进行争鸣的,如王弼著《老子注》等书,倡"贵无"之说,裴頠著《崇有论》反对王弼的学说,展开了"有无之辩"。但当时更为流行的是采取一种颇具"沙龙"气味的辩诘方式,若干人聚在一起,就某一个问题或一方面的问题对扬辩诘。在辩诘的内容上,多因先秦之旧,如正名之说,两可之论,坚白论,白马论;而在同异之辩、有无之辩上,则还加上了当代的内容,即王弼、欧阳建的"贵无""崇有"之争,钟会等人"才性同异"之辩,进一步充实了内容。可以说名辩之风在魏晋时期又复兴起来。

魏晋学风虽然延续至东晋和南朝,但其奠基和真正大观时期则为曹魏和西晋。鲁胜在整个魏晋风流中并不是一个十分显赫的人物,但他在真正的逻辑(名学)方面却有着划时代的成就和贡献。他承受魏晋名辩风流的熏陶和激荡,却又能注意冷却其浮泛一面而加强科学思考的分量和力度,结果写出了真正典型逻辑专著两种,一是将《墨子》的《经上》《经下》《经说上》《经说下》抽出来专列,称为《墨经》并作了注解;二是从众多的文献和资料中选录出有关"形名(逻辑)的言论,"略解指归",汇编成《刑名》二篇;惜全都"遭乱遗失"。所幸,《晋书·隐逸传》全文录存了其《墨辩注序》,使我们今天尚能大体领略这位古逻辑家的风采。现将《墨辩注序》全文引录于后:

名者所以别同异,明是非,道义之门,政化之准绳也。孔子曰:"必也正名,名不正则事不成。"墨子著书,作辩经以立名本。惠施,公孙龙祖述其学,以正形名显于世。孟子非墨子,其辩言正辞则与墨同。荀卿庄周等皆非毁名家,而不能易其论也。名必有形,察形莫如别色,故有坚白之辩。名必有分明,分明莫如有无,故有无序之辩(当为"故序有无之辩")是有不是,可有不可,是名两可。同而有异,异而有同,是之谓辩同异。至同无不同,至异无不异,是谓辩同辩异。同异生是非,是非生吉凶。取辩于一物而原极天下之隆,名之至也。自邓析至秦时,名家者世有篇籍,率颇难知,后学莫复传习,于今五百余岁,遂亡绝。墨辩有上下经,经各有说,凡四篇,与其众篇连第,故独存,今引说就经,各附其章,疑者阙之。又采诸众杂,集为《刑名》二篇,略解指归,以俟君子。其或兴微继绝者亦有乐乎此也。●

全文字数不多,但却内涵丰富。

第一,写出了先秦名家的规模、气势和影响:孔子先驱,墨子奠基,惠施公孙龙祖述其学;自邓析至秦时"世有篇籍";众多的巨子,庞大的集团,不断涌现的名篇名著,真可谓气势磅礴。它驱使先秦学术界大动作起来:"孟子非墨子,其辩言正辞则与墨同","荀卿庄周等皆非毁名家而不能易其论"。总之,名家在先秦可说是"风靡一世"。

第二,关于先秦逻辑的渊源和传承关系。鲁胜根据以"名"为本的原则,没有如许多人所说的那样,从邓析说起,而是把孔子作为开宗人物;孔子"正名",墨子作辩经"以立名本",政治社会伦理观上对立的孔墨,在逻辑思想发展上则被认为有渊源和继承关系;这些都是难得的真知灼见。当然,鲁胜把《墨经》定为墨子本人所作,把实际上是与墨辩学派对扬辩洁的惠施公孙龙学派看作《墨经》的祖述者,都是未加深究的一种误见。然而,墨辩学派与惠施公孙龙学派在逻辑论坛上的"众家争鸣"和"众花齐放"确也是推进中国古逻辑发展并使之蔚为大观的主体力量。鲁胜没有把荀子作为对"名学"作出积极贡献的人物来看,这也一个很大的疏漏和失误。鲁胜单枪匹马,时日苦短,精力有限,失误自是难免。

第三,对于《墨经》的内容,鲁胜概括为:正名之论,坚白之辩,有无之辩,两可之论,同异之辩。他还企图用"以名为本"的原则贯通起来:"名必有形,察形莫如别色,故有坚白之辩;名必有分明,分明莫如有无,故序有无之辩;是有不是,可有不可,是名两可;同而有异,异而有

● 房玄龄等《晋书》,中华书局1974年版。

同,是之谓同异。"很容易看出,这种串连贯通是十分勉强的,不科学的,实际上还只是一种列举。这样的列举,准确地反映了《墨经》的逻辑思想吗?没有。《墨经》涉及过、讨论过鲁胜列举的这些论题,但《墨经》的主要成就是构建了一个概念和推理论证的独特逻辑系统,而不是只限于在几个具体问题上的论述。可以说,鲁胜只是在那里列举先秦逻辑论坛上的热门话题。对这些热门话题,许多先秦典籍都有介绍,后来两汉典籍也因先秦典籍之旧而加以复述或进一步渲染。鲁胜受这些典籍的"先导",印象较深。而《墨经》本身则不同,它写成于秦汉之际,先秦典籍自无具体的评述。《墨经》写成之后,接上便是名辩低潮时期的到来,没有得到什么张扬和宣传,"藏在深闺人未识",两汉之学人"不识庐山真面目",自然未有具体、中肯的评介。魏晋时期,名辩小复兴,也主要是复春秋战国之旧,当时的热门话题也是"正名之说""坚白之论""两可之说""有无之争""同异之辩"等,而对《墨经》一般也未作具体研讨。鲁胜观今鉴古,思维不免有点定势,一时难于大幅度越出藩篱,因而只抓住《墨经》内含中的一些枝节而未能探索其整体上的成就。鲁胜对《墨经》内容的评述未能"升堂入室",是一种时代的局限。然而不管怎么说,鲁胜硬是把《墨经》(只指《经上》《经下》《经说上》《经说下》)作为中国古逻辑的最为根本、最为重要、最为经典的著作,表明了他超出了时代的局限。

鲁胜是我国古代最为杰出的专门的中国逻辑史家。他于中国逻辑独立发展时期的结束阶段、魏晋名辩小高潮之际应运而生,论述中国逻辑的发展史和中国逻辑的内容体系,其论述的正确部分和错误部分对我们深入探究中国古逻辑都富有启发性。

四、结束语

南北朝的后期,印度逻辑开始传入中国:472年北魏西域三藏吉迦夜与沙门昙曜译出《方便心论》,541年北魏三藏毗目智仙与瞿昙流支译出《迥净论》，南朝陈天竺三藏真谛译《如实论》。[1]然而，当时没有出现有关这些印度逻辑著作的注疏和相关的著述，也就是说这次传入产生的影响不大。但不管怎么说，总算是印度逻辑已经开始输入，中国逻辑独立发展时期宣告结束。

经过由春秋末年至魏晋这1000多年的发展过程，具有中国特色的普通逻辑体系基本上已经建立起来。其以《墨经》（此处专指《经上》《经下》《经说上》《经说下》四篇）为经典，加上《荀子·正名篇》《墨子·大取》《墨子·小取》《公孙龙子·名实论》诸力作及见之于《韩非子》《公孙龙子》《论衡》等著作中有关逻辑的诸种论述，基本上构建了以概念论和别具特色的论证论所组成的逻辑体系。体系虽已完成，但我们还是只称之为奠基时期。这是因为这个体系的自我论证、自我阐述尚不完备，不明晰；以至于杰出的鲁胜都只能看到这个独特系统是以《墨经》四篇为支柱这一"大要"，而进一步的具体而微的论述则"多所失言"。

魏晋以后，中国逻辑的发展虽未能始终呈汹涌之势，但也是高潮数起，生机勃勃。一方面是对印度逻辑和西方逻辑的传输、吸收、消融、借鉴；另一方面是进一步继承、发展、张扬中国传统逻辑，结果在世界普通逻辑方面造成西方、印度和中国三支并存的局面。

（原刊于《江西教育学院学报》1997年第4期）

第二编　中国逻辑

---

[1] 中国逻辑史学会因明研究工作小组《因明新探》，甘肃人民出版社1989年版。

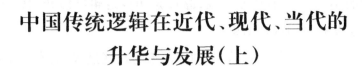

中国传统逻辑在近代、现代、当代的升华与发展(上)

一、前奏

19世纪末叶,西方逻辑再度输入中国,早在魏晋隋唐时输入的印度逻辑也重新复苏和弘扬。对《墨子》深有研究的孙诒让受外国逻辑思想的搅动而对中国古名学开始进行反观,深有感触,乃于1897年致书梁启超曰:

尝谓《墨经》揭举精理,引而不发,为周秦名家之宗,窃疑其必有微言大义,如欧士亚里大得勒之演绎法,培根之归纳法及佛氏之因明论者。惜今书讹缺,不能尽得其条理,而惠施公孙龙窃其绪余,乃流于儇诡口给,遂别成流派,非墨子之本意也。拙著(指《墨子闲诂》)印成后,间用近译西书,复事审校,似有足相证明者……以执事研综中西,当代魁士,又凤服膺墨学,辄刺一二奉质,觊博一哂耳……贵乡先达兰浦(指陈澧)、特夫(指邹伯奇)两先生,始用天算光重诸学,发挥其旨,惜所论不多,又两君未遘精校之本,故不无望文生训之失。盖此学晐举中西,邮彻旷绝,几于九译乃通。宜学者之罕能津逮也。近欲博访通人,更为《墨诂补谊》;傥得执事赓续陈、邹两先生之绪论,宣究其说,以响学子,斯亦旷代盛业,非第不佞所为望尘拥慧,翘盼无已者也。❶

这封信的要点有二:一是通报自己最近借鉴外国逻辑来反观和探索《墨经》的逻辑思想,已初具心得;二是鼓动梁启超致力这一"旷代盛

---

❶ 方授楚《墨学源流》,中华书局1940年版。

业"。既自己开始实践，又积极鼓动"风潮"——孙诒让吹响了这一学术活动的"前奏曲"。

二、近现代之交

这一时期，借鉴外国逻辑来反观和探索中国传统逻辑的主要代表人物有胡适和梁启超。他们于 1902—1922 年（中国近现代之交）发表了相关的专论、专著。

（一）胡适

胡适（1891—1962），安徽绩溪人，自幼在家，颇习经史，1904 年入上海中国公学；1910 年赴美留学，入康奈尔大学学农，三个学期后改习文科，大学毕业后，继续进康奈尔大学研究院攻读哲学；1915 年秋，转学至哥伦比亚大学哲学研究部，师从杜威；经 1915 年 9 月至 1917 年 4 月的持续努力，写成博士论文《先秦名学史》（英文稿），论文于 1917 年答辩后即公诸于世，但直至 1922 年才在中国正式出版（英文版）。不过以此博士论文为基础而扩写的《中国哲学史大纲》（上册）却在 1919 年初就已出版，而且一时读者颇多，流行较广。几十年以后，《先秦名学史》（英文版）才被译成中文，由上海学林出版社于 1983 年刊行。它是第一部中国逻辑断代史的专著，具有不可忽视的影响。

胡适自谓写此书颇得益于比较研究的方法，即用西方哲学来帮助解释中国古代的思想体系。不过胡适所说的这个西方哲学并不是西方哲学的一般，而是杜威的实用主义。实用主义认为哲学不应当讨论什么"终极真理"，而只是一种"寻找真理，解决问题"的方法，而逻辑也不应追求什么亚里士多德的"形式"，而应当去效法所谓苏格拉底的"方法"。于是，哲学和逻辑都只不过是一种"方法论"，哲学和逻辑两者的界限越来越不分明。所以，胡适那篇博士论文一会儿被定名为《中国古代哲学方法进化史》，一会儿又名为《中国古代逻辑方法进化史》，可能是为了切合中国传统的称谓习惯,最后被定名为《先秦名学史》。

《先秦名学史》全书11万多字,共分4编,涉及先秦儒、墨、名、道、法诸家中一些主要人物的逻辑思想:邓析和老子在第一编"历史背景"中被提到;第二编讨论孔子、《易经》《春秋》的逻辑;第三编论墨家、惠施和公孙龙的逻辑;第四编论庄子、荀子、韩非子的逻辑。应当说,这里展示出来的规模,还是相当阔大和完备的。至于《先秦名学史》对这些人物或学派的论述,大致是对早期的一些人物或学派说得较为得当;而对那些逻辑上更为成熟的学派和人物,其论述反而越来越无法切中要害,偏颇与失误越来越多。其原因就是因为他的那个"逻辑就是方法论甚至就是哲学方法论"的总体观是片面的、不科学的。

逻辑在孕育和初生阶段,一般来说是依附于哲学认识论和方法论的。这时哲学方法论和逻辑方法论确实有点难解难分。邓析、老子、庄子、惠施公孙龙学派的历物十事和辩者二十一事,其逻辑思想都具有这种特质。所以一般地说,胡适的有关论述还有许多可资参考和借鉴的地方。孔子、墨子也是中国逻辑发展早期阶段上的人物。他们的逻辑思想也都还是依附包含于其方法论中的。胡适把孔子的逻辑方法论概括为"正名、正言、正辞",虽失之笼统,但总的格局还是说对了。胡适认为墨子的方法论比孔子的方法论要高出一筹,孔子只是说"这是什么,这样的是正确的",而墨子则强调"怎样",注重怎样通过许多中间步骤来求得结果,获取结论。胡适认为墨子已经创立了推理和论证的具体方法,即"三表法"。在逻辑史上,墨子曾经是个箭靶式的人物,即整个墨家逻辑学派的逻辑思想都被归在墨子本人一个人身上。而胡适却作出了比较科学的论断,指出现在统称为"墨辩"的6篇文章绝不出于墨子之手,而是由后期墨家逻辑学派撰写的。

在中国逻辑史上,墨家逻辑学派、荀子贡献突出,韩非子也颇有建树,然而胡适在论述他们的逻辑思想时,却反而十分不得要领。

1. 关于《荀子·正名篇》

（1）《正名篇》是我国最早的逻辑专著，它简要地论述了"期"（下定义）"命（命名）""辨说"（推理论证）的意义作用和若干法则、准则，粗略地勾画了逻辑的全般体系。对《正名篇》在这方面的论述，胡适完全视而不见，整个儿被忽视了。

（2）《正名篇》有比较精深的概念论，它论述了"概念的意义作用""概念怎样形成""概念的种类""概念的同则同之、异则异之、约定俗成、径易不拂的法则即同一律思想"❶。这些论述，在《正名篇》中出语明确，胡适自然是不能不注意到的，但胡适在进行评介论述时，却尽量降低调门，甚至还使之转调变质。关于名的作用，胡适说，它强调的是"明贵贱"，而把"别同异"看作次要的。关于概念的法则和同一律思想，胡适说什么荀子最重视的是"约定俗成"的原则。胡适还引申说，这个"约定俗成"的原则含有两个危险的因素：第一，它含有保守主义，把社会约定和风俗习惯造成的都确认为道德上正确的；第二是偏狭的思想，它谴责所有的革新者在破坏现有秩序的和谐与安宁。总之，胡适是有意削弱《荀子·正名篇》的逻辑科学性而尽量给之添加上浓厚的道德哲学的色彩。胡适在论"名何缘而以同异"时也是这样。

为什么名会有同异呢（《荀子·正名篇》原文是"然则何缘而以同异"）？荀子说："缘天官。凡同类同情者，其天官之意物也同；故比方之疑似而通，是所以共其约名以相期也。形体、色、理以目异。声、音、清、浊、调、竽、奇声以耳异……说、故、喜、怒、哀、乐、爱、恶、欲以心异。心有徵知。徵知则缘耳而知声可，缘目而知形可也。然而徵知必将待天官之当薄其类然后可也；五官薄之而不知，心征之而无说，则人莫不然谓之不知，此所缘而以同异也。"❷

《荀子·正名篇》这段话的意义还是很清楚的，其意思是说，依靠

---

❶ 胡适《先秦名学史》，学林出版社1983年版。

❷ 章诗同《荀子简注》，上海人民出版社1974年版。

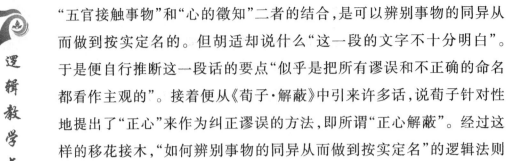

"五官接触事物"和"心的徵知"二者的结合,是可以辨别事物的同异从而做到按实定名的。但胡适却说什么"这一段的文字不十分明白"。于是便自行推断这一段话的要点"似乎是把所有谬误和不正确的命名都看作主观的"。接着便从《荀子·解蔽》中引来许多话,说荀子针对性地提出了"正心"来作为纠正谬误的方法,即所谓"正心解蔽"。经过这样的移花接木,"如何辨别事物的同异从而做到按实定名"的逻辑法则又被抽空而偷换成了"正心解蔽"的唯心主义哲学方法论了,使荀子的逻辑思想大为失色。

2. 对韩非子逻辑思想的论述

胡适对韩非子逻辑思想的论述非常空泛,他先从法治逻辑讲起,说法治逻辑有三条原则。(1)普遍性原则:法要没有差别地应用于一切阶级,贫富一样,有德无德一样。(2)客观性原则:统治者从个人统治的重大责任中解脱出来,任法而弗躬,凡事断于法,赏功罚罪,不以身裁轻重。(3)强调效果的原则:法是预见结果的明确表示,不能预见结果的法便也就无法实施,也就不能再成为法。胡适认为,韩非是强调实际效果的更雄辩的思想家,韩非把重实际效果的原则和进化的观念结合起来,强调对法的检验是看它是否适合时代的实际需要,法与世转,治与世宜,时移而法不易者乱。

3. 对于《墨辩》的逻辑

胡适用了4章的篇幅来论述《墨辩》的逻辑。第一章:点明墨辩六篇《经上》《经下》《经说上》《经说下》《大取》《小取》绝非墨子所作,然后逐一介绍6篇的内容梗概。第二章:知识论。第三章:故、法和演绎法。第四章:归纳法。现在我们对胡适的具体论述作些评述。

(1)"知识论"专列一章,哲学色彩太浓。

(2)在专论逻辑时,抓小放大,就易避难,比较肤浅。

胡适用了两章的篇幅来论述《墨辩》的演绎法和归纳法,可以说是相当推崇和重视。然而仔细考察起来,却说得比较肤浅。胡适立论的依据主要是《小取》。《小取》有如下一段话：

> 效者，为之法也。所效者，所以为之法也。故中效则是也，不中效
> 则非也，此效也。辟也者，举它物以明之也。侔也者，比辞而俱行也。
> 援也者，曰："子然，我奚独不可以然也？"推也者，以其所不取之同于其
> 所取者予之也。❶

胡适认为"效"是演绎法，辟、侔、援、推则是归纳法。当然，胡适在
具体论述时适当作了些扩展。如在论述归纳法时，除辟、侔、援、推四
种之外，还增加了《经说》中提到的同法、异法和同异交得法，并引用
《经说》的一些素材来作说明。然而总的说来，主体还在《小取》。《小
取》明白浅进，但内含却不一定十分深邃，它面面俱到，但却也颇为浮
泛。它不是墨家逻辑学派最为经典之作。《墨辩》的支柱性作品是《经
说》（上下），中国晋代著名的古逻辑家鲁胜所说的《墨辩》就只指《经
说》（上下），而不包含《大取》《小取》。然而胡适对《小取》却颇具好感，
他说《小取》是整个《墨辩》中"最好读的，或许也是最有味的"❷。胡适
在论述整个墨辩的逻辑思想时多少有点就易避难，从而把主要注意力
放在《小取》上。在《小取》中，当然找不到墨辩的什么"逻辑形式化"的
东西，而只是有那演绎、归纳一般方法的叙录。这样也就能和实用主
义的逻辑观相契合了。然而，就整个墨辩来说，却只是抓住了小的而
忘却了大的，即未能从墨辩中最为经典的支柱著作《经说》（上下）中总
结墨家的逻辑思想。本来胡适对《经说》（上下）的整体结构还是有比
较正确的认识的。请看他的叙述：

《墨子·经上》是由九十二条界说组成的……《墨子·经说上》是由九
十二段注释组成的，每段注释说明了《墨子·经上》九十二条界说中的
一条……《墨子·经下》包含八十一条不同种类的一般定理，每条都附有
理由……《墨子·经说下》包含八十一段，每一段说明《墨子·经下》八十

---

❶ 高亨《墨经校诠》，中华书局1962年版。

❷ 胡适《先秦名学史》，学林出版社1983年版。

一条定理中的一条,并且是这条定理的理由。❶

不知怎的,胡适没有将自己的认知进一步加以整合和提升,提出"在《经说上下》里已出现了定义的逻辑形式和定理论证的逻辑形式"这样的结论来。

当时的胡适还太年轻,进行博士论文答辩时才26岁,后来将这篇论文付诸刊行时也才31岁,功力毕竟欠深厚。当然,这也不全是一个因年轻而功力未到的问题。在尔后的时日里,他也未对此作出检讨和修正。所以,最根本的,还是整个实用主义的逻辑观局限了他。

胡适虽然是开中外逻辑比较研究风气之先的人物,但他不是通过比较来资借鉴,而是被在西方也不怎么通行的实用主义逻辑观完全套住了。这实在是一个发人深省的历史教训。

(二)梁启超

梁启超(1873—1929),学贯古今,兼通中西,孙诒让誉之为"通人",故特于1897年致书吁请他参照西方逻辑和印度因明开创《墨经》研究的新路数。后来,梁氏也确乎长期致力于此事前后20余年。梁氏的研究可分为三个阶段,一次一个台阶,视野不断开阔,认识不断提高。

第一阶段,他于1902年发表《论中国学术思想变迁之大势》。他说,先秦学派先有三宗:孔子、老子、墨子;然后衍化为六家:儒家、墨家(有兼爱、游侠、名理三派)、名家、法家、阴阳家、道家。然而,他对名家和墨家名理派的估价却是很低的。他在该书的第三四节中说道"与希腊印度学派比较先秦学派之所短"时,明确认为"先秦学派所短"的一个方面就是"论理思想之缺乏"。他在具体论证时,对墨家名理学派是置而不论,而对邓析、惠施、公孙龙的名家则认为只不过是"播异诡辩"。由此便草率地作出了"先秦学派缺乏论理"的结论。

第二阶段,梁氏为学,间有"急就草率"之时,然亦能勇于以"今日

---

❶ 胡适《先秦名学史》,学林出版社1983年版。

之我见否定昨日之我见"。1904年他撰写《墨子之论理学》一文,认为中国也有像西方逻辑那样的学问。《墨子之论理学》全文不足一万字,讲了四个方面的问题:(1)释名;(2)法式;(3)应用;(4)归纳法之论理学。"释名"就是解释《墨子》书中的一些逻辑术语。"应用"是说《墨子》一书怎样运用逻辑来论证诸如"兼爱""非攻""尚贤""尚同"等说。"归纳法之论理学"是说《非命》(上、中、下)说到的"三表法",其主体思想便是一种归纳法。"法式"是梁启超较为着力论述的部分。他说《墨经》中的"效"便是所谓"法式",它兼有英文Form(格式)和Law(规则)两字的意思,若对照西方的具体逻辑形式来说,"效"便相当于三段论的"格"。梁启超还列举了《墨子》中一些推理论证的实例来和三段论的某些格式和规则相对照。其中有的说得中肯,有的说得不那么中肯。

胡适的《先秦名学史》完成于1917年,据之而扩写的《中国哲学史大纲》(上册)于1919年出版。所以,发表于1904年的《墨子之论理学》一文实为参照西方逻辑来研究中国逻辑的"首篇",是开创之作。

第三阶段,梁氏为学,颇能"常不满足",他继续深入研究,1920年写成《墨经校释》,1921年写成《墨子学案》。梁启超写成此两书时,章太炎的《原名》早已发表,胡适的《中国哲学史大纲》(上册)也已问世。梁启超在《墨经校释》1922年出版时作的《自序》中曾说,他看过章太炎的"新撰述",而对胡适的《中国哲学史大纲》则特别赏识。他的《墨子学案·第七章》"多采用其说"。梁氏在学术上虚怀若谷,襟怀坦荡,不肯没别人启发之功;实际上他只是在具体材料和零散的解说上"多采胡氏之说",而在整体观点上则全是自创之境界。《墨经校释》的主要任务是材料的整理和分析,对墨辩的理论和体系问题只能有些零散的论述。而《墨子学案》的第七章则是集中论述墨辩的逻辑理论和体系问题。本文将作些介绍和论述。

《墨子学案·第七章》共有6个小目:(1)《墨经》与《墨辩》;(2)墨家的知识论;(3)论理学之界说及用语;(4)论理的方式;(5)论理的法则;

（6）其他科学。其中"论理的法则"和"论理的方式"是核心和主体。

1. 论理的法则

梁启超认为这是墨家论理学的最精彩部分,他进行了具体的论述,其中说得比较中肯的是"论墨辩的归纳法"。《墨经》中有许多"推"字,梁启超认为有的"推"泛指推理,即统称"归纳演绎",但《小取》讲的"推也者,以其所不取之同于其取者予之也,是犹谓他者同也,吾岂谓他者异也,夫物有以同而不率遂同"❶,都是专指归纳而言。梁启超认为墨辩有较发达的归纳法,他说《墨经》有许多条文是研究同异问题的,这些条文讨论到了求同法、求异法、同异交得法。他强调:"归纳的五种方法,《墨经》中有了三种,其实共变法不过是求异法的附属,求余法不过是求同法的附属,有这三种已经够了。"❷梁启超还谈到了所谓的"矫正作用",他认为《墨经》中的"正"(有的注释家校为"止")字条说的便是这个问题。下面引录梁氏论证此问题的原话:

《经》正,因以别道。《经说》正:彼举其然者以为此其然也,则举不然者而问之。

《经》正,类以行之,说在同。《经说》正:彼以此其然也,说是其然也。我以此其不然也,疑是其然也,此然是必然,则俱。

这两条说的"正"字,是归纳法的根本作用。有许多向来认为真理的,要用归纳法来矫正一番。"彼举其然者以为此其然也,则举不然者而问之。"譬如有人说:"一定要有君主,国家才能富强",我们就可以反问他:"美国、法国怎么样?"……这就是矫正作用。❸

"矫正作用"有点相当于我们今天所说的"注意搜集反例"的原则,但说话的起点和角度不同。说"矫正作用"是从推崇、赞扬归纳法的根本作用和实用意义来提问题,而不是单纯地论究一般的逻辑规则和技术。

---

❶ 梁启超《墨子学案》,上海书店1992年版。

❷ 梁启超《墨子学案》,上海书店1992年版。

❸ 梁启超《墨子学案》,上海书店1992年版。

2. 论理方式

这是参照西方逻辑和印度因明的逻辑形式来论述墨辩的。篇幅不长,但我们认为这简略的叙录倒是最具特色和最富启发意义的,现将其原论原文略加删节引录于下:

《墨经》的论理学的特长,在于发明原理及法则,若论到方式,自不能如西洋的和印度的精密。但相同之处亦甚多。

印度的"因明",是用宗、因、喻三支组织而成。式如下:

宗　声,无常。

因　何以故?所作故。

喻　凡所作皆无常,例如瓶。

《墨经》引说就经,便是三支,其式如下:

宗　知,材也。

因　何以故?"所以知"故。

喻　凡材皆可以知,若目。

这条是宗在"经",因喻在"说";《经上》《经说上》多半用这种形式。《经下》《经说下》则往往宗、因在"经",喻在"说"。如:

宗　损而不害。

因　说在余。

喻　若饱者去余,若疟病人之于虐也。

全部《墨经》,用这两种形式最多,和因明三支式极相类。

西洋逻辑,亦是三支,合大前提、小前提、断案三者而成……《墨经》中亦有用这种形式的。例如《下篇》中有一条:

大前提　假必非也而后假;

小前提　狗假虎也;

断案　狗非虎也。

试将全部《墨子》读完,到处都发现这种论式。❶

---

❶ 梁启超《墨子学案》,上海书店1992年版。

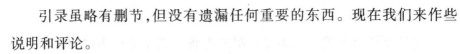

引录虽略有删节,但没有遗漏任何重要的东西。现在我们来作些说明和评论。

(1)梁氏用来比附三段论结构的那条《墨经》的条文,并没有引出全文。在梁启超的《墨经校释》中该条的全文是:"经"假必悖,说在不然。"说"假:假必非也而后假,狗假虎也,狗非虎也。——梁氏删"经"而只取"说",然后把它析解为三段论的结构。而用来比照因明式的《墨经》条文,字面上虽然也非完全的"原样",但没有删削和实质性的改动。

(2)梁氏企图说明的是,因明三支式和西方三段论都大量存在于《墨子》中。但在具体论证时,却是有点显得一"实"(实证)一"虚"(虚夸)。关于相似于因明的墨辩论式,梁氏举的都是《经·说》中的例子,这是比较实的。至于所谓三段论结构的墨辩论式,他在《经说》中只勉强举出一例,而说大量的存在于《墨子》的各篇文章中。殊不知随便打开一本古今中外的论说著作来看,都可以在其行文中找到某种三段论的结构,实在不足为证,梁氏的论证不免有点虚夸。

(3)梁氏实际昭示的一个结论是:墨辩的论式更多地相似于因明的论式。虽然梁氏自己并没有十分明确的意识,但后来的学者自能经过探幽发微而觉察出来。

(原刊于《江西教育学院学报》1998年第1期)

中国传统逻辑在近代、现代、当代的升华与发展（下）

一、现代期

五四运动之后，中国学术进一步繁荣，对中国传统逻辑的研究亦颇昌盛，众多的专家，大量的著作和论文，甚为壮观。限于篇幅，这里只集中论述章士钊、谭戒甫和伍非百，他们都有一段日子生活在当代，但其学术研究在现代期就已基本成熟和完成。

（一）章士钊

章士钊（1882—1973），字行严，湖南长沙人。1907年赴苏格兰大学研习逻辑，后治此学不辍，曾在北京大学、东北大学等处讲授逻辑。他对中国传统逻辑特别是墨家逻辑作了较深入的研究，发表的相关论文有《名学他辩》（1923年）、《墨议》（1923年）、《名墨訾应论》（1924年），此外还作有《墨辩今注》。章士钊在大学里讲授逻辑课，好"以墨辩与逻辑杂为之"，并以此长期的研究为基础，于1939年最后写成"以欧洲逻辑为经，本邦名理为纬"的专著《逻辑指要》。章氏在《逻辑指要·重版说明》中自谓这"是一部逻辑发展史匆遽而紊乱的速写"❶。它联系论及先秦各家的逻辑思想，并涉及先秦以后一些人物的逻辑思想，但论述最多的是墨辩逻辑。《逻辑指要》于1943年正式出版，1962年三联书店重版发行。《逻辑指要》共28章，体系较全，纲目较细，每一部分都论及墨辩逻辑。

---

❶ 章士钊《逻辑指要》，三联书店1961年版。

下面简要介绍章氏对墨辩逻辑的论述。

1. 关于名（概念）

他特别论述了《墨辩》关于定义的思想。他认为"定义"就是《墨经》所谓的"举"，恰当的定义叫"正举"，不恰当的定义叫"狂举"。如何进行正举呢？首先一个准则就是"拟实"，《墨经》云："举，拟实也。"章氏认为根据物类之大小相关分别拟之以达名、类名、私名（或荀子说的共名、别名），也就是拟实。达、类、私（共、别）就是今天所说的属种关系。属种关系分明是一种正举或得以正举的必备条件。《墨经》云："狂举不可以知异。"又云："尽，莫不然也。"章士钊认为这也是论述定义的原理和规则。定义的重要一环是确定"种差"，种差的重大作用就是"知异"，即指明被定义概念与同一属概念下的其他种概念有什么差异。种差是什么呢？它就是被定义概念所特有而其他相关种概念所没有的内涵，章士钊认为这就是《墨经》所说的"尽"，"尽"有"偏有"或"偏无"的意思，种差所揭举的属性是被定义项所偏有而为相关种概念所偏无的。❶

2. 关于直接推理

章士钊认为墨辩涉及好几种直接推理。《小取》曰："爱人待周爱人而后为爱人，不爱人不待周不爱人。""周爱人"是 A 判断，"不周爱"是 O 判断。爱人（周爱人）与不爱人（不周爱）是矛盾关系。因而这实际上是在讲性质判断的对当关系。还有《小取》说的"白马，马也；乘白马，乘马也……此是而然者也。"是加词附益法（即附性法）；而《小取》的侔"盖包举换质换位诸律令而统言之"。此外，章氏还认为《墨经》的"俱二不俱斗，二与斗也"是在说换位之规则，意思是：斗以二人为之，但二人所为，不必即斗；即是不能随便进行简单换位。❷

---

❶ 章士钊《逻辑指要》，三联书店 1961 年版。

❷ 章士钊《逻辑指要》，三联书店 1961 年版。

3. 三段论

章氏在《逻辑指要》第十三章、十四章和《名学他辩》等处肯定了墨家有和西方三段论基本相同的演绎推理。

（1）三物语经。

他把《大取》的"语经也……三物必具，然后是以生"称为"三物语经"。他说，"语经"就是言语之常经，议论说理经常采用的结构形式，"词以命物"，三物也就是三词，即三段论的三个名词（项），"三物必具"，就是说三段只能有三个名词（项），不能多也不能少。

（2）中词。

《小取》曰："推也者，以其所不取之同于其所取者予之也。"章士钊认为："所取者"是指大小词而言，因其在前提中出现，在结论中也出现，故称为"所取"。"所不取"则为中词，它在前提中出现而在结论中不出现，"婚姻成而媒妁退"，故名之曰"所不取"。章士钊还说到，中词在墨辩中最简约的称谓是"他词"或"彼词""他者"，第三位之称，意谓备第三物以明前两物相与之谊。

（3）三段论的规则。

章氏在《名学他辩》中说，墨辩至少论及如下三条规则。

①他词至少尽物一次（中词至少尽物一次）。

《经说下》曰："以牛有齿，马有尾，说牛之非马也不可，是俱有，不偏有偏无有。"章氏解释说，一属性为两个以上事物所"俱有"为"不尽物"，作为判断中的词项便不周延，一个属性为某事所"偏有（独有）"或"偏无"为"尽物"，作为词项为周延。如齿、尾是马、牛俱有的，在"马有齿、牛有齿"或"马有尾、牛有尾"等判断中，"齿""尾"都不周延，不能作他词（中词）。如果列论式为"牛有角，马非有角，故马非牛。"其中"有角"对"牛"为不尽物，但"有角"对马来说为"偏无"，是"尽物的"，他词"有角"尽物一次，推论合乎规则。

②端词（大、小词）在前提未尽物者，在断案中不可尽物。

章氏认为《大取》所批评的公孙龙的"白马非马,执驹马说求之",将它展开列为论式则为"驹,马也。驹非白马,故白马非马"。其错误就是在大前提中未尽物的"马",在结论中成了"尽物"。

③他词必正(即中词不能混指两个事物)。

章氏认为《经上》的"彼不可,两不可也"说的便是这个问题。章氏解释说:"三段共含三词,一彼余两,彼不可者,他词不正之谓。他词不正,余两词(大小词)之连谊必不正。"接着他举了一些古代名辩中的实例来说明"他词不正"主要表现为"混指两个事物"。

(4)关于逻辑规律。

章士钊认为《墨辩》论及所有四条基本规律,其具体论述见于《逻辑指要》第三章,其中有些说得明白,有些说得不怎么明白。兹录《逻辑指要》第24页之一段论述如下:

请试综三律而论之。《墨经》曰:"合于一,或复否,说在拒。"(谭戒甫《墨辩发微》编此为《经下》第1条)此即墨辩之所以律思想者也。合,合同;一,重同。此明同之极诣,昭同一律也。或者正之,否者负之,既正又负,显非辞理。此明矛盾之当戒,昭毋相反律也。拒者,即不容中之谓。❶

此条经文总共只9个字,竟综论三条逻辑规律,在章氏的曲尽解释下,虽也勉强说得通,但毕竟不怎么明白。而且按照《经下》条文的结构和体例来说,章氏的解说还颇有理路不够通顺之嫌。

章氏之论墨辩逻辑,是按照西方逻辑的体系对号入座,因而他的论述非常具体。这样的做法使他的研究深入而细微,并在许多地方发前人之所未发,但牵强附会之处间亦有之。

章士钊还曾比照因明来讨论墨辩。请看其在《名学他辩》中的具体论述:

《大取》曰:"三物必具,然后足以生"……三物论事,号为常经,可见

---

❶ 章士钊《逻辑指要》,三联书店1961年版。

当时立论之体制,与逻辑三段、因明三支相合。古因明以他物设喻,分两种,一喻体,一喻依。如"凡所作者皆是无常,譬如瓶等",上语是体,下语是依。墨辩疑亦有然。三支论法,总举一物,墨名曰推;五支论法,旁及多物,墨名曰譬。《小取》篇曰:"辟(章氏注曰"同譬")也者,举他物而以明之也。"此如喻依,不妨杂举,推而广之,或且忘其形式论法。《说苑》载:"梁王谓惠子曰:愿先生言则直言耳,无譬也……惠子曰:夫说者因以所知喻其所不知,而使人知之。今王曰无譬,则不可矣……"[1]

章氏言下之意:"喻依"就是一般地取譬设喻,甚至是漫无限制地举例。看来他是一时忘却了喻依的逻辑特性和逻辑原理是什么,因而整个论述有点不得要领。

(二)谭戒甫

谭戒甫(1887—1974),湖南长沙人,历任武汉大学、西北大学、西北师院、贵州大学、贵阳师院、湖南大学等校的教授,毕生从事先秦诸子的研究,其中尤其是对《公孙龙子》和《墨辩》六篇的研究用力甚勤。所著《公孙龙子形名发微》《墨辩发微》虽分别迟至1957年和1958年才正式出版,但此二书的初稿早于1928年就已写成,20世纪30年代曾陆续以大学课程讲义、单篇论文和专题论著的形式公开发表过。《公孙龙子形名发微》的一个与众不同的创新观点,是据鲁胜《墨辩注序》说的"孔子曰:必也正名!名不正则事不成。墨子著书,作辩经以立名本,惠施公孙龙祖述其学,以正形名显于世"之说,引申甚至修正而把名家分为"正名""名本""形名"三支派,而公孙龙则是"形名派"的著名人物[2]。谭氏的这种说法,虽有足资启发和可取之处,然亦无十分重大的意义。

谭氏的主要成就还是表现在《墨辩发微》一书。《墨辩发微》最令人

---

[1] 中国逻辑史研究会资料编选组《中国逻辑史资料选》(现代卷下),甘肃人民出版社1991年版。

[2] 谭戒甫《公孙龙子形名发微》,中华书局1963年版。

瞩目之处是它对墨辩论式的整体性质和格式所作的探索性研究。谭戒甫认为墨辩与因明"尤为接近",不仅论式组织多相符合,而且论式演化发展的过程也大致相同。印度的论式有前期的五支式(宗、因、喻、合、结)和后期的三支式(宗、因、喻,喻分喻体和喻依两部分)之不同。谭氏认为墨家论式的发展也可分为两个时期。

第一,辩期(含"墨论期"和"经说期")。

谭氏认为《小取》是讨论这一时期论式的总结性文章,《经说》四篇是《小取》论式组织法之例证,论式由"辞、故、辟、侔、推、援"六物组成,"辞""故"是每一论式都必须具备的两项,"辟、侔、推、援"则不一定在每一论式中都同时出现。下面是谭氏举出的一些例子。

例一(据《经说下》第2条)

辞　推类之难

故　说在之大小

辟　四足兽与牛马与物

推　尽与大小也

例二(据《经说下》第43条)

辞　五行《金、水、土、木、火》毋常胜

故　说在多

辟　火烁金……金靡炭

侔　火多也……金多也

例三(据《经说》上第74条)

辞　辩

故　争彼也

辟　或谓"之牛",或谓"之非牛"

推　是争彼也[1]

辟、侔、援、推,一般有关学者大都把它们解释为一种独立的推理论

———————
[1] 谭戒甫《墨辩发微》,中华书局1964年版。

证方式，而谭氏则认为它们只是论式的组成部分。谭氏认为"辩期"的这些论式，不那么严密，比较松散，其发展水平，大致相当于印度的五支式。应当指出的是上面这三个论式，虽说是据《经说》某某条，但都有改动。第一例是改动了原文。第二例则改变了句读，原文是"火烁金，火多也；金靡炭，金多也"，现在，每一分句先是生硬地拆开，再是莫名其妙地组合成"辟"与"侔"。第三例的"辩，争彼也"本是一句话，却被拆或"辞""故"两部分，结果"辞"不成"辞"，"故"不成"故"。

第二，三辩期。

今本《墨子》有一篇《三辩第七》，内容讨论"非乐"的问题。谭氏认为篇名与内容"不合"，一定有错乱。他推测说，《非乐》今只有上篇，中下篇皆注明为缺，但估计还会有些"残简"，而《三辩篇》也是内容缺损、篇简错乱，好事而又不懂事者便将《非乐中下》的残简移在了《三辩篇》之下。对于《三辩篇》本身的内容，谭氏作出考证和推测说："《大取》末段有故、理、类之三物以效于辞之说，疑即《三辩篇》原文的仅存者。"❶这个所谓《大取末段》的原文是：

天辞以故生，以理长，以类行也。者（诸）立辞而不明于其故所生，妄也。今人非道无所行，其困可立而待也。以类行也者，立辞而不明于其点，则必困矣。（文字依谭氏校订）❷

谭氏据《三辩篇》的存在而认定墨辩论式的发展有一个三辩期。三辩期的墨辩论式已是更为成熟，其发展水平已可相比于西方的三段论和因明的三支式，而这种墨辩论式的结构和依据的逻辑原理则更接近于因明三支式。谭氏认为这种论式是由"辞"加上"故、理、类"三物共同组成，他拟想了一具体论式并把它和因明三支式加以对照。

墨辩三辩期论式　　　因明论式

辞　牛马如物　　　　宗

---

❶ 谭戒甫《墨辩发微》，中华书局1964年版。

❷ 谭戒甫《墨辩发微》，中华书局1964年版。

故	四足兽故	因
理	凡四足兽皆物	喻体
类	若犬羊等	喻依❶

谭氏把墨辩论式看作和因明论式更为类近,这比较科学、相当中肯。因明论式的最大特色就是有一举证同类具体事例的所谓"喻依"。墨辩在论证一个论题时,也是不单要求"以说出故"而且还要求"类物明例",使说理议论始终给人以一种具体明晰之感。"类物明例"也是谭氏提出的一个新术语,它不同于一般所说的举例子、打比方,它要求在同类同理事物中去举证事例。谭氏说,《墨子·大取》末尾有13项格式为"……其类在……"的论证,那个"其类在……"便是"类物明例"。兹举一例看看:

凡兴利,除害也;其类在漏壅。(兴利以除害为先,修水利必先塞住堤坝的漏洞便是其例。)❷

然而谭氏的议论也有失当之处。例如,他要拟想一个什么三辩期的论式便不免失之主观。其实,要说明墨辩论式的特点,并不需要对照因明三支式的格式硬套生造一个什么"拟想"的论式,《经说》(上下)中的许多论式便足以说明问题。我们就把谭氏所举"辩期"的例二,还其原样来看看:

[经]五行毋常胜,说在多。

[说]金水土火木。火烁金,火多也。金靡炭,金多也。❸

这里便是"以说出故"和"类物明例"紧密结合,相辅相成,已是一种比较完备和成熟的论式了。然而,谭氏却把《经说》中的论式看作只是《小取》论式组织法之例证,是存在于"辩期"的初级论式,降低了《经说》的品位和价值,颇有"不识庐山真面目"之弊。

谭氏在研究墨辩时存在演化推想、拔高美化之缺点;但其基本指导

---

❶ 谭戒甫《墨辩发微》,中华书局1964年版。

❷ 谭戒甫《墨辩发微》,中华书局1964年版。

❸ 谭戒甫《墨辩发微》,中华书局1964年版。

思想、基本理路还是正确和可取的。《墨经》编著于秦汉乱离际会之世，难免匆匆草创，后又玉含珠沉，少人问津，流散错乱，更失其真。后人在研究时，抓住其精神实质，乃至秉承"萌芽"和"闪光"，继承发扬，推想演绎，光大本民族之优秀传统，实未可厚非。要是过分执着、拘守原文、原状的话，我们就会被注释家们的纷争束缚住手脚，而不利于探究《墨经》的整体逻辑思想。

（三）伍非百

伍非百（1890—1965），四川蓬安人，早年参加同盟会，辛亥革命后任四川第一届议会议员，曾在川军中参加过反对袁世凯和北洋政府的护国、护法运动；1926年后历任成都大学、南京中央大学教授；抗日战争时期回四川南充创办西山书院及川北文学院，并任四川大学、华西大学、四川国学院教授；1949年后，历任川北行署委员兼川北大学校务委员会副主任、四川省图书馆馆长、民革四川省委常委等职务。伍非百的名世之作是《中国古名家言》，着手于1914年，脱稿于1932年，全书包括"墨辩发微""大小取章句""尹文子略注""公孙龙子发微""齐物论新义""荀子正名解""形名杂篇""邓析子辩伪"共八个部分。全书稿曾于1948年由南充益新书局用土纸石印100册出版。1961—1962年，其和中华书局曾作过比较细致的修订，然终未付排出版，直至1983年才由中国社会科学出版社铅印4万册，大量发行，广为流布。此书在1914—1962年，前后49年，实可谓积作者毕生之力。本文限于篇幅，只就其总体思想和总体成就作简要述评。

1. 对中国古逻辑的总体观

先看《中国古名家言·总序》的具体论述。

中国古逻辑发展的壮阔规模："名家之学，始于邓析，成于别墨（按：加"别"字不妥），盛于庄周、惠施、公孙龙及荀卿，前后历二百年，蔚然成为大观。"❶和鲁胜不同,他没有把庄周和荀子看作是非毁名家的反对派,而是尊奉为中国名学史上的巨头。

发展过程中各派形成了相互訾应却相辅相成、融汇贯通的格局。

名家与形名家乃异名而同实之称……形名与名,乃古今称谓之殊,非于形名家外,别有所谓名家。古名家言篇籍,有正、有反、有合。墨子《辩经》(大小取附)正也,《公孙龙子》反也,庄周《齐物论》荀子《正名》合也。《齐物论》为破坏性的合,《正名》为建设性的合。❷

这里对古逻辑的内容体系是持一种"对立统一论""综合论"的观点。伍氏的这种观点,在其《荀子正名解·序》中有更具体的阐述:

予既作《墨辩解故》《大小取章句》《公孙龙子发微》、及《齐物论新义》,于先秦名家言,已略能明其概要。兹复解《荀子正名》者,何哉?曰:正名,儒家之学也,亦名家之学也。荀子既承儒家之宗,复采名家之要,著为斯篇,是谓集名家之大成者……墨者"唯实",而公孙龙非之。公孙龙"唯名",而墨者非之。儒墨相与辩,而庄子乃出其幽渺之言,无端之辞,时纵恣而不傥,不以觭见之也。于是是非之论,乃如昼丝织空,言语文字道断。名辩之功,几乎或息。虽然,名辩不立,学将安所依隐?不有荀卿,谁与正名?余尝绎荀卿正名之言,实有取于三家。"所缘有名"与"制名之枢要"则取诸《墨》。"所缘以同异"及"异状同所"诸分别义则取诸《公孙龙》。"名无固宜""约定俗成"则《齐物》"寓庸"之旨也。余既论三家之学,穷其"彼是无偶"之辩。今释《正名》,用作归宿。❸

2.《公孙龙子发微》

伍氏对《公孙龙子》作了颇为与众不同的"发微"。他以《名实论》为纲,将5篇著作组合成一个较为严密的统一体系。下面我们把《公孙龙子发微》的思想观点、体系格局作些演示和演绎。

❶伍非百《中国古名家言》,四川大学出版社1983年版。

❷伍非百《中国古名家言》,四川大学出版社1983年版。

❸伍非百《中国古名家言》,四川大学出版社1983年版。

总纲一：天地与其所产者，物也。物以物其所物而不过焉，实也。实以实其所实而不旷焉，位也。出其所位，非位，位其所位焉，正也。（《名实论》）

要领1：物是什么？"天地与其所产者"。伍氏联系《指物论》和《坚白论》来作解释——何谓物？物者，名所欲指之个体也。《指物论》曰："物莫非指，而指非指。天下无指，物无可以谓物。非指者，天下无物，可谓指乎？"此言物虽是指（伍氏注"现象"），而指不可谓之物也。《指物论》又曰："物也者，天下之所有也。指也者，天下之所无也。以天之所有，为天下之所无，未可。"此言物本是有，依指而显，不得谓指之无而谓物之不存在。伍氏还认为《坚白论》的意思也是"石本是有，依坚白而显，接于吾人之手眼。若坚白无存，石仍不妨其有。此以石为物，而坚白为石物所有之指也"[1]。

在《名实论》中，"物"被确认是"天地与其所产者"的"实有存在"。这无疑是一种十分明确的唯物主义观点。现在伍氏把《指物论》中那个不太好捉摸的"指"明确认定为物之"指"（现象），然后又把《坚白论》中那个捉摸不定的"坚""白"明确认定为"指"。于是《名实论》《指物论》《坚白论》便都是唯物的了。

要领2：关于"实、位、过、旷、正"。

许多相关学者认为，"正"就是要求万物不旷不过，名充其实，各当其位；表现的是一种"否认事物发展变化"的形而上学观点。估计伍氏是不会同意这种观点的。他可能压根儿就不认为这是个世界观问题，而只是个狭义的名实问题。他联系《白马论》《坚白论》来进行解释说：

实者，物之本体。位者，实之界域。譬如"马"：马之形，即马之实。若言"白马"，则为白马之实，而非马之实。今言马而兼含白，是过。又如"石"：石之状，即石之实。若言"坚白石"，则为坚白石之实，而非石之实。今言石而兼及坚白，是过……言白马而单指马，是谓"旷"。旷与

---

[1] 伍非百《中国古名家言》，四川大学出版社1983年版。

过,一过一不及,过则非实,旷则失位。不过不旷,恰与位符,然后谓之"正"焉。❶

这样来解释,《白马论》《坚白论》的论证自然也就是全然正确的了。

总纲二:其正者,正其所实也。正其所实者,正其名也。其名正,则唯乎其彼此焉。谓彼而彼不唯乎彼,则彼谓不行。谓此而此不谓乎此,则此谓不行。(《名实论》)

要领1:正实在于正名——伍氏说:"盖实不可正,不能正,亦不必正。而正实者,惟在正其名而已矣。"❷

要领2:正名在于"唯谓"——伍氏说:"如何正名?在唯乎其彼此。如何唯乎其彼此?在唯乎其'彼此之谓'。""正名之本,在于'唯谓'。"❸"谓"是称谓(名称、概念)"彼""此"是彼物此物以及称此谓彼的名称、概念。"唯谓"就是强调概念(名、谓)指称的确定性,强调名、谓与事物对当的(尽量)唯一性。这实际上就是逻辑上同一律的要求。伍氏的解说是正确的,是切合《名实论》相关论述的原意的。

伍氏以"正实在于正名""正名在于唯谓"为纲领对《通变论》进行解说:

通变者,通名实之变也。其意与《名实论》相互发明。《名实论》曰:"谓彼而彼不唯乎彼,则彼谓不行。谓此而此不唯乎此,则此谓不行。"盖言此之谓行乎此,彼之谓行乎彼。既已谓之彼,不得复谓之此。既已谓之此,不得复谓之彼也。大致以"实"变则"名"与之俱变,不得复以"故实"与"今实"同一加减。譬如"二"之为名,指两"一"之合而言,既谓之"二",不复谓之"一"也。他日分二得一,但当言其一,又不得以曾经为二之一体,而冒二之名也。❹

❶ 伍非百《中国古名家言》,四川大学出版社1983年版。

❷ 伍非百《中国古名家言》,四川大学出版社1983年版。

❸ 伍非百《中国古名家言》,四川大学出版社1983年版。

❹ 伍非百《中国古名家言》,四川大学出版社1983年版。

《通变论》开宗明义的第一个"问答"便是：

曰：二有一乎？曰：二无一。

伍氏把它解释为完全合乎道理❶，自然也就是基本上肯定了整个《通变论》。

以《名实论》为纲来统帅《指物论》《坚白论》《白马论》《通变论》，伍氏就这样把《公孙龙子》演绎成一个较为严密的体系。我们对伍氏的"苦心"表示理解，但并不完全赞同其具体论证，限于篇幅，这里不作详细评论。且《公孙龙子》原文过简，兼有错乱，见仁见智，亦难完全统一。伍氏之论，亦可备一家之说。

3. 关于墨辩逻辑的体系

在《中国古名家言》中，伍氏用力最勤和最具启发意义的还是《墨辩解故》。《解故》的正文是对《经说》（上下）逐条解说，兹不详述。令人瞩目的是伍氏还写有一篇《新考定墨子辩经目录》，力图勾画、描述墨辩逻辑的体系。《辩经目录》所列纲目较细，现略作概括，展示如后：

辩经上［正名］

第一篇　散名

甲、正散名之在人者

第一章　故、知

第二章　德行之名：仁、义、礼、行……

第三章　生理之名

第四章　利害诽誉之名

第五章　云谓之名

第六章　政刑之名

乙、正散名之在物者

第一章　宇、宙

第二章　物德之名：损、益、变、化、动止。

---

❶ 伍非百《中国古名家言》，四川大学出版社1983年版。

第三章　物形之名：兼、体、直、圆、方……

第四章　物际之名：谓物质体（系）相互间关系如盈虚、聚散等。

第二篇　专名（指名辩学术用语也）

甲、属于辩之理则者：法、说、辩、名、谓、同、异……

乙、属于辩之方术者：闻、言、观同、观异、连环、巧转……

辩经下［立说］

第一编　名辩本论

第一章　推类：推类本于同一原理，异类不比量……

第二章　论偏去（即名实通变之例）

第三章　论然疑：假令之然，疑（或然），不疑（然）、合（必然）·

第四章　名之同异两面观

第二编　名理遗说（如论光影、论力重、论贾宜等）

第三编　名辩问题

第一、八章　难诡辩派所持之论

第二章　论指

第三章　论辞

第四、六章　正论（破斥别的学派的不正之论而拟之于正，如"五行无常胜论""知而不以五路说""破'尺棰不尽'说"等）

第五章　论比辞推类之例

第七章　论关于名辩学上几个问题❶

伍氏接上解释说，这个目录"系依原书次第，以义类相从，假为标题不必悉当原书本意，但为研读方便，试探蹊径耳"❷。"依原书"但又"不必悉当原书本意"，而去"试探蹊径"，这就是主张在继承的基础上，可以而且应当进行"加工"和"升华"，据"古"而不泥"古"。这是值得赞同的主张和态度。

---

❶伍非百《中国古名家言》，四川大学出版社1983年版。

❷伍非百《中国古名家言》，四川大学出版社1983年版。

伍氏说,他还"曾欲分章析节,别加标题,列诸正文之前,如近世专科教科书之组织",但"恐有窜乱古藉,妄凿垣墙之讥,屡作而中止"❶。看来,伍氏的最高目标是想把墨辩逻辑(乃至整个中国传统逻辑)升华、发展、创造、通俗、简化为"近世之专科教科书"。伍氏的这一思想是极具启发意义的,这实际上提出了一个时代性目标。当然,要达到这一目标,绝不是少数人"指日可待"的一件事。要把中国传统逻辑梳理、再造为"近世之专科教科书",这比写出一本完善的中国逻辑史要艰难得多。

二、当代期鸟瞰和今后的任务

中华人民共和国成立以后,章士钊先生已基本上不从事逻辑研究了。谭戒甫、伍非百虽仍然致力于进一步完善自己的著作,但毕竟偏处于一隅,特别是《中国古名家言》迟至1983年才广为刊布,他们的工作与全国的逻辑研究接轨不够及时。在当代,在中国传统逻辑研究中真正起前驱作用的是中国社会科学院的汪奠基先生。他撰写的《中国逻辑思想史》虽迟至1979年才出版,但早在20世纪60年代初就已成稿。他还有一批及门弟子。十一届三中全会以后,对中国传统逻辑的研究出现高潮,1980年还成立了中国逻辑史研究会,10多年间,声势、规模比较壮阔。这一阶段的重心仍是致力于中国逻辑史的研究,成绩斐然,除以中国逻辑史会员为主体的编写组写成的《中国逻辑史》(五卷本),还有温公颐等以个人之力撰写的中国逻辑通史或断代史的著作多种,至于相关的论文更是难于一一列举。就中国逻辑史的研究来说,成就堪称空前。然而,中国传统逻辑研究的最高目标应当是伍非百先生提到的"去写出如专科教科书那样的著作"。由于主客观的种种原因,在对中国逻辑史研究取得优秀成绩之后,没有及时进行规模性的转向去致力于中国传统逻辑的"专科教科书"之研究。幸喜有周

---

❶ 伍非百《中国古名家言》,四川大学出版社1983年版。

云之同志以个人之力写成了《名辩学论》一书,并于1996年由辽宁教育出版社出版。这是对中国传统逻辑体系进行横向研究的富有创造性的尝试。我们企望在这方面的研究能形成较大的规模,众志成城,编写出简明通俗、能够普及通行的中国传统逻辑的"专科教科书",使中国传统逻辑最终在大体上完成其升华和发展。

(原刊于《江西教育学院学报》1998年第2期)

名辩逻辑提纲(上)

一、绪论

(一)中国逻辑是从古迄今许多中国人的创造

从春秋战国至魏晋南北朝是中国逻辑蓬勃发展的时期,名辩在先秦和魏晋都曾成为独标一帜的学问,众多的古逻辑家留下了精深的论述,写成了不朽的经典,为中国逻辑奠定了基础。唐宋元明时期,中国逻辑仍附庸于其他学科之中,以应用逻辑的形式传承流变,不息不止。晚清以后,中国逻辑又进入黄金时代,有众多的近代、现代、当代学者致力于中国传统逻辑的研究。也许有人只瞩目于古代的创造,而低估近代、现代、当代学者的成就。当然,近代、现代、当代人主要是通过对古代逻辑典籍、资料的校注、诠释、评论、推演等"踵事增华"的方式进行加工和创造。然而,就是这种所谓的"加工与创造"使中国逻辑获得一个完完全全的生命力——既富有传统的特色,又具备能为当代人接纳的流行色。这个合古今中国人之力而创造的逻辑可名之曰"名辩逻辑"。

(二)"名辩逻辑"是"名辩"与"逻辑"的复合

把"名辩"与"逻辑"复合起来构成这个称谓,意义何在?"名辩"当然是突出它的中国特色,"逻辑"则是表示它在发展过程中的不断纯化、不断现代化并逐步与世界逻辑接轨。中国逻辑导源于先秦的名辩大思潮,却不宜单用"名辩学"来称谓它。因为"名辩"是一个更宽泛的概念。先秦名辩大思潮开始的阶段,内容相当宽广,包括政治观点、学术观点、方法论等许多方面的大论辩、大争论。尔后,才逐渐分化出来一部分人,他们逐渐转向(或把自己的一部分精力转向)一种狭义的更具逻辑色彩的讨论与研究,像《荀子·正名篇》《公孙龙子·名实篇》《墨经》等,便是这方面的精心之作。这些著作也许可以称为狭义的"名辩学"。然而,中国逻辑也还不可能是《正名篇》《名实论》《墨经》等纯粹的原色原味,它还需要发展、升华、再加工、再创造。所以,只有把"名辩"与"逻辑"合在一起,互相修饰、互相限制、互相补充,才能比较恰当地表示中国逻辑的特色和内涵。以"逻辑"标音的词虽可溯源于古希腊,但作为一个学科名称,却并不是西方人的选择与创造。如李之藻的译著《名理探》,其西方原本"十七世纪葡萄牙高因盘利大学耶士会会士的逻辑讲义",其名称为《亚里士多德辩证法概要》,而不是"××逻辑"。"逻辑"作为一个学科名称是很晚之事,是在世界范围内逐渐达成的一种"约定俗成"。所以,在"名辩"之后再加上"逻辑"二字,并无以西方逻辑为归依的意思,而只是说明中国逻辑乃流贯古今,不断发展和不断现代化的。

(三)"名辩"是"名"和"辩"的复合

"名"和"辩"比较契合。而"辩"和"推理"却并不对等,不仅和"推理"不对等,就是和"论证"也不完全相当。在中国逻辑史上,往往是"辩说"连用。"辩说"比"推理论证"的含义要更宽泛,它包含:①在对实事实物辨察和认识基础上的说理;②狭义的对当辩论;③形式的推理论证等。

(四)名辩逻辑的总体方法论:实为基础,综核名实

"实"是实物、实事、实理。"名"在这里要作广义理解,它包括名(概念)、辞(言辞、判断)、辩说等。中国逻辑曾被称为"名学"或"正名逻辑",其中所谓的"名"便是广义的。

在中国逻辑史上，"实"往往被摆在基础的地位而倍受重视。孔子说："故君子名之必可言也。言之必可行也。"（《论语·子路》）[1]什么样的名才是一定可言的呢？那当然是合"实"之名；什么样的"言"才一定可行呢？当然只能是合乎"实理"之言了；名言都必须以实事实理为依归。孔子的话，讲得还不够直接。后来魏晋时期的徐干申述说："名也者，所以名实也，实立而名从之，非名立而实从之也……仲尼之所贵者，名实之名也，贵名乃所以贵实也。"（《中论·考伪篇》）[2]《尹文子》也有"形而不名，未必失其方圆黑白之实。名而不实，不可不寻名以检其差"[3]的说法。唐刘知几则有"夫名以定体，为实之宾"[4]（《史通·内篇·题目第十一》）的说法。当然，重实并不是就不重名。《尹文子》就明确说道："形与名不可相乱，亦不可相无。今万物具存，不以名正之则乱，万名具列，不以形应之则乖。"[5]只重实，不重名，其后果也是不可想象的，当然，更不会有什么逻辑的产生和发展，总之是要"以实为基础，综核名实"。

这一总体方法，表现在概念学说方面就是要"以名举实""审合名实"，表现在辩说方面就是"以说出故"时，尽量不离开实事实证，演绎与归纳紧密结合。

（五）"以论带史"的框架体系和叙述方法

本文所要展示的是中国逻辑的横向体系，由"绪论""概念""辩说""余论"几部分构成大的框架。而每部分又以逻辑形式、逻辑方法、逻辑法则等列项分目，这是一般逻辑教科书的框架体系。但是，我们在叙述各部分各项各目的具体内容时，却密切联系相关的逻辑史实。这

---

[1] 杨伯峻《论语译注》，中华书局1980年版。

[2] 徐干《中论》，台湾世界书局1975年版。

[3] 厉时熙《尹文子简注》，上海人民出版社1977年版。

[4] 浦起龙《史通通释》，上海书店1988年版。

[5] 厉时熙《尹文子简注》，上海人民出版社1977年版。

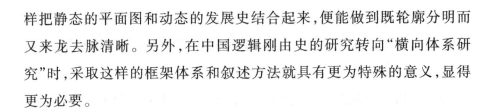

样把静态的平面图和动态的发展史结合起来，便能做到既轮廓分明而又来龙去脉清晰。另外，在中国逻辑刚由史的研究转向"横向体系研究"时，采取这样的框架体系和叙述方法就具有更为特殊的意义，显得更为必要。

二、概念

（一）概念的概述

概念的学说，就是中国狭义的"正名说"。正名就是要"以名举实""审合名实"，要名实对举来考察和论述问题。为此，《公孙龙子》干脆把其讨论同一律（概念的规律）的篇章叫《名实篇》。

普通逻辑中的概念论也是密切联系概念所反映的对象、事物来讨论问题的。可以说，在概念论方面，古今中外是比较同轨和合辙的。在术语方面，"概念"和"名"十分契合，"概念论"和"狭义的正名说"也比较契合。这些相应的术语，可以不加区别随便代换。然而为了方便当代人，我们宁愿让"概念"这个词处于更显赫地位。

1. 什么是概念（名），它是怎样形成的

（1）概念是反映客观事物的。

《老子·第一章》："无，名天地之始；有，名万物之母。"[1]"无"指称天地开始的状态；"有"，指称万物化生的状态。"无""有"是两个概念，是客观世界两种状态在人的头脑中的反映。

（2）概念是客观事物本质（特有）属性的反映。

《经说》第31条："举，拟实也。告之以名，举彼实故也。"[2]"实故"是什么呢？是事物之所以然的本质属性。这就明确宣示了概念是反映事物本质属性的思维形式。

---

[1] 高亨《老子正诂》，中华书局1959年版。

[2] 《墨经》有《经说上》《经说下》，陈孟麟本《墨辩逻辑学》将其条目统一编号。1—100条为《经说上》，101条以后为《经说下》。本文采用这一体例。

（3）概念是人的感性认识与理性认识相结合产物。

《荀子·正名篇》对此有较深透的论述。《正名篇》认为，概念的形成，必须以对事物的同异有明确清晰的认识为基础。"然则何缘而以同异呢？"首先是"天官之当薄其类"（感官必须去接触事物），然后再靠"心之徵知"（理性认识）。感性认识和理性认识的密切结合和顺序推进，就能辨同辨异，就能形成概念。

2. 概念的类别与关系

（1）《荀子·正名篇》论名之单、兼、共、别。

共名和别名，就是今天所谓的类概念和属概念。例如，"动物"是一个大类，"动物"便是共名，"四足兽"是"动物"的"属"，"四足兽"便是一个别名。共名和别名是相对而言的，共名之上还有共名要到无共为止，别名之下还有别名，要到无别为止。

单名和兼名是就语词形式而言的。单名是一个音节（一个字）表示的名，如"马"，"兼名"就是用复合词表示的名，如"白马"。"单"足以喻则单，单不足以喻则兼。例如，当只需把马和牛加以区分时，就只用单名"马"便可以；当你需要把许多马再加以区分时，你还是只说一个"马"字，人家便会莫名其妙，这时你就得运用"白马""黑马""黄马"等一系列"兼名"。荀子还认为："单与兼无所相避（同'僻'，'乖离'的意思）则（同'而'）共。"例如，单名"马"和兼名"白马"并不是"乖离"和"对立"的，而是类属相"共"的。

总之，单名与兼名，共名与别名，都是事物类属关系的反映，只不过前者是就语词形式而言，后者是从遍举和偏举来说的。

（2）《经说上》论名之达、类、私。

79条〔经〕名：达、类、私。

〔说〕物，达也。有实必待之名也。命之马，类也；若实也者，必以是名也。命之臧，私也；是名也止于是实也。〔物是达名，凡存在之实（有实）均可名之曰物。马是类名，凡是马之实者（若实），都可命曰"马"。

臧是私名,此名仅指此一实。]

这是在共、别(类属关系)的有限系列中择取其中三个关节点:达名(如"物")就是"至于无共而后止"的"大共名","私名"是"至于无别而后止"的"别名",处于大共名和最后一级别名之间的各层级大大小小的类则都可以构成类名。

以上都只以"类属"这一种关系为基础来论述概念的分类,不免显得有点单调和单薄,却也抓住了最具普遍意义、最具实用价值的一项。

(3)概念间的关系。

对于这个问题,除在论概念之种类时涉及的类属关系之外,对其他各种相容的和不相容的关系绝大多数都没有触及。请看《经说上》中的两条。

87条[经]同:重、体、合、类。

[说]二名一实,重同也。不外于兼,体同也。俱处于室,合同也。有以同,类同也。(两个名反映的是同一事物叫"重同"。同一整体的不同构成部分,如人体的手和足,叫"体同"。事物处所相同,如课桌和黑板同处于教室,叫"合同"。二物有相同的属性叫"类同")

88条[经]异:二、不体、不合、不类。

[说]二必异,二也。不连属,不体也。不同所,不合也。不有同,不类也。

这里只有"重同"说的是概念间关系(即通常说的同一关系概念)。其他都是讨论物的同异关系。而且像物的体同、合同、不体、不合等关系,是不宜也无法作形式逻辑的分析。当然《经说上》也没有强凑硬套作什么逻辑学的分析,但把它们和"重同"混杂在一起来讨论,还是暴露了理论上的某种浅薄。

在概念论中,"概念的类别与关系"这一部分,显得不怎么成熟,内容不够充实。

(二)概念的定义

关于定义的形式与方法,中国古典逻辑有很高的成就,相关的经典之作是《经说上》。《经说上》共100条,除少数几条外,便都是一个个定义。所定义的概念,有哲学的、逻辑的、科学的、政治的、伦理的、日常生活方面的,真称得上是"定义集锦"。在定义的方式方法方面则是规范性与灵活性的统一:总的来说都是通过揭示概念的内涵与外延来明确概念,但又比较灵活多样。现将其大致分为三种类型来加以述评。

第一种类型"经"举内涵,"说"对外延作周全划分或完满申述。

40条[经]宙,弥异时也(宙是所有不同时刻的概括)。

[说]古、今、旦、暮。

41条[经]宇,弥异所也(宇是所有不同处所的概括)。

[说]东、西、家(中)、南、北。

以上是对外延作周全划分。概念是认识的结果,是人的思维形式,对外延的揭示是否周全要结合时代条件即当时科学认识水平来评定。

59条[经]圆,一中同长也(圆只有一个圆心,圆心至周边距离相等)。

[说]规写交也。

60条[经]方,柱(边)隅(角)四灌(相等)也(正方形是四边四角都相等)。

[说]矩写交也。

这里说的是几何图形中的"圆"和"正方形",其对象物,万千皆出自规、矩,指明其是"规写"或"矩写",自然就对其外延作了完满的申述。

71条[经]法,所若而然也(法是循其行事必能成功之法则、依据)。

[说]意、规、员三也,俱可以为法(科学意念、规矩、模式都可以作标准)。

"三者俱可"当然不是对外延的"周全""完备"的揭示,但当时人们

"奉之为法"的几个主要东西已经说到,申述还是比较完满。

以上都是科技方面的概念,当时人们对相关对象已有较周全认识,因而其定义也就比较规范、典型。

第二种类型"经"举内涵,"说"只举出外延的某些分子。

2条[经]体,分于兼也(部分(体)由整体(兼)分出)。

[说]若二之一,尺之端(比如一是二的部分,点是线的部分)。

61条[经]倍,为二也(倍,就是原数量之二)。

[说]二尺与一尺,但去一(二尺和一尺,就是相差一倍)。

65条[经]纑(假借为隙),间虚也(隙是两体之间的空处)。

[说]两木之间,谓其无木者也(比如两木并立,中间空处无木,无木之处即隙)。

这是一些关于抽象事物的概念,其外延的分子是既不好具体列举而又举不胜举,于是只举一两个典型而又常见的。

第三种类型。它又可以细分为两种格式。

一是单层级格式。

83条[经]见:体、尽(见有体见、尽见)。

[说]特者,体也;二者,尽也(看到事物一面是体见,看见事物两面是尽见)。

77条[经]已:成、无(终结有两种情况,一为完成,一是消失)。

[说]为衣,成也;治病,无也(为衣而衣成,这是完成;治病而病愈这是消失)。

在这里,"经"提出的是一个类概念,但"经"没有去揭示其内涵,而是列出其属概念,即揭示其外延;然后"说"再对属概念进行申述,83条的"说"是揭示属概念的内涵,而第77条的"说"则是揭示属概念的外延。整个定义仍保持单层级格式。当人们对某一族类属相关概念的某些方面已有某些了悟时,采用单层级格式能使定义简洁明了。否则,就会有失之简略之毛病。

二是多层级格式。

1条[经]故,所得而后成也(故,由于它而产生某种结果)。

[说]小故,有之不必然,无之必不然,体也,若尺有端。大故,有之必然,无之必不然,若见之成也(小故,有它不必然产生某种结果,没有它,一定不产生某种结果。这是一种部分对整体的条件,正如积点成线,有点不一定成线,没有点一定不成线。大故,有它必然产生某种结果,没有它一定不产生某种结果。如见物的各条件具备,必然产生视觉,否则,一定不产生视觉)。

这是个具有两层级的定义,既对类概念"故"的内涵与外延作全面揭示,又对属概念"小故""大故"的内涵与外延予以揭示,两个层次的定义连环串套在一起,比较完备周详。

第三种类型的定义,在格式上似乎有点越出藩篱,不那么规范,但它却正好体现了《经说上》在定义方法上的特点、优点:一切从实际出发,灵活多样。

对于定义概念的方法,《经说上》不仅实践上成就非凡,而且在理论上也有某种自觉性。当然,那时尚没有什么"揭内涵""举外延"的说法(在西方,迟至17世纪,才由《波尔·罗亚尔逻辑》明确提出了内涵和外延的问题)。然而,墨家逻辑学派早就立下了"以名举实"的原则。《经说》31条有名举"实故"的精心论述,"实"就是概念所反映的具体对象(即外延),"实故"就是对象的本质属性(即内涵),"外延""内涵"的科学意念已实际了然于心,举外延(实)揭内涵(实故)的定义方法自然也就是"胸中成竹"了。

(三)同一律

1. 荀子论同一律

荀子虽没有全面论述同一律,但提出了名实对应不乱和"径易不拂"两条具体原则。《正名篇》说:"同则同之,异则异之""异实者莫不异名""同实者莫不同名""不可乱也"。"名实同异对应不乱"❶,概念(名)指称的对象确定明晰,才不会互相混淆不清。然而只是名实同异对应不乱,问题并不就算得到了解决,因为"名"是用语词来表示的,某一事物用什么"语词"来对应表示其名称,本不是天然固定的,而是人们约定俗成的。虽然,经过大众约定而又能俗成的名一般是宜于其实的,荀子也有"名无固宜,约定俗成谓之宜"❷的说法,但他还是觉得在约定俗成过程中应当有所"讲究",应当立下某些准则。他说:"名有固善,径易而不拂,谓之善名。"❸"无固宜"但却"有固善",约定俗成时自当择善而从,"径易而不拂"自然可悬为约定俗成过程中的逻辑法则。"径易":平直易晓。"拂":违反、误解。不拂:语词没有与被命名事物特征相违的义项,因而不易产生混淆,引起误解。"径易而不拂"是要求作为名称的语词的指谓确定性,体现的也是同一律的要求。中国古时以象形会意等手段造字,结合语词问题来讨论同一律法则,具有较为特殊的意义。

2.《公孙龙子·名实篇》对同一律的经典论述

(1)《名实篇》的主题、线索——该篇在结尾时总括说:"审其名实,慎其所谓。"❹"谓"是称谓,名称,也就是"名"。名实都要审核考察,但最重要的、最要慎重的还是称谓、名称,即主要环节在正名。

(2)审实——"天地与其所产焉,物也。物以物其所物而不过焉,实也。实以实其所实而不旷焉,位也。出其所位,非位;位其所位焉,正也。"❺天地和它所产生的都是物,物与物之间无变换、无转化,各守其位而不"旷缺","越位出界"是反常,"位其所位"是正常。总之,天地和它所产生的都是客观存在的物,它们各正其位,稳定而无变化,明晰确

❶ 章诗同《荀子简注》,上海人民出版社1974年版。

❷ 章诗同《荀子简注》,上海人民出版社1974年版。

❸ 章诗同《荀子简注》,上海人民出版社1974年版。

❹ 庞朴《公孙龙子译注》,上海人民出版社1974年版。

❺ 庞朴《公孙龙子译注》,上海人民出版社1974年版。

定。当然,这是一种机械唯物论。

(3)实无可正,任务在于正名——"其正者,正其所实也;正其所实者,正其名也。"[1]这句话句式不怎么规范,文意不怎么通畅。伍非百在《古名家言》中串解其意说:实是本来如此、天然如此,不可正,不能正,亦不必正,任务在于正这些实的名而已。[2]

(4)唯乎其彼此的正名准则——"其名正,则唯乎其彼此焉。谓彼而彼不唯乎彼,则彼谓不行;谓此而此不唯乎此,则此谓不行。"[3]

"名"就是名称、概念。"谓"作动词用时是"指称""称谓",作名词用时也就是名称、概念。"彼""此"有时是指彼物此物,有时是指此称彼的名称、概念。《名实篇》认为:所谓名的运用正确就是一个名只能单独(唯)指那个或单独指这个,指那个不单独指那个,指这个但不单独指这个,这样的名称、概念就通行不了。

《名实篇》还认为,在"唯此唯彼"时还要考虑到"当"的原则:"故彼彼当乎彼,则唯乎彼,其谓行彼;此此当乎此,则唯乎此,其谓行此。"[4]

"当"就是"恰当""相宜",只有称此谓彼的名称、概念和此物彼物是相宜和恰当时,才能真正做到唯乎其彼此。

对于这个唯乎其彼此的原则,《名实篇》反复申说:"彼彼止于彼,此此止于此,可;彼此而彼且此,此彼而此且彼,不可(用那个指那个就只限于指那个,用这个指这个就只限于指这个,可以;用那个指这个,其结果是那个又这个,用这个指那个,其结果是那个又这个,像这样那个这个,这个那个地混淆不清,不可以)。"[5]

这个"唯乎其彼此"的原则就是概念指称确定性原则,就是同一律。

(5)《名实篇》中同一律的逻辑法则与哲学观的关联问题。

---

[1] 庞朴《公孙龙子译注》,上海人民出版社 1974 年版。

[2] 伍非百《中国古名家言》,四川大学出版社 1983 年版。

[3] 庞朴《公孙龙子译注》,上海人民出版社 1974 年版。

[4] 庞朴《公孙龙子译注》,上海人民出版社 1974 年版。

[5] 庞朴《公孙龙子译注》,上海人民出版社 1974 年版。

《名实论》的哲学始基是机械唯物论。它承认物质世界的客观性和第一性,却把浑然一体的世界切碎,把物与物的联系分割、斩断,强调彼与此的绝对界线。在那里,事物的联系和转化确实看不到了,但是那事物的平面图、思维的平面图,却是那样地清晰,那样地有秩序,各当其位,井井有条,对此情此景,再从逻辑的角度作进一步的思考和研究,便必然要发现和总结出同一律的逻辑法则来。

同一律虽可由机械唯物论所诱发,但必须先经过"退一步"的过程,才能达到进一步的目的。所谓"退一步"就是要收缩其"论域",使自己只活动于二值世界,在二值世界中,同一律才具有完完全全的功能。所谓"二值世界",它不是客观世界,客观世界不可能是二值的,二值世界是普通逻辑的思维世界。《名实篇》是逻辑的经典,其在简要地讨论了"物的世界"之后,便收缩其论域,集中注视着普通逻辑的思维世界,从而天才地发现和总结出了同一律。

(原刊于《江西教育学院学报》1999年第2期)

名辩逻辑提纲(下)

一、辩说

(一)辩说形式

辩说的逻辑在战国晚期出现了新的质变,其主要标志是开始了辩说形式的发展进程。

1.《韩非子》中经、说相配的模式

韩非把一种"经""说"相配的模式运用到辩说中来,首开辩说形式化的先河,意义重大,影响深远。

(1)模式原型。

在《韩非子》中有《储说》6篇,六篇共计33则。每则都由经、说两部分组成。"经"提出论点,并简要地揭举一些事例,"说"则进一步对这些事例作更具体的叙说。在"经"文中,论点和事例之间,有的用"其说在""说在"作关联词,有的没有"说在"的字样而用其他词语关联,二者约略各占一半。下面举两个例子。

《外储说左下》第六则

[经]公室卑则忌直言,私行胜则少公功。说在文子之直言,武子之用杖;子产忠谏,子国诮怒;梁车用法,而成侯收玺;管仲以公,而国人谤怨。

[说]范文子喜直言,武子击之以杖:"夫直议者不为人所容,无所容则危身,非徒危身,又将危父。"子产者,子国之子也。子产忠于郑君,子国诮(责备)怒之曰:"夫介异于人臣而独忠于主,主贤明,能听汝;不

明,将不汝听。听与不听,未可必知,而汝已离于群臣;离于群臣,则必危汝身矣,非徒危己也,又且危父矣。"梁车为邺令,其姊往看之,暮而后,门闭,因逾郭而入,车遂刖其足;赵成候以为不慈,夺之玺而免之令。管仲束缚,自鲁至齐,过绮乌封人而乞食,乌封人跪而食之,甚敬,封人因窃谓仲曰:"适幸,及齐不死而用齐,将何报我?"曰:"如子之言,我且贤之用,能之使,劳之论,我何以报子?"封人怨之。❶

《内储说下》第三则:似类

[经]似类之事,人主之所以失诛,而大臣之所以成私也。(类似的事很难分辨真假,君主如果不明察,诛罚就失当,而大臣也利用这种似是而非的事来成私邪)是以门人捐水而夷射诛,济阳自矫而二人罪,司马喜杀爰骞而季辛诛,郑袖言恶臭而新人劓,费无忌教郤宛而令尹诛,陈需杀张寿而犀首走。故烧刍廥而中山罪,杀老儒而齐阳赏也。

[说](略)❷

《储说》33则,实为33个论证,全都采用经、说相配的形式,整齐划一,成为了一种固定的模式。

(2)对模式的说明与分析。

第一,它是归纳模式。《韩非子·储说》的每一个论证都是由论点和相关事例两部分组成,这无疑是一种归纳论证。韩非建立归纳模式是有其思想基础的。他曾写有《解老篇》对《老子》中的"道"作出新的解释。下面是《解老》中几段重要的话:

道有积而德有功;德者,道之功。功有实而实有光;仁者,德之光(道是有所积聚而成的,积聚了就有功效,德就是道的功效。功效是有实际表现的,有实际表现就有光辉,仁就是德的光辉)。

先物行先理动之谓前识。前识者,无缘而妄意度也。

故视强则目不明,听甚则耳不聪,思虑过度则智识乱。❸

---

❶陈奇猷《韩非子集释》,上海人民出版社1974年版。
❷陈奇猷《韩非子集释》,上海人民出版社1974年版。
❸陈奇猷《韩非子集释》,上海人民出版社1974年版。

"道"是"一般"是"理"。《老子》有"道可道非常道"之说，未免使人觉得"道"是比较抽象和难于捉摸。韩非则强调"道"乃"具体的一种积聚，有具体可验的功效，有实在可感的表现"。据此，韩非反对所谓"前识（先于经验的认识）"，反对脱离实际的强打精神的视、听和思维。韩非就是这样把道（理）的一般性寓诸可感可验的实事和具体之中，而这便是一种归纳的思想和原理。

第二，作为一种逻辑形式，韩非的"经说式"还是不够完美和不够规范的。一是"经""说"的职能分工不怎么合理：论点和事例都在"经"中提出，"说"只是对这些事例作进一步叙说，几乎成了一种附庸。二是有许多论式中的逻辑关联词不科学、不规范。像上举的第一例那样，运用"说在"作关联是可以的，因为"说在""其说在"可以作为引出一切论证根据（一般原理、实事实例）的导引词。但在上举的第二例中，把"……是以……故……"运用于归纳模式，则扭曲和弄乱了其实在的逻辑进程。

第三，韩非的"经说式"开中国逻辑形式化之先河，使中国逻辑的发展有质的突破，意义重大，影响深远。大约30~50年之后，墨家逻辑学派后期的精英们全部采用"经说相配"的模式推出了最为著名的逻辑经典著作《经说上》《经说下》，使概念定义的形式化和辩说的形式化达到了极高的水平，使中国逻辑臻于辉煌。还有成熟于魏晋的"连珠体"，其源头之一也是《韩非子》的《储说》。韩非"经说式"中不完善和不规范之处，在墨家《经说篇》和魏晋连珠中则被予以扬弃和纠正。

2.《墨经·经说下》中的辩说形式

《经说下》是《墨经》的辩说篇，经说相配计80多条，每一条就是一个"辩说"，不仅结构比较简明规范，而且格调和类型也比较多样。

（1）四种类型。

一是说明式。

140条（这里是将《经说上》《经说下》统一编号，《经说下》的首条编号为101条）：

[经]所知而弗能指，说在冬蛇、逃臣、狗犬、遗者（知道的东西但指不出来，比如冬天的蛇，逃跑了的奴隶、狗犬、遗失了的东西）。

[说]冬蛇，其蛰固不可指也。逃臣，不知其处。狗犬，不知其名也。遗者，巧弗能两也（冬天的蛇，藏蛰起来了，无法指示。逃跑了的奴隶，不知在哪里，也无法指。狗犬无名，无法具体指。遗失了的东西，虽巧手不能重作，也无法指）。❶

属于说明式的条目，为数不多。说明式是说明某种事物现象，它参照了概念的定义方法，但它并不是定义一个概念，而是说明一种现象。说明式不是深入揭示事理，尚不是典型的"辩说"。然而在现实日用生活中，也是不可或缺的。

二是辨说式。

144条：

[经]五行毋常胜，说在多（五行不是按某种固定的次序来制胜的，多者制胜）。

[说]金水土火木。燃火铄金，火多也。金靡炭，金多也。金府（同附）水，火离（附）木，若糜与鱼之数，惟所利（金水土火木；燃火能销金，是因为火多，金能压灭炭火，是因为金多。不过五行相依相存的现象倒是有的，金附水，火附木，就像糜居山、鱼处水那样，是由于条件适合）。❷

146条：

[经]损而无害，说在余（存在着有损失但却无害的情况，当损去的是一种多余时便如此）。

[说]饱者去余，适足不害。饱能害，若伤糜之瘼脾也。且有损而后益者，若疟也（饱者去余食，正是无害。饱是能伤人的，进食过多，脾脏

---

❶伍非百《中国古名家言》，四川大学出版社1983年版。

❷伍非百《中国古名家言》，四川大学出版社1983年版。

必病。而且有的损去反而有益，如害疟疾的人去掉疟病）。**❶**

135条：

[经]知"知之""否之"足用也，悖，说在无以也（知道自己"知道什么""不知道什么"就足够了，这种说法是错误的，因为这有什么用呢）。

[说]论之非知，无以也（讨论问题，认识事物，没有知识是没有用的，不能仅仅知道自己不知道就行了）。**❷**

"辨"是"辨认""辨察"的意思，"说"是申说。辨说式是把自己对事物、事理辨察辨认的结果加以申说，它列出的论题不一定就是什么科学的定理、深层的规律，而多半是一种阶段性的比较确定的认知结果；在那里，"说在"也不一定就正面引出了某种确证论题的直接理由，而往往只是揭示一种相关的理路，甚至只是一种思路。如上面所举的辨说式的第一例，"五行毋常胜"虽然是破除五行相克谬说的一种科学观察的确实之见，但尚不是一种正面立说的科学定理。在那里，也没有提出"金不胜水""水不胜土"等的正面理由（按旧说，金水土火木顺次相克），而只是对"多者胜"的情况作了列举和概括。在现实中，一事物必然存在。必然不存在之理，一事物之所以是这样或所以不是这样之理，是复杂多样而难于把握，要对之正面的作直接明确的论证，并非轻而易举，有时只能暂且揭示某些方面的特征、发展趋向，给人们提供正确的视点和科学的角度。基于认知和思维过程中的这种状况和需要，《墨经》推出了"辨说式"的逻辑形式。辨说式虽不是什么定理的确证，但它论述的是比较确定的种种认知、知识；它是寻求科学知识的中间手段。辨说式使逻辑插足于人们认识客观事物过程中的许多中间环节，跳出了追求单纯正面确证的狭隘境界，拓展了逻辑的应用范围。辨说式在人们日常思维中出现的频率很高，在《经说下》中，属于辨说式的条目也比较多。

---

❶ 伍非百《中国古名家言》，四川大学出版社1983年版。

❷ 伍非百《中国古名家言》，四川大学出版社1983年版。

三是论证式。

107条：

[经]异类不比,说在量。

[说]木与夜孰长？智与粟孰多？爵（官爵）亲（亲缘）、行（德行）、贾（物价）。四者孰贵？麋与鹤孰高？䖢（蝉）与瑟孰悲？❶

"异类的事物不能相比"，为什么呢？先举出正面的直接的必然性的理由："它们的计量标准不同"，接着再举证一连串异类无法相比的实事，于是论题的真实性得到了比较可靠的证明。这种逻辑形式可用于进行严格的论证，故称为"论证式"。

四是辩证式。

172条：

[经]以"言为尽悖"，悖。说在其言（认为"所有的言论都是错误的"，是错误的。因为从这句自相矛盾的话本身就可得到证明）。

[说]悖，不可也。之人之言可，是不悖，则是有可也。之人之言不可，以审必不当（错误，就是不正确。如果这个人的这句话正确，即不错误，那不就有言论是正确的么！如果这个人的"以言为尽悖"这句话不正确，用它来审究天下之言就一定不恰当）。❷

178条：

[经]学之益也，说在诽者（学习是有益的，从发出诽毁之言"学之无益"者的自相矛盾便可得到证明）。

[说]以为不知学之无益也，故告之也；是使知学之无益也，是教也。以学为无益也，教，悖（以为人家不知道"学无益"，所以才告诉他；这样使他知道学习是没有益处，就是在教导他。认为学无益而又去教导人，不是自相矛盾么）。❸

在古希腊，人们把揭露和克服对方议论中的矛盾以取得胜利的艺

---

❶ 伍非百《中国古名家言》，四川大学出版社1983年版。

❷ 伍非百《中国古名家言》，四川大学出版社1983年版。

❸ 伍非百《中国古名家言》，四川大学出版社1983年版。

术叫"辩证法"。上述论式便是运用这种艺术的实例、范例,故称之"辩证式"。

（2）若干说明和分析。

与《韩非子》的"经说式"相比,这里的经说式是一种有了很大发展和提高的更完美的逻辑形式。

第一,结构更为规范和严谨。首先是逻辑连接词一律都用"说在",规范单一。其次是"经""说"分工更为明确和合理:[经]的任务是提出论点,并用"说在"导引出"理由"或逻辑的理路、考察问题的视点角度等,简洁凝练,称之为"经",名副其实。[说]则或举证实事实例,或对"说在"引出的"理由""理路"作必不可少的展开和阐述,脱除了附庸的痕迹与色彩。

第二,逻辑性质上有较大变化。《韩非子》的经说式是一种简单归纳法的模式,而这里的经说式则全面地运用演绎和归纳,并走归纳演绎相结合的发展道路。

3. 陆机的三段连珠

（1）类型分析。

梁萧统编的《文选》保存了陆机的连珠50首,其中二段的42首,三段的8首。其三段连珠是一种发育较完善的辩说形式,八首三段连珠可归纳为三种类型。

第一种类型。

（臣闻）任重于力,才尽则困;用广其器,应博则凶。是以物胜权而衡殆,形过镜则照穷。故明主程才以效业,贞臣底力而辞丰(一个人担负的责任超过他的才能就会陷入困境,使用一种东西超过了适合范围就会出现坏结果。是以被称的东西超过了秤锤的负荷量就危险,被照的东西大过镜的反射范围就无法把它全照出来。故明主要根据臣子的才力来授官,忠臣要辞去自己担任不了的职务)。❶

---

❶ 萧统《文选》,中华书局1977年版。

这里的第一段是既涉及人事也兼及物类的一般性前提,第二段推及到具体物事,第三段推及到具体人事。第二段是由第一段推出的,但对第三段来说又具有前提的性质,由第二段到第三段是一种连类推比(即相邻相近的类相比相推)。论式的最终目的是要推出那个第三段,这个最终的结论主要是凭借第一段的直接推导,但第二段的连类比推,无疑也增强了推导的逻辑性。由一般推到具体和个别,是演绎过程,而连类比推则属归纳,整个论式是演绎和归纳的结合运用。

第二种类型。

(臣闻)音以比耳为美,色以悦目为欢。是以众听所倾,非假百里之操,万夫婉娈,非侯西子之颜。故圣人随世以擢佐,明主因时而命官(音乐以适听于耳朵为美,容颜以悦于眼睛为欢。是以大家喜欢听的不只限于百里奚的演奏,众人喜欢看的不只限于西施的容颜。故圣人于同世代识拔人才,明主随时去选任官吏)。❶

这里由第一段到第二段的推导还是一种严格的演绎,但由第一二段到第三段,则是一种连类比推。

第三种类型。

(臣闻)鉴之积也无厚,而照有重渊之深,目之察也有畔,而视周天壤之际。何则? 应事以精不以形,造物以神不以器。是以万邦凯乐,非悦钟鼓之娱,天下归仁,非感玉帛之惠(镜子虽薄却可以照探事物之深层,眼睛的视线有限却可察见天地之间。何则? 造物应事,关键是内在的精神特质,而不在乎表面的形器。是以民众的欢乐不是因为惬意于音乐歌舞,天下的归附也不是因为感激于物质的赐予)。❷

第一段先谈具体的物事和人事,第二段把第一段中列举的具体物事人事中寓含的一般原理概括抽引出来,第三段再推到具体人事。从逻辑的理路来分析,第一段到第二段是归纳,第二段到第三段是演绎。

---

❶ 萧统《文选》,中华书局1977年版。

❷ 萧统《文选》,中华书局1977年版。

归纳演绎结合的方式,逻辑推导的进程都和前面两种不同,另为一种类型。不过这一论式中所述的实事实理却存在有不科学之处,那就是关于镜子照物之事例。说镜子不仅显现被照物之外貌还可探测其深层,说镜子本身不仅有形而且还有神,这些都是不科学的。这种内容上的悖乱,使容纳它的逻辑形式的确定性和明晰度受到影响。

(2)关于源流、发展轨迹、名称等问题的说明与分析。

通常所说的连珠始作于西汉末年的扬雄:

(臣闻)明主取士,贵拔众之所遗,忠臣荐善,不废格之所排。是以岩穴无隐而侧陋章显也。❶

这是一首二段连珠。东汉时,班固、贾逵、傅毅、蔡邕等继续制作连珠。由于当时连珠多呈皇帝阅看,所以前面用上"臣闻"二字。魏晋以后,连珠大盛,许多连珠不是为呈奏皇帝而作,于是"臣闻"也便换成了"盖闻"。如自己就是君王的曹丕,其连珠便如此:

(盖闻)驽蹇(劣马)服御,良(王良)乐(伯乐)咨嗟;铅刀剖截,区冶(著名的铸剑师)叹息。故少师(春秋时隋国之庸臣)幸而季梁(隋国之贤臣)惧,宰嚭用而伍员忧。❷

扬雄等人制作的这些东西为什么被立名为连珠呢?晋傅玄(217—278)说是因为它"辞丽而言约""历历如贯珠"(《艺文类聚》五十七)❸。南朝沈约(441—513)说:"连珠,盖谓辞句连续,互相发明,若珠之结排也。"(《艺文类聚》五十七)❹上述定义和解说都是从文体角度出发的。所以,他们所谓的连珠乃一种有一定格式、辞句间有某种固定紧密关联的短文。汉魏连珠虽多由文学家所作,但多数还是以议论说理为主,而且在简约化、形式规范化方面取得了很好的成绩,实际上是逻辑与文学的结合体。

---

❶ 萧统《文选》,中华书局1977年版。

❷ 萧统《文选》,中华书局1977年版。

❸ 欧阳询《艺文类聚》,上海古籍出版社1982年版。

❹ 欧阳询《艺文类聚》,上海古籍出版社1982年版。

魏晋南北朝时,韩非子经说相配的《储说》也被追称为"连珠"。《北史·李先传》说到北魏明元帝"召先读韩子连珠论22篇"[1],这里说的连珠论就是《储说》,22篇实为33篇之误。《储说》与汉魏连珠的源流关系是明显可鉴的,如《储说》中曾用过的关联词"是以""故"便成了汉魏连珠中更为固定和通用的关联词,而且用得更为规范和贴切。《储说》被追称为"连珠",说明魏晋南北朝有不少人已把连珠看作纯逻辑的东西。

　　连珠的大盛时期是魏晋南北朝。这是由当时的学术大环境所决定的。魏晋南北朝的文风是重韵律对仗和形式排比,诗、赋自不必说,就是散文也要骈俪化。连珠虽主要用于议论,但要求简约和形式化,比较顺应文学发展讲形式排比的大潮流。另外,魏晋南北朝时期,名辩之风甚炽,其声势之大,影响之广,不亚于所谓的"六朝文风"。连珠既然是以说理议论为主、自然会成为合乎这一潮流的时髦物。总之,连珠是当时各类学人所瞩目的东西。曹丕、王粲、陆机、葛洪、谢惠连、沈约、萧衍、庾信等许多名家高手都从事于连珠的制作,一代风尚,成绩斐然。然而,真正作出里程碑意义建树的还是陆机。

　　陆机里程碑意义的建树主要体现在三段连珠的创立上。陆机之前,连珠多为二段式,陆机不落旧套,致力于三段式的制作,但在他之后,许多人又退回到制作二段式的旧轨道上去。从逻辑上说,二段式便只是一种二段推理,不管是用于归纳还是演绎,都会因过于简单而产生机能不全的毛病,因而不可能得到流传和推广。至于陆机的三段连珠,我们在前面已经展示过,它把归纳和演绎结合起来,包容着一个比较完整的推理论证过程,算得上是一种较完善的独立的逻辑形式,具有永久的价值和普遍的意义。连珠如果没有陆机创立的三段式便只能是一种昙花一现之物。

　　陆机能取得这样突出的成就与他自身的素质相关。他是著名的文

---

　　[1] 李延寿《北史》,中华书局1974年版。

学家,为晋太康年间文坛的巨匠,这是众所周知的。然而,他还擅长于名理之学,却鲜为人知。陆机是东吴名将陆逊之后裔,他于吴亡(280年)后10年才去洛阳。洛阳是曹魏和西晋的政治文化中心。魏晋政权在京都和平转换,洛阳持续稳定繁荣。由何晏(? —249)、王弼(225—249)等起动的名辩热潮也持续处于高峰。为了适应洛阳的学术环境,他在赴洛阳前,着实钻研了一番名理之学,并且形成了自己的逻辑观。刘敬叔《异苑》云:

> 机初入洛。次河南之偃师。时阴晦,望道左若有民居,见一少年,神姿端远,置《易》投壶,与机言论,妙得玄微。机心服其能,无以酬抗,乃提纬古今,总验名实,此年少不甚欣解。既晓便去,税驾逆旅。问逆旅姬。姬曰:"此东数十里无村落,止有山阳王氏冢尔。"机往视之……方知昨所遇者王弼也。❶

这则故事是说陆机在赴洛阳途中遇见了王弼的鬼魂,相与谈论。故事当然有着文学的虚构,但不可以把它当作笑话来看待,它是以文学形式曲折地描述了陆机的名辩思想。陆机对以王弼为代表那一支派的名辩术,一方面是心服其能,一方面又不以为然。他有自己一套"总验名实"的学词。他觉得他的这套学问,王弼他们也"不甚欣解"。请注意,"总验名实""总核名实""审合名实",这是基于唯物主义认识论的逻辑观。陆机既然有明确的"总验名实"的逻辑观,再加上"善简约、精格式"的高超文笔,自然会有非同一般的建树。

近代名人严复在翻译《穆勒名学》时"明目张胆"地把西方的三段论译作连珠,对整个连珠的逻辑意义作了充分的肯定。但现在看来,未免有点失之笼统。准确地说,只有三段连珠才真正对当于西方的三段论。西方的三段论,以纯演绎的准确性而见称,三段连珠融归纳演绎于一体,更贴近人们日常思维的实际,各有所长,堪称双璧。

---

❶ 唐长孺《魏晋南北朝史论丛》,三联出版社1978年版。

4. 王充的论证（证明与反驳）模式

王充生活于谶纬、神仙迷信思想泛滥之世，"读虚妄之书，明辨然否，疾心伤之"而作《论衡》。王充说他的《论衡》"形露易观"而且有点四不像，"谓之饰文偶词，或经或迂，或屈或舒；谓之论道，实事委琐，文给甘酸，谐于经不验，集于传不合"（《论衡·自纪》）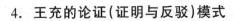❶。《论衡》自然是要去"论"，然而要怎么个论法呢？王充要一反传统，"非经非传"，也不"饰文偶辞"；他要创造一种"实事委琐""形露易观"的表现形式。可以说，王充是既不自觉而又是自觉地要总结、创造论证的逻辑形式。

究竟怎么个论法，王充有明确的正面论述："事莫明于有效，论莫定于有证，空言虚词，虽得道心，人犹不信。"（《薄葬》）"凡论事者，违实不引效验，则虽甘义繁说，众不见信。"（《知实》）❷归纳起来，王充的意思是说，只有引出证据，才能使论断得以确立，才能使立论见信于众。所谓见信于众，用现在的逻辑术语来说，就是要求论题真实性的明显化。可以说王充对"证明"特征的描述，接近于现在逻辑教本中关于"证明"的定义。

王充不仅对"证明"作了较为科学的界说，而且还在《知实》与《实知》中推出了证明与反驳的较为规范的模式。

《知实篇》所表现的是证明的结构和方式：

"圣人不能神而先知"——论题

"何以明之"——转入证明

先列举16条实事作论据。下面录出几条：

颜渊炊饭，尘落甑中。欲置之则不清，投地则弃饭，掇而食之，孔子以为窃食。圣人不能先知，三也。

匡人之围孔子。孔子如审先知，当早易道以违其害。不知而触之，故遇其患。以孔子围言之。圣人不能先知，四也。

---

❶ 王充《论衡》，上海人民出版社1974年版。

❷ 王充《论衡》，上海人民出版社1974年版。

阳货欲见孔子,孔子不见,馈孔子豚。孔子伺其亡("出外""不在"的意思)也而往拜之,遇诸途。孔子不欲见,既往,候时其亡,是势必不欲见也,反遇于途。以孔子遇阳货言之,圣人不能先知,六也。❶

　　列举实事作归纳证明之后,又申述道理作演绎证明:

　　圣人据象兆,原物类,意而得之,其见变名物,博学而识之,巧商而善意,广见而多记,由微见较……耳目非有达视之明,知人所不知之状也。使圣人达视远见,洞听潜问,与天地谈,与鬼神言,知天上地下之事,乃可谓神而先知,与人卓异。今耳目闻见,与人无别,遭事瞔物,与人无异,何以为神而卓绝。❷

　　整个证明,归纳与演绎并举,两相结合。

　　《实知篇》所表现的是反驳的完整结构:

　　先列出欲反驳的论题——"儒者论圣人,以为前知千岁,后知万世,有独见之明,独听之聪,事来则名,不学自知,不问自晓。"❸

　　再列出论敌的论据——"孔子将死,遗书曰:'不知何一男子,自谓秦始皇,上我之堂,踞我之床,颠倒我衣裳,至沙丘而亡。'其后秦王兼并天下,号始皇,巡狩到鲁,观孔子宅,乃至沙丘,道病而崩。又曰'董仲舒,乱我书。'其后江都相董仲舒,论思《春秋》,造著传记。又书曰'亡秦者,胡也。'其后二世胡亥,竟亡天下。用三者论之,圣人后知万世之效也。"❹

　　"曰:此皆虚也。"❺——转入反驳。

　　先从驳斥论敌的论据入手——"案神怪之言,皆在谶记,所表皆效图书。亡秦者胡,河图之文,孔子条畅增书,以表神怪,或后诈记,以明效验……孔子见始皇、仲舒,或时但言将有观我之宅、乱我之书者,后

----

❶ 王充《论衡》,上海人民出版社 1974 年版。

❷ 王充《论衡》,上海人民出版社 1974 年版。

❸ 王充《论衡》,上海人民出版社 1974 年版。

❹ 王充《论衡》,上海人民出版社 1974 年版。

❺ 王充《论衡》,上海人民出版社 1974 年版。

人见始皇入其室、仲舒读其书,则增益其辞,著其主名……案始皇本事始皇不至鲁,安得上孔子之堂、踞孔子之床、颠倒孔子之衣裳乎? 既不至鲁,其言孔子曰'不知何一男子之言'亦未可用。不知何一男子之言不可用,则言董仲舒乱我书亦复不可信也。"❶

接着再讲道理摆事实用演绎归纳相结合办法直接去确定被驳论题的虚假——"凡圣人见祸福也,亦揲端推类,原始见终,从闾巷论朝堂,由昭昭察冥冥。周公治鲁,太公知其后世当为削弱之患。太公治齐,周公睹其后世当有劫杀之祸。见法术之极,睹祸乱之前矣。先知之见,方来之事。无达视洞听之聪明,皆案兆察迹,推事原类。不学自知,不问自晓,古今行事,未之有也。"❷

上述两个论证在《论衡》中的原样,虽相当冗长,甚至有点芜杂,但只要稍加梳理和概括,便可发现它们已经达到了某种规范化和模式化的程度。

(二)辩说的逻辑法则

1. 不矛盾法则

对不矛盾法则作了最质朴、最明晰、最全面论述的是韩非,《韩非子·难一》说:

历山之农者侵畔,舜往耕焉,期年,畎亩正。河滨之渔者争坻,舜往渔焉,期年而让长。东夷之陶者器苦窳,舜往陶焉期年而器牢。仲尼叹曰:"耕,渔与陶,非舜官也,而舜往为之者,所以救败。舜其信仁乎! 乃躬籍处苦而民从之,故曰"圣人之德化乎?"

或问儒者曰:"方此时也,尧安在?"其人曰:"尧为天子"。然则仲尼之圣尧奈何? 圣人明察在上位,将使天下无奸也。今(当作"令")耕渔不争,陶器不窳,舜又何德而化? 舜之救败也,则是尧有失也。贤舜则去尧之明察,圣尧则去舜之德化,不可两得也。楚人有鬻盾与矛者,

---

❶ 王充《论衡》,上海人民出版社1974年版。

❷ 王充《论衡》,上海人民出版社1974年版。

誉之曰："吾盾之坚，莫能陷也。"又誉其矛曰："吾矛之利，于物无不陷也。"或曰："以子之矛陷子之盾何如？"其人弗能应也。夫不可陷之盾与无不陷之矛，不可同世而立。今尧舜之不可两誉。矛盾之说也。❶

韩非择取现实议论中的一些典型事例和素材，进行综合加工，把不矛盾法则解说得既生动具体，又要点明确：（1）夫不可陷之盾与无不陷之矛不可同世而立——两个互相否定的说法不可能都是真的；（2）贤舜则去尧之明察，圣尧则去舜之德化——对于两个互相否定的说法，肯定一个就必须否定另一个；（3）今尧舜之不可两誉，矛盾之说也——把"矛盾"作为一个普遍性术语提了出来。

生动的故事，习见习闻的素材，精当的分析，雅俗共赏，妇孺能喻。不矛盾法则思想深入人心。

2. 排中律

《墨经·经说》136条：

[经]谓辩无胜，必不当。说在不辩（说辩不会有胜利者，一定不合事实。因为那无胜利者的对论乃不是辩）。

[说]所谓非同也，则异也。同则或谓之狗，其或谓之犬也；异则或谓之牛，其或谓之马也；俱无胜。是不辩也。辩也者，或谓之是，或谓之非，当者胜也（"所谓"不是同就是异。比如一条四足兽：同谓者说"这是狗"和"这是犬"；异谓者说"这是牛"和"这是马"；这两种同异之谓都不是一定有当者胜者，因为此四足兽可能是一条羊什么的，故而可能俱无胜；这都不能算是辩。所谓辩，必须是说"这是牛""这不是牛"，一说是，一说非，这才会有合乎事实的一方，合乎事实的一方胜）。❷

这里并没有出现"排中律""排中"的字样，它是在论述排中律吗？我们且来作一番剖析和解说。对于《经说》136条，人人读后都可抓住的话题和答案可明白展示如后——什么是辩？怎样的辩法才能有胜负

---

❶ 陈奇猷《韩非子集释》，上海人民出版社1974年版。

❷ 伍非百《中国古名家言》，四川大学出版社1983年版。

第二编 中国逻辑

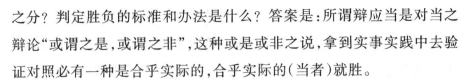

之分？判定胜负的标准和办法是什么？答案是：所谓辩应当是对当之辩论"或谓之是，或谓之非"，这种或是或非之说，拿到实事实践中去验证对照必有一种是合乎实际的，合乎实际的（当者）就胜。

对于《经说》136条的意蕴，我们还可以用更多的逻辑行话作更深层和更全面的展示——排中律并不是整个辩说的法则，而只是对当辩论的逻辑法则。它只就对当辩论中的论题作出规定与规范（或说这是什么，或说这不是什么），它并不去（也不可能）判定谁是谁非，究竟谁是谁非，只有靠事实、实践来验证和检验，即所谓当者胜也。

应当说，上述的解说和界定，已相当科学和精当。至于没有出现"排中"的字样，那是无关紧要的。"或是或非"，再作进一步的思考，不就会想到"排中"二字吗？

3."止类以行之"的逻辑准则

《经说》101条：

［经］止类以行之，说在同（推论要限在同类范围中进行，因为这才符合同一原理）。

［说］彼以此其然也，说是其然也；我以此其不然也，疑是其然也。此然是必然，则俱（他因这个这样推论另一个也这样，我说这个不这样难道另一个能这样吗？这些推论如果是必然的，那便都是"限于其类而推"）。

《经说》102条：

［经］推类之难，说在类之大小（推类是复杂而困难的，因为类有大小）。

［说］谓四足兽，牛与，马与，物不尽与，大小也（说四足兽，可以指牛、指马，而不能包括所有四足动物。四足动物与四足兽，类之大小不同）。❶

❶ 伍非百《中国古名家言》，四川大学出版社1983年版。

对"止类以行"作正面全面阐述的是101条。但102条也作了很好的旁证说明:(1)"推类"一词的通行说明"止类而推"的法则已被公认;(2)不仅公认,而且开始讨论实施细则(譬如要注意类有大小的问题)了,"止类以推"的法则深入人心。

"止类以行"是普通逻辑中的普遍法则,演绎、归纳概莫能外。然而,在现今通用的论述西方普通逻辑体系的教本中,却只有一个限于局部范围之内的三段论公理涉及这一法则,这实在是一种不应有的疏漏。

4."类物明例"的逻辑准则

《墨经·大取》:

夫辞以类行者也,立辞而不明于其类,则必困也。

圣人也,为天下也,其类在追迷(圣人治天下,就像给迷路的人指引方向一样)……爱之相若,择而杀其一人,其类在坑下之鼠(虽是兼爱,但择而杀其一人以除害,是应该的,就像要消灭墙穴间老鼠一样)……凡兴利,除害也,其类在漏雍(兴利重在除害,就像护堤就要重视塞漏洞一样)……"不为己"之可学也,其类在猎走("不为己"是可以通过学习做到的,正如竞走可以通过学习做到一样)。(原文共有十三例,现只引录意义十分明白确定的四条)❶

对于《大取》采用的"……,其类在……"这种形式,近人谭戒甫在其《墨辩发微》中称之为"类物明例",但没有作更进一步的说明与分析。伍非百在《中国古名家言》中认为,这个"类在某某"与今言"喻"、言"例",言"比类推理"者近是。❷"例"是实事实例,"类在某某""类物明例"首先就是要求举证实事实例。"喻"是渊源于印度逻辑的一个术语,指的是同类中的实事实例。而"比类推理"则只是"类近取譬"。对照《大取》本身举的几个"类在××"来看,"圣人之为天下,其类在追迷""凡兴利,除害也,其类在漏壅"举的是本类中的实事实例,而"其类在坑下

---

❶ 伍非百《中国古名家言》,四川大学出版社1983年版。

❷ 伍非百《中国古名家言》,四川大学出版社1983年版。

鼠""其类在猎走"则只是类近取譬。伍氏的解释比较落实,但说得还不够透彻。

《大取》中的这个"其类在",其逻辑含义比较复杂和奇特,准确地辩证地说是比较丰富和深邃。所谓"其类在××"当然是要求举同类中之实事实例以证。然而,它在实践上又默许了某种灵活性,即允许举非同类之事例来比类相推。但它始终坚持亮出"类"的招牌,要求尽量类近取例,以增加比类相推的密合度和贴切性。应当说,这样作并未超出"合乎逻辑"的界线。本来,类的界线就不是绝然的和完全僵化的,如逻辑上的所谓类属关系(外延有大小之不同而却又有相关相属的一面,内涵上有多少之差别而却又有相同相通的地方)便是类与不类乃相对而言的一种情况。所以容许科学的"类近取例""比类相推",是在更全面和更深层的意义上"类物明例"。其结果是给生动多姿的"辟、侔、援推"的科学运用存留了余地,从而给中国逻辑增加了色彩。

类物明例在中国逻辑上的全面意义是要求推论辩说都尽量举证实事实例,走归纳与演绎相结合的发展道路。类物明例使中国逻辑形成了某种特色。可以说,类物明例有着很特殊的意义。

二、余论——从判断论情状说到体系之特色

(一)判断论之情状

1. 辞(陈述句)——判断

《墨经·小取》:以名举实,以辞抒意,以说出故。❶

《荀子·正名篇》:名也者,所以期累实也。辞也者,兼异实之名以论一意也。辩说也者,不异实名(同一事物)以喻动静之道也(展开争论)。❷

现在都认为这里的"辞"是指"判断",联系上下文看,这是没有问题的。然而"抒意""兼异实之名以论一意"也可以用来界说"陈述句"。

---

❶ 伍非百《中国古名家言》,四川大学出版社1983年版。

❷ 章诗同《荀子简注》,上海人民出版社1974年版。

陈述句都表示判断吗？这倒是需要略加解释的。

陈述句一般可细分为判断句、条件句、选择句、模态句、时态句和其他一切作出陈述的句子。这个细目和排列的顺序,可以说是从逻辑的角度而且是西方普通逻辑的角度出发的。在西方普通逻辑中,判断的范围是逐步扩大的,其顺序大致是直言判断、假言判断—选言判断—模态判断—时态判断—已被断定的陈述句——切有所陈述的句子。中国古典逻辑用"辞(陈述句)"来统称判断,一开始就把判断的范围扩得很大。

2. 论述判断问题的具体情状

全称、特称、假言、时态、模态……纷然杂呈,包罗甚广,但却散碎肤浅,未成体系,现叙说如后。

(1)关于时态的问题。

《经说》33条:

[经]且,言然也(且,说的是一种状态)。

[说]自前曰且,自后曰已,方然亦且(将要发生叫且,已经发生叫已,正在进行[方然]也叫且)。

《小取》:且入井,非入井也;止且入井,止入井也(将入井、不是入井,阻止人将入井,是阻止人入井也)。❶

《小取》是从语义语用角度来讨论问题的。只有《经说》第33条才是一种逻辑的讨论。"且"表将来,"已"表过去,正在进行(方然)也叫且。"方然曰且"可能是一种古义,现在的各种辞书已无记载。这一条讨论的是时态词的问题,但没有对含时态词的判断、语句作任何论述。

(2)"必然""或然"。

《经说》52条:

[经]必,不改也(必然者,固定不改也)。

[说]必,谓壹执者也,若弟兄。一然者,一不然者,必不必也,是非

---

❶ 伍非百《中国古名家言》,四川大学出版社1983年版。

必也（必然是"执一不变"，如弟兄关系，生来便如此。如果可以这样，可以不这样，那必定是不必然者，即"非必"）。❶

"必"是必然，"非必"是或然。这里也只是讨论了两个模态词，而没有对模态判断作出明确的论述。

（3）关于全称、特称的问题。

《经说》43条：

[经]尽，莫不然也（尽，都是这样的意思）。

[说]但止动（事物不外静止和运动这两种状态）。

《小取》：或也者，不尽也。❷

"尽"是所有，"或"是有些。这里也只是讨论了"全称""特称"两个量项的问题，而没有明确地论述全称判断和特称判断，更没有综合概括而提出直言判断的问题。

（4）关于假言判断的问题。

《小取》：假者，今不然（"假"是当前不是这样）。

《经说》1条：

[经]故，所得而后成也。

[说]小故：有之不必然，无之必不然……大故：有之必然，无之必不然……（小故，有它不一定产生某种结果，没有它一定不产生某种结果……大故，有它必然产生某种结果，没有它，一定不产生某种结果）。❸

"小故"就是今天所说的必要条件，"大故"就是充分必要条件。由《小取》对"假言"仅作字面意义之解释上升到《经说》分析"然不然"的必要条件和充要条件，这是一种质的飞跃，但最后还是没有运用这种"条件结果关系"的知识对假言判断作明晰的论述和分析。

总之，是涉及面颇广，但却未成体系，中国古典逻辑并未建立完整的判断论。

---

❶ 伍非百《中国古名家言》，四川大学出版社1983年版。

❷ 伍非百《中国古名家言》，四川大学出版社1983年版。

❸ 伍非百《中国古名家言》，四川大学出版社1983年版。

（二）对中国逻辑体系特色的若干说明与分析

文章怎么做法呢？第一，我们将通过探究"没有独立判断论"的成因来展开和推进论述。第二，既然是讲特色问题，就必须和西方普通逻辑和印度逻辑进行适当对比、对照。

1. 西方普通逻辑体系述略

西方普通逻辑体系，大体上就是见诸现今通用的逻辑教科书上的那个体系。西方逻辑诞生于繁荣昌盛的古希腊，那是一个创建时期，虽然成就很高，但尚处于学人圈内研讨交流阶段，不够大众化；另外，新说、异说纷呈，五花八门，林林总总，并无一个统一的体系。在西方逻辑史上，是罗马人把希腊逻辑加以精选和再创造而使之成为科学、实用、大众化的普通逻辑，其中贡献卓著并集大成的人物是波哀斯。罗马人的具体贡献是：①把逻辑分为范畴（概念）、判断、推理三部分进行研究，奠定了西方普通逻辑框架、体系的基础；②进一步阐述了亚里士多德的"属十种差"的定义方法，使概念论的核心部分进一步充实和通俗化；③详尽讨论了直言判断的分类，完成了直言判断逻辑方阵的构造，创立了三段论的公理，从而简化了亚里士多德三段论的理论和方法；④讨论了联言、假言、选言判断，讨论了假言三段论，纯假言推理、假言造言推理。这是一个判断论与推理论紧密相衔相接的普通演绎逻辑系统。待培根论归纳以后，归纳逻辑内容得到充实，也成了西方普通逻辑的一部分。然而，这个归纳逻辑部分与原来那个系统联系较为松散，它与判断论没有内在的不可脱却的关联。一般说，归纳逻辑是不需要以详实的判断论为基础的。

2. 印度逻辑体系述略

印度逻辑的中轴是一种称为"三支式"的论式：

宗　　声是无常（声音是不常住的）

因　　所作性故（因为它是后天作成）

喻 ⎰ 喻体　凡诸所作，皆是无常
　　 ⎱ 喻依　譬如瓶等

　　"宗"是论题。"因"和"喻体"是理由（前提），喻体相当于西方三段论中的大前提，"因"相当于小前提。"喻依"是同类事物的实例。喻体也可以是假言判断形式"若是所作，见彼无常"。整个论证过程是演绎与归纳的并用和结合。

　　印度逻辑的内容，概括地说，就是"因之三相"（关于因之三条规则）和一个繁复的过失论。过失论提出要注意防止的过失有33种：宗过9种，因过14种、喻过10种。这个过失论的任务是规范论式结构，确立推论规则。

　　印度逻辑只涉及直言和假言两种判断，为了规范论式，对判断的结构、构成作过相关的说明与分析，但并没有独立的判断论。

3. 中国逻辑体系的发展轨迹

　　对于没有独立判断论的成因，我们将作过程和动态的考察，也就是说要把论述推进到探究中国逻辑体系的发展轨迹。

　　中国逻辑体系的构建问题，在《荀子·正名篇》和《墨经·小取》中，就已开始进行论述和研讨，到《墨经·经说》中就大局已定，中间还有韩非子的逻辑起过不小的影响作用。据我们考究分析，《荀子·正名篇》和《墨经·小取》大体是同期作品，二者的内容风格大体相近。然后是《韩非子》的写定。在《韩非子》之后约30~50年，墨家逻辑学派的最后一批精英写定了《经说》（上下篇）。

　　《正名篇》《小取篇》有关"体系"的论述，我们在本章开篇处论"辞"的含义时已经引述过，它们是把名、辞、辩说作连属配套的论述，也就是说，他们设想的体系应是名辞、辩说连属配套的。然而设想归设想，事情往后的发展,还要受诸多因素的影响和制约。后来在《经说》(上下篇)中,体现的中国逻辑体系是由概念、辩说两大支柱构成的,而没有构建起独立的判断论,准确地说,是没有打算构建独立的判断论。在本章的第一部分,我们曾说过,《经说篇》对多种类型的判断,特别是对许多判断词项作过论述,涉及面还很广,若是进一步再作深入探讨,完全有可能对判断问题作出更完备论述。究竟是什么原因使其没有着力构建判断论呢? 我们具体说明分析如后。

"实为基础"的总体方法,使中国辩说形式的发展形成一种归纳先行的局面,在中国首开辩说形式化先河的是《韩非子》经说相配的归纳模式,而归纳是不需以严密的判断论为基础的。后来的墨家学派是以《韩非子》经说相配格式为基础来推进辩说形式的发展的。墨家学派也是重视实为基础的总体方法论。韩非逻辑传统影响与"实为基础总体方法论",使墨家逻辑学派把着力点放在探究归纳和演绎的结合运用上。而归纳与演绎相结合的辩说形式同样是不必以严密的判断论为基础的。将演绎与归纳结合运用的印度逻辑不是也没有独立的判断论吗?

所谓严密的判断论无非是指有关直言判断和假言判断(也许还可加上选言判断)的细微和深入分析,至于模态判断、时态判断和用一般陈述句表示的判断在普通逻辑范围内,都是不需作详尽讲究的。西方逻辑的所谓严密判断论也就是直言判断、假言判断论。中国逻辑不单是一种证明的逻辑,而且还是认知的逻辑。它范围宽广,内容丰富,形式多样,有许多西方普通逻辑所未曾涉及到的逻辑形式,比如说明式、辩说式、辩证式、连珠式等。它们的论题可以就是一般的陈述句,不必铁定在直言判断和假言判断上,这种格局也使得中国古逻辑家们没有怎么瞩目于判断论的构建上。

4. 关于体系特色问题的总结

西方普通逻辑的特色是以系统判断论为基础,从而建立了一种较为完备严密的演绎逻辑,不过西方普通逻辑的功能比较单一,其只是一种证明的逻辑。中国的辩说逻辑则没有以判断论为基础,说明式、辨说式、论证式、辨证式、连珠式、证明反驳都尽量以实事为基础、归纳演绎综合并用,再加上不矛盾律、排中律、止类以行、类物明例等逻辑规律、逻辑准则,也形成了一个基本上自足的体系,而在功能上则跳出了"证明"的狭隘范围,它既是证明的逻辑,又是认知辨察的逻辑。

印度逻辑也宣称具有认知的目的和功能。《因明入正理论》提示曰:"能立与能破及似,唯悟他。现量及比量及似,唯自悟。"[1]

$$
悟他 \begin{cases} 真能立 \\ 真能破 \\ 似能立 \\ 似能破 \end{cases}
\qquad
自悟 \begin{cases} 真现量 \\ 真比量 \\ 似现量 \\ 似比量 \end{cases}
$$

说印度逻辑是现量(感知)比量(推知)自悟悟他连属配套的一门学问,自然意味着它是具有认知的目的和功能。然而,印度逻辑长期依附于一些唯心主义和宗教派别,而且在实践上多被作为一种对扬辩诘的工具,即单纯的辩论术。因此,所谓"认知的目的和功能"几乎只成了一句无法真正落实的空话。不仅如此。就是有关三支式的规则体系也因此包含着某些不科学的东西和繁复的缺点。而中国逻辑则一贯以朴素的唯物论为基础,因而能真正成为既是证明的逻辑,又是认知的逻辑。诚然,中国逻辑的不足之处是疏于许多细节问题的探究。例如,它有较完备的规律和准则系统,但却疏于具体逻辑规则的探究。

(原刊于《江西教育学院学报》1999年第4期)

---

[1] 吕澂《因明入正理论讲解》,中华书局1983年版。

第三编

印度逻辑

印度古逻辑的产生

一、印度早期文献

印度早期的主要文献有三种：①《吠陀》（veda）本集；②梵书；③《奥义书》。吠陀本集包括《梨俱吠陀》《娑摩吠陀》《耶柔吠陀》《阿阇婆吠陀》四种。梵书的种类则甚多，但现在尚存的只有十多种。奥义书的种类也很多，现存的正统奥义书也只有十来种。

这三种典籍的内容和彼此间的关系比较复杂，在这里只能用快刀斩乱麻的方式粗略地加以叙述。吠陀本集主要是对神的赞歌和祭词。梵书主要是将吠陀本集中关于祭祀之事项大加渲染、强调和发挥。梵书是婆罗门宗教的经典，主要是一种关于祭祀和祈祷的书，但也包含一些对世界的哲学思索。这种哲学思索的材料往往集中编在梵书的末尾。这梵书的末章，后来便演化独立成为奥义书。奥义书的梵音为"优婆尼沙"（Upmisad），意思是神秘的或奥义的论述。奥义书逐渐脱去梵书之祭式的臭味而日益净化为哲学的思索。

二、印度早期几个主要哲学范畴

一般地说，任何一个民族，一开始有文化史，它的哲学史也就开始了。印度古代社会也是这样，它对世界的哲学思索在吠陀神话时代就已开始了。当时人们虽然是信仰多种自然神，但后来便开始思索，这世界的一切究竟是怎么创造的呢？《吠陀》曾经提出种种的说法，其中最有影响的一种是生主创世说，大意谓生主作原水而演化出天地，又作海与雪山，又以自己的影作无生死的神与有生死的人。这是《吠陀》

中神话式的世界观。梵书（Brahamana，亦译作"婆罗门那"）讲祭祀祈祷。祈祷是企图沟通天意和人意，这中间也包含着一种对世界诸事物关系的思索。梵书时期倡梵天产生一切的说法。这个梵天起初是婆罗门教崇奉的创造主，后来逐渐被抽象化、理念化而成为表示世界本质、世界原理的唯心主义哲学范畴（"梵"在梵语字典中有如下几条意义：祈祷、圣语、圣知、圣行、圣位、原理等）。在奥义书时代，除继续把"梵"抽象化、理念化之外，更加着力去充实、发展阿提马（Atman）这一范畴。

阿提马是印度人对人的本质进行思索而逐渐形成的一个范畴。起初，它只是相对于他物他身而为"自身"的意思；后来指更进一层的东西，如呼吸、气息、生命等；再后来指灵魂；再往后则认为阿提马是指一种更抽象的"真性实我"。相应于阿提马这种内涵的变动，它的意译名称亦有变化，起先可译作"灵魂"，后来则译为"自我"或"我"。"自我"是存在于变体中的不变体，原本是指人的本质，后来扩展到指一切物的本质，如草、木、泥、沙诸有形的变体皆有其"自我"。这正如中国理学家朱熹所说的"一草一木一昆虫之微，亦各有理"（《朱子语类》卷十五）。这样，阿提马就成了一个更普遍的范畴。在印度，对阿提马的研究构成一种专门的学问，叫"阿提马吠陀"（"吠陀"作为一个词，亦可意译为"学""智""明"等）。

"梵"和"我（阿提马）"是印度上古哲学中的两个重要范畴，如印度古代"奥义书之奥义，可以一言以蔽之，即梵即是我是也"（汤用彤《印度哲学史略》）。"梵""我"关系的讨论便是阿提马吠陀的内容，所以，阿提马吠陀乃印度上古的一种哲学。

三、从阿提马吠陀到谙微识克

谙微识克（Anviksiki）也意译为"辩证究理学"。它研究什么呢？和阿提马吠陀的关系又如何呢？

日本学者武田丰四郎在《印度古代文化》中讨论了这一问题。他说：

明（即学）的数目，古代印度人所举，有四明，五明，十四明，十八明，三十二明等。所谓四明便是下列的四学：第一明三部圣学；第二明辩证究理学；第三明统治学；第四明实学。

第一的三部圣学是关于四吠陀中的《梨俱》《娑摩》《耶柔》三吠陀的研究。《梨俱吠陀》是赞颂的集录，《耶柔吠陀》是祭仪的圣典，《娑摩吠陀》是歌咏的教典。所以读赞诵，行祭式，唱圣歌是叫作三明，这便是三部圣学。

第二的辩证究理学，是包括论理学和形而上学的学……

第三的统治学，是统治或裁判之学……

第四的实学，是关于农耕、牧畜、买卖、医学等生业的实艺。

又在《摩奴法典》中，于前述四明之外，加上第五的我明（atma-Vidya）成为五明；至其学习，有以下的规定："凡是通达三吠陀的学者，应当学习三部圣学，统治原理，辩证究理学，及真我的知识；至于人民，应当学习商业及专门的职业。"

印度的某注释者，解说辩证究理学是获得解脱所必要的数论学派和正理学派等。

所谓我明是关于灵魂，真我的学业。❶

印度学者萨底昌德罗在其《印度逻辑史》(英文版)第一编第一章中讨论了上述问题。现将其要点转述如下：①阿提马吠陀到了以后的时间被称作"谙微识克"。②谙微识克当具有完整的功能时，实际上已和阿提马吠陀有所不同。阿提马吠陀和谙微识克之间的差别表现为：前者是关于灵魂、真我的教义的断言，后者则使用论理的方法来支持这些断言。谙微识克事实上有两项内容，即阿提马：灵魂、真我的学说。赫图（Hetu）：论证的理论。③当谙微识克发展到大量地论述论理法则时，它便被称作"卓越的谙微识克"或"典型的谙微识克"。④再往后，谙微识克陆续地获得了一系列更具有逻辑意义的名称，如因论、因明、

❶ 武田丰四郎《印度古代文化》，商务印书馆 1936 年版。

第三编　印度逻辑

正理论等。

应当说以上二位学者的论述都有不周密和不稳当的地方。综合他们的意见,再参照其他一些资料,我们认为作出下述的判断是合乎逻辑的。第一,我们不一定说,阿提马吠陀到了以后的时期被称为"谙微识克"。阿提马吠陀和谙微识克应当被承认为两门学科,因为《摩奴法典》是明确地把它们二者列作两明的。当然,我们也应当承认存在一个由阿提马吠陀到谙微识克的发展过程,作为一种哲学,阿提马吠陀的内容还是比较单调和贫乏的。但在此基础上,哲学思索的内涵不断扩展和丰富,哲学家们不再只是停留在梵我等一些范畴上面,哲学被解释为"探究知识真理的学问",这种学问便被称为"谙微识克"(辩证究理学)。第二,谙微识克在学术上的地位,后来慢慢地超过了阿提马吠陀,因此在印度古代,当讲到四明时便只提及谙微识克,而讲到五明时才加上了阿提马吠陀。第三,谙微识克起初主要是讨论哲学问题,后来发展到兼论逻辑问题。哲学和逻辑混和为一门统一的学科,这几乎是上古社会的普遍情况。第四,后来谙微识克渐渐偏重于逻辑的论述,而它的哲学部分逐渐分化而独立出去并获得另一个名称叫"达生那"(Darsana,意译为"见")。这种分化过程约从公元前1世纪开始,到公元1世纪才完成。当分化过程完成之后,也就是说当谙微识克变成完全专论逻辑的时候,谙微识克这个名称自身也就完成了使命,逻辑这门学科就被赋予了一些新的名称,如因论、正理论、因明论等。虽然在逻辑学科名称的使用上会存在一段混乱的过渡时期,但谙微识克和正理论、因明等是有分别的。谙微识克的内涵始终是哲学和逻辑的混和,始终是指印度逻辑的酝酿时期和雏型阶段。

四、谙微识克的哲学方面

哲学是谙微识克的内容之一,也是逻辑发生和发展的条件,因此有必要在这方面费些笔墨。

在印度诸典籍中,提到的谙微识克哲学方面的主要代表人物或学派如下。

迦伐卡(Carvaka,约公元前650年左右),是印度古代唯物论路迦耶多派的代表人物。路迦耶多派也被译作"顺世派"。有人说这个学派的创始者名叫布里哈斯巴提(Brhaspati),很可能是一个假托的神话人物。相传迦伐卡是布里哈斯巴提的学生。迦伐卡也可能并不是一个特定的人的名字,而是用来代表古代的一种无神论的学说。迦伐卡认为,世界上包括人在内的一切事物,都是由地、水、火、风诸元素所组成;意识或者说灵魂也是由这几种元素所组成,就好像酒的醉人的力量来自米和糖等的混合物一样;这些元素的分解就是我们的死,随之我们的意识也就消失。

迦毗罗(Kapila,约公元前650—前570)。在印度的一些典籍中,曾提到迦毗罗是谙微识克比较早期的正统著作家。迦毗罗活动的精确年代不易弄清楚,关于其身世的一些传闻、记载也多为神话。不过,这个人的面目比迦伐卡更清楚些,不是一种学说或学派的代称,而是一个确定的人。他是数论派(Sankhya,亦译作"僧佉派")的传说创始者。"数论派被称为二元论哲学,因为它的结构建立在两种主要根源之上:一种叫自性(Prakrti,或译作"原始物质"——引者附注),即永远活跃而变化着的性能或活力;一种叫'神我',即不变的精神或灵魂。精神或灵魂,或意识性质的事物为数无限。在本体不动的精神的影响下,活力发了出来,而造成了不断地在演变的世界。"❶数论派对世界图式的这种依据某些假定而进行的论证是冗长的、复杂的、依靠推理的。据说数论派哲学的两个主要范畴"自性"和"神我"是由迦毗罗提出来的。当然,数论派作为一个哲学学派而出现,那还是迦毗罗以后很久的事。

达太特里亚(Dattaterya)。达太特里亚的详细情况也无法确知,他可能稍晚于迦毗罗。因为在印度传说中,迦毗罗被说成是毗湿奴(婆

---

❶贾瓦哈拉尔·尼赫鲁《印度的发现》,齐文译,世界知识出版社1956年版。

罗门教的大神之一)的第五化身,而达太特里亚则是毘湿奴的第六化身。《薄伽梵古史记》曾说达太特里亚传授过谙微识克,而另一种古史记则说他的谙微识克是一篇与瑜伽哲学观点相一致的专论。瑜伽学派也是印度诸教派时期的哲学派别之一,然而它的发源也可以上溯到很早的时候。瑜伽着重研究训练心灵和精神的修养方法。他们认为,适当地训练智力可以达到某种较高的意识水平,在方法上则主张依赖冥想而谋精神集中,要求在某种程度上抑制生理机能和五官活动。他们认为这样由于精神力的集中蓄积,便能获得超自然的不可思议的力量。后来,佛家的跌坐打禅,便是借鉴瑜伽的训练方式。在哲理上,瑜伽与数论关系极为密切,完全根据数论而只略加变动。数论讲自性和神我,而瑜伽则再加上一个自在天。他们认为自性是无知的、盲目的、无意向的,世界如何转变,转变之程序如何才最适宜于神我,均非自性所能辨认,必须另一个指导者,这个指导者就是自在天。瑜伽学派包含着某些有神论的色彩和宗教哲学的性质。

从上面介绍的情况来看,谙微识克的哲学视野方面比阿提马吠陀阔大得多,实际是后来许多哲学教派兴起的一个先导。哲学思想方面的这种绚丽多姿和生机蓬勃的发展势头,无疑是逻辑诞生的催化剂。

五、谙微识克的逻辑方面

(一)《政事论》中的谙微识克

公元前326年马其顿王亚历山大率领大军侵入印度河流域,到达旁遮普还想继续东进,但他的军队疲于长途跋涉和艰苦征战,对印度的气候又不习惯,瘟疫流行。亚里山大不得不撤兵西归,只留下一部分军队驻防印度。公元前321年摩揭陀人旃陀罗笈多起义,很快就把亚里山大留在印度的希腊驻防军打垮,确立了自己的政权,这便是孔雀王朝。旃陀罗笈多在历史上通常被称作"月护王"(他和后来笈多王朝的超日王同名）。

孔雀王朝有一位著名的开国大臣名叫考底利耶（Kavtilya），许多学者认为他就是《政事论》的作者，就是把此书译成英文的沙玛斯特罗也持同样的见解。但是，"另外同样有声望的《政事论》的研究者则得出一个结论说，这个作品是公元2世纪中叶前后写的，因而不属于月护王的这位顾问的笔墨"[1]。奥西波夫是赞成后一种说法的。他的主要根据是《政事论》要求农奴制而反对奴隶制，而公元2世纪左右正是印度封建社会开始兴起之时。对于《政事论》的成书年代，我们不准备轻率地否定大多数学者所作出的结论。当然，我们也不认为它就是完全成于考底利耶一个人之手。一些比考底利耶晚出的学者完全可能参与了《政事论》的编纂工作，但这些学者大致都是孔雀王朝时期（约公元前362—前187年）的人。

《政事论》论述的是孔雀朝代的社会情况和制度，但它的最后一章却讨论了逻辑问题。在那里有一张32个专门术语的单子，梵音称作Tantra-yukti，意译为"科学论辩体制"，讲的是论辩的系统程序。这32个专门术语是：①议题；②准备；③组成文字；④范畴；⑤含义；⑥确切的说明；⑦宣告；⑧讲述；⑨详述；⑩展开；⑪确定从陈述转向虚拟；⑫比拟类推；⑬设想描断；⑭疑惑；⑮一连串的论据；⑯反转复原；⑰来龙去脉；⑱赞同；⑲描述；⑳语源学的解释；㉑举例；㉒例外；㉓专门的术语；㉔询问；㉕回答；㉖确知；㉗预期；㉘回顾；㉙责戒、禁令；㉚取舍抉择；㉛聚集总括；㉜省略格式。可以认为，这张单子不是考底利耶制订的，而是出于另一个或另一些人之手。单子的制作者认为按照这样一个系统程序，一个论辩者就可建立起自己的论点而驳回对方的任意放纵的和不正当的论点。在印度逻辑史上，"科学论辩体制"可算得第一篇逻辑著作，是使议论或论争系统化的一种指南。

---

[1] 奥西波夫《十世纪前的印度简史》，生活·读书·新知三联书店1957年版。

（二）体现在《卡那迦本集》中的谙微识克

《卡那迦本集》是印度现存的最古老的医典。

印度医学的古代名称叫"阿由呋陀"（Nyureda 或译作"寿命呋陀""延伸呋陀"）。相传阿由呋陀最早的著述家是阿低离（他的全名是 Punarrasu Atreya，也有人说 Punarrasu 和 Atreya 分别为两个印度古代名医），据说大约是公元前 550 年左右的人，和著名文法家拜拜尼同时代。他可能有八分医方一类的著作。所谓八分医方是：一为拔除医方——关于刀、枪、箭和各种刺伤的医方；二为利器医方——使用利器疗治眼、耳等病的一种外科医学；三为身病医方——这是对全身疾病的治疗法；四为鬼病医方——驱逐因诸鬼作祟而生的各种疾病；五为童子病医方——包括今天所谓的儿科和妇科；六为恶揭陀药科论——关于诸药剂尤其是解毒药剂之学；七为长命药科论——关于不老不死的灵药；八为强精药科论。

阿低离在哲学上似乎是个唯物论者。他认为人有五种感觉器官，即眼、耳、鼻、舌和皮肤，它们由火、空、土、水和风五种元素构成。五种感官方面的认知能力是视觉、听觉、嗅觉、味觉和触觉。

现在印度学者一般都认为阿低离的学说与卡那迦本集有某种传承关系。

《卡那迦本集》的编纂者是卡那迦（Caraka）。他是印度古代医学的明星，在哲学上似乎属于数论派。"巴利文藏经的汉文译本（公元 472年）曾说明阇罗迦（即卡那迦——引者注）是迦腻色伽王的御医"[1]，"迦腻色伽是在公元 1 世纪时执政，并开创了自公元 78 年开始的塞种纪元"[2]。据此，我们把《卡那迦本集》的年代定在公元 1 世纪左右。

《卡那迦本集》除主要论述医学外，还涉及哲学和逻辑。不过一般都认为逻辑部分的创造者并不是卡那迦本人，卡那迦只是把它附编在

---

[1] 麦唐纳《印度文化史》，中华书局 1948 年版。

[2] 恩·克·辛哈、阿·克·班纳吉《印度通史》，商务印书馆 1973 年版。

自己的医典中。那么逻辑部分的创造者究竟是谁呢?《印度逻辑史》的作者萨底昌德罗认为,创造者名叫乔答摩。萨底昌德罗把印度逻辑史上一个重要的人物——正理经的作者阿义波达(中译"足目")·乔答摩(Akshapada Gotama)分说成是乔答摩和足目两个人。他说乔答摩生存于公元前的世纪,是古代谙微识克(逻辑方面)的奠基人,足目才是后来《正理经》的作者。把乔答摩和足目看成两个人的说法,在学术界并未取得大多数人的同意。因此,我们只是把体现在《卡那迦本集》中的谙微识克看作那个时代的产物,而不拘泥于它是由哪一个特定的人所创造。

对于卡那迦本集中的谙微识克,我们只着重介绍其中最有意义也是最主要的部分——"辩论教程"(梵音为 Sambhasa-Vidhi 或 Vada-Vidhi,英文译作 *The method of debate*)。

"辩论教程"论及到下列种种问题。

(1)辩论的效用。两个精通同一学科的人,要是他们进行辩论的话,那是增长知识和增添乐趣的,此外还促进敏思,赋予辩才。假如过去学习某门学科时还存在某些误解的话,辩论便消除这些误解;假如没有什么误解,辩论能促进往后学习的热忱。辩论也使辩论者熟悉一些他们过去不了解的事情。再者,有些人学习某种东西,往往由于临时的刺激,如由于在辩论中要详细阐述某一问题而驱使他去学习。因此,聪明人欢迎和同行的学者们进行辩论。

(2)两种类型的辩论。惬意的辩论——惬意的辩论发生时,其答辩者(或说对手)具有博识、智慧、辩才和极有准备的答辩。这种答辩不是怒气冲冲的或恶意的,是精通说服的艺术,是耐心的和令人愉快的谈吐。和这样的人辩论,便能大胆地说,大胆地询问和大胆地回答问题。任何人不会惊恐于从他那里蒙受失败,也可能会高兴于在他手里蒙受失败。在他面前表示固执或插进不相干的离题话都是不合适的。运用文雅的说服方式,任何人都记住不离开辩论的主题,这种辩论便

叫作平和的或惬意的辩论。另一种是敌对性辩论。进行敌对辩论的集会是不可取的,不论这种辩论集会是学术性的还是非学术性的。

(3)辩论的权术。当对手是徒具虚名而并无实学时,可以使用适当的手段和锋利的词句,而且不妨放纵地奚落,使他在会上找不到多少机会来开口。假如对方讲出了一个不平常的字眼,便必须立即指出这样一个字眼是派不上用场的。对方若是企图提出挑战的尝试,可以用这样的言论来制止:"到你的导师身边再学习一番吧,这是你今天十分必要作的。"假如这时听众发出"战胜了、战胜了"的喊声,就不需要再拖延与对方的辩论。当对手是有才能的优秀者时,便应当不表露自己劣势,不去和他进行辩论。相反假如对手才能低下,就应当马上击败他。一个对手不熟悉经典著作,可以通过从经典中作长篇的引证去击败他。对手缺乏学识,便可以通过使用不平常的文辞和成语去击败他。对手的记忆力不敏锐,便可以用绕弯子的办法或说出一长串的锋利词语来困扰他。对手缺乏机灵和独创性,便可以通过应用多义词和同义词来困惑他。一个性情容易激怒的对手,可以使他处于一种神经质的精疲力竭状态而被击败。一个胆怯的对手,可以通过刺激他的害怕点而击败他,如此等等。

一方面极力赞扬惬意的辩论而批评敌对性的辩论,一方面又大讲其辩论的权术,自相矛盾,这是理论上不成熟、体系上不严密的表现。

(4)辩论课程。《卡那迦本集》列举了为获得辩论课程的详尽知识所必须研究的范畴,这种范畴共有44个。

①论议——用对立的态度论述某一主题,如"轮回是存在还是不存在?"它有两种:(a)争论:这是为了答辩的目的或非难的目的而进行的一种辩论;(b)找岔子:专门为了攻击的目的而进行的不正当的辩论。

②本体——如地、水、风、火、灵魂、精神等。它具有活力和特性,它是构成物料的原始因素。

③性质——它是本体所固有的,但不表现为一种动作,如颜色、味

觉、气味、触觉、声音,阴暗的和明亮的,冷和热,智力,愉快和痛苦,欲愿和厌恶,异点、对立性、联结、分离、数、量,等等。

④行动——它是联系和分离的起因,是本体所固有的并体现为进行的活动。

⑤一般性——它产生统一性。

⑥特殊性——它产生多样性。

⑦固有性——存在于本体和它的性质或行动之间的永久的不可分离的关系。

⑧命题——被确认的一种陈述,例如灵魂是永恒的。

⑨论证——通过因、喻、合、结诸程序去确认一个命题。例如:

(a)灵魂是永恒的(宗)。

(b)因为它不是作成的(因)。

(c)正如非作成的空是永恒的一样(喻)。

(d)灵魂类似于空亦是非作成的(合)。

(e)因此灵魂是永恒的(结)。

⑩对立论证——去确定一个对立命题。

(a)灵魂是不永存的(宗)。

(b)因为它能为感官所认知(因)。

(c)正如能被感官认知的瓶是不永恒一样(喻)。

(d)灵魂类似于瓶,能被感官认知(合)。

(e)因此灵魂是不永存的(结)。

⑪因(理由)——原始的知识,诸如感知的(现量)、推理的(比量)、经典(圣言量)和比喻量。

⑫合——如前面所表示的。

⑬——如前面所表示的。

⑭反驳——对命题的一种反论证。

⑮喻——用一个普通人和一个专家持有同样理解的事物来描述一

个对象物,如热如"火"、稳定如"土",等等。

⑯真实命题(梵音 Siddhanta,悉檀多)——其真实性建立在专家的鉴定和被理由的证明上,共有四种类型:(a)其真实性为所有学派所接受;(b)其真实性为某一学派所接受;(c)其真实性被人们有前提地接受;(d)其真实性被人们含蓄地接受。

⑰词语——由字母组成,又可分四种:它涉及的事物是看得见的,它涉及的事物是看不见的,它和真正的实在相符合,它和真正的实在不符合。

⑱感知(现量)——这种知识是人们自己通过意觉和五官的联合而获得的。乐、苦、欲、嗔及其同类性质的东西是意的感性客体,而声、色、气味等是五官的感性客体。

⑲推理(比量)——推理是基于事物相互关联的一种知,如炉火的力量,是由它有蒸煮东西的能力推断出来的。

⑳比较(比喻量)——对某一事物的知是通过与它相类似的另一事物而获得的。

㉑口传教义——由可信赖的断言组成,如《吠陀》等。

㉒疑——有疑问的事情,如究竟存不存在早夭?

㉓目的——从事某种行动所需要完成的东西,如我将小心地生活"去避免早夭"。

㉔不确定——模棱两可,例如,这种药对这种病可能适用或可能不适用。

㉕探究——仔细查究。

㉖查明——确断,例如,这病是由于风寒伤胃引起的,而这个便是医这种病的药。

㉗推想——某一件事的知识暗指另一件事,如当讲到一个人不要在白天吃东西时,它是暗指一个人要在晚上吃东西。

㉘原始因——事物由它而发生,例如,六种成分是构成子宫内胎儿

的原始因。

㉙可指责的——存在着毛病的言辞。例如,"这病可以用药医好",代替这种说法的应是"这种病可以用催吐的药或通便的药医好"。

㉚无可指责的——可指责的相反面。

㉛讯问——由学习钻研某一问题而提出的有关询问。例如,当某人断言灵魂是永恒时,他同教派的人询问"理由是什么?"

㉜深入询问——询问的是再一个疑问点。例如,当某某说"灵魂是永恒的,因为它不是做成的",深入询问将是"为什么它不是做成的呢"?

㉝无效言辞——包括机能不全、累赘、无意义、无条理、自相矛盾等。

(a)"机能不全"或"说得太少"。它发生在因、喻、合、结中的某一项目被遗漏时。

(b)"累赘"或"说得过多"。它包括(Ⅰ)离题,如当谈论的主题是医学时,某人却谈论某一国家的政权组织;(Ⅱ)重复,如多次重复一个词或几个等义词。

(c)无意义,包含的只是一群无意义的字母,如K、Kh、gh、n等。

(d)无条理。词的组合并不传达一种意义,如苍白、轮子、竞赛、雷声、早晨等。

(e)自相矛盾——包括论题、理由、喻、结等之间的对立。

㉞优秀言辞——当言谈摆脱了机能不全等毛病,并充满了表述得体的词语而且还是无可指责时,便被称为优良、完美或值得称赞的。

㉟曲解、遁辞——充满着狡诈、花言巧语和转移视听的言辞。这有两种类型:(a)就某一字眼方面诡辩,如梵文中"那伐(Nava)"一词,一个意义是"新",一个意义是"九"。对方用此词为"新"时,你却故意解作"九"。(b)就一般的通则进行诡辩,比如说"这种药能治肺结核,也就应当能治支气管炎,因为二者是同一种类的病"。

㊱缺乏理由的谬见——有三种：

（a）乞求于未经证明的假定——即用貌似的理由来进行证明。例如：

灵魂是永恒的,因为它和躯体的性质是截然不同的,躯体是非永恒的,因而和躯体异质的灵魂必然是永恒的。这里举出的理由是一种未经证明的假定。

（b）基于尚存在疑问的设想——即用一种尚存在疑问的理由来驱散疑虑。例如,一个只学了一部分医学的人是否能算一个医生,还是值得怀疑的,而现在却说"这个人学了一部分医学,所以他是一个医生"。

（c）喻相似于宗——引用来证定宗的喻和宗一样尚存在疑问,尚有待证明。例如,"智力是永恒的,因为它是不可触摸的,譬如声"。这里声音（喻）的永恒性和智力的永恒性一样是尚有待于证明的。可是"喻"本应是人人共喻,无需证明。

㊲不合时宜——一些在开头就该加以说明的,到后来才加以说明。

㊳指责的归属——把缺点转嫁到引用的理由上。

㊴回避的缺点——这种缺点表现为因回避争论而随意修正和改动论点。例如,某人立论说："当灵魂离开躯体时,生命便中止"（按:在印度古代,它被认为完全正确的）。当遭到人家反对之后,便随意修正说："当灵魂寓于身躯时,生命的标志是明显的,而当灵魂离开躯体时,这种标志就不再是明显的。"这便是因回避争论而使自己作出了错误的立论。

㊵放弃命题——争辩者,在受到攻击时,放弃他最初提出的命题。如某人最初提出一个命题:"灵魂是永恒的"。当受到对方攻击时,便放弃它而说"灵魂不是永恒的"。

㊶自我承认——一个人自己认可对手归之于他的东西,不管是欣然同意还是不爽快地同意,例如,一方说:你是个贼;另一方回话说:你

也是个贼。这另一方的答话是认自己是贼。

㊷替换理由——提出另外一个不同的理由来代替以前的那个理由。

㊸替换题目——例如，某人列举淋病的症状，而原先是把它们作为热病的症状。

㊹失败点或不掌握指责时机（梵音 nigrahasthama，通常译为"堕负"），如辩论时无言对答或不能了解。按惯例，在进行辩论的大众集会中，如询问三次而不答或对方陈述了三次而仍不理解，均应算为失败。另外，指责那些不该指责的或不去指责那些该受指责的，也是一种过失。

综观起来，体现在《卡那迦本集》中的逻辑思想是比较充实的，但也比较原始和粗糙。我们在引述时删除了一些不重要的和芜杂的东西。现在单就这44个范畴来看，也显得有点粗糙和杂乱：有些范畴界说不清，有些范畴显得多余或与另一些范畴交叉重迭，而且这些范畴的排列也比较零乱，并不像《政事论》中的32专门术语那样，其顺序是经过精心安排的。当然从内容上讲，《卡那迦本集》中的"辩论教程"比《政事论》中的"科学论辩体制"深刻得多，其中一个最显著的质的变化，就是五支分式这一逻辑形式已被提了出来。

（原刊于《江西师院学报》1981年第3期）

古代逻辑学派尼耶也派

一、尼耶也派

公元前4世纪后,印度的各种学派陆续兴起,进入基督纪元后,均蔚为大观,其最著者是弥曼差派、数论派、瑜伽派、胜论派、正理派、吠檀多派。从逻辑史的角度来说,我们有必要提到其中的三个学派。

(1)弥曼差派(Mimansa,亦译"思惟派"),是我们通常所说的前弥曼萨派。"弥曼差"有"思惟""理论考证"的意思。弥曼差派是正宗婆罗门教的哲学,它企图对婆罗门的祭祀仪式和规则作出理论上的解释。它虽然不完全排除神,但也不过分宣扬神,只是坚持《吠陀》的神圣和永恒。有关弥曼差派早期学术思想的资料并不多,比较可靠的是它坚持"声常住说",并由此在知识论上主张有三量,即现量、比量、圣言量(即吠陀圣典),而当时最强调的还是圣言量,其他各量不过是为确知吠陀言语、吠陀真意的补助方法罢了。公元9世纪后,大论师鸠摩利罗(Kumarila,亦译"枯马立拉")出来,才使这一学派的理论大为充实。他广泛地讨论了哲学和逻辑的问题,反对大乘佛教。

(2)吠世史迦派(Vaisesika,亦译"胜论派"),其宇宙学说通常被概括为六句义。句义按汤用彤的解释是:"句者名言,义之为言境也。此盖谓依名言思考而实境显现。"[1]就是说句义是用语言、概念的形式显现客观的实境,它大体相当于范畴。六句义是:实、德、业、同、异和合。"实"为本体。"实"有九方面:地、水、火、风、空、时、方、我、意。"实"的显现是"德"及"业","德"是属性,"业"是动作。同、异、和合是关于事物

---

[1] 汤锡予《印度哲学史略》,台湾河洛图书出版社1975年版。

相互关系方面的范畴。

胜论派企图用这些基本范畴来描绘一个世界图式。早期的胜论派是无神论,是倾向唯物的。

胜论派和早期弥曼差派在许多逻辑问题上持对立的观点,如"胜论派反对言语是由神启示于人类的声常住论的说法,而主张声无常论,即声(言语)不是先天常住的东西""不承认弥曼差那样的超越的圣教量(神的思惟),而只承认现量(感觉、知觉)比量(悟性推理)二种。"[1]胜论派的这些主张,为印度的古典逻辑奠立了一个较好的基础。

(3)尼耶也派。尼耶也(Nyaya)这一术语的引进,标志着印度古典逻辑发展到了"真正论理学"的阶段。"尼耶也"就是对某种"真理""理论"进行理论的解释和细密的论证。我们意译为"正理"。起初,尼耶也并没有固定地用来称谓某一个学派,在印度古代,许多重视理论探讨的学派都曾以此为标榜。如"弥曼差宗所撰著述亦尝取'尼耶也'一语入其书名[2],不过对婆罗门祭祀仪式作理论探讨还不是典型的尼耶也学风。到后来循名核实,"尼耶也"便固定在一个学派即尼耶也派上面。尼耶也派是六派中较为后起的一派,和胜论派的关系很密切。人们往往把它们看作不可分的两派。胜论派着重宇宙学说的研究。尼耶也派(正理派)以胜论派的宇宙观为基础,开展了关于知识论、逻辑学和辩论术等方面的研究,它集印度古代逻辑之大成。

二、《尼耶也经》《正理经》

尼耶也派第一本系统的著作是《尼耶也经》。该经编纂前,这个学派有些什么人物,他们的情况如何,缺乏确切纪录,就是该经编纂者的名字也是由后来的注释家提及的,现在一般认为是由阿义波达·乔答摩(AKsapada Gotama)编的。

---

[1] 秋泽修二《东方哲学史》,上海生活书店 1939 年版。

[2] 汤锡予《印度哲学史略》,台湾河洛图书出版社 1975 年版。

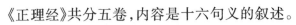

《正理经》共分五卷,内容是十六句义的叙述。

①量(Pramana):获得真知的方法,包括现量(感性知觉)比量(推理)、比喻量(比较对照)、声量(可信赖的言辞)。

②所量(Pramega):论述知识的对象,即:自我、身、根、境、觉、意、动、失、转生、果、苦、出离。前六项是描绘生物及宇宙的范畴,后六项是描绘人生历程的范畴。"所量"是尼耶也派的宇宙学说和人生哲学。

③疑(Samsaya):如,我们看见远处一个高的目的物,无法断定那是一个人还是一根标杆,这便是疑。

④目的(Prayojana):人们力求达到或舍弃的事情。

⑤臂喻(Dristanta):人人共喻的例证。

⑥宗义(Siddhanta,悉擅多):被承认的命题,真实的命题。

⑦论式(Avagyava):包括宗、因、喻、合、结的五支式。

⑧思择(Tarka):以认识真理为目的之思量。

⑨决断(Nirnaga):是在聆听两种互相反对意见时,通过排除疑惑而对问题的决定。

⑩论议(Vada):对两种相对立的意见,按照逻辑的规则反复推究,看哪一种是对的,这是一种持研究态度的科学的论辩。

⑪诡论议(Jalpa):辩论的目的不在分别真伪对错,而在于淆乱是非以取得胜利。

⑫坏议(Vitanta):是一种仅仅攻击对方而自己不立义的诡论议。

⑬似因(Hetvabhasa):是一种有过之因。

⑭曲解(Chala):故意误解对方之言辞。

⑮倒难(Jati):举出一种和对方论证形式上相类似而实则不同的论证来反驳对方。倒难是一种包含着错误的不正确的论式。

⑯堕负(Nnigraha-Sthana):规定在辩论中应当被认为失败了的种种情况,凡堕入者即为负方。

这十六个范畴大致讲了三个方面的问题:量、所量论述知识的对象和获取知识的方法,这是哲学观和知识论的问题。臂喻、宗义、论式讲的是逻辑形式,这是典型的逻辑学的内容,或者说是逻辑学的核心内容。其他各项是辩论术,其中着重讨论了倒难和堕负。辩论术中的许多项目如逻辑方法,谬误、诡辩等仍然是现代逻辑十分关注的问题。

十六个范畴的排列是很有秩序的。注释家们曾经指出,这些范畴是设想讲述一个人及其对手之间论辩的进程和阶段。"量""所量",构成论辩的基础,供给论辩者进行证明的论点或事实。"疑",激起关于某一事件的对立判断。辩论者依照他的"目的",引证类似的事实即"臂喻"。但至此还不能完全打开这个"疑",再进一步表示为可信赖的"宗义",它是论辩双方所认可的。这种论证进一步的表示是被解析为五个组成部分的"论式"。再往下经过"思择"进一步得出"决断"。假如他的对手不满意这种论证,就将进行反对。这种反对可以是持科学研究态度的"论议",也可以是"诡论议""坏议""似因""曲解""倒难"。诡论议、坏议等的被揭露,就使对方陷于"堕负"之中。

注释家们的上述解释,虽不十分准确,有些地方还不免有点牵强,但总的来说,还是持之有故,言之成理的。

三、《尼耶也经》的哲学观和知识论

(一)宇宙学说

正理派和胜论派一样,发挥了宇宙的原子学说。《尼耶也经》宣称,原子是一种极微不可分的,是一个没有部分的全体。《尼耶也经》认为完全空无的时刻是不会到来的,甚至在世界毁灭的时候,事物仍然以原子的形态继续存在。

(二)人生哲学

印度绝大多数学派的人生哲学可一言以蔽之曰"解脱",尼耶也学派也是如此。解脱就是出轮回超生死。轮回是指死亡和转生、生和死的不断轮换过程。解脱就是要出离这一过程以超乎生死，即脱去肉身而进入灵魂不死的永恒境界，用后来流行于我国的一句俗语说，就是"去那西天极乐世界"。他们认为"生"只是一种苦，肉躯不过是忧伤、苦恼的寄寓所，只有灵魂、自我才是永存的。

通过什么途径才能获得解脱呢？正宗婆罗门教主通过祭祀求得解脱，而正理派则主智慧解脱。他们认为一个人通过十六范畴的正智便可改变种种误解，消除贪爱、忿怒、愚痴等欲念，不再执着于生死，从而求得解脱。

尼耶也派的人生哲学不仅是唯心的、消极的、落后的，而且是和它的宇宙学说相矛盾的。"在这样的正理派底哲学（基于厌世观的解脱哲学）中，自然难望论理学有充分的发展。"❶

（三）认知

《尼耶也经》对认知的器官"根"（五官及意）和认知的对象"境"，作过朴素唯物主义的解释，认为"根"和"境"都是由某种物质的因素所构成。但其认为认知的真正主宰者不是这些，而是自我（Atman）。自我是见者、知者、作者，是一种永恒的常住，这就使其认识论带上了某种神秘的色彩。

在认知的方法上，正理派一向有四量。

（1）现量：正理派认为现量产生于感官（五官及意）和它的对象物的直接接触。正理派非常重视现量知。《正理经》的大注释家富差耶那说："当人于一事物由声量得知时，彼或尚求由比量知之。当人于一事物已由比量得知，彼或尚欲直接见此事物。但如此人已直接见此事物，则彼已满足而再无他求。"❷

（2）比量：分为三种。（a）往前推的——由因推到果。（b）往后推

<hr />

❶ 秋泽修二《东方哲学史》，上海生活书店1939年版。

❷ 汤锡予《印度哲学史略》，台湾河洛图书出版社1975年版。

的——由果推到因。(c)平等见——两事物之间有互见或共见的关系，当你已经感知到其中某一事物时，即可由此而推断另一事物。曾经有人怀疑比量的可靠性，但《正理经》坚持认为通过比量可以获得真知。

（3）比喻量：根据和已熟知事物的相类似而认知某一事物。

（4）声量（圣言量）：通过值得信赖人的言辞而获得的知。谁才是值得信赖的呢，各教派有不同的主张。弥曼差派认为，受神的启示的先知的言辞即吠陀经典才是值得信赖的。胜论派反对这种意见，不主张有所谓圣言量。正理派主张有圣言量，但他们认为，有经验的人谈经验，专家论本行，这些都是可信赖的言辞。

（四）其他

印度诸教派在辩论中曾涉及许许多多的问题。梳理正理派在其中一些问题上的观点有助于了解其在认知、思维和逻辑上的一些思想和主张。

（1）关于声音。印度诸教派时期，在声音究竟是常住的还是无常的问题上，展开过一场激烈的争论，分成声常住论和声无常论两种对立的观点。前者企图由此证定《吠陀》之声是常住不灭的。声常住论有两种说法：声显论、声生论。声显论认为声音是一直存在着的，但要碰到一定的条件才显现出来；声生论则持有始无终说，认为声音本来是没有的，但在一定条件下产生以后，就常住不灭了。

正理派主张声是无常的，因为声音是作成的，而凡是后天作成的都是无常的。正理派反对声生论和声显论。

（2）词语和它的意义。有些人说，在词语和它的意义之间存在着一种固定的联系，一个特定的词产生一种特定的意义。正理派则认为一个词和其意义之间的关系是约定俗成的，而不是天然的，这种联系是由人固定下来的。

另外，词语是表示事物的个体形态，还是表示其共同属性呢？正理派认为一个词语既表示个体形态也表示共同属性,或者说表示个体形态和种。这种观点有其合理的因素。

(3)关于眼睛。眼睛是什么,也展开过广泛的讨论。不少教派认为眼睛是一种非物质性的东西。他们曾提出种种理由。例如,假如眼睛是一种物质性的实体,它能认知的事物就只能和它自己的体积恰恰相等,可是眼睛能认知体积比它大的和比它小的事物,所以它是非物质性的。正理派则坚持眼睛是物质性的。他们说,例如两个眼睛,一个没损坏的能看见东西,一个损坏了的不能看见东西,互不影响,可见它们是两个独立的物质实体。另外,眼睛和所看望事物体积的大小虽然不恰恰相等,但是从眼睛内放出的光线能达及事物的全部范围。正理派的这些解释虽不完全科学,但在当时来说却是比较合理的。

(4)关于《吠陀》。有人指出《吠陀》是不可靠的,但正理派是极力维护《吠陀》的权威的。《吠陀》虽然也收集了一些无神论甚至唯物论的文字,但其主体却是祭祀万能主义。正理派维护的正是这个主体。

简短的小结:正理派对宇宙和事物构成的解释,对人的认识和思维现象的解释,基本上是倾向于唯物的。但在人生问题上,相信轮回果报,主张出离解脱。他们还盲目维护祭祀的权威。这些都是一种消极的因素。

四、《尼耶也经》中的论式

《正理经》专门讨论了五支式。据汤用彤考证,五支式的格式如下:

宗　此山有火

因　以有烟故

喻　如灶,于灶见是有烟与有火

合　此山如是(有烟)

结　故此山有火❶

---

❶ 汤锡予《印度哲学史略》,台湾河洛图书出版社1975年版。

这里特别值得注意的是第三支喻,它只举出一个特别事例(于灶见有烟与有火),而没有提出一个普遍的原则(烟必然伴随着火)。这种推理可以说是从特殊推至特殊,即从"于灶见有烟与有火"而推断"此山既有烟故有火"。这种五支式的喻支一般应是同喻。或者说这种论式只是"由与喻之相同"去证定宗,"不由与喻之不同"去证定宗。

汤先生还认为直至陈那创立新因明之后,在陈那的三支式影响下,后期正理派才对论式进行变革而建立起如下的五支式:

宗　此山有火

因　以有烟故

同喻　凡有烟必有火如灶

异喻　凡无火必无烟如湖

合　此山亦如是

结故如是❶

不过我们认为早期正理派在推进论式的变革方面还是作出过贡献。

促进论式由"特殊到特殊的五支式"变革为尔后的三支式或五支式,关键是要对"因"进行深入的讨论,以便揭示出宗、因之间的固定的内在联系。如在上例中,当"烟"与"火"的固定内在联系(凡有烟必有火,几天火必无烟)被揭示之后,论式便成了由普遍到特殊的推理式了。对"因"的深入讨论在《正理经》中已经开始。十六句义之第十三"似因"便是属于这种性质的讨论。

《正理经》所举的似因有五种。

①不定因。它是这样一种因,即由它可以引导出一个以上的结论。

宗　声是常住

因　因它是无形的

喻　如原子,无形且常住

❶ 汤锡予《印度哲学史略》,台湾河洛图书出版社1975年版。

第三编　印度逻辑

合　声音是如此（无形的）

结　所以声音是常住

又

宗　声是无常

因　因它是无形的

喻如认知，无形且无常

合　声是如此（无形的）

结　所以声是无常[1]

这里的"因"（声是无形的）引出两个对立的结论（常住和无常），这种因是为不定因。

②相违因。"因"与要去建立的命题相反对。如：

宗　瓶是所作

因　因其常住[2]

这里的"因"与要去证定的宗是相反对的，因为常住的东西就不会是作成的。

③有争议的因。如：

宗　声是无常

因　因为它不具有永恒的特性[3]

"声不具有永恒的特性"这个因，几乎是论题（宗）的同义反复，因而它自身也是有争论的。

④对应不定因。"因"自身的真实性还有待证明，它和要去证定的"宗"一样都是不定的，故称对应不定。如：

宗　影子是物质

因　因为它能移动[4]

---

[1] 汤锡予《印度哲学史略》，台湾河洛图书出版社1975年版。

[2] 汤锡予《印度哲学史略》，台湾河洛图书出版社1975年版。

[3] 汤锡予《印度哲学史略》，台湾河洛图书出版社1975年版。

[4] 汤锡予《印度哲学史略》，台湾河洛图书出版社1975年版。

这里"因"（影子能移动）本身的真实性还有待证明，它和"影子是物质"一样，是不定的。

⑤时间不合。就时间方面的因素而言，理由不能去证定宗。如：

宗　声音是持久的

因　因为它通过结合而显露，譬如颜色❶

这里所谓的"因"实际上还包括了喻。论式实际是用"由于结合而才显露的颜色的持久性"来类推声音的持久性。立论者声言，一个东西的颜色，如瓶子的颜色，是通过和（灯、日）光结合时才显露出来，在这种结合发生之前，颜色已存在，而这种结合终止后颜色仍继续存在，可见颜色是持久的。类似地，鼓的声音是当"鼓"和"槌"结合时才显露出来。依照颜色的情况类推，声音也是在这种结合发生之前就已经存在，而且在这种结合终止之后仍继续存在。因此声音也是持久的。

《正理经》认为这里引证的理由有"时间不合"的毛病。因为鼓声的显露并不发生在鼓和槌结合的时候，而是发生在这种结合停止的片刻之后。至于瓶的颜色，它的显露是发生在瓶和（灯或日）光刚结合的时刻。二者时间不合。

《正理经》对"似因"的探究和讨论还是比较粗浅的，大多数是就事论事，没有揭示出一种普遍关系和法则来。特别是称第五种似因为"时间不合"，纯粹是一种皮毛之见，甚至是牛头不对马嘴。尽管如此，我们认为，《正理经》对"似因"或"正因"的这种讨论是进一步发现"宗"与"因"的普遍关系的先导。

早期正理派没有涉及过后来新因明的核心理论——揭示宗因普遍关系的"因三相法则"。但是为"因三相"的提出作了准备的"九句因"，在印度的传说中都认为是源自正理派的始祖足目。

九句因讨论了"因"的九种情况，其中有的是合乎要求的正因，有的是不合乎要求的似因。九句因之法是：

---

❶ 汤锡予《印度哲学史略》，台湾河洛图书出版社 1975 年版。

①同品有　　　　异品有

②同品有　　　　异品非有

③同品有　　　　异品有非有

④同品非有　　　异品有

⑤同品非有　　　异品非有

⑥同品非有　　　异品有非有

⑦同品有非有　　异品有

⑧同品有非有　　异品非有

⑨同品有非有　　异品有非有❶

关于九句因的精确意义，留待以后再讲，在这里我们只作两点总的说明。

第一，在上面九种情况中，只有二、八两种是正因，其余七种为似因。

第二，对九句因的进一步概括和总结便引起了论式的变革而产生了新因明。

《正理经》中没有提到过九句因，因此它绝不是源自足目，可能是足目以后的早期正理派学者的一种创造。

五、《正理经》论倒难

倒难，按汤用彤的说法是"为击败敌人而故意立相反之戏论"，如某人先立出如下一个正确的论证：

声是无常

所作性故

譬如瓶

另一个人故意立出一个相反的戏论如下：

声是常住

---

❶ 汤锡予《印度哲学史略》，台湾河洛图书出版社1975年版。

因无形故

譬如太空●

　　这第二个论证是谓倒难。倒难之特点有二：首先，它是要破斥别人，故立出一个相反论证，如上例中，原来人家立论主"声是无常"，现在作相反之立论主"声是常住"。其次是这种破是一种"似破"，即所谓"戏论"，它本身是一种包含着错误的论式，是一种有过的论式，在外貌上像是一个论式而实则包含着错误。在上面举的那个倒难中，"因"和"喻"的关系和一般正确论式一样合乎要求，但"因"和"宗（论题）缺乏内在联系，实为一不正确之论式。

　　倒难是古因明的重要内容之一。关于倒难的种类和名称各家说法不一。陈那以前的佛家论著《方便心论》列有20种，《如实论》分为3类16种。《正理经》举出的则为24种：①同法相似；②异法相似；③增多相似；④损减相似；⑤要证相似；⑥不要证相似；⑦所立相似；⑧分派相似；⑨到相似；⑩不到相似；⑪穷相似；⑫反喻相似；⑬无生相似；⑭疑相似；⑮问题相似；⑯因相似；⑰义准相似；⑱无异相似；⑲可能相似；⑳可得相似；㉑不可得相似；㉒无常相似；㉓常住相似；㉔果相似。

　　《正理经》认为倒难有24种，其实并没有这么多。例如，要证相似和所立相似内涵相同，增多相似和损减相似实际也是一回事。

　　戏论、倒难在当时之所以还有一定的市场，主要是因为论式的种种正面要求和规定尚没有完全明确化、律会化、规则化。例如，假使"宗必然是待证的"和"喻例必然是众所共喻，毋需证明的"，已经律令化了，那么要证相似和不要证相似便无立足之地。再如，后来到了新因明时期，喻体已经确立，那么增多相似，损减相似，分派相似便都毫无市场了。因此，种种倒难的出现和对这些倒难的分析、批判，必然逐渐导引出有关论式的各种正面规定和规则，必然会促进论式的改进和变革。

_____

● 汤锡予《印度哲学史略》，台湾河洛图书出版社1975年版。

六、《正理经》论堕负

堕负也是古因明着重讨论的议题之一。覃达方在其《哲学新因明论》中引录了《瑜伽》列举的三种堕负：

甲、舍言……舍言者，谓堕负者，自舍其言也。即败论者谢对论者曰，我论不善，汝论为善；我论无理，汝论有理；我论屈伏，汝论成立；且置是事，我不复言。如是而云云者，是名舍言，名堕负处。

乙、言屈……言屈者，谓立论者，为敌所屈而不自甘，乃用下列不合之言动，以对付胜己者也。所谓不合之言动者(1)或假托余事。如舍前所立，更托余宗或余因喻之类。(2)或引外言。如舍所论，顾左右而言他。(3)或现愤然。如出粗恶不逊之言是。(4)或现瞋恚。如怨报之言，或裂眦而视之类(5)或现骄慢。谓以卑之鄙之等言，毁对论者。(6)或举发他之所覆恶行，借掩自屈。(7)或现恼怒。如争论不胜而持刀类。(8)或现不忍。如发怨恨之言，以怖对论者之类。(9)或现不信。谓为种种诽谤之言以毁对论者。(10)或默然。谓语业顿尽也。(11)或忧感。谓因屈而焦虑也。(12)或竦肩伏面。谓身业威严，于是而颓败也。(13)或沉默词穷。谓辩竭也。

如是等类，名为言屈，堕在负处。

丙、言过……何谓言过耶？谓立论者，为九种过，染污其言，故名言过。九种过者，即如下：(1)杂乱。谓舍所论事，杂说异语。(2)粗鲁。谓奋发躁急等恶状。(3)不辩了。谓为众所不领悟。(4)无限量。谓言词重复或减少。(5)非义相应。谓言不合义。(6)不以时。谓所应说，失其先后。(7)不决定。谓立已复毁，毁而复立。(8)不显了。谓言可招讥，或典语俗语，先后不一。(9)不相续。谓于言中，忽而词断。

以上九者，论者不慎，而有犯时，堕在负处。❶

上述三大项中，(甲)项实际上不算堕负。因为堕负乃一种该受指责的过失。若是败论者自己承认自己的立论不对是不应受到指责的。

---

❶ 覃达方《哲学新因明论》，香港中西印刷公司1932年版。

另外在辩论中单纯地发脾气、耍态度,虽然理该受到指责,但那毕竟不是逻辑学讨论的重点。

《正理经》的论堕负比较具有逻辑意义。龙树的《方便心论》和世亲的《如实论》在论堕负时,基本上沿袭《正理经》。《正理经》列举了22科堕负。下面略作说明。

(1)损害论题;(2)替换论题;(3)替换理由,这几项大意是说当某人的论证受到反对时就去转换主张,将原论式的宗、或因或喻随便改变转换,结果成为不正确的论式。

(4)反对论题。某人在提出论式时,其中的论题(宗)和理由(因)就是互相反对的。

(5)理由谬误。在议论中引证某种貌似正确而实则谬误的理由。

(6)放弃论题。当自己提出的论题遭到反对时便不认领。

(7)替换题目。抛开原来议论之事而转到去说一些不相干的东西。

(8)无意义。立论中的因、喻是一系列字母无意义地结合在一起。

(9)晦涩难懂。这种晦涩难懂往往是出于一种有意的制造。如某人的议论受到反对之后,无法自卫,为了掩盖自己的无能,便用一些含义模糊的词,或不按规则来使用词,或讲得非常快,以致虽然再三重复,还是不能被别人所了解。

(10)语无伦次。这理应受到指责而被斥为失去辩论的资格。

(11)不合适。论式各个部分的出现不按照本来的先后顺序。

(12)所言太少。一个论证本来应当包括宗、因、喻、合、结五个部分,假如少了其中的一部分便叫所言太少。

(13)所言太多。一个论证包含了比一个更多的因或喻。

(14)重复。不是由于强调而作出的反复,而是一种字面上的重三倒四。

(15)沉默。辩论时将一个论证向他重复三次而仍不作答复。

(16)不了解。一个论证已陈述三次,听众都已理解而他还是不理

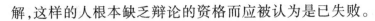

解，这样的人根本缺乏辩论的资格而应被认为是已失败。

（17）不机灵。对向他提出的论证能理解，但无能力作出回答。

（18）回避。辩论开始后，一方发现于己不利，借口有急事要去处理而停止进一步辩论。

（19）接纳意见（自我承认）。通过指控对方有某个缺点而承认了自己有某种缺点。如，甲向乙说：你是个贼。乙反指控说：你也是个贼。乙不是去消除对他的指控，而是向对方提出反指控，这等于承认自己是个贼而陷于失败并招致羞辱。

（20）宽容。不去指责那些应受指责的人。这一条多半是对听众提出的要求。对于那些不肯承认自己缺点的人，通过一项谴责的公议来对付他，这是听众的职责。如果听众不履行这一职责，将被指责为有"宽容"的过失。

（21）指责不应受指责的人。这不全是对听众而言，辩论者自身对不应受指责的人横加指责，也是不允许的。

（22）背离信条。接受了某种信条的人，在辩论进程中，碰上有人反对这一信条时又背离它。

《正理经》举出的上述22种堕负，大致可归为两类：

一是论式的逻辑错误。如"反对论题"和"理由谬误"是论式在提出时就包含有逻辑错误；而"损害论题""替换论题""替换理由"等则是在辩论中转换以后的论式包含有逻辑错误；其他如"无意义""不合适""所言太多""所言太少"等也是在论式方面包含有各种缺陷和错误。

二是除上述各项以外的其他诸项为一类，多为辩论上的一般过失。有些是态度不当而遭受指责，有些是因能力不够而陷于失败。这一类问题的讨论不具备多少深刻的逻辑意义。因此，后来随着印度逻辑科学的发展，这些东西就逐渐被搁置不论了。

七、《正理经》的知名注释家富差耶那

《正理经》的第一个知名的注释家是富差耶那（Vatsyayana），他的主要著作为《正理经大疏》（*Nyaya Bhasya*，亦译《正理经释论》）。《正理经大疏》曾用"一些""某"等字样提到过一些更早的注释家，但语焉不详，因此对这些人的事迹和著述情况，现在都无法确知。

富差耶那出生在南印度的建志，多数学者认为他是公元400年左右的人。他大概生活在笈多王朝的沙摩陀·笈多和旃陀罗·笈多统治时期。

早在富差耶那之前，耆那教和佛教中的一些学者就已经开始了逻辑的研究。他们的逻辑研究虽然也离不开《正理经》的基础，但却并不把《正理经》奉若神明，他们常常提出许多和《正理经》不同的见解。而富差耶那的基本立场是维护《正理经》的权威。

（一）在论式方面维护五支式结构

富差耶那注释《正理经》时，有关新因明的一些理论和法则已经被提出来了。他对这些理论和法则虽不完全持反对态度，但却始终坚持因明论式的五支结构。早在公元前300年左右，著名的佛教著作家龙树曾经指出，一个论式应当是三个部分（宗、因、喻）而不是五个部分。龙树觉得最后两个部分（即合和结）乃一种多余和重复。富差耶那反对这种意见。他认为合和结是论式的必要部分，它们可以把包含在喻支中的普遍法则强效化，使理由更有效和更明确地支持待证的论题。

另外，当时还有些逻辑学家认为论式应当包含十个组成部分：五个常规部分和五个附加部分。

五个常规部分：

宗——此山有火

因——因有烟故

喻——凡有烟处必有火，譬如厨房

合——此山是这样(有烟)

结——所以,此山有火

五个附加部分:

(对宗的)质询(jijnasa)——此山是全部还是部分有火

(对因的)疑惑(Samsaya)——你说的烟可能不存在而是雾气

喻使结论具有根据的容量(Sakya-prati,即推论式可信赖的程度)——烟老是伴随着火是真的吗? 在厨房里,自然是有烟且有火,但一个炽热的铁球就没有烟

(引出结论的)目的(pragojana)——目的是去确定此山的真实情况,以便决定一个人是否可以去那里,或是应当回避,或者只是为了坚持一种对它的不关重要的看法

疑惑的消除(SamSaya)——此山有烟,而烟总是伴随有火,这是没有疑问的

富差耶那认为这五个附加部分,无疑会使我们的认识更加清楚,但它们不证明任何东西,所以不能被看成推理的必要组成部分。

(二)在哲学方面反对佛教的唯心论和瞬息说

佛教徒坚持这样一个命题:事物不具有实在性而依存于我们的思想,正如网不具有实在性而依存于它的线一样,所以只有我们的思想是真实的,外部的事物全都是不实在的。富差耶那反对这种观点。他认为,假如事物能和思想离析,它就不能是不实在的;从另一个角度说,假如事物是不实在的,那就不可以和我们的思想离析;说事物是不实在的,而又说它可以和我们的思想离析,这就陷入了自相矛盾。

佛教徒还宣传一种瞬息论:一切实体都是瞬息的,因为它们只有瞬息的存在,我们通过看见事物的成长与衰败,生与灭而感知它们的瞬息性。富差耶那反对瞬息论而提倡另一种说法。他认为,世上固然没有绝对的确定,一个实体总是在瞬息的间隔之后为另一个实体所代

替;但在实体的创始和休止之间却是一个相互联结的链环。我们认为,富差耶那的主张具有辩证的性质。总之,富差耶那在哲学上坚持了早期正理派的唯物主义路线。

(三)关于神的性质和解脱的含义

早期正理派并不崇奉宗教上的神祇,但却替神保留了一定的位置。富差耶那是早期正理派较后起的大师,他把"神"解释为一种赋予了某种性质的"自我"。这种主张无疑给后期正理派的转向有神论种下了根子。

和所有的印度哲学家一样,富差耶那也谈到了解脱问题。对于解脱,当时有一种流行的观点,认为解脱乃表现为自我的一种永恒的乐。而富差耶那认为,人们的行动直接朝向消除苦,而不是获得乐。因此,他认为解脱不是自我的永恒的乐,而是自我绝对地摆脱苦。解脱的理论,整个都是应当受到指责的,因而解脱究竟是自我获得永恒的乐还是自我绝对地摆脱苦,并不是一种有意义的是非之争。

富差耶那以后,还有许多《正理经》的注释家。然而公元400年左右是印度逻辑史发展过程中的一个转换点,从此印度逻辑古代学派宣告终结。当然,这并不是说古代学派就全然停息了。一大群《正理经》的注释家,诸如乌地塔克拉(Uddgotakara)、婆恰斯巴提(Vacaspati)和乌达耶那(Uday-na)等,他们活动于往后的年代,保持着古代学派之流的延伸。

公元400年以后,是印度新因明蓬勃发展时期,或者说,主要是印度逻辑中古学派活动时期。创立新因明的中古学派,其构成人员主要是一些佛教著作家,其著名的代表人物是陈那和法称。

（原刊于《江西师院学报》1981年第4期）

中古逻辑学派的前驱

一、早期耆那著作家论逻辑

耆那教与佛教都是婆罗门以外的僧侣系统。作为两个不同的宗教派别,它们的教义有许多不同。但是,在逻辑思想上,耆那教的一些著作家却是更加远离早期正理派而比较接近佛教的逻辑学家。因此,我们把他们归到中古逻辑学派的前驱人物之列。

耆那教宣称他们的宗教与时间同时开始。其实有真正历史根据的创始人物是大约出生于公元前599年的大雄(Mahavira)。据说从公元82年起,耆那教便分裂为两派,即白袍派(Sevtambara)与赤裸派(Digam-bara)。白袍派衣白衣,赤裸派则模仿大雄的习惯,完全裸体。耆那教称其全部经典为悉擅多或阿含(Siddhanta 或 Agama)。公元前3世纪初,在华氏城举行了一次耆那教集结,把大雄的教义整理成十二部分,称为十二安伽(Angb)。据说第十二安伽又分为五部分,第一部分曾论及逻辑。第十二安伽,到公元474年已全部散失了。

耆那教重苦修,忌杀生,甚至在烹调蔬菜时误伤了昆虫都被认为是一种罪过。关于耆那教的教义及其他情况,这里不准备作过多的介绍。下面只是着重叙述一些耆那著作家论逻辑的情况。

波陀罗拜呼(Bhadrabahu)。在谈及早期耆那逻辑家时,一般都会提到波陀罗拜呼。但是关于他身世的传说极为混乱。按照白袍派的记录,他生于公元前433年,死于公元前357年。而赤裸派则说有两个波陀罗拜呼,第一个生活在大雄死后162年(公元前365年),第二个则生活在大雄死后515年(公元前12年)。从波陀罗拜呼论述逻辑的内容来看,他应当是公元前1世纪的人。他提出过一种包含有十个部分的论式。不过他并不是想从此引申出一个逻辑体系,而是想通过分解、举例等说明耆那教某种教义的正确性。不过,这种十支式的论式是富有特色的,在印度古代,可能有不少的学者对它进行过研究和改进。如后来富差耶那评论过的那种十支式,就比波陀罗拜呼的十支式有较大的改进。

耆马斯伐蒂(Umasvati)。他大约是公元1世纪的人。他的《入谛义经》(Tattvarthadhiga-ma—Sutza)是系统阐明耆那教哲学的最早的典籍。在逻辑方面,他讨论了如下一些问题。

(1)关于量的学说。他把量分成两类:①间接知识。它是灵魂(自我)通过外部机构或力量获得的,包括通过感觉器官获得的关于现存事物的知识,和通过学习、推断(如比量、比喻量、声量、假设、推想等)获得的关于事物过去、现在和将来的知识。②直接知识。它是灵魂(自我)无需外部机构或力量的干预而获得的知识。如通过瑜伽(专心修持)而获得的知识。

乌玛斯代蒂的量的学说,主要缺陷有两点。①把现量看作间接知而把瑜伽知看作直接知,这是反科学的。②把比量、比喻量、声量等统括在间接知识这一项目之下,而不把它们看作各自独立地获取知识的一种渠道,这实际上就是没有给逻辑以多少地位。

(2)关于纳耶(Naya)的学说。"纳耶"是指一种逻辑方法或思想方法,它是耆那教所倡导的。纳耶在乌玛斯代蒂手里,主要还是指一种从特殊角度了解事物的方法。它有以下五种。

①不区分的:它对一个对象物既注意其一般性质也注意其特殊性质,不在它们中间作区分。

②共同的:它仅仅考虑那些共同的性质而忽略那些特有的性质。

③实用的:它仅仅考虑特殊。"一般"没有"特殊"便是一种不存在的东西。

④直接的:它考虑的是一个事物现存的瞬间,而不涉及它的过去和将来。去深思一个事物的过去和将来是徒然的,全部实际的意义是尽力考虑事物的自身,即它现存的瞬间。这种方法承认存在实体的自身,但不考虑它的名称、偶像或形成的原因。

⑤词语的:它是通过准确用词以使名称恰当的方法。它有三种:适宜的、精巧的、如此适合的。"适宜的"是使用一个词的常用义。"精巧的"是要注意同义词之间的细微差别。从词源学的角度选择一个最合适的意义。"如此适合"是指用一个名称称谓一个事物时和它的实际完全适合。

西达森那(Siddhasena)。耆那教的记录说,西达森那曾设法使笈多王朝的超日王皈依过耆那教。现代学者一般都是根据这一线索来推定西达森那的年代。萨底昌德罗认为,超日王是公元550年左右的人,因而他便把西达森那的年代确定为公元480—550年。但是辛哈和班纳吉的《印度通史》则说超日王的最后年代是公元412—413年。这样,西达森那也就不大可能是公元500年以后的人了。我们再参照西达森那论述逻辑的内容,认为西达森那应当略早于陈那,即他的最后年代不会超过公元500年。西达森那是耆那教中第一个真正的著名逻辑学家。

西达森那对"量"作了比较全面的论述,把量分为二类四种。

一是直接知或现量。它有两种:(1)实践的。灵魂(自我)通过感觉器官而获得的知。(2)先验的。它是一种广大知、绝对知,来自灵魂的完美的领悟。这种所谓先验的直接知,实际上就是乌玛斯伐蒂所说的那种莫名其妙的瑜伽知。

二是间接知。它也有两种:

(1)比量。有两种:为自比量(自悟)和为他比量(悟他),为自比量是对事物进行反复观察之后在自己头脑里进行推理。假如这个推理通过语言文字传送给别人,就叫作为他比量。

（2）声量（证言量）。它来自可靠人的言辞。人证言：设令一个年轻人来到河边，他不知能否涉水而过，于是去问一个本地有经验的、对他不怀敌意的老人。老人告诉他：可以涉水而过。这种言辞可以作为一种真知而被接受，称为"人证言"。圣证言：圣典也是真知的来源，它给那些不易推知和感知的事情立下断言。源自这一渠道的声量叫"圣证言"。

西达森那在印度逻辑上之所以名垂史册，主要还是由于他的比量学说。关于比量，他谈到了如下几个方面的问题。

一是关于宗支。在论述宗支时，他突出了小词（即论题的主词）。他认为小词是不能省略的，必须明确地把它摆出来；否则这个推理就可能被听众所误解。例如，在"此山有火，因它有烟"这个比量中，假如省略小词，就将显现为如下形式：

有火｜因有烟

面对这样一个比量，听众可能不容易马上想到烟与火一起存在的一些事实，如"山"等，并且有可能错误地想到"湖"是这样一种事例，这样整个推理就被误解了。

西达森那还把宗支的过失归结为小词的过失。他举出的"小词过失"有如下一些。

（1）不需要证明的。例如，"瓶是有形的"。这种人人共喻的论题是不需要证明的。

（2）不可能证明的。例如，"各种事物都是瞬间的"。按耆那教义，这是不可能证明的。

（3）现量相违。例如，"通常的个体事物是没有部分的，'它们彼此绝然不同而只是像它自身'"。这种说法是与现量相违的。

（4）比量相违。例如，"不存在无所不知者"。按照耆那教的观点，这是比量相违。

（5）世间相违。例如，"姐妹被当作妻子看待"。这是违反社会公众意见的。

（6）自身状况相违。例如，"一切都是不存在的"，便是和个人的自身状态相违反，因为他至少应当认为他自身是存在的。

上面举出的各种例子为什么只是一种小词的过失呢？西达森那解释说，当论题中的大词是明确和确定时，而论题仍然出现过失，便是一种小词过失。然而，上面这些论题，并不是由于什么小词不当而产生了毛病。事实上，任何一个包含有错误的命题都不能说是单纯由于小词不当或单纯由于大词不当，而只能说是整个命题不当。

二是关于"不可分关系"和因的过失。

"不可分关系"说的是宗因之间的关系，即中词（因）和大词（宗支的宾词）之间存在不可分的关系。如"此山有火，因有烟故"，烟与火之间便有着不可分的关系，所以见山有烟，便可推知山必有火。不可分的关系也叫不变的伴随关系，后来也叫作遍充（Vyapti），我国旧译为"回转"。它是新因明中的一个很重要的逻辑概念。西达森那讨论了这个概念。据萨底昌德罗的《印度逻辑史》介绍，西达森那已经把遍充区分为两种：

（1）内遍充（antar-vyapi）——当小词自身作为中词和大词的寓居体时，中词和大词的关系是一种内在的不可分关系。如"此山有火，因有烟故"，这里"山"是"烟"与"火"的共寓体，烟与火在这里的不变伴随是一种内在的关系。

（2）外遍充（Bahir-Vyapti）——在一个推理式的喻例中，中词和大词的不可分关系则是一种外在的，如上例中，若举"厨房"为喻例，则表现在厨房中的烟与火的关系就是一种外在的不可分的关系。

西达森那还提到，当时有的学者认为仅仅靠内遍充就可以使论题得到证定，而外遍充则是无关轻重的。西达森那本人也认为像"厨房"这样的喻例并不是这个推理的必不可少的部分，不过他认为喻例毕竟还是重申了中词和大词的不可分关系。

西达森那提到的这个问题是印度逻辑中最具有争议性的问题。

对于因的过失,西达森那提到了三种。

(1)未经证实的。例如,这是香的,因为它是一支空中莲荷。这里的"因"即"空中莲荷"是不实在的。

(2)矛盾的。例如,这是火,因为它是水的躯体。这里提出的"因"(水)和要去确立的东西(火)相反对。

(3)不定。例如,声是常住,因为它可以被听见。这个例子便是后来时那所说的"不共不定",即中词和小词的外延完全相等,因而没有另外的同品可言,因而论题得不到证定。把"不共不定"看作一种过失,实际上就是要求推理式一定要用上同喻例。西达森那既然承认"不共不定"是一种过失,就说明他认为"喻例不是推理的必要部分"的主张还不是一种经过深思熟虑的成熟之见。

三是关于喻的过失。一共提到了12种。其中同喻过6种。它们是:(1)和中词不同质(即所谓能立法不成);(2)和大词不同质(即所谓所立法不成);(3)和中词大词都不同质(即俱不成);(4)和中词是否同质还是个疑问(能立犹豫不成);(5)和大词是否同质还是个疑问(所立犹豫不成);(6)和中词大词是否同质都存在疑问(两俱犹豫不成)。异喻过也有六种。它们是:(1)和中词不异质(能立不遣);(2)和大词不异质(所立不遣);(3)和中词大词俱不异质(俱不遣);(4)是否和中词异质还是个疑问(能立犹豫不遣);(5)是否和大词异质还是个疑问(所立犹豫不遣);(6)和中词大词是否异质都存在疑问(两俱犹豫不遣)。

西达森那举出的喻过虽然有12种之多,但对后来陈那提及的"无合""倒合""不离""倒离"四种喻过却完全没有涉及。这说明他对后来陈那所创立的"喻体"的重要性还没有足够的认识。

通观西达森那的比量学说,在总体上还是没有达到陈那的水平,但是关于"遍充论"却似乎比陈那说得更全面一些。

除了量的学说,西达森那还论述了"纳耶"。他除了复述乌玛斯代蒂讲过的纳耶之外,还讲述了另一种纳耶,即从各个不同的角度确定事物的完全意义。这种方法,后来发展为一种"七分说"。

乌玛斯伐蒂的"纳耶"大部分可以认为是一种逻辑方法,其中有些是有用的。导源于西达森那的七分说,则是一种思想方法,而且是一种不可取的思想方法。

二、陈那之前的佛家逻辑

佛教的创始人乔答摩(即释迦牟尼)大概出生于公元前570年左右。早期的佛教经典是用巴利文写的,公元1世纪以后,才大规模地改用梵文。

在巴利文佛典中明确地提到逻辑并把它称为尼提(niti)或尼耶也的唯一著作,是《弥兰陀问经》(*Milindapanha*)。全书采用对话式,即一佛教大师与统治西北印度的强大君主弥兰陀相互答问。它写成于公元100年左右。《弥兰陀问经》中的"尼耶也",着重谈论的还是辩论的方式、礼仪和风度等一类的问题。佛教著作家开始真正的逻辑研究是在大乘教派兴起之后。

公元1世纪,北印度受到贵霜人的入侵。伽腻色伽是贵霜人的著名领袖,他在北印度的大部分地区建立起了自己的统治。他接受了佛教的信仰,而且主持了佛教的第四次大集结。这次集结主要是将巴利文佛典加以整理和改写成梵文,并且进一步作出解释。大约是在这次集结之后,大乘教派便逐渐兴旺起来。它的许多大师,如龙树、弥勒、无著、世亲都研究过逻辑。

龙树(Nagarjuna)。龙树是最初把大乘佛教思想体系化的人。关于他生活的年代众说纷纭。我们认为可以把他确定为公元200—300年的人物。

龙树主要是在下面两种著作中讨论了逻辑问题。《回诤论》(*Vigraha-Vyavarltani-Kari-ka*),此书于公元541年由印度东来中国的僧人毗目智先等人译成中文,它的梵文原本现在已散失。《方便心论》(Upaya Kausalya hrdaya Sastra),此书于公元472年由印度僧人吉迦夜等译成中文。

《回诤论》是一本佛教哲学著作,附带地讨论了逻辑,主要是评论了正理派的量的学说。《方便心论》则比较集中地讨论了逻辑问题。全书共分四章:"论辩的解说"(旧译"明造论品")、"堕负的解说"(旧译"明负处品")、"真知的辨明"(旧译"辨正论品")、"倒难"(旧译"相应品")。

此外,龙树还写有 Pramana Vihatana (the Queling of Pramana,量的消除)一书。此书的梵文原本早已遗失,现在只有一本编纂于公元650年左右的石藏文的注释本。此书评论了正理派的十六句义,并认为一个论式只需包括宗、因、喻三个部分。许多学者认为此书的许多观点并不出于龙树本人。

弥勒(Maitreya 或评"迈特勒雅"),大体是公元290—390年的人,有著作多种。他的《瑜伽师地论》(Yoga Carga Bhumi)曾被译成中文。该书第十五卷堪称逻辑专章,共讨论了七个方面的问题,过去有所谓"七因明"之称。

(1)论辩的题目(旧译为"论体性")。在开始论辩某一议题时,我们首先必须看看这个议题是不是有用的,一个无用的议题是必须抛弃的。

(2)论辩的场所(旧译"论处所")。辩论不应随便在任何一个什么地方进行,它必须是在学者到场的地方,在国王的宫廷里,在教长的公署里,或是在公众的集会上。

(3)论辩的手段(旧译"论所依")。主要讨论立论的步骤过程、方法手段。建立一个论题,依赖下述的过程和手段:立宗、辨因、引喻、同类、异类、现量、比量、圣言量。

(4)辩论者的资格(旧译"论庄严")。①辩论双方应精通自己及对方的经典、教义。②在任何情况下都应当不使用卑鄙的和不尊重人的

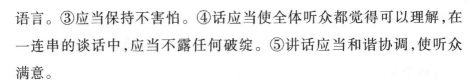

语言。③应当保持不害怕。④话应当使全体听众都觉得可以理解,在一连串的谈话中,应当不露任何破绽。⑤讲话应当和谐协调,使听众满意。

(5)堕负。《瑜伽师地论》中说的堕负,覃达方的《哲学新因明论》和谢蒙的《佛学大纲》都引作"舍言、言屈、言过"三大类,合计30多种。❶而萨底昌德罗的《印度逻辑史》则只提到如下3项:①假如一个辩论者,开初反对某一论断,而以后又在辩论中用上它,他便算输了。②假如一个辩论者,不能维护他曾在辩论中引用过的论题,他便算输了。③假如一个辩论者说话离题,他便算输了。

(6)出席辩论会。一个人出席辩论会必须注意进行下述的观察:①观察得失,即观察辩论会对他是否有任何好处。②观察时众,即观察辩论是否能给辩论者、仲裁人和听众以良好的影响。③观察善巧不善巧,即观察辩论者及其对手是否都各自名符其实地通过宗、因、论等过程进行辩论。

(7)辩论者的信心。一个辩论者必须在听众面前表现得自己一定将获得胜利,在听众的心目中,他应当被看作一个通晓双方经典和教义的人,是一个有自制力和充满积极性的人,而且能够说话不露破绽。

从上面列出的纲目及其简略内容来看,弥勒主要是讨论了逻辑的实用方面的问题,即辩论的程式、步骤、方式、方法,以及礼仪和风度等。

不过弥勒也讨论了一些纯逻辑的问题。他认为,一个论题是由一个因和两个喻支撑的。另外,弥勒还认为有效的因或有效的喻,应当或是①现量的事实,或是②比量的知识,或是③圣典的言辞,而比喻量则被删除。这就是说对于获取真知的"量",弥勒主张只有3种。

无著(Asanga)。他大概是公元360—460年的人。起初他信奉小乘,后就教于弥勒,转而皈依大乘。

---

❶ 覃达方《哲学新因明论》,中西印刷公司1932年版;谢蒙《佛学大纲》,中华书局1927年版。

无著有著作多种,《显扬圣教论》(*Prakaranarya Vaca Sastra*)第十一卷和《大乘阿毗达磨杂集论》(*Mahayanabhidarma-Smyukta-Sangitisastra*)第七、第十六卷讨论了逻辑问题(以上两书均有中文译本)。

在逻辑方面,无著基本上是追随弥勒,但在量的种类和论式结构方面,和弥勒的主张不同。他没有删除比喻量,而且认为一个比量仍然是由宗、因、喻、合、结五个部分组成。

世亲(*Vasubamdhu*)。他大概是公元380—480年的人,先信奉小乘,其兄无著使他皈依大乘,后来成为大乘佛教中极有影响的人物,一生著述甚多。

世亲在逻辑方面也有专著。公元7世纪,我国唐代高僧玄奘旅行印度时曾看到三种被认为是世亲的逻辑著作,它们的中文名称是《论轨》《论式》《论心》,现均已散失。现在尚保存的有《如实论》,此书于公元550年由旅居中国的印度高僧波罗末陀(*Paramartha*)(义译为"真谛")译成中文。该书共三章(或说三品),分别论述五分论式、倒难、堕负。

关于论式。在《如实论》中,世亲只讨论了五支论式。但根据印度某些学者的转述,世亲在那已散失的逻辑著作中认为一个论证主要是两个部分,即宗和因。那么世亲在论式方面岂不是没有确定的主张吗?《印度逻辑史》的作者萨底昌德罗解释说,世亲是认为在辩论时应当运用五支式,而在平常的时刻则用二支式。

关于倒难。《如实论》将倒难分为3类16种。谢蒙在其《佛学大纲》中举其名称如下:一是颠倒难。分为:①相难;②异相难;③长相难;④无异难;⑤至不至难;⑥无因难;⑦显别因难;⑧疑难;⑨未说难;⑩事异难。二是不实义难。分为:①显不许义难;②显义至难;③显对比义难。三是相违难。分为:①生难;②常难;③自义相违难。❶而萨底昌德罗在《印度逻辑史》中则仿照《正理经》称"同相难"为"同法相似",称

---

❶ 谢蒙《佛学大纲》,中华书局1927年版,第29—33页。

第三编 印度逻辑

"异相难"为"异法相似"。

关于堕负。《如实论》共列举了22种，和《正理经》列举的完全一样。

在本章中我们按时序先后叙述了七个人物。波陀罗拜呼、乌玛斯伐蒂生存于《尼耶也经》问世之前，他们的逻辑学说还十分贫乏、粗糙。他们二人实际上不是中古逻辑学派的前驱人物。我们只是从耆那教逻辑思想源流之完整性这个角度出发，作一简略介绍。龙树、弥勒、无著和世亲，算得上是中古逻辑学派的前驱人物。他们虽然对一些左因明的重要项目还津津乐道，在内容上也大都因袭过去，但是对逻辑的核心问题——即论式却总是在探索一种新的出路，追求一种新的形式。没有他们在论式改革方面所作的舆论准备和某些理论准备，陈那的三支因明便不会接踵出现。至于西达森那则基本上属于新因明范畴的人物了。

（原刊于《江西师院学报》1982年第1期）

印度近代逻辑

一、中古逻辑后期之多种趋向

(一)佛教逻辑注释派

达玛吉以后,许多佛教著作家撰写了很多逻辑方面的著作,但大多是注释性的,即对陈那和达玛吉的著作进行注释和再解释。他们可以说是中古逻辑的守成派。他们之所以守成多而创新少,一方面是受教派师承等有害观念的束缚,另一方面与佛教在印度转向衰微有关。达玛吉以后,佛教在全印度开始失势。幸而当时在孟加拉地区崛起了一个波罗王朝。这个王朝约从660年开始,至1139年灭亡,十八世之间,崇信佛法,历世不替,其中特别热忱维护佛法的凡有七世,通称为"波罗七代"。依靠波罗王朝的庇护,佛教才得以在印度东部地区偏安达500年之久。不过就是在这500年中,也可以说是偏而不安,因为波罗王朝也几度盛衰。这期间许多佛教作家多经尼泊尔而转入我国西藏。因而在逻辑方面也是忙于传授转译而顾不及创新了。自唐至明,印度的许多典籍都被译成了藏文。单就因明来说,达玛吉以后,印度佛教逻辑学家的著作被译成藏文的将近五十种之多。[1]现在这些著作的梵文原本绝大部分都已散失,研究印度逻辑史的学者往往要靠我国西藏的资料来展现这一阶段佛家逻辑的情况。

(二)后期耆那著作家的逻辑思想

陈那、达玛吉确立起中古逻辑体系之后,耆那教在逻辑学方面人才

---

[1] 吕澂《西藏佛学原论》,商务印书馆1933年版。

辈出,比较著名的有厄格勒姆格(aka1anka,约750年)、维底亚南德
(Vidyananda,约800年)、曼尼耶南迪(manikyaNandi,约800年)、普拉帕
昌德拉(Prabha Candra,约825年)、德瓦苏里(DevaSuri,公元12世纪)、
海默昌德拉(Hema Candra,公元12世纪)等。他们基本上和达玛吉的
调门相同,即认为喻例是推论式的一种多余部分。这种观点越到后来
似乎越加鲜明。如德瓦苏里就曾争辩说,"为什么要把我们的推理拴
缚在无用的喻例上呢? 我们必须考虑到逻辑上的简练和思维上的经
济,随便让一些非必要的东西闯入脑子里易于引起混乱"。不过德瓦
苏里最后还是没有彻底抛弃喻例,甚至也没有彻底否定五支式。他的
结论是:喻例、合和结不是推理的必不可少的部分,但它们仍是使人们
产生确信的一种小才智。

(三)陈那以后的《正理经》注释家

陈那创建新因明后,《正理经》的注释家还是陆续出现,著名的有乌
地阿达克拉(*Uddyotakara*)和婆恰斯巴提(Vacaspati)。乌地阿达克拉的
主要著作是《正理经释论疏》(*Nyaybvartika*),婆恰斯巴提的代表作是
《正理经释论疏记》。这些注释家们和后期耆那逻辑家们的观点相反。
他们力图保住印度逻辑的某些特性,一般都坚持五支式,坚持喻例存
在的必要性。不过他们也并不是盲目地在那里守旧,从他们的经验主
义哲学出发,自然会觉得在推理中使用喻例是无可厚非的。乌地阿达
克拉等人,倒很有点像西方的穆勒,是企图用归纳来作为推理的核心
的。如乌地阿达克拉便是把比量分为三种:Anvayi、Vyatireki、Anvaya-
Vyatireki。后来杨国宾在《印度论理学纲要》中把它们分别译作:同现
(Anvayi)推理、同隐(Vyatireki)推理、同现同隐(Anvaya-Vyatireki)推理,
而且说同现法同隐法都相当于穆勒的契合法,同现同隐法则相当于穆
勒的契合差异互用法。❶

---

❶ 阿特里雅《印度论理学纲要》,商务印书馆1936年版。

二、近代逻辑学派

在古印度这个宗教极度发达的国家里,教派的更迭往往引起学术上的某种变动。公元10世纪以后,随着印度教的全面复兴,在印度逻辑史上便进入了近代学派时期。这个学派通常称作"新正理派"。新正理派并不是简单地去复兴古代正理派,他们也继承、借鉴中古逻辑学派的成就。

新正理派的早期著名大师有克萨伐·密斯腊(KesavaMisra),他大约是公元1275年的人,代表著作为《思择派语记》(Tarka-bhasa)。此书的特色就是将正理派和胜论派的范畴加以综合。这个综合是以《正理经》的十六句义为主体去合并胜论的六句义。这二套范畴的结合系统可表示如下:

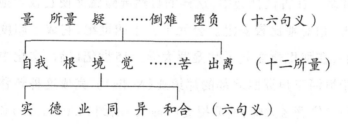

《正理经》的第二个范畴是"所量",讲的是知识的对象,共有12个,其中第四个为"境","境"说的是感官的对象。按照《正理经》原来的体系,"境"只指香、色、味、触、声等。而《思择语记》则把"境"解释为表示胜论的六句义:实、德、业、同、异、和合,这样就把两套范畴归并为一个系统了。

《思择派语记》并不是典型的逻辑著作,它着重的还是哲学讨论,不过它代表了新正理派的学风——把正理和胜论学说进一步加以综合。

在逻辑的具体研究上作出较大成绩的是新洲学派。当然新洲学派也是属于近代逻辑学派的范围,不过当我们一般地讲到近代逻辑学派

第三编 印度逻辑

时,它说的是一个较为广泛、较为松散的学派——即一般地标榜正理胜论的逻辑,而新洲学派则是内部联系非常紧密的学术宗派。这个学派主要活动于孟加拉地区,故通常称作"新洲正理派"(简称"新洲学派")。新洲学派后期的活动中心为那第亚,故亦称"那第亚学派"。

新洲学派的奠基人是冈诘沙(Gangesa),是弥湿罗人,约活动于公元13世纪后半期(一说是14世纪的人)。他在新洲学派内的地位,有点相似于陈那在佛教逻辑中的地位。他的著作有:《比量如意宝珠》(Anumanacintamani)、《比喻量如意宝珠》(Upamana-Cintamani)、《诸蒂如意宝珠》(Tattva-Cintamani)。前两种著作都只解说四量中的一种,《诸蒂如意宝珠》则论述整个量的学说,是他的代表作。

公元13世纪至14世纪,传播冈诘沙逻辑学说的中心地点是弥湿罗(mithila)。它是印度历史上的一个古城,北靠喜马拉雅山,其他三面都被河流环绕。在古代社会中,这样的自然屏障就能使它较少地受到外敌的攻击,相对地比较安定。公元十三十四世纪,它成了印度学术活动的中心,在那里建立起了弥湿罗大学。15世纪以后,文化中心转移到了位于恒河三角洲西北部的那第亚(Nadia)。完成这种转移的是新洲学派的二位著名大师:婆苏提婆(Vasudeva,约1450—1525)和罗怙那特(Raghunatha,约1477—1547)。他们都出生在那第亚,年轻时都曾就学于弥湿罗大学。罗怙那特撰写的《诸蒂如意宝珠光耀》是新洲学派的名著之一。罗怙那特之后,这个学派的知名人物还有贾格提舍(Jagadisa,约1625年)和格达德罗(Gadadhara,约1650年)。令人感兴趣的是他们两人的逻辑代表著作都被命名为《诸蒂如意宝珠光耀开示》(Tattva-cintamani-didhiti-prakasika)——对罗怙那特著作的一种注释性著作。

新洲学派在逻辑上接受了各方面的影响。他们接受陈那的影响,只着重研究量的学说,如冈诘沙的《诸蒂如意宝珠》便充分体现了这一点。该书共4卷,分别论述现量、比量、比喻量、声量,而不再去理会《正理经》的十六范畴。

在讨论现量和比量的具体内容时,新洲学派更多地继承了古典正理派的传统。

关于现量,婆恰斯巴提曾提到两种,即无分别现量和有分别现量。新洲学派则进一步把有分别现量分为两种:普通的(Laukika指嗅觉、视觉、味觉、触觉等)与非常的(Alaukika)。普通感觉古代正理派已有论述,非常感觉则由新洲派提出。他们把非常感觉分为三种:

(1)同相现量(Samanvalaksana,或译作"思类感觉")。如一个人感觉到一头牛,他同时也感觉到普遍(同或一般),即感觉到寓于牛中的牛性,而这种普遍又变成中介物,通过它可以感觉到一切个别的牛,即感觉到普遍"牛性"的一切寓居物。

(2)智相现量(Jnanalaksana,或译作"思性感觉")。思性感觉是感觉到一样事物而知此物的性质,但这种性质并未与感官接触,而是在那一刹那间由另一非常感觉引起的。这种感觉的典型例子是"见檀木如闻香气"。在这里,过去的关于香气的知识不知怎么地在视觉器官与纯属嗅觉的对象之间建立了一种非常的接触。这种非常感觉的方式还被用来解释有名的幻觉现象,如把我们眼前的绳看成是林中的蛇:当视觉器官接触到绳的时候,先前的关于绳和蛇大致相似的知识在这个人的脑海中浮动,变成感官和林中的蛇进行非常接触的中介物。

(3)瑜珈生(Yogaja,或译作"神通感觉")。它被设想是对过去的、现在的、隐蔽的和极微的对象的感觉,人们能够通过修行瑜珈发展超自然的力量从而获得这种感觉。

瑜珈生这种感觉形式,过去的正理派也曾经涉及过,而前两种确是新洲学派的创新,是一种有意义的探索。

此外,新洲学派还谈到了一种"无体感觉"。后期胜论派在实、德、业、同、异、和合之外,还增加了一个第七范畴即"无"(Abhava,或译作"否定""非存在")。既然被列作范畴,"无"当然被看作一种独立的实体,与这种独立实体接触是为"无体感觉"。这种所谓无体感觉与我们通常的思想路数格调是不一致的。例如,我们没有感觉到地上有一个罐,而新正理派却宁愿说:我在那儿感觉到罐的非存在、否定或无。新正理派有一个基本观点,即"一切知识都有一种超越于它和独立于它的对象"。把这个原则贯彻到底,那就不但要承认肯定的知识对应于一种独立的实体,而且还应当承认否定的知识也对应于一种独立的实体。因此说"没有感到什么"是不恰当的,而应当说"感觉到了什么的无"。这是走向极端,实在是不足取的。

关于比量方面,冈诘沙完全承袭乌地阿塔克拉,把推理分为三种。

(1)完全肯定推理(Kevala-anvayi,或译作"同现法")。这种推理没有异喻例可寻。如:

这是可以说得出名称的

因为它是可认知的

这里可以举出许多正面的喻例,如瓶、树,等等,但却找不出反面事例,因为"不可认知的"或"不可命名的"便也无法用语言和文字传达出来,它无法成为知识的对象。

(2)完全否定推理(kevala-vyatireka,或译作"同隐法")。这种推理找不出同喻例。如:

土与其他元素(水、空等)不同

因其有气味故

依照古印度哲学家的说法,有五种元素,即空、气、水、火、土。空的性质是声音,气的性质是感触,火的性质是颜色,水的性质是舌味,土的性质是气味,土就是因有气味为其独特的性质而与其他四种元素不同。既然再没有其他元素具有气味的性质,自然也就找不到同喻例。

(3)肯定否定推理(Anvaya-vyatireka,或译作"同现同隐法")。这种推理可以找到同喻例也可以找到异喻例。如:

此山有火

因有烟故

譬如厨房,不如湖

对于比量的格式,新洲学派因袭正理派的传统,主张一个完全的论式应当包括宗、因、喻、合、结五个部分。

此外,冈诘沙还讨论了谬误推理(即论式之过失)。在这方面,他既不同于古典正理派,也不同于陈那。冈诘沙把谬误推理分为五类。

(1)差异推理(Savyabhicarah),即陈那说的不定因。不过冈诘沙只提到三种不定:太广(共不定);太狭(不共不定);无所不包。前两种前面曾经解释过,这里只说说"无所不包"。这种推理中的小词(新正理派叫"出事地")通常为"凡物"二字。如:

凡物都是非永恒的

因其被知故

"凡物"包囊一切,即没有一件东西不包含在内,以致没有什么可以作为同喻例或异喻例了。

(2)自相矛盾推理(Viruddhah),即陈那所说的相违因。如:

声是常住

所作性故

"所作性"因,可以证定"声是无常",而对"声是常住"来说则为矛盾因。

(3)平衡推理(Satpratipaksitah)。两个相反的论题都可以举出理由来证定,力量均等平衡。

一方立宗　　声是无常

　　举因　　所作性故

另一方立宗　声是常住

　　　举因　所闻性故

这里实际就是陈那所说的相违决定,不过新洲学派对这种现象的解说却和陈那不同。新洲学派不再说什么"各树一因,皆能决定,结束胜负,不能解决",他们只是说,如果你暂时不能决定哪一方的理由更强时,便是一种平衡推理,若一旦某一推理之理由显得更强时,另一推理便成了背理推理。这样来讨论问题,就显得更具有科学精神了。

(4)不确实推理(Asiddhah)。推论有三要素:出事地(小词)、事端(因)和不变伴随关系。三要素中有一个包含有不确实的错误,论式便为有过,故不确实推理可分三种。

①出事地不实。如"妖怪要呼吸,因其有生命故"。这里的出事地(小词)即"妖怪"便是不真实的,因此去说什么它有生命、要呼吸等便都是荒谬的,也就是说因(中词),以及中词和大词的伴随都不可能在那里发生。

②事端不实。"事端"就是指"因"(中词)。在推理过程中,"结果"是不现见的,而"因"则是现见的,所以正理派把"因"称作"事端"。事端不实不是一般地说"因"是虚假,而是说此原因之性质与出事地之性质不相合,没有在那里出现之可能。如"此湖有火,因有烟故,有烟必有火,如灶",湖上是不可能出现烟的,故有事端不实之过。
③不变伴随关系不实。如"此山有烟,因有火故,有火必有烟"。在这里,"有火必有烟"便不恰切,"有烟必有火"才是不变的伴随,而"有火必有烟"是有条件的伴随,即以湿柴燃烧的火才必然伴随有烟。

(5)背理推理(badhitah)。当我们由现量、比量、比喻量、声量知道推理中的结果实际上不存在时,则此推理是背理推理。例如,欲证明"火冰冷"的任何推理,必然是背理的,因为"火冰冷"是违背现量的。背理推理实际上就是佛家逻辑中所讲的"宗过"。不过新洲学派不再谈什么世间相违、自教相违等,而只谈现量相违、此量相违,比喻量相违和声量相违。

一般认为,新洲学派的特点是专事强调术语的精确和定义的细密。

汤用彤先生也说,那第亚派"其学辨析细微,如理丝毛"[1]。这确实点出了这个学派学风上的某些特点。如冈诘沙在论述"不变伴随关系"这个重要逻辑术语时,便对前人的19种解释一一进行了检讨而最后提出自己的新解。这种学风一方面使新洲学派在思维过程和思维形式的研究方面获得了一定的成就,另方面也使他们滋长起经院气味,新洲派的后期大师格达德罗便被人们讥讽为"经院哲学中的王子"。

冈诘沙的《诸蒂如意宝珠》虽然维持了几百年的权威地位,但是它在现代印度中的影响却不大,它没有被译成现代印度语,也没有被译成英文。印度近代逻辑流传最广的还是阿难波他(Annam Bhatta,1623年左右)的《思择集论》(Tarka-Samgraha),它被译成英文和德文,是近代印度人最流行的正理学纲要。阿难波他不属于新洲学派圈子内的人物,没有门户之见,经院气味要淡薄一些。因此他反而成了印度近代逻辑学派有影响的殿后人物,的著作也成了后来许多印度人谈论逻辑的蓝本。

三、印度逻辑之最后趋向

萨底昌德罗的《印度逻辑史》在讲述了新洲学派之后便草草收场,经过了许多印度学者连续1000多年努力创造的逻辑,现在的情况又如何呢?他没有作什么交代。在这方面我们也没有多少话可说,因为手头没有这方面的多少材料。现在只根据杨国宾译的一本《印度论理学纲要》来简论一下印度逻辑的最后趋向。虽然有可能是以偏概全,但比避开这个问题不谈为好。

杨国宾是于1933年赴印度留学的,首先入泰戈尔创办的国际大学,在那里住一年余。1934年入班拿勒斯(Benares)的印度大学哲学硕士班学习,跟阿得利雅博士研究吠檀多派哲学与印度逻辑学。就学习期间,他把阿得利雅撰写的《印度论理学纲要》译成了中文。据杨国宾

---

[1] 汤锡予《印度哲学史略》,台湾河洛图书出版社1975年版,第145—146页。

说，此书是印度大学里预科班用的逻辑课本。所以一般地说，这个体系应当是当时较为流行的，可以看出一点印度逻辑的最后趋向。全书共分12章。在翻译时，杨国宾征得他的老师（即作者本人）的同意，将原书章目排列的次序适当调整如后：一、知识；二、知识的来源（即各种量）；三、感觉量；四、推理量；五、比喻量；六、圣教量；七、因果；八、确定因果关系的方法；九、真确原因的要件；十、非正确知识；十一、误谬推理；十二、观点说与或然说。

《印度论理学纲要》无疑直接接受了阿难波他《思择集论》的影响。在一本薄薄的不到6万字的小书中提到《思择集论》竟达23次之多，在许多章中（而且多半是在开头）都要引用《思择集论》的一些话。

下面对此书作几点综括性的评介。

第一，此书企图综合它认为有的东西。如第十二章观点说与或然说，便是我们前面提及的耆那教所倡导的纳耶（Naya，有"观点""角度"的意思）和七分或然说。这本来不是印度古逻辑中的重要组成部分，但作者认为它很重要而用专章加以介绍。

第二，此书在逻辑上企图总揽各家但却以新正理派的逻辑思想为主线。如在第二章中虽然综合介绍了印度各学派所提及的九种量，但在第三至六章分章展开论述时则只突出新正理派所肯定的四种量。另外，在第十章论述误谬推理时也是完全按照新正理派的思想，只谈五大类。

第三，第七章谈"因果"，第八章谈"确定因果关系的方法"。这两章的内容最能显示出印度逻辑发展之趋向。这里所说的因果关系就是前面经常提到的不可分关系（或不变伴随关系），梵文叫 Vyapti。对于这种不变伴随关系，过去佛家逻辑提到两种，一种是因果关系，一种是同一关系。因果关系大家比较熟悉。同一关系是什么呢？同一关系就是中词和大词的本性同一。例如，这是一棵树，因为它是一棵橡树。橡树和树是同一关系，是一种不变的伴随关系，这是毫无疑问的。以此关系为基础的推理当然也是具有必然性。不过在这里,前提和结论在本质上是同义反复。如果想真正推出某种较新的知识,这种推理是没有用处的。所以,后来新正理派一般就只谈因果关系的不变伴随。但是《印度论理学纲要》的转变要激进得多,它完全抛弃了不变伴随关系这一逻辑概念,而只用因果关系这个逻辑概念。这就很容易使人想起英国的穆勒逻辑来。其实不仅是想起,我们是可以从这本薄薄的小册子中找出一些确凿的证据来说明阿得利雅是想方设法要把印度逻辑和穆勒的逻辑挂钩的。❶

本来印度逻辑是演绎和归纳色彩并具。一般说佛家逻辑和耆那逻辑更强调演绎,而正理派则更强调归纳。正理派是印度真正的逻辑学的开创者,又是近代逻辑学派的主体成分。这就是说印度逻辑在其本身的发展过程中,归纳便已具有某种潜在的优势。当英国逻辑大师穆勒的学说传入印度后,在穆勒逻辑的声援和助威之下,印度逻辑中的归纳倾向自然要强化起来。

(原刊于《江西师院学报》1982 年第 3 期)

---

❶ 阿特里雅《印度论理学纲要》,商务印书馆 1936 年版。

第三编　印度逻辑

陈那的因明体系述略

因明,为梵文 hetu-vidya 的意译。因(hetu)指推理的根据,理由;明(Vidya)是"学艺""学问"的意思;因明是关于论证、论辩的学问。因明有古因明和新因明之分。

古因明所建立的是一种五支式。例如:

宗　声是无常

因　所作性故

喻　犹如瓶等

合　瓶有所作性,瓶是无常,声有所作性,声亦无常

结　故声无常

不难看出,五支式是一种类比推理。

新因明则将五支式改造、发展成为一种三支论式。当我们一般地说到因明时,便是指三支式的新因明而言。

建造三支因明的印度著名人物是高僧陈那(5—6世纪)及其弟子商羯罗主,亦称"天主"(约6世纪)。陈那、天主的因明学说不久便由中国高僧玄奘传入中国,玄奘翻译了陈那的《因明正理门论》和天主的《因明入正理论》,并向一些弟子开讲阐发陈那因明体系的精义。被世界公认的印度因明大师还有比陈那、天主晚出的达玛吉,亦名"法称"(约7世纪)。本文主要介绍陈那—天主—玄奘的因明系统。因为这个系统才是真正具有印度特色的系统,它更具有独特的意义和典型的意义。这个因明体系在当时已基本上趋于完备和严密,但存留的问题也不少,有些理论和实际问题,他们自己也尚未解决,因而缺乏定见和明晰的解说。尔后的相关学者注疏、评说、引申发挥,自然也不免众说纷

纭。这些纷纭之说,绝大多数都有说得对的地方,当然也难免会有不那么中肯的地方。时至今日,若能对有关注疏评说择"善"而从,并将其加以精心整合,就能对这个体系作出比较完备、周全的解说。下面我们就来对这个体系进行解说。为了保证行文的简洁和通俗性,基本上不作什么追根溯源的考证,也不对各种不同的疏解进行详尽的对比和辨析。

一、论式结构

先列出一个实例

宗　声是无常

因　所作性故

喻 ⎰ 同喻　若是所作,见彼无常(同喻体),如瓶等(同喻依)
　　⎱ 异喻　若是其常,见非所作(异喻体),如空(异喻依)

第一支"宗",就是通常所说的论题。第二支"因",通常为省略句,上例中的因"所作性故",若是要一板一眼地说应为"声是作成的缘故",而按照因明的传统,"声"应该省略,从汉语语法来说,这种省略也不会引起任何误解。第三支"喻",喻有喻体和喻依两部分。"体"有主体的意思,喻体是喻支的主体部分。喻依是举事例,它是喻体成立的材料凭依。喻由同喻和异喻二者合成。五支式和三支式在宗支因支上并没有什么不同,二者的差异主要表现在喻支上。

在论式结构中,最具关键意义而又众说纷纭的是"喻体究竟应当是什么类型的判断"。有人认为它应是一个假言判断。❶我们赞同这个说法。如果喻体不是一个假言判断而是一个性质判断的话,那么举证事例的喻依就是完全多余的蛇足了。喻依既然还存在,那么和它配套的

---

❶ 张忠义《试论因明的三支论式》,选自刘培育《因明研究》,吉林教育出版社1994年版。

喻体就只能是假言判断。我们还认为整个喻支就是一个假说的简略形式,它由假设句和相关事例合成,它是合归纳演绎于一体的一种逻辑形式。

以上着重从形式结构方面来说。要对三支式的结构、特性作更深层的了解,还必须对"因三相学说"作出评述。

二、因三相学说

"相"有"向""方面"的意思。因三相论究的是"因"与"宗""同喻""异喻"三个方面的关系。陈那的"因三相",唐玄奘译作"遍是宗法性""同品定有性""异品遍无性"。现具体述评如后。

(一)遍是宗法性

首先要辨明两点:①这里所说的"宗",只指宗的前陈(宗的主项),不指宗的全体;②"法"通常用来指宗的后陈(即宗的谓项),而现在则在更一般的意义上使用,当作属性解。按照术语上的这些新的含义,所谓遍是宗法性,是说因表示的性质,必须普遍地是宗前陈(论题主项)的属性。●就前面举出的那个具体三支式来说,便是"所作性(因)普遍的是声(宗前陈)的属性",即"凡声都是作成的"。不少人曾借用三段论的一些符号和图示法来作解说,即用S表示宗前陈(论题主项),P表示宗后陈(论题谓项),M表因(实为因支非省略句的谓项),"遍是宗法性"是说,必须"凡S是M";如下图所示:

● 石村《因明述要》,中华书局1981年版。

(二)同品定有性

同品是指同喻依的事物系列,就上例而言,瓶、锅、桌、椅、家用电器等都是,它们都是已被确知具有P(宗后陈,例如"无常")的性质,但是S(宗前陈,如"声")要除外。所以,同品可以表示为"非S并且P"。同品定有性是说一定有同品具有因的性质(一定有同品是M),"说定有而不说遍有,意思是宗的同品中必须有物(可以是全部,也可以是有些)具有因的性质"[1]。就上例而言,是说一定有无常之物是作成的。同品定有性揭示因与同喻之关系。

关于同品定有性(对同喻支)的逻辑要求,有的书具体为"因法(中词)的外延须小于(或等于)宗法(大词)"[2]。这种解释是以假定同喻体乃性质判断为前提的。按因明规定,同喻体先说因法后说宗法,就上例而言,其同喻体为"凡诸所作,皆是无常"。性质判断讲究的是词项外延关系,性质判断中的肯定判断是主项外延小于(或等于)谓项的外延。与此相应,"同品定有的逻辑要求便是因法(中词)小于(或等于)宗法(大词)"。现在我们认定陈那三支式中的同喻体乃是一个假言判断,假言判断只要求从因说到果就行,比如说"若是所作,见彼无常"。它并不去讨论和断定因法与宗法外延谁大谁小的问题。

如果说,同品定有性具体要求是"因法必须小于(或等于)宗法"的话,那同品定有性如下图所示:

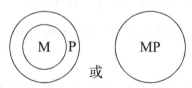

而成为典型的欧拉图式,三支式便被比附为三段论了。

❶ 石村《因明述要》,中华书局1981年版,第71页。

❷《哲学大辞典·逻辑学卷》编辑委员会《哲学大辞典·逻辑学卷》,上海辞书出版社1988年版,第148页。

(三)异品遍无性

异品是一切不具有宗后陈(P)性质的东西,它可以表示为非P。异品遍无性规定的是因与异喻的关系。虽然异喻体(如上例的"若是其常,见非所作")也只是个假言判断而不是性质判断,但因为"遍"是个全称的量,因而应当表述为"所有异品(非P)都不是M"。如下图所示:

以上是对因三相基本含义的解说,下面接着讨论一些深层次的问题。

第一,以"因三相原理"为基础的三支式的逻辑理路和推理性质。

三支式的逻辑理路,大致可辨析为两条。

(1)由遍是宗法性和同品定有性合起来体现的理路。

已知 {
①有宗的同品(如有声的同品"瓶""桌椅"等)具有P(无常)的性质又具有M(所作)的性质。
②所有宗法即S(如声)都具有M(所作)的性质。

推知　宗法(声)可能具有P(无常)的性质,即S可能是P。

这一推理过程的性质——它通过对同喻依(即同品)的归纳考察来类比推断S可能是P,这是归纳类比;由于同喻体是假言判断,其推理过程也带有若干演绎成分;然而同喻体又是对喻依(同品物)作不完全归纳而成立的;所以整个来说,其主导性质是归纳。

(2)由遍是宗法性和异品遍无性合起来构成的理路。

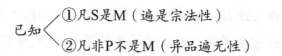

已知
①凡S是M（遍是宗法性）
②凡非P不是M（异品遍无性）

推知S是P。其推导过程是由已知的"凡S是M"和"凡非P不是M"，可推知S不是非P；在二值逻辑范围内，根据排中律，若S不是非P，那S就应该是P。

这一推理进程的主导性质是演绎的。

三支式溶两条理路于一炉。一是使论证的可靠性达到了很高程度；二是把归纳和演绎有机结合起来，实事考察和理性推演相得益彰。

第二，略论三支式形式结构与因三相的矛盾问题。

三支式形式结构和因三相之间存在矛盾，这几乎是一种共识。如何正确去处理和解决这种矛盾，需要进一步研讨。

陈那通过解决这种矛盾建造其因明体系的情况。

据吕澂的考查，因三相在陈那那里只作出一个比较粗略的表述："因是所讨论的事物上所有具备的，又在同样有所主张的事物上也含有，而在没有那样主张的事物上便没有。"[1]尽管是个粗略的表述，它还是为三支式形式结构的构建立下了准则和理论基础，推动了形式结构的构建工作。后来，形式结构超越那个粗略的因三相，二者之间有了差距和矛盾。玄奘长期留学印度，精研因明，深知底蕴，回国译述因明著作时，便对因三相学说作了创造性发展。他译述精细，具体表现在用了六个意义明晰的术语：宗法、同品、异品、遍是、定有、遍无。"宗法""同品""异品""定有"都是精细而又精当，遍是宗法性的"遍是"，也没有什么问题。但异品遍无中的"遍"字则是有点超越。从喻支中异喻部分的本身是"引"不出"遍"来的，说"遍"是加上了理性的推断。可以说，此时的因明体系已达到了一种新的完美，但矛盾仍然没有充分消除。

---

[1] 吕澂《中国佛学源流略讲》，中华书局1979年版。

尔后又有人致力消除陈那因明体系中存留的这个矛盾，其结果如何呢？存留的这个矛盾是形式结构落后于因三相，于是有人便去改变结构，具体是把同喻体、异喻体由反映因果关系的假言判断变为讲求词项外延关系的性质判断。喻体成了性质判断之后，作为具体事例的喻依便成为完全多余，于是又主张删除喻依。喻依删除之后，什么同品、同品定有性就不必再谈了。经过这种伤筋动骨的改换后，三支因明便蜕变为如下模式：[1]

		换位		换质	
异品遍无性	凡非P不是M	→	凡M不是非P	→	凡M是P
遍是宗法性					凡S是M
所以					凡S是P

这里，在形式结构上，三支式已完全成了三段论，"因三相"实际上也没有了，同品定有性完全销声匿迹了，"异品遍无性"几个字虽然还未抹除，但实际上也不存在了，请问"凡M是P"能有几多"异品遍无"的意思呢？消除三支因明体系中矛盾的结果，是把三支因明本身消除了，这样能行吗？

事物完全无矛盾的状态是不存在的。我们已分析过，陈那因明体系中只有"异品遍无性"中的"遍"字有超越，问题并不大。陈那的因明体系在克服了必须克服的矛盾之后得到了较完满的发展，留存的矛盾可以说是在可以容忍的正常值范围之内，企图消除事物一切矛盾的思想方法是不适当的。

三、过失论

"过失"就是错误。具体说明要排除某种逻辑错误，就是立下了某

---

❶ 巫寿康《因明正理门论体系内部矛盾及解决矛盾新途径》，选自刘培育《因明研究》，吉林教育出版社1994年版。

种逻辑规则。所以,过失论也可以说就是规则体系。陈那和商羯罗主共提出33种过,计宗过9种,因过14种,喻过10种。

(一)宗过九种

(1)现量相违:现量指亲知、亲证。现量相违就是所立的宗(论题)与现见事实相违背。

(2)比量相违:比量指推理。比量相违是说所立的宗与某种推导出来的知识、原理相违背。

(3)自教相违:所立的宗与自己这一教派的教义相违背。

(4)世间相违:所立的宗与世间一般的见解相违背。在因明中,世间还有"学者世间"和"非学世间"的区别,非学世间指的是学者以外的世俗共信,学者世间指的是高于非学世间的另一种境界。

(5)自语相违:论题本身自相矛盾。

以上五种是陈那提出的。

(6)能别不极成:宗的后陈(即谓项)在因明中又称"能别"。"极成"是论难双方共同许可的意思,不极成就是不共许。"能别不极成"是说宗的后陈不是论难双方共许的。

(7)所别不极式:"所别"指宗的前陈(主项)。所别不极成是宗的前陈不为论难双方共许。数论派认为神我的思不能脱离肉体的我,因而"我是思"成立。因明认为分歧的产生主要在于宗前陈(所别)"我",故称为"所别不极成"。

(8)俱不极成:宗前陈宗后陈都为立,故双方不共许。

(9)相符极成:整个论题(宗)为立,故双方共许。

后面4条是商羯罗主补充的。

字面意义已经说清楚了,现在再作进一步研读,我们把这9条分成两类。

第一类含(1)(2)(4)(5)条,它们具有较普遍的意义。首先,最具普遍意义的是"自语相违",在普通逻辑范围内,可以说凡是自相矛盾的论题就一定包含着错误。其次,现量或比量相违,一般说也会包含着这样或那样的错误。最后是所谓"世间之见",它虽然不可能是百分之百的正确,但比个人或某些群体之见要更具"真理性",所以,要求避免"世间相违"之过,也还是有一定价值的。

第二类含(3)(6)(7)(8)(9)条。它们显示了因明浓重的"辩论逻辑"色彩。

先说"相符极成"(论题为立、敌共许),其相应的正面规则是"论题不为大家共许"。在三段论中,"论题是否共许"没有成为一个聚焦点,因而也就没有在这方面立出规则。三段论是一种证明逻辑。虽然其终极目的也是要去使"论题真实性明显化",从而使原来不认许的人也认许,但它的时空范围很宽广,许多异地异时的人都在范围之内,其中总会有人对论题真实性存疑(不认许)。因而没有必要将其凸现为一条规则。而现实的辩论,则一般是在"当时""当下"进行的,"论题不共许"乃辩论得以开展的先决条件,故必须在这方面立下规则。

其次说"能别不极成""所别不极成""俱不极成"。这些"不极成"都是源于诸教派之间教义的不同。把这些定为一种"过失",实际上是把各种教派的教义都看作正确的和必须认可的。所以,因明还不是一般性质的辩论逻辑,而是一种在辩论中保护各种教义使之不受诘难和抨击的逻辑。论题主、谓项的义理必须共许的规约使许多题材被排斥在论辩的大门之外,势必在整体上影响辩论的声势和规模。然而,各种教义都受到实际保护的逻辑原则又使因明能被各种教派所认同和接受,从而得以在印度风靡一时。

至于说到"自教相违",其禁止人们背离本派教义去立论,那就是一堵更为坚固的教义保护墙。

(二)因过

共14种,一般将其分为三组:不成、不定、相违。

(1)不成:因不能成宗。一般都认为这是违反因的第一相(遍是宗法性)而造成的谬误。共有四种:两俱不成、随一不成、犹豫不成、所依不成。这四种又可区分为两种类型。

①两俱不成、随一不成。这是典型的直接违反遍是宗法性的谬误。遍是宗法性是说"因"必须是宗法(论题主项)普遍的属性。如果"因"不是论题主项的属性,便无法使宗成立而为有过之因。

"两俱不成"是立、敌双方都认为"因"不是论题主项的属性。例如:

宗　声是无常

因　眼所见故

很明显,任何人、任何教派都不会认为声音是眼睛所能见的,因之不能成宗是立敌双方两者俱认可的。

"随一不成"是立、敌双方只有一方认为因不是论题主项的属性而有因不成宗之过。

②犹豫不成、所依不成。这是由于"因"和"宗法"(论题主项)不实在而引起的过失。

"犹豫不成"是"因"本身是否成立(实在)还在疑性未定(犹豫)之境。《因明入正理论》对此举例说:"于雾等性起疑惑时,成为大种和合火,而有所说,犹豫不成。"此例大意是:"如果有人见远处有一种东西上升,这种东西究竟是云是雾,是尘是烟,一时尚未判明,而这人就说:'那边在火烧,似有烟故'。那末,似'有烟故'这个因,就是犹豫不成的似因。"[1]

"所依不成",它实际是由论题主项不实而形成之过。"因"是论题主项的属性,换个角度说,论题主项(某事物)便是因(属性)的依存依

---

[1] 石村《因明述要》,中华书局1981年版。

凭之处,论题主项便被称为"所依","所依不成"就是"论题主项不实",例如:

> 宗　空中莲花香
>
> 因　以似他莲花故

"空中莲花"是一种幻觉是不实在的,现在却说它"似他莲花"就是白说,毫无意义。说实在的,这里主要问题在"宗法",本应归入宗过之中。但这种宗过是必然要引出因过的——对宗法不实在的论题,若是硬要强举"因"来支撑它,这个因就是必然要有过。所以在"因过"中来论述这个问题也不算太离谱。

上述四种"不成"之过,除"随一不成"是为各教派教义设立的一种保护墙外,其他各项都是具有较普遍意义的。

(2)不定:举出的因不能使宗的成立确定下来。不定之过有6种,其中5种是违反因的二三相(同品定有性、异品遍无性)的要求而产生的错误。

①不共不定。违反同品定有性要求。例如:

> 宗　声是常住
>
> 因　所闻性故

只有"声"才具有"所闻性",有"所闻性"的只有"声",二者外延完全相同。可是按要求,"所闻性"还应是"声"的某些同品的属性。可"所闻性"只是"声"的属性,不通(不共)于"声"的任何同品,违反同品定有性的要求,论题得不到确证。

②共不定。因的外延过宽,既通于同品,也通于异品。例如:

> 宗　鸡是鸟类
>
> 因　是动物故

"动物"(因)外延太宽,既通于"鸟"的同品如雁、雀等,也通于鸟的异品如犬、马等。同品遍转,异品也遍转。

③同品一分转,异品遍转。

④同品遍转,异品一分转。

⑤同品异品俱一分转。

②③④⑤种都是违反异品遍无性的要求。

上述五项都是无可非议的,确实构成为因的过失。

⑥相违决定。辩论双方互成相违之宗,各树一因,皆能决定,胜负对错,无法确定。例如:

胜论派立论　声是无常(宗)　所作性故(因)　……譬如瓶

声生派立论　声是常住(宗)　所闻性故(因　)……譬如声性

"声是常住,所闻性故",曾作为有"不共不定过"之例子。但根据声生派的教义却是正确的。声生派认为除一般声音外,还有一种具有"可闻性"的所谓"声性"之物,它成为"声"的同品,论式满足同品定有性的要求,可以成立。

在上述例子中,"声无常""声常"互成相违之宗,比较好理解。但"各树一因,皆能决定"是什么意思呢? 这个"皆能决定"是辩论双方不仅认为己论中的"因"是正因,而且也承认对方论式中的"因"是无过的。如胜论派也是承认有所谓"声性",故举"所闻性"为"因"并无过失。而声生派则也承认声音要通过"人工作成"才得以呈现,举"所作性"为"因"并无过失。胜论派和声生派各自的"声音学说"都还不够严密,存在着某些矛盾。所以沈剑英教授认为,"相违决定"的出现是由于参与辩论的学派各自的理论体系还存有矛盾的关系。相违决定只出现在特定的人群就特定的问题进行辩论的时候,因而比较罕见。

"相违决定"虽然被定为一种"过失",但只是说"胜负对错,无法决定",实际上还是对诸教派分歧,对立的教义都"爱无差等"地加以认同,不仅如此,而且它还是对那些"自身理论包含有矛盾的教义"作出认同,为它们立下保护墙,它比诸种"随一不成"还更退了一步。

(3)相违因:举出的因不能成立(支撑)所要树立的宗,却反能成立与己宗恰恰相反之宗。相违因有四种:法自相相违、法差别相违、有法自相相违、有法差别相违。

①法（论题谓项）自相相违。

"自相"是言辞直接陈述的意义。法自相相违是说"因"与论题谓项直接陈述的意义相违。例如：

宗　水为恒温

因　会结冰故

"会结冰（因）"不是水为"恒温"的理由，却反能去成立反论题"水不是恒温"。用"因三相"来检测，这里是"异品遍有"而"同品却无"，不满足二三相的要求，确为有过之因。

②法差别相违。

"差别"是言辞暗含的意义。法差别相违是说因与论题谓项暗含的意义相违。如数论派对佛教徒立论曰：

宗　眼等必为他用

因　积聚性故

③有法（论题主项）自相相违：因与论题主项（S）直接陈述的意义相违。

沈剑英教授认为，这种过失比较少见。"因"要去证成的是"S是不是P"，而不是孤立地去证成S，所以重心应落在P上。因此相违过也主要表现为"因"与论题谓项"法（P）"的相违。即使是因与"有法（论题主项）"相违，似乎也须先通过与"法"相违再转到与"有法"的相违。例如：

宗　金刚石是最坚硬的碳素物

因　不可燃故

"不可燃故（因）"首先是与"最坚硬的碳素物（法）相违"；而"最坚硬的碳素物（法）"又与"金刚石（有法）"在外延上是同一关系，所以"不可燃故（因）"也与"金刚石（有法）"相违。"有法自相相违"实具有派生和附属的性质，独立的逻辑意义不大。

④有法差别相违。既然"法差别相违""有法自相相违"的逻辑意义都不大,推类到"有法差别相违",其逻辑意义就更小了,可以略而不论。

7世纪时,印度因明大师法称则明确主张只保留"法自相相违"一项,而删除其他3项。

(三)喻过十种

(1)同喻过五种:能立法不成、所立法不成、俱不成,这三种是同喻依的过失;无合、倒合,这两种是同喻体的过失。

①能立法不成。

在因明论式中,"宗"是所要成立的,称为"所立","因"是使宗成立的,称为"能立","法"则指谓项,宗的谓项(宗后陈)称"所立法","因"是省略句,只出现谓项,能立法就是指"因"。

同喻依的作用是合因于宗以达到助因成宗的目的,它必须既具有"因"(能立法)表示的性质,又同时具有宗后陈(所立法)所表示的性质。"能立法不成"是说同喻依只有所立法所表示的性质,却缺失能立法所表示的性质,未能合因于宗,因而无法助因成宗,构成过失。例如:

宗　人是要死的

因　为动物故

喻　……犹如草木(同喻依)

同喻依"草木"具有"要死"(所立法)的性质,但草木并非动物,缺失"动物(能立法)"的性质,没有合因于宗,无法去助因成宗,有"能立法不成"之过。

同喻依也就是同品,按同品定有性的要求必须有同品具有"因"所表示的性质。现在用来作证的同品缺失"因"的性质,就是违反了同品定有性要求。

②所立法不成。

同喻依中缺失宗后陈（所立法）表示的性质，没有合因于宗，不能助因成就宗的所立。例如：

宗　鲸鱼是鱼

因　生于水中故

喻　……如海豹（同喻依）

"海豹（同喻依）"是生活在水中，不缺失"能立法"，但它不是"鱼"，缺失"所立法"，不能助因成就宗的所立。同喻依没有所立法所表示的性质，那就不是同品。没有同品自然也就不满足同品定有性的要求。

③俱不成。

同喻依同时缺失能立法和所立法。

④无合。

这是关于同喻体的过失。同喻体的任务是把"因"和"宗后陈"的普遍联系明确地揭示出来。若是没有同喻体，或者虽然在形式上有同喻体，但这个同喻体却没有揭示出宗因的依存关系，这都是没有合因于宗而有"无合"之过。例如：

宗　声是无常

因　所作性故

喻　犹如瓶等，于瓶见有所作性及无常性

这里表面上列出了一个所谓同喻体，但这个同喻体"于瓶见有所作性及无常性"并没有揭示"因与宗后陈"之间的因果普遍联系，未能真正合因于宗，有"无合"之过。陈那因明论式的同喻体应当是一个充分条件假言判断。

⑤倒合。

同喻体既然是一个充分条件假言判断，它就应当由条件说到结果，"因"是条件，所以也就是说要由"因"说到宗后陈。例如，在"声是无常，所作性故……"这个论式中，其同喻体便应由"所作"说到"无常"，即说"若是所作,见彼无常"。而"倒合"则是倒过来说"若是无常,见彼所作",这便颠倒了条件与结果的关系,颠倒了因果关系,因而构成过失。

(2)异喻过五种:所立不遣、能立不遣、俱不遣,这三种是异喻依的过失;不离、倒离,这两种是异喻体的过失。

①所立不遣。

"不遣"是"不排斥"的意思。"所立"是指"所立法"(宗后陈),"法"省去了(其实,以不省为好),所立不遣是说异喻依与宗后陈不排斥。例如:

宗　某甲是中国人

因　北京人故

喻　若不是中国人就不是北京人(异喻体),犹如上海人(异喻依)

上海人(异喻依)与"北京人"(能立)排斥,但与"中国人"(所立)不排斥,有"所立不遣"之过失。

②能力不遣。

"能立"指"因"。能立不遣就是异喻依与"因"不排斥。例如:

宗　鲸鱼是非鱼

因　用肺呼吸故

喻　……犹如肺鱼(异喻依)

"肺鱼(异喻依)与"非鱼"(所立)排斥,但与"用肺呼吸"(能立)不排斥,有"能立不遣"之过失。

③俱不遣。

异喻依与"所立""能立"都不排斥。

"异喻依"就是一个个具体的异品,按第三相"异品遍无性"要求,它必须与"因"和"宗后陈"都相排斥。上述有关异喻依的三种过失,都是违反了"异品遍无性"的要求。

④不离。

这是关于异喻体的问题。异喻体是从反面把"因"与"宗后陈"的因果关系揭示出来,具体地说,就是要指出"结果消失,原因也必然消失",这在因明中叫"不合宗因",叫"离"。"不离"是没有异喻体或者异喻体未能把"因"与"宗后陈"的这种普遍联系揭示出来。

⑤倒离。

异喻体从反面揭示事物的因果普遍联系,指明"结果消失,原因也必然消失",结果关乎"宗后陈",原因则是"因",所以,应当先"宗异(结果消失)"后"因异(原因消失)"。如:"声是无常(宗),所作性故(因)……"其异喻体应当是"若是其常,见非所作";如果倒过来说"若非所作,见彼其常",则谓之倒离。倒离便没有能揭示"结果消失,原因也必然消失"的普遍联系来,构成过失。因明关于喻过的论述都是无可非议的,是比较科学的。

(四)简别

简别是在论式中用一些附加语来进行制限、说明。说明集中在一个方面,即宗、因、喻中所持的观点是立者一方的教义,还是敌者一方的教义,还是某个别的具体学派的教义。简别语并不复杂,说明是依立者一派教义立论时用"我""自许(许)"等字样,如"我说甲是乙(宗),许是丙故(因)……",说明是敌者一派教义时用"你""汝执"等字样。加上简别语之后,持论就算更为有根有据了,不得任意非难。

简别的逻辑手段进一步加强了因明作为各种教义的保护墙的色彩。

过失论(即规则系统)包含了不少非科学因素,只能批判地加以继承,去其糟粕,取其精华。

(原刊于《江西教育学院学报》2000年第4期)

参考文献

[1]班固.汉书[M].北京:中华书局,1975.

[2]陈孟麟.墨辩逻辑学[M].济南:山东人民出版社,1979.

[3]陈奇猷.韩非子集释[M].上海:上海人民出版社,1974.

[4]陈寿.三国志[M].北京:中华书局,1959.

[5]《辞海》编辑委员会.辞海[M].上海:上海辞书出版社,1980.

[6]戴震.戴震文集[M].北京:中华书局,1980.

[7]戴震.孟子字义疏证[M].北京:中华书局,1982.

[8]董仲舒.春秋繁露[M].北京:中华书局,1975.

[9]杜国庠.杜国庠文集[M].北京:人民出版社,1962.

[10]范文澜.中国通史简编[M].北京:人民出版社,1964.

[11]范晔.后汉书[M].北京:中华书局,1965.

[12]方授楚.墨学源流[M].北京:中华书局,1940.

[13]方以智.物理小识[M].北京:商务印书馆,1937.

[14]房玄龄,等.晋书[M].北京:中华书局,1974.

[15]高亨.老子正诂[M].北京:中华书局,1959.

[16]高亨.墨经校诠[M].北京:中华书局,1962.

[17]侯外庐.中国早期启蒙思想史[M].北京:人民出版社,1956.

[18]侯外庐,赵纪彬,杜国庠.中国思想通史[M].北京:人民出版社,
    1957.

[19]胡适.先秦名学史[M].北京:上海:学林出版社,1983.

[20]黄寿祺,张善文.周易研究论文集:第一辑[M].北京:北京师范大
    学出版社,1987.

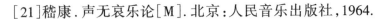

[21]嵇康.声无哀乐论[M].北京:人民音乐出版社,1964.

[22]江藩.国朝汉学师承记[M].北京:中华书局,1970.

[23]李延寿.北史[M].北京:中华书局,1974.

[24]李延寿.南史[M].北京:中华书局,1975.

[25]李贽.焚书·续焚书[M].北京:中华书局,1975.

[26]厉时熙.尹文子简注[M].上海:上海人民出版社,1977.

[27]梁启超.墨子学案[M].上海:上海书店,1992.

[28]梁启超.清代学术概论[M].北京:中华书局,1973.

[29]刘向.战国策[M].上海:上海古籍出版社,1978.

[30]刘昫,等.旧唐书[M].北京:中华书局,1975.

[31]鲁迅.朝花夕拾[M].北京:人民文学出版社,1973.

[32]吕澂.西藏佛学原论[M].北京:商务印书馆,1933.

[33]吕澂.因明入正理论讲解[M].北京:中华书局,1983.

[34]吕澂.印度佛学源流略讲[M].上海:上海人民出版社,1979.

[35]吕澂.中国佛学源流略讲[M].北京:中华书局,1979.

[36]吕思勉.中国通史[M].上海:上海印书馆,1969.

[37]庞朴.孙龙子译注[M].上海:上海人民出版社,1974.

[38]浦起龙.史通通释[M].上海:上海书店,1988.

[39]屈志清.公孙龙子新注[M].长沙:湖南人民出版社,1981.

[40]石村.因明述要[M].北京:中华书局,1981.

[41]司马迁.史记[M].北京:中华书局,1975.

[42]孙星衍.孙渊如先生全集[M].北京:商务印书馆,1968.

[43]孙诒让.墨子闲诂[M].北京:中华书局,1954.

[44]谭戒甫.公孙龙子形名发微[M].北京:中华书局,1963.

[45]谭戒甫.墨辩发微[M].北京:中华书局,1964.

[46]谭戒甫.庄子天下篇校释[M].北京:商务印书馆,1935.

[47]谭嗣同.仁学[M].北京:中华书局,1958.

［48］脱脱,等.宋史［M］.北京:中华书局,1977.

［49］王充.论衡［M］.上海:上海人民出版社,1974.

［50］王夫之.张子正蒙注［M］.北京:中华书局,1975.

［51］魏徵,令狐德棻.隋书［M］.北京:中华书局,1973.

［52］刘培育.因明研究［M］.长春:吉林教育出版社,1994.

［53］伍非百.中国古名家言［M］.成都:四川大学出版社,1983.

［54］谢蒙.佛学大纲［M］.北京:中华书局,1927.

［55］玄奘.大唐西域记［M］.上海:上海人民出版社,1977.

［56］严复.穆勒名学［M］.北京:商务印书馆,1971.

［57］严复.天演论［M］.北京:科学出版社,1971.

［58］严可均.全上古三代秦汉三国六朝文［M］.北京:中华书局,1958.

［59］杨伯峻.论语译注［M］.北京:中华书局,1980.

［60］张伯行.朱子语类辑略［M］.北京:商务印书馆,1936.

［61］章诗同.荀子简注［M］.上海:上海人民出版社,1974.

［62］张载.张载集［M］.北京:中华书局,1973.

［63］《哲学大辞典·逻辑学卷》编辑委员会.哲学大辞典·逻辑学卷
［M］.上海:上海辞书出版社,1988.

［64］中国逻辑史学会因明研究工作小组.因明新探［M］.兰州:甘肃人
民出版社,1989.

［65］中国逻辑史研究会资料编选组.中国逻辑史资料选:现代卷(下)
［M］.兰州:甘肃人民出版社,1991.

［66］中国逻辑学会.逻辑语用学与语义学［M］.郑州:中州古籍出版
社,1994.

［67］中国哲学史教学资料汇编编选组.中国哲学史教学资料汇编·魏
晋南北朝部分(上册)［M］.北京:中华书局,1964.

后　记

古人云:"大上有立德,其次有立功,其次有立言。虽久不废,此之谓不朽。"我国著名逻辑学家、江西教育学院(南昌师范学院前身)中文系教授周文英先生一生不仅桃李满天下,而且著述颇丰,影响深远,可以称得上是立言的典型。因此,借着南昌师范学院70周年校庆的东风,我们编纂了《逻辑教学与逻辑史研究》一书,作为"学者文丛"系列之一,以飨读者。逻辑学本是一门枯燥的学科,但周先生在教学科研上与之打交道数十年之久,早已涵泳其中,令人钦佩。惟其有冥冥之志,故有昭昭之明;惟其有昏昏之事,故有赫赫之功。有学者曾总结周先生五个值得学习的方面:一是追求有作为的人生;二是坚持科研为教学服务;三是科研选题正确,目标明确,起点高,矢志不移;四是立说归于平常和普通,注重日用;五是谦虚谨慎,对前辈不傲,与同辈不争,对后学热情扶持。对此,我们深以为然。斯人已逝,薪火相传,编此文集,以表纪念。希望青年学人能继承周先生的学问和操守,沿着开辟好的大道继续前进。孔子曰:"后生可畏,焉知来者之不如今也?"路漫漫其修远兮,诸君若能坚持不懈,则必成大器。

编　者

2022年6月于南昌